国家出版基金项目
NATIONAL PUBLICATION FOUNDATION

现代农业高新技术成果丛书

设施菜田退化土壤修复与资源高效利用

Management of Degraded Vegetable Soils in Greenhouses

王敬国　主编

中国农业大学出版社
·北京·

内 容 简 介

以高投入为主要特征的设施蔬菜栽培体系,在资源浪费较为严重的同时,还引起了土壤物理、化学和生物学等次生障碍因素的发生以及水体、大气和农产品污染等环境和健康问题。针对这些问题,本书系统地总结了课题组自"十五"以来执行的国家攻关计划课题"园艺作物连作障碍综合控制技术研究与示范"和科技支撑计划课题"设施园艺退化土壤的修复与高效利用技术研究"以及863计划专题"连作土壤根际微生物定向调控技术"等相关研究工作。主要内容包括:以改善根际环境和根系生长发育来调控土壤生物群落、干扰作物根系与病原线虫之间的信息传递过程为主的控制土壤生物学障碍因素;水肥调控和管理措施对控制过量肥料投入所带来土壤氮、磷富营养及其对环境造成的潜在危害;利用根际生物修复技术降低土壤中农药的残留,消除农药对农产品污染的风险等方面的研究等。

图书在版编目(CIP)数据

设施菜田退化土壤修复与资源高效利用/王敬国主编 . —北京:中国农业大学出版社,2011.4
ISBN 978-7-5655-0254-5

Ⅰ. ①设…　Ⅱ. ①王…　Ⅲ. ①土壤退化-修复 ②土壤资源-资源利用　Ⅳ. ①S15

中国版本图书馆 CIP 数据核字(2011)第 055787 号

书　名	设施菜田退化土壤修复与资源高效利用
作　者	王敬国　主编

策划编辑	孙 勇	责任编辑	刘耀华　张 蕊　张 玉
封面设计	郑 川	责任校对	王晓凤　陈 莹
出版发行	中国农业大学出版社		
社　址	北京市海淀区圆明园西路 2 号	邮政编码	100193
电　话	发行部 010-62731190,2620	读者服务部	010-26732336
	编辑部 010-62732627,2618	出 版 部	010-62733440
网　址	http://www.cau.edu.cn/caup	**E-mail**	cbsszs@cau.edu.en
经　销	新华书店		
印　刷	涿州市星河印刷有限公司		
版　次	2011 年 4 月第 1 版　2011 年 4 月第 1 次印刷		
规　格	787×1092　16 开　19.25 印张　478 千字		
定　价	68.00 元		

现代农业高新技术成果丛书
编审指导委员会

主　任　　石元春

副主任　　傅泽田　　刘　艳

委　员（按姓氏拼音排序）

　　　　　高旺盛　　李　宁　　刘庆昌　　束怀瑞

　　　　　佟建明　　汪懋华　　吴常信　　武维华

编 写 人 员

主　编　王敬国　中国农业大学

副主编　陈　清　中国农业大学
　　　　李晓林　中国农业大学

参　编　林　杉　中国农业大学
　　　　阮维斌　南开大学
　　　　周立刚　中国农业大学
　　　　左元梅　中国农业大学
　　　　慕康国　中国农业大学
　　　　任　涛　中国农业大学
　　　　宋　贺　中国农业大学
　　　　郭景恒　中国农业大学
　　　　张福锁　中国农业大学
　　　　张俊伶　中国农业大学
　　　　董林林　中国农业大学
　　　　刘美菊　中国农业大学
　　　　樊兆博　中国农业大学
　　　　李彦明　中国农业大学
　　　　吴凤芝　东北农业大学
　　　　贾　尝　南开大学
　　　　张伟朴　南开大学
　　　　张　韵　浙江大学
　　　　师　恺　浙江大学
　　　　周艳虹　浙江大学
　　　　喻景权　浙江大学
　　　　张立丹　华南农业大学
　　　　王丽英　河北省农科院
　　　　李俊良　青岛农业大学

出版说明

瞄准世界农业科技前沿，围绕我国农业发展需求，努力突破关键核心技术，提升我国农业科研实力，加快现代农业发展，是胡锦涛总书记在 2009 年五四青年节视察中国农业大学时向广大农业科技工作者提出的要求。党和国家一贯高度重视农业领域科技创新和基础理论研究，特别是 863 计划和 973 计划实施以来，农业科技投入大幅增长。国家科技支撑计划、863 计划和 973 计划等主体科技计划向农业领域倾斜，极大地促进了农业科技创新发展和现代农业科技进步。

中国农业大学出版社以 973 计划、863 计划和科技支撑计划中农业领域重大研究项目成果为主体，以服务我国农业产业提升的重大需求为目标，在"国家重大出版工程"项目基础上，筛选确定了农业生物技术、良种培育、丰产栽培、疫病防治、防灾减灾、农业资源利用和农业信息化等领域 50 个重大科技创新成果，作为"现代农业高新技术成果丛书"项目申报了 2009 年度国家出版基金项目，经国家出版基金管理委员会审批立项。

国家出版基金是我国继自然科学基金、哲学社会科学基金之后设立的第三大基金项目。国家出版基金由国家设立、国家主导，资助体现国家意志、传承中华文明、促进文化繁荣、提高文化软实力的国家级重大项目；受助项目应能够发挥示范引导作用，为国家、为当代、为子孙后代创造先进文化；受助项目应能够成为站在时代前沿、弘扬民族文化、体现国家水准、传之久远的国家级精品力作。

为确保"现代农业高新技术成果丛书"编写出版质量，在教育部、农业部和中国农业大学的指导和支持下，成立了以石元春院士为主任的编审指导委员会；出版社成立了以社长为组长的项目协调组并专门设立了项目运行管理办公室。

"现代农业高新技术成果丛书"始于"十一五"，跨入"十二五"，是中国农业大学出版社"十二五"开局的献礼之作，她的立项和出版标志着我社学术出版进入了一个新的高度，各项工作迈上了新的台阶。出版社将以此为新的起点，为我国现代农业的发展，为出版文化事业的繁荣做出新的更大贡献。

中国农业大学出版社

2010 年 12 月

前　言

　　20世纪末开始的种植业结构调整,极大地促进了我国经济作物的生产,这对加快农村经济发展、增加农民收入和稳定"菜篮子工程"起到了很大的促进作用。其中发展最快的是蔬菜种植,特别是设施蔬菜作物的播种面积大量增加。设施蔬菜播种面积虽然仅占蔬菜总面积的18%左右,但其单位面积产值远远超过大田粮食作物和露地蔬菜,在种植业生产中占有极其重要的地位。设施蔬菜种植经济效益高,增加农民收入的作用十分明显。因而,在经济利益的驱动下,资源高投入和土地利用高强度的设施蔬菜栽培模式较为普遍,也是我国的特色。

　　首先,高投入的设施蔬菜栽培体系,在资源浪费较为严重的同时,还带来了水体污染、一氧化二氮排放量增加等环境问题,以及土壤酸化和表层盐分聚集等土壤物理和化学障碍问题,土壤质量下降。其次,由于轮作倒茬困难和技术因素限制等原因,设施蔬菜生产中连续种植同一种作物的现象非常普遍,由此引起了以土传病害严重发生为主要特征的土壤生物学障碍。再次,设施高湿度和封闭条件,引发蔬菜病害的发生较为频繁。为了控制地上和地下部分的植物病害,化学农用药剂的消费量和施药频率远远高于农田,且农药品种繁杂,不利于农产品质量监管。资源浪费、土壤质量下降和农产品品质下降等问题的出现,严重威胁到设施蔬菜可持续发展、环境安全和人类健康。

　　针对以设施蔬菜土壤出现土壤生物学障碍和土壤富营养化等土壤退化问题,我们开展了相关的研究和技术示范工作。课题组从2004年起,先后承担了"十五"国家科技攻关计划课题"园艺作物连作障碍综合控制技术研究与示范"(课题编号:2004BA521B04,起止年限为2004年1月—2006年12月)、"十一五"国家科技支撑计划课题"设施园艺退化土壤的修复与高效利用技术研究"(课题编号:2006BAD07B03,起止年限为2007年1月—2010年12月)以及"十一五"国家高技术研究发展计划(863计划)专题"连作土壤根际微生物定向调控技术"(项目编号:2006AA10Z423,起止年限为2006年1月—2010年10月)。开展了以设施番茄、黄瓜为主要研究对象,通过改善根际环境和根系生长发育来调控根际微生态系统中的生物群落;通过干扰作物根系与病原线虫之间的信息传递过程,控制病原线虫的危害,以消除土壤生物学障碍因素;通过优化水肥调控和管理措施,控制蔬菜生产体系种植结构单一、过量肥料投入等带来土壤氮和磷富营养及其对环境造成的潜在危害;利用根际生物修复技术降低土壤中农药的残留,消除农药对农产品污染的风险等方面的研究。在"十一五"期间,课题组共发表核心期刊文章36篇,其中SCI文章7篇,申请国家发明专利10余项,取得专利授权4项,并培养了8名博士生和 30 名硕士生。本书较为系统地总结了"十一五"期间课题组的主要研究工作,分析、讨论了设施菜田土壤资源利用和土壤质量方面的一些问题,初步探讨了解决的途径,并对今后这方面的究工作提出一些设想。

鉴于我们的能力、水平和知识结构的差异,研究工作中还存在着许多不完善之处,敬请各位专家、同行指教。由于本书编著的时间仓促,难免有不足之处,请读者在阅读后,提出宝贵意见。

在本书即将出版之际,本书的编著者非常感谢国家科技部对有关课题的资助、教育部科技司对研究项目的组织工作和提供的各种帮助,感谢果类蔬菜产业技术体系北京市创新团队项目支持,感谢国家出版基金项目的资助;对课题合作研究者的辛勤劳动及同行的帮助表示谢意。

编　者

2010 年 12 月

目　　录

第 1 章
设施蔬菜种植体系的资源投入与环境效应

宋 贺　王敬国　陈 清　林 杉　郭景恒　任 涛

由于种植业结构调整和经济利益驱动,我国经济类作物种植面积增加很快,尤其是蔬菜生产的发展更为迅速,已成为继粮食作物之后的第二大类农作物。据《中国统计年鉴》称,我国蔬菜(不包括瓜类)播种面积 1980 年、1990 年、2000 年和 2008 年分别为 361 万、634 万、1 524 万和 1 788 万 hm^2,占农作物播种总面积的 2.2%、3.3%、9.7% 和 11.4%。目前,我国已经基本形成八大重点蔬菜生产区域,即华南冬春蔬菜、长江上中游冬春蔬菜、黄土高原夏秋蔬菜、云贵高原夏秋蔬菜、黄淮海与环渤海设施蔬菜、东南沿海出口蔬菜、西北内陆出口蔬菜以及东北沿边出口蔬菜。2009 年我国蔬菜的播种面积为 1 841 万 hm^2(农业部网站资料),30 年间增长了 5 倍。目前,我国蔬菜总产量 6.02 亿 t,总产值(含瓜果类)约 8 800 亿元,出口 67.7 亿美元,是我国农产品中的主要出口商品之一(李崇光和包玉泽,2010)。而根据 2009 年《FAO 统计年鉴》,我国 2007 年蔬菜种植面积为 2 372 万 hm^2,产量 4.52 亿 t,分别占全球蔬菜种植面积和产量的 45% 和 50%,居世界第一位。毋庸置疑,我国已是全球蔬菜生产大国。

1.1　设施蔬菜的发展与资源投入现状

1.1.1　设施蔬菜的发展

种植蔬菜是我国农民增收的主要途径之一,其经济效益明显优于粮、棉、油(国家发展和改革委员会价格司,2009)。相同种植面积下,蔬菜的产值分别为粮食、棉花和油料作物的 5.5、3.9 和 5.0 倍,净利润为粮食的 10.0 倍和油料的 6.7 倍,成本利润率为粮食的 2.6 倍和油料作物的 1.6 倍(李崇光和包玉泽,2010)。设施蔬菜的经济效益则更高。尽管至今为止,尚无可靠的统计分析数据,但设施蔬菜收益显著高于露地栽培蔬菜是常识,近年来,设施蔬菜种植面积不断扩大就是一个佐证。20 世纪 80 年代以来,我国设施蔬菜种植面积增加很快,从 1980

年的不足 0.7 万 hm^2,到 2008 年设施蔬菜种植面积的 334.7 万 hm^2,增长近 500 倍,其总产量达 1.68 亿 t,其面积占全国蔬菜种植面积的 18.7%,产量则占全国蔬菜总产量的 25%,总产值 4 100 多亿元,占蔬菜总产值的 51%(农业部,2008)。设施蔬菜主要分布在环渤海湾及黄淮海地区、长江中下游地区和西北地区,它们分别占全国的 57%、20% 和 7.4%,至少可以解决 2 500 多万人就业,并且可以带动相关产业的发展,创造了 1 300 多万个就业岗位(张真和等,2010)。由此可见,设施蔬菜已经成为我国蔬菜生产的主导产业,它不仅给人们带来显著的经济效益,同时也产生了一定的社会效益。规模化设施蔬菜的形成,克服了地域气候障碍对蔬菜生产的影响,解决了季节性蔬菜供应严重短缺的矛盾,保证了蔬菜的周年均衡供应。在突破了传统农业生产系统强烈受外界环境和农业资源限制的同时,设施蔬菜的发展还提高了农业资源和劳动力的高度集约化利用效率,提高了农业生产力,使得单位产量和经济效益大幅度提高。

1.1.2　设施蔬菜的资源投入现状

为了获得更高的经济效益,菜农大量投入肥料、水、农药和劳动力等资源(其中我国部分地区的养分投入量见表 1.1)。一方面,造成生产成本急剧上升;另一方面,大量资源的盲目投入造成了集约化蔬菜产区土壤质量下降和环境质量恶化,尤其是蔬菜产品安全问题引起了社会各方面的广泛关注,威胁到我国蔬菜产业的可持续发展。

与大田作物相比,根据蔬菜作物自身的特点,农民习惯于菜田养分的高投入。据张卫峰等(2008)进行的万户调查汇总结果显示,占全国农作物播种面积 11.4% 的蔬菜,消费了我国化肥消费量的 22%(未发表资料)。

设施蔬菜的养分投入量一般更高。以我国最大的蔬菜生产基地之一、拥有 40 万个冬暖式大棚的山东省寿光市为例,每年温室栽培由化肥带入的氮(N)、磷(P_2O_5)、钾(K_2O)养分分别从 1994 年的 817、956 和 575 kg/hm^2 增加到 2004 年的 1 272、1 376 和 1 085 kg/hm^2(刘兆辉,2000;刘兆辉等,2008)。然而,根据余海英等(2010)在寿光的调查,文家、洛城和孙家集 3 个镇(街道)18 个样点每年化肥 N、P_2O_5、K_2O 的平均投入量为 2 539、2 184 和 2 202 kg/hm^2,分别占各养分总量的 63%、61% 和 66%。这里给出的数据明显高于我们实际了解的情况,但从另外一个角度来看,近年来该地区设施蔬菜生产的养分资源投入量没有减少。

一般认为,在我国北方地区,北京地区设施菜田的化肥投入量相对较低,1996—2000 年期间,北京地区设施蔬菜的每季化学氮(N)、磷(P_2O_5)、钾(K_2O)肥的投入平均分别为 301、129 和 23 kg/hm^2(吴建繁,2001),氮肥及总养分投入量较低,特别是钾肥。但到 2009 年,分别增加到 565、340 和 457 kg/hm^2,有明显增加(陈清等,调查资料,未发表)。其中,钾肥的增幅最大(表 1.1)。有关数据表明,除了北京市等少数地区外,我国大部分地区的设施菜田每年仅化肥氮投入量一般会超过 1 200 kg/hm^2(Zhu 等,2005)。如果设施菜田每季化学氮肥(N)的施用量平均以 500 kg/hm^2 计,占全国农作物播种面积 2.1% 的设施蔬菜作物,消耗了 5% 以上的氮肥。而设施菜田磷、钾肥的消耗量则可能分别占到全国磷、钾肥消费量的 7% 和 15% 以上。

除了无机肥料的高投入外,有机肥过量施用现象也很严重。有机肥的总投入量变异很大,文献中给出的数据一般多为鲜重,每季每公顷施用十几吨到 200 t,而农民施肥时往往以体积为单位计算,给正确估算施用量带来了很大困难。总体上看,有机肥带入的氮、磷、钾养分量一般分别为氮、磷投入总量的 40%~50%,占钾投入总量的 50%~60%。

表1.1 全国部分地区设施菜田有机肥和化肥养分投入量

kg/hm²

地点	化肥			有机肥			总投入量			调查年份和蔬菜种类	资料来源
	N	P₂O₅	K₂O	N	P₂O₅	K₂O	N	P₂O₅	K₂O		
山东省寿光市	1 272	1 376	1 085	1 155	647	949	2 428	2 022	2 033	2004年,番茄、黄瓜等	刘兆辉等,2008
山东省寿光市稻田	1 000	800	885	960	912	716	1 960	1 712	1 601	2007年,番茄一季	姜慧敏等,2010
山东省惠民市	1 382	1 022	573	1 142	891	973	2 524	1 913	1 546	2002年	寇长林,2002
甘肃省白银市*	1 137	654	76	1 530	1 080	1 125	2 667	1 734	1 201	2009年,黄瓜等	黄绂宁等,2006
宁夏回族自治区银川市*	1 316	459	133	512	335	334	1 828	794	467	2004年,黄瓜一季	李程,2004
陕西省安康市*	517	400	140	930	780	630	1 447	1 180	770	2006年,茄子、辣椒等一季	郭全忠,2007
陕西省西安市市郊*	600	623	497	1 074	1 026	823	1 674	1 650	1 320	2006年,番茄一季	周建斌等,2006
浙江省嘉兴市	495	548	826	366	288	259	861	836	1 085	2006年,白菜一季	杜连凤等,2006
北京市郊区	301	129	23	381	348	231	682	477	254	2001年,辣椒、番茄等一季	吴建繁等,2001
北京市郊区	565	340	457	751	281	484	1 316	620	941	2009年,番茄、黄瓜、辣椒等一季	陈清(未发表数据)
云南省呈贡县	1 050	960	450	511	480	225	1 561	1 440	675	2001年,西芹一季	雷宝坤等,2001
江苏省南京市	331	109	128	172	100	182	503	209	310	2009年,茄果一季	杨步银等,2009

注:*表示该地区有机肥中氮、磷、钾养分分量按照投入总量和《中国有机肥料养分志》中各有机肥鲜基养分含量进行的估算(全国农业技术推广服务中心,1999)。

传统上,我国蔬菜栽培是大量使用有机肥的。设施菜田如此高的有机肥投入,尤其是在设施大棚建成后的最初 3~4 年内,是为了改土。在我国北方不少地区,为了提高温室的保温效果,菜农往往采用深挖的方式,将大部分表层肥力较高的土壤移走,少量留下与新土层混合。为了快速培肥,不得不在蔬菜生产的前几年投入更多的有机肥。而以 C/N 比不太合理的鸡粪为主的有机肥投入,更多是增加养分的投入,对土壤有机质贡献相对不大。

保守地估计,我国设施蔬菜每季主要养分的投入量氮素(N)为 700~1 200 kg/hm²,磷素（P_2O_5）为 600~1 000 kg/hm²,钾素（K_2O）为 300~1 000 kg/hm²。山东省寿光市每季氮、磷、钾养分的总投入量较高,分别为 1 960、1 712 和 1 601 kg/hm²(表1.1)。北京市等其他少数地区的设施蔬菜养分投入量较低,根据 Chen 等 1996—2000 年对 329 个设施蔬菜种植点的调查,洋白菜、大白菜、黄瓜、茄子、甜菜和番茄平均每季氮素(N)的总投入分别为 440、624、1 012、1 070、1 068 和 787 kg/hm²;不同作物磷（P_2O_5）的平均投入量为 252~854 kg/hm²;钾（K_2O）的平均投入量为 159~408 kg/hm²(Chen 等,2004)。

除了肥料过量投入外,水资源的投入量也非常大。传统栽培模式往往采取一水一肥、大水漫灌的方式进行蔬菜生产。陈清(2009)等人对京郊设施菜田的灌溉情况进行调查发现,京郊地区设施蔬菜生产中 60% 以上农户采用传统沟灌或漫灌的灌溉方式,平均每年总灌溉水量为 750~1 125 mm(未发表数据)。据我们的了解,山东省寿光市设施年灌溉总量为 1 000~2 000 mm,单次灌溉量则一般为 50~100 mm。

设施蔬菜种植过程中,往往单纯地高投入,忽视了该系统的养分输入—输出平衡。近年来,设施蔬菜种植体系各种养分的施用量远远高于作物的需求量,特别是氮肥,一般是蔬菜作物实际需求量的 5~10 倍(何飞飞等,2008;马文奇等,2000)。以黄瓜和番茄为例,每形成 100 kg 果实,黄瓜需要的 N、P_2O_5 和 K_2O 的养分量分别为 0.21、0.10 和 0.35 kg,番茄分别为 0.31、0.07 和 0.50 kg(黄德明,2001)。黄瓜按高产 180 t/hm² 计算,在整个生育期共吸收 N 378 kg/hm²、P_2O_5 180 kg/hm² 和 K_2O 670 kg/hm²;番茄按高产 150 t/hm² 计算,整个生育期共吸收 N 465 kg/hm²、P_2O_5 105 kg/hm² 和 K_2O 750 kg/hm²。由此可见,作物实际需求量远远低于该系统的养分投入量。即使在养分资源总投入量低的北京地区,各种养分总体上也出现了盈余,1996—2000 年,不同蔬菜作物多点平均的每季氮盈余量为 N 448~669 kg/hm²;磷的盈余较少,每季为 P_2O_5 201~795 kg/hm²;钾几乎没有盈余,为 K_2O −75~133 kg/hm²(Chen 等,2004)。但近年来北京地区的养分投入量在增加,特别是磷、钾肥的投入量已经远高于 2001 年的投入量。近年来,北京郊区蔬菜的单位面积产量虽有提高,但氮、磷、钾等养分均有较大的盈余,尽管幅度没有山东省寿光市的高。

土壤氮素绝大部分损失掉了,而磷、钾易在土壤中发生积累。据张树金等(2010)的调查,在目前的磷投入水平下,4~8 年以后,土壤全磷显著增加,是大田土壤全磷的 2~4 倍。我国表层土壤磷(P)总储量一般为 1 000~1 600 kg/hm²,在大量投入磷的情况下,这种增加量是可以达到的。在全磷增加的同时,设施土壤有效态磷和钾也在显著增加,一般达到了 P 200 mg/kg 和 K 400 mg/kg 以上,高的甚至达到 P 437 mg/kg[速效磷(Olsen-P),0~10 cm](Ren 等,2010)。在我国,如果北方农田土壤速效磷含量超过 P 40 mg/kg,速效钾含量超过 K 166 mg/kg,就认为它们的有效性处于极高水平,即使是考虑到蔬菜作物根系较浅的特点,根区土壤速效磷 50~60 mg/kg 应该是上限,否则磷的环境风险加大。

肥料氮的超高量投入和大量元素磷、钾的不合理积累,将引起植物养分的生理性不平衡。

如尽管设施菜田土壤中镁的有效含量并不低,而且灌溉水和有机肥中还带入了一部分镁,但我们还是经常可以看到山东省寿光市设施黄瓜叶片出现缺镁的症状。导致植物发生缺镁症状的原因,不是土壤不能为作物供应镁,而是由于钾施用量较高,在土壤中大量积累,高钾诱导的植物生理性缺镁。因此,我们有理由进一步怀疑,大量营养元素和其他中微量元素之间也可能存在不平衡的问题。植物营养元素间的不平衡,对植物生长发育和抗逆性均会产生不利影响。

除了忽视系统的养分输入—输出平衡外,有机肥和化肥间投入比例也很难说是平衡的。因为有机肥的来源复杂、种类繁多,其速效养分所占比例差别很大,且在实践中有机肥的施用量存在着很大的盲目性和随意性,从而加大准确计算的难度,所以难以确保有机肥和化肥间的投入比例合理。有机肥和化肥间投入比例的失衡会对土壤质量产生一定的影响。研究表明,与附近粮田相比,寿光市设施菜田的土壤 C/N 降低了 2.14 个单位(雷宝坤等,2008)。虽然 C/N 的值高低不能单独作为一个土壤肥力指标或土壤质量指标,但低 C/N 值表明,土壤中的有机质稳定性较差,氮素易于释放,不利于土壤稳肥和保肥。导致这种现象的产生,除氮素投入过高外,设施菜田土壤有机质中相当部分来自于近年内大量施用的有机肥,也是一个原因。而鸡粪和猪粪作为主要的有机肥品种的大量施用,由于其中有机碳含量较低,氮和无机盐分含量高,对提升地力和改善土壤质量的作用不大。

1.2　设施种植体系中养分损失的途径及对环境的影响

1.2.1　设施种植体系中养分损失的途径

设施菜田养分的投入远远高于作物实际需求量,根据氮肥的施用量和作物吸氮量估算,氮素利用率一般不超过 20%,多为 10%～15%。由于土壤有机质增加缓慢,土壤中氮素只是略有结余,但损失量较大。据我们在寿光的长期定位观察,2004—2007 年 4 年间,农民常规氮素处理中氮(N)表观损失量平均每季为 852 kg/hm²,约占土壤氮素总投入(施肥和灌溉水带入,1 049 kg/hm²)的 81%(Ren 等,2010)。Guo 等人根据模型计算,2005—2006 年北京地区设施蔬菜农民习惯施肥处理在四季平均施氮(N)量为 966 kg/hm² 时,氮素的损失量达 82%(Guo 等,2010)。

在北方设施蔬菜地区,大水漫灌导致的硝酸盐淋洗是氮素损失的主要途径。在北京地区根据模型计算,氮素总损失接近 99% 是硝酸盐淋失(Guo 等,2010)。在山东省寿光市,利用提取土壤渗滤液的方式,我们计算的农民习惯处理硝酸盐年淋洗量占氮总投入量的 27%,如果考虑到 DON 的淋洗,总淋洗量也不超过 30%(未发表资料)。这个数字可能低估了氮素的淋失损失,因为土壤中通过优先损失的氮素不包括在内。由于氮素的气态损失,主要是反硝化的氮素损失量难以准确定量监测,目前难以确定氮素最主要损失途径是淋失或是气态损失。其他人的研究也表明,利用土壤渗漏计测定的设施菜田硝态氮淋洗量也占总氮素投入量的 20%～30%(Song 等,2009;Zhao 等,2010)。此外,大家通常没有注意到的是,在资源高投入的情况下,资源浪费严重,不仅局限于氮素,如大量的钾也会随水流失。我们在寿光市的监测发现,在农民常规施肥条件下,钾素的淋洗每年达 120 kg/hm²。

  设施菜田有机质含量较高,且每年又有大量有机肥投入,在化学氮肥施用和灌水频繁条件下,反硝化过程可能是氮素损失的一个重要过程。由图 1.1 可以看出追肥后,2 个施肥处理都会在短期内出现 1 个 N_2O 排放高峰,且施肥量大的传统处理的排放峰值最大,2 次追肥后的峰值分别高达 N 652.7 和 380.8 $\mu g/(m^2 \cdot h)$,意味着有反硝化过程的强烈发生,尽管无法知道确切的损失量。模拟条件下进行的氮素反硝化损失研究表明,菜田常规水肥处理条件下,反硝化损失量只占施氮量的 5% 左右(丁洪等,2004;Cao 等,2006)。除此之外,华北地区设施菜田中性和微碱性土壤,大量施用经碱性处理的膨化鸡粪,有氨挥发发生的条件。但是,设施蔬菜又是一个较为封闭的体系,土面释放的氨可能被地上部分吸收。据此推测,通过这种途径损失的氮素所占的比例可能不会太高。如习斌等人(2010)在京郊地区温室研究表明,常规施肥处理的氨挥发损失量占总施氮量的 0.73%。但目前由于研究方法的局限性,准确定量这部分损失仍有一定困难,主要是植株的氨挥发损失难以定量监测。

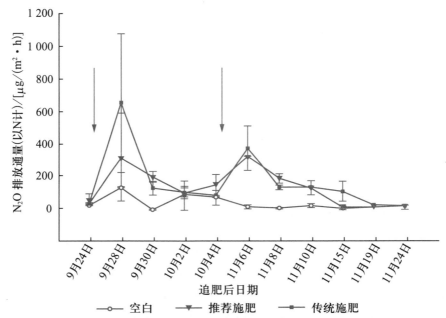

图 1.1　氮肥施用量和施肥时间对设施大棚蔬菜 N_2O 排放通量的影响

注:图中↓代表测定期间 2 次追肥的时间,3 个处理施氮(N)量分别为每次 0、50、120 kg/hm²;试验数据来自 2009 年寿光市罗家村长期定位试验。

  除了氮素外,磷在土壤中大量积累时,其淋洗风险加大。浙江省北部地区调查研究发现,设施蔬菜土壤中速效磷的含量是附近农田的 4~10 倍,从而增强了磷从土壤中淋洗而污染附近水体的风险(Cao 等,2004)。如前文所述,我国设施蔬菜土壤中的速效磷含量普遍较高,远超过欧洲规定的磷的环境阈值(60 mg/kg)。更何况,马一兵等人提出,我国北方地区土壤磷的环境阈值应为速效磷 50 mg/kg(个人交流)。由此可见,设施菜田土壤中磷对水体环境污染的风险很高。事实上,在北京市郊区设施黄瓜生产体系中,传统处理下的溶解性全磷的年淋洗量为 8.9 kg/hm²(王娟,2010)。磷的损失既是一种资源浪费,同时也会带来水体污染,因为磷的污染后果更严重。

1.2.2 设施种植体系中养分损失对环境的影响

硝酸盐淋洗对地下水体的污染是多年来人们重视的一个问题。研究发现,设施蔬菜表层土壤中硝态氮的平均含量是露地土壤的 6.5 倍,硝态氮在土壤剖面中淋洗下移明显,下移前锋早已到达 5～6 m 深处,对地下水构成了威胁(刘兆辉,2006)。事实上,近年来,寿光市保护地地下水硝态氮的含量总体在逐年升高,到 2005 年含量已经高达 28.6 mg/L(图 1.2),已远远超过饮用水卫生标准(<10 mg/L)。这势必会影响寿光市饮用水的水质安全。刘玲(2009)对寿光市 309 个行政村调查表明,村民饮用水中硝酸盐合格率仅为 39.8%。这一结果与董章杭(2006)报道的寿光市全年地下水硝态氮超标率达 59.9% 的结果相似。氮肥施用量过高是设施蔬菜集中种植区地下水硝酸盐污染的根本原因(董章杭,2006)。

水肥的过量投入,还会对大气环境产生一定的负面效应。众所周知,N_2O 是一种温室气体,其增温效应是 CO_2 的 320 倍(Bothe 等,2007),同时它在大气中的滞留时间可以达到 150 年(Kim 和 Craig,1993)。另外,它可以破坏平流层中的臭氧,大气中 N_2O 浓度增加 1 倍,臭氧层中的臭氧将减少 10%,而到达地面的紫外线辐射强度会增加 20%,从而导致人类皮肤癌和其他疾病的发病率迅速上升,并带来其他健康问题(Prather 等,1995)。除 N_2O 外,NO 也能够被氧化成 N_2O,并可以被水合生成 HNO_2 和 HNO_3,这些产物都是酸雨的组成部分(Bothe 等,2007)。

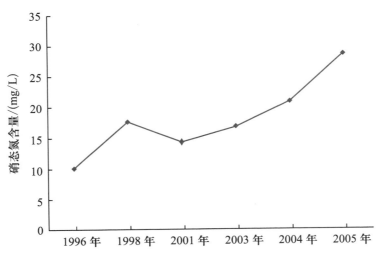

图 1.2 **1996—2005 年寿光市部分保护地蔬菜种植区地下水硝态氮含量**
引自:刘兆辉,2000;朱建华,2002;宋效宗,2008。

据有关资料显示,菜田系统 N_2O 的排放强度和出现峰值频率远高于农田系统,在 20 世纪 90 年代,占全国氮肥投入 17% 的菜田,其 N_2O 排放量占了全国农田 N_2O 直接排放量的 20%(Zheng 等,2004)。近年来,由于蔬菜种植面积扩大,特别是氮肥用量较高的设施菜田面积增长更快,菜田 N_2O 的排放比例无疑会进一步增加。我们研究发现,在农民常规施肥条件下,仅

2010 年冬春茬一季 N_2O 的直接排放损失就高达 N 15 kg/hm^2(未发表资料)。

排放量仅次于 N_2O 的 NO 的排放量也不容忽视。Li(2007)研究广州市蔬菜田 NO 排放时发现,在生长季节 NO 的平均排放通量是 N 47.5 ng/(m^2·s),年排放量高达 N 10.1 kg/hm^2。此外,我们也在寿光监测到 NO 的排放峰值。

1.3 设施菜田的土壤酸化

水肥的过高投入不但会对环境造成危害,还可能导致土壤质量的退化,如土壤的酸化和次生盐渍化等。土壤酸化是指由于土壤盐基离子的移出或酸性成分增加导致的土壤酸中和容量(ANC)下降的过程(Van Breemen 等,1984)。它是由氢离子(H^+)在土壤中逐渐累积引起的,常表现为土壤的 pH 值下降。自然状态下,岩石风化过程中释放的盐基离子中的一部分,伴随着 HCO_3^-、SO_4^{2-} 和 Cl^- 等阴离子,在元素地球化学大循环的作用下最终流向海洋或内陆湖泊,在土壤中留下由 CO_2 水解等化学过程和生物化学过程产生的质子(H^+),从而导致土壤 pH 值降低。但是,没有人为干扰的土壤酸化过程,非常缓慢,一般在千年的时间尺度上才发生明显变化。然而,大气环境污染和农业生产活动如施肥、灌溉和作物收获等,会大大加快这一过程,甚至在短短几年内土壤就可能发生酸化(Bolan 等,2003)。

长期以来,由大气污染产生的大气酸沉降是导致世界上大部分地区发生土壤酸化的重要原因。我国酸雨的范围主要发生在长江以南,四川省、云南省以东地区(引自《2009 年中国环境状况公报》)。而从 20 世纪 80 年代以来,除人类活动影响较小的荒漠土类,我国主要农业土壤的 pH 值都显著降低,平均下降了约 0.5 个单位(Guo 等,2010)。北方地区土壤 pH 值下降明显发生,很大程度上受农业活动的影响,因为一般不接收大气沉降物的设施园艺土壤,也发生了显著的酸化现象(杜会英,2007)。

1.3.1 设施园艺土壤酸化现状

近年来,我国北方地区设施菜田的土壤酸化较为普遍,对山东省寿光市的日光温室的调查表明,设施大棚表层土壤的 pH 值随棚龄的增长而明显降低,1 年棚龄 pH 值为 7.69,4 年棚龄的 pH 值为 6.82,8 年棚龄的 pH 值为 6.52,而 13 年棚龄的 pH 值为 4.31,保护地土壤 pH 值较露地平均下降了 0.67(李俊良等,2002)。2005—2006 年,山东省寿光市和青岛农业大学合作进行的全市范围内的土壤调查发现,与农田相比,设施菜田土壤的 pH 值下降更为严重。2 430 个大样本调查数据显示,设施菜地中近 60% 的样本土壤 pH 值比粮田土壤下降 0.5 pH 单位;此外,设施菜地中 20% 样本土壤 pH 值介于 6.0～6.5,粮田中 32% 的样本土壤 pH 值则为 7.5～8.0(图 1.3)。

而在山东省惠民市,对大棚蔬菜和小麦—玉米轮作体系的土壤质量进行调查也发现,棚龄 1～12 年的大棚菜地 0～30、30～60 和 60～90 cm 土层土壤 pH 值显著低于小麦—玉米地各层土壤 pH 值,pH 平均值分别下降 0.54、0.36 和 0.24 个 pH 单位(寇长林,2004)。在沈阳市,范庆锋等(2009)研究保护地及其相邻露地旱田土壤时发现,建成保护地栽培蔬菜后,保护地土壤酸化趋势明显,土壤交换性酸呈上升的趋势,土壤 pH 值则随之下降。而在淮北平原,设施菜地土壤pH值平均每年下降0.05~0.06,15年的时间里,黄潮土菜地由碱性变为中性,黑姜土菜地由中性变为酸性(李粉茹,2009)。理论上讲,北方土壤具有较高的酸化缓冲容量,但从调查结果来看,有些土壤的缓冲能力可能已经明显下降。在我国东南地区,浙江省北部和太湖流域的15个村庄的调查表明,蔬菜地土壤的平均pH值为5.4,与10年前相比下降了0.9个单位,较附近农田下降了1.2个单位(Cao等,2004)。另外,在江苏省南京市郊区,在露天农田土壤pH值略有上升的基础上,大棚蔬菜地土壤的pH值比露天农田下降了0.30~0.87,比第2次土壤普查时的露天蔬菜地下降了0.12~0.52(王辉等,2005)。在全国范围内,对我国东北、东南和西南的辽宁省沈阳市、山东省寿光市、浙江省嘉兴市和云南省昆明市4个地区的64个点位土壤的pH值进行研究发现,保护地0~5、5~20和20~40 cm土壤pH值均显著低于大田,且随着蔬菜种植年限的增加,保护地土壤pH值有下降趋势(杜会英,2007)。此外,即便在我国西北地区和西南地区,比如山西省,云南省大理市和西藏自治区也报道了设施园艺土壤普遍存在酸化的问题,且土壤pH值随大棚种植年限的延长而下降(伊田,2010;张建华,2004;刘翠花,2006)。由此可见,近年来,由于人为不合理的干扰,在我国的大部分地区,包括缓冲性较强的北方地区,设施园艺土壤酸化现象已经较为普遍且随着种植年限的延长,日趋严重。

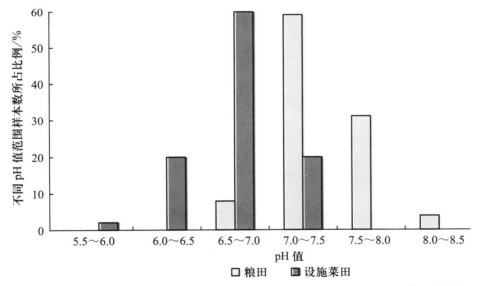

图1.3 **2005－2006年调查的山东省寿光市2 430份土壤样本中不同pH值范围样本数占相应土地利用方式下样本总量的比例**

注:根据李俊良提供的数据整理绘图。

1.3.2 土壤酸化对设施蔬菜种植体系的危害

一定范围内的土壤缓慢酸化将加快土壤部分特别是次生矿物的分解,尤其是对于北方中性和微碱性土壤而言,可能会提高土壤某些难溶性养分的植物有效性,对植物生长有利。但在人为不合理干扰下的土壤快速酸化则更多地会对作物生长和土壤质量产生不利影响。

1.3.2.1　对植物生长的直接影响

一般认为,每一种作物都有生长所需的最适宜土壤 pH 值范围,在这个范围里,作物的生产潜力能够达到最大化。大多数蔬菜作物最适宜的土壤 pH 值范围为 6.0~6.5(Grubben 等,2004)。同样,每种作物都有一个临界酸度(pH 值),当土壤 pH 值低于这个值时,作物会受到不同程度 H^+ 毒害。对蔬菜而言,潘以楼(1992)调查了 25 种蔬菜作物发现,对绝大多数蔬菜而言,土壤 pH 值的临界酸度为 5.0,如果低于这一酸度,蔬菜则生长不良甚至不能生长。此外,土壤在其酸度提高的同时,活性铝和某些重金属元素溶出量会增加,从而降低蔬菜品质,严重时甚至会引起植物中毒死亡(徐仁扣和季国亮,1998;王代长,2002;王敬华,1994;Li 和 Wu,1999)。据报道,在杭州市的菜田,当土壤 pH 值降至 5.35 以下时,土壤交换性酸度,特别是交换性铝量剧增,盐基饱和度迅速下降,此时番茄根系发育差,产量和品质均明显下降(朱本岳,1989)。在湖北等地研究也发现随着 pH 的下降,中酸性土壤交换性锰明显增加,造成作物吸受锰过量,同时由于吸收过程中锰铁拮抗作用的存在,导致作物植株在土壤锰毒发生后吸收的铁量下降(朱端卫等,1998)。

1.3.2.2　养分的损失

酸化会加速土壤盐基离子(Ca^{2+}、Mg^{2+}、K^+、Na^+ 和 NH_4^+)的淋失,从而导致土壤养分库的损耗,造成土壤养分贫瘠并降低作物产品品质(郭笃发和姜爱霞,1997);同时也可能造成土壤结构的破坏并由此降低对土壤有机质的物理保护作用,使其分解加快,并增加了养分有效性和移动性,但由于有效态养分增加的比例不当,易引起养分间的不平衡。

1.3.2.3　土壤生物学性状的变化

土壤 pH 值改变后还会对土壤生物种群结构特别是功能类群产生一定的影响,从而在一定程度上改变了土壤的生物化学过程和物质循环方向等。如土壤 pH 值会影响土壤微生物种类的分布及其活动,特别与土壤有机质的分解、氮和硫等营养元素及其化合物的转化关系尤为密切(关连珠,2000)。当 pH<4.5 时,自养硝化微生物的活性会严重下降(De Boer 和 Kowalchuk,2001)。在酸性土壤中,由于硝化菌对低 pH 值较为敏感,从而造成土壤亚硝酸的积累,进而对作物和土壤生物产生毒害(Shen 等,2003)。

由此可见,土壤酸化对蔬菜生长和土壤过程的影响是多方面的,它除了会对蔬菜生长产生直接影响外,还会使许多物质的溶解度增加并对土壤的肥力因素、环境容量和生物学性质产生影响,进一步改变土壤中物质的生物地球化学循环。酸化的土壤虽然容易改良,但土壤的非均质性还是会引起某种不利过程的发生,只是影响程度降低而已。而且,通常测定土壤 pH 值是多点土壤混合样且充分摇匀条件下的测定结果,难以反映土壤中微域 pH 值的变化,由于各种管理措施和土壤性质的空间变异,使得局部土壤的 pH 值会大大高于或低于平均值。因而,虽然总体上来看土壤 pH 值的变化幅度不大,但实际上的影响有可能是显著的。

1.3.3　设施菜田土壤酸化的原因

设施菜田土壤发生酸化的主要原因,是硝酸根、盐基离子淋洗的严重发生和大量盐基离子随植物被移出土壤。由图 1.4 可以看出,在没有外界干扰的情况下,自然生态中养分在土壤—植被之间的闭合循环里并不导致土壤酸化。养分经作物吸收后,又以残体形式归还土壤,土壤中的酸碱收支基本保持平衡。在这个过程中尽管有可能发生一些质子的释放,但土壤本身的缓冲性,使得土壤溶液的酸碱变化非常微弱。当然,元素的地球化学大循环的结果,也会缓慢出现土壤酸化,但在百年的时间尺度内是难以发现的。在人为干扰强烈的设施农田土壤中,水氮投入过量,作物收获后收获物和残体被移出系统外,2 种因素共同作用的结果,导致设施菜田酸化潜势增大,土壤酸化过程显著加快。

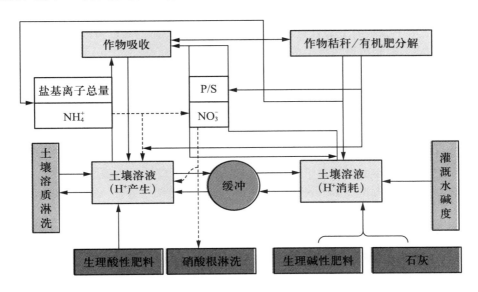

图 1.4　设施蔬菜生产体系的酸碱平衡

由生物参与的正常氮循环过程,是一个酸碱平衡的过程。无论是有机物中的氮素,还是少量的尿素态氮,生物吸收或转化的最终结果是没有净质子的释放。如有机质矿化产生的氨,经水解产生铵离子,生物吸收后放出一个质子,与水解产生的氢氧根离子结合生成水。如果氨经硝化作用生成硝态氮,会放出一个质子;生物吸收硝态氮后,放出一个氢氧根离子,系统中酸碱也是平衡的。

在氮肥过量的情况下,硝态氮会发生淋洗,一般情况下伴随硝酸根淋洗的是盐基离子,而不是质子,质子在表层积累到一定程度,就会出现明显的土壤酸化。这是设施菜田土壤出现酸化最主要的原因。

盐基离子随植物收获物和残体的移出,与有机肥带入盐基离子之间的不平衡,是产生土壤酸化的另外一个重要原因。作物吸收一个一价的盐基离子,它将向土壤释放一个质子作为交换,而有机肥在分解释放盐基离子的时候会吸收一个质子,但作物带走的盐基离子往往大于有机肥投入的,从而造成了净质子在土壤中积累。

此外,这 2 种原因产生的净质子,又会与胶体吸附的交换性盐基离子发生交换,加上设施蔬菜的大水漫灌,易导致大量的盐基离子被淋洗,从而加剧了设施土壤的酸化。与小麦—玉米轮作体系相比,设施蔬菜体系每年的产生的酸化潜势为它的 2~5 倍(Guo 等,2010;张瑜,2009)。

虽然作物吸收硫、磷的时候，会释放氢氧根离子，从而缓解土壤酸化。但是蔬菜对硫、磷的吸收量相对较低，释放的氢氧根离子量远低于氮和盐基离子循环产生的质子量。如在设施辣椒体系中，氮和盐基离子循环带来的酸化潜势为 H^+ 85.1 kmol/(hm^2·年)，是磷钾循环消耗酸量的 16 倍(张瑜，2009)。

然而近年来，寿光市的部分土壤 pH 值不再下降，反而有所提高。如寿光市土肥站 2010 年发现，寿光市大棚 pH<6 的土壤呈减少的趋势。而且，在我们的长期定位试验地，2006 年传统施肥区的 pH 值曾下降到 5.8 左右，而到 2010 年则升高到了 6.9。

发生这种改变可能与投入碱度较高的地下水有关。事实上，多年连续高投入和淋洗可能造成了当地地下水中盐基离子的含量上升，使地下水碱度增加。这也与当地的地形有关，处在低海拔的近海平原，寿光市设施蔬菜的主要产区海拔高度为 40～50 m，而抽取的地下水一般为地下 60～120 m 的淡水，流动性较低。在连续多年的大量淋洗下，地下水存在着矿化度增加的风险。我们监测的盐分中，硝酸根离子和钾离子的含量较高，可以作为一个例证。但确定的结论有待于定量化的测定和模型计算。此外，我们的研究还发现，在寿光市长期定位试验地，不同处理每年灌溉水带来的平均净碱度投入可以消耗 H^+ 81.1 kmol/(hm^2·年)，同时鸡粪中所含的石灰也能消耗 H^+ 约 20 kmol/(hm^2·年)。所以两者在一起不但抵消了设施菜田因 NO_3^- 淋洗和作物带走盐基离子所产生的酸化潜势，还造成了净碱度的残留。

再者，菜农习惯往鸡粪里加石灰以杀菌除臭，使得碱性物质的投入逐渐增加，也可能是导致部分地区土壤 pH 值有上升趋势的原因之一。

所以，在灌溉水矿化度较大的和施用含石灰有机肥的地区，在灌溉水量不足以淋洗完全的情况下，土壤 pH 值的上升趋势就是必然的。目前这种上升是局部的小范围内的现象还是在更大范围发生的，有待于全面调查和进一步的观察、分析。这种上升，虽然在一定条件下缓解了土壤酸化，但是却会加重土壤的次生盐渍化的发生，对土壤质量的影响或许更严重。

1.4　设施菜田的土壤次生盐渍化

土壤盐渍化一般是指在干旱、半干旱地区，底层土壤或地下水的盐分随毛管水上升到地表，水分蒸发后，使盐分积累在表层土壤中的过程。而干旱，半干旱地区由于水文地质条件的不同而存在的非盐渍化土壤，因人类的不合理灌溉；或者在滨海地区，由于频繁海潮带入土体中大量盐类，在强烈蒸发作用下向地表积累的现象为次生盐渍化。

通常发生在干旱和半干旱地区的次生盐渍化现象，近年来也在设施菜田土壤出现，且已渐成规模。如陕西省汉中市不同种植年限的蔬菜大棚和一般农田土壤耕层可溶性盐分的测定结果表明，大棚菜地土壤盐分含量平均为 1.06 g/kg，比相邻农田增加 253.3%，并且随着大棚使用年限的延长，土壤盐分含量还在不断增加(熊汉琴等，2006)。而山东省寿光市不同种植年限设施菜地的土壤全盐平均含量高达 2.47 g/kg，与露天菜地、自然土相比有较明显的盐渍化现象(曾希柏，2010)。江苏省张家港市蔬菜园艺场的大棚与露地土壤采样测定结果表明：大棚土壤有机质、全氮明显高于露地，平均高出 42.6% 和 48.5%，速效磷和速效钾呈高度富集状态，均超过 200 mg/kg，盐分总量在 3 g/kg 以上(张振华等，2003)。哈尔滨市市郊蔬菜大棚土壤总盐量是露地的 2.1～13.4 倍，并随棚龄的延长而增加，在 8 年以上连作大棚中土壤大部分已经出现盐渍化,且土壤含盐量已达到严重危害作物生长的程度(刘德和吴凤芝,1998)。由此可见,当前设施园艺土壤的次生盐渍化发生程度虽因地域不同而存在一定差异,但次生盐渍化现象却已经成为我国设施园艺土壤普遍存在的一个土壤退化问题。

与酸化的危害性类似,土壤次生盐渍化不仅会对破坏土壤结构,还会对蔬菜的生长和土壤微生物活性产生不利的影响,进而导致作物产量和品质的下降以及土壤质量的降低。一般地说,土壤中盐分的积聚将会提高土壤溶液的渗透压,从而缩小与作物根系的渗透压差,轻则影响作物对水分和养分的正常吸收,重则导致作物凋萎死亡。最近的研究表明,在高盐分浓度(200 m mol/L)胁迫下,设施番茄的产量和品质均会出现显著的下降(王学征等,2004)。另外,随着盐分的积累,土壤溶液中养分离子间的竞争和拮抗作用影响植物对养分的正常吸收,并造成植物营养失去平衡和生长发育不良(Grattan 和 Grieve,1999)。据报道,Cl^- 能抑制作物对 NO_3^- 和 $H_2PO_4^-$ 的吸收(钟杭和马国瑞,1993),进而影响植物正常的氮素和磷素吸收造成产量损失。高秀兰等(1997)也报道,盐渍化易导致保护地土壤的养分平衡失调,诱发作物缺素症或中毒症。土壤盐分的积累还会抑制土壤微生物的活性,影响土壤养分的有效化过程,从而影响土壤对作物的养分供应。另外,当土壤电导率(EC)上升到 5 mS/cm 以上时,土壤微生物活性会受到强烈抑制,葡萄糖分解速率会显著下降。单就硝化细菌而言,当 EC 上升到 2 mS/cm 时,硝化反应即受到强烈抑制(王龙昌等,1998)。此外,随着土壤盐分的积累,加上大水漫灌,会大大增加对周边水体污染的风险。

在半湿润、甚至湿润地区的设施菜田土壤出现盐渍化是人为作用造成的。导致这一问题产生的基本原因是,这个生产体系是一个半封闭的系统,周年有塑料膜保护,只有白天有少部分打开。棚内终年基本上不接受降雨,没有自然淋溶过程。这种小气候类似于沙漠生态系统的气候,在土面蒸发和植物蒸腾作用下,土壤水的移动以向上为主,导致溶于水溶液中的盐分在表层聚积,因而即使是正常的水肥管理,土壤出现次生盐渍化是一种必然趋势,只是需要的时间长短不同而已。实践中,农民习惯用大水漫灌,其主要原因是为了洗盐。当然,用淡水灌溉可以减缓这一过程的发生,但很难保证其不发生。如根据我们在长期定位试验中的观察发现,正常灌溉条件下土壤下渗水占灌溉水总量的40%左右,其余主要通过蒸发或蒸腾损失,长期下去,这必然会导致表层盐分发生积累。除非灌溉水量进一步增加,直到下渗水带走盐分等于或超过植物吸收后土壤残存的盐分总量。

设施菜田土壤的高投入,主要是鸡粪和猪粪等含盐量高的有机肥品种的大量投入,是产生次生盐渍化的另外一个重要原因。

灌溉水的矿化度是影响盐分淋洗效果的一个重要因素。在氮素长期过量使用的条件下,盐基离子的大量淋洗,有可能增加地下水的矿化度,从而对灌溉水洗盐的效果产生影响。但在设施蔬菜种植的集中地区,是否到了足以加速土壤盐渍化发展的程度,需要进行深入研究,目前尚无数据支持这一假设。

近年来,设施菜田的盐渍化逐渐加重,还与灌溉水的量不足有关。如由于水电的价格不断提高,寿光市很多农民降低了单次灌溉量,淋洗作用减弱,表层盐分积累趋势明显。

当前,土壤酸化和次生盐渍化是设施蔬菜生产区普遍发生和存在的问题,同时它们造成的危害却不是单一的,而是复杂的、综合的。从全国设施园艺土壤的平均 pH 值和盐分含量可以看出,我国园艺土壤酸化和次生盐渍化程度已经到了一定程度。如果这 2 种障碍现象分别发生,则容易克服,因为我国均有成熟的技术分别解决这 2 类问题。但这 2 种障碍问题往往是交

13

织在一起的,解决的难度就大一些。如在灌溉水碱度提高和施用含石灰的有机肥情况下,土壤酸化在局部地区会出现缓解现象,但却容易加重土壤的次生盐渍化。所以如果土壤酸化和次生盐渍化现象不能得到有效防治,那么它们不仅会影响设施园艺生产的高效性和可持续性,还将会对我国农产品质量、土壤质量、生态和环境安全产生严重的影响。总之,设施园艺生产体系水肥的过量投入,是导致土壤酸化和次生盐渍化的主要驱动力,所以我们要解决设施土壤酸化和盐渍化问题,就应该从源头上优化水肥投入,并从系统的投入和输出平衡着眼,探寻合理的水肥管理制度,实现作物高产、优质的同时兼顾环境和土壤质量的改善,以保障该系统的高效、持续和健康的发展。

1.5 结 论

设施蔬菜产业已经成为我国蔬菜生产的主导产业,它的快速发展,基本上解决了我国长期以来蔬菜供应不足的问题,并实现了周年均衡供应,为我国"菜篮子工程"做出了巨大的贡献,同时促进了城乡就业和农民增收,带来了可观的经济和社会效益。但与此同时,我们也要看出由于管理和技术等条件的制约,使得我国设施蔬菜产业在发展过程中也带了一些负面效应,特别是对资源的严重浪费以及对环境、生态和食品安全的危害。在我国现实条件下,未来的相关研究工作应从维持一个高质量的设施蔬菜土壤生产体系和农业生境入手,通过优化水肥碳综合管理、养分综合管理技术促进物质的良性循环和合理利用,并在充分利用各种资源的基础上,提高土壤有机质含量并改善其质量,从而改善土壤的物理、化学和生物学性状,保证作物的营养平衡和抗病性,减少肥料、农药的投入和环境污染,以提高资源的利用效率并到达高产、高效的目的,这才是治本,也是保证我国蔬菜可持续生产的必然选择。

参 考 文 献

[1] 丁洪,王跃思,项虹艳,等. 菜田氮素反硝化损失与 N_2O 排放的定量评价. 园艺学报,2004,31(6):762-766.

[2] 董章杭. 山东省寿光市集约化蔬菜种植区农用化学品使用及其对环境影响的研究. 博士学位论文. 北京:中国农业大学,2006.

[3] 杜会英. 保护地蔬菜氮肥利用、土壤养分和盐分累积特征研究. 博士学位论文. 北京:中国农业科学院,2007.

[4] 杜连凤,张维理,武淑霞,等. 长江三角洲地区不同种植年限保护菜地土壤质量初探. 植物营养与肥料学报,2006,12(1):133-137.

[5] 范庆锋,张玉龙,陈重,等. 保护地土壤酸度特征及酸化机制研究. 土壤学报,2009,46(3):496-450.

[6] 高秀兰,肖千明,娄春荣. 日光温室栽培番茄引起生理障碍 $NO_3^- -N$ 浓度的研究. 辽宁农业科学,1997,1:8-12.

[7] 关连珠. 土壤肥料学. 北京:中国农业出版社,2000.

[8] 郭笃发,姜爱霞. 酸沉降对土壤过程及性状的影响. 土壤通报,1997,28(4):187-189.

[9] 郭全忠. 安康市设施蔬菜施肥现状及土壤养分累积特性研究. 安徽农业科学,2007,35(20):6194-6195.

[10] 国家发展和改革委员会价格司. 2009 全国农产品成本收益资料汇编. 北京:中国统计出版社,2009.

[11] 何飞飞,任涛,陈清,等. 日光温室蔬菜的氮素平衡及施肥调控潜力分析. 植物营养与肥料学报,2008,14(4):692-699.

[12] 黄德明. 蔬菜配方施肥. 北京:中国农业出版社,2001.

[13] 黄焱宁,任晓艳,陈年来,等. 甘肃中部日光温室土壤剖面理化特征. 冰川冻土,2009,31(3):577-581.

[14] 姜慧敏,张建峰,杨俊诚,等. 不同施氮模式对日光温室番茄产量、品质及土壤肥力的影响. 植物营养与肥料学报,2010,16(1):158-165.

[15] 寇长林. 华北平原集约化农作区不同种植体系施用氮肥对环境的影响. 博士学位论文. 北京:中国农业大学,2004.

[16] 雷宝坤,陈清,范明生,等. 寿光设施菜田碳氮演变及其对土壤性质的影响. 植物营养与肥料学报,2008,14(5):914-922.

[17] 雷宝坤,段宗颜,张维理,等. 滇池流域保护地西芹施肥研究. 西南农业学报,2001,17:121-126.

[18] 李程. 宁夏日光温室土壤次生盐渍化对黄瓜生长发育影响的研究. 硕士学位论文. 北京:中国农业大学,2004.

[19] 李崇光,包玉泽. 我国蔬菜产业发展面临的新问题与对策. 中国蔬菜,2010(15):1-5.

[20] 李粉茹,于群英,邹长明. 设施菜地土壤 pH 值、酶活性和氮磷养分含量的变化. 农业工程学报,2009,25(1):217-221.

[21] 李俊良,崔德杰,孟祥霞,等. 山东寿光保护地蔬菜施肥现状及问题的研究. 土壤通报,2002,33(2):126-128.

[22] 刘翠花,张澈. 西藏高原设施蔬菜土壤特性调查研究. 土壤通报,2006,37(4):827-828.

[23] 刘德,吴凤芝. 哈尔滨市郊区蔬菜大棚土壤盐分状况及影响. 北方园艺,1998,6:1-21.

[24] 刘玲,杨海霞,张月玲. 2009 年寿光市农村生活饮用水水质检测结果分析. 医学动物防疫,2009,26(5):478-479.

[25] 刘兆辉. 山东大棚蔬菜土壤养分特征及合理施肥研究. 博士学位论文. 北京:中国农业大学,2000.

[26] 刘兆辉,江丽华,张文君,等. 氮、磷、钾在设施蔬菜土壤剖面中的分布及移动研究. 农业环境科学学报,2006,25(增刊):537-542.

[27] 刘兆辉,江丽华,张文君,等. 山东省设施蔬菜施肥量演变及土壤养分变化规律. 土壤学报,2008,45(2):296-303.

[28] 马文奇,毛达如,张福锁. 山东省蔬菜大棚养分积累状况. 磷肥与复肥,2000,15(3):65-67.

[29] 农业部. 中国农业统计资料. 北京:中国农业出版社,2008.

[30] 潘以楼. 菜田土壤的适宜酸碱度. 蔬菜,1992,2:37.

[31] 全国农业技术推广服务中心.中国有机肥料养分志.北京:中国农业出版社,1999.

[32] 宋效宗,赵长星,李季,等.两种种植体系下地下水硝态氮含量变化.生态学报,2008,28(11):5514-5519.

[33] 王代长,蒋新,卞永荣.酸沉降下加速土壤酸化的影响因素.土壤与环境,2002,11(2):152-157.

[34] 王辉,董元华,安琼,等.高度集约化利用下蔬菜地土壤酸化及次生盐渍化研究.土壤,2005,37(5):530-533.

[35] 王敬华,张效年,余天仁.华南红壤对酸雨敏感性的研究.土壤学报,1994,31(4):348-354.

[36] 王娟.设施菜田土壤溶解性有机物质的淋洗特点分析.硕士学位论文.北京:中国农业大学,2010.

[37] 王龙昌,玉井理,永田雅辉,等.水分和盐分对土壤微生物活性的影响.垦殖与稻作,1998,3:40-42

[38] 王学征.设施环境盐分胁迫对番茄生长发育及膜系统影响研究.硕士学位论文.哈尔滨:东北农业大学,2004.

[39] 吴建繁.北京市无公害蔬菜诊断施肥与环境效应研究.博士学位论文.武汉:华中农业大学,2001.

[40] 习斌,张继宗,左强,等.保护地菜田土壤氨挥发损失及影响因素研究.植物营养与肥料学报,2010,16(2):327-333.

[41] 熊汉琴,王朝辉,罗贵斌.同种植年限蔬菜大棚土壤次生盐渍化发生机理的研究.陕西林业科技,2006,3:22-26.

[42] 徐仁扣,季国亮.pH对酸性土壤中铝的溶出和铝离子形态分布的影响.1998,35(2):162-170.

[43] 杨步银,李燕,马建宏,等.南京设施蔬菜生产中肥料的使用现状及对策.中国园艺文摘,2009,5:141-142.

[44] 伊田.杨凌地区不同种植年限对设施栽培土壤环境质量的影响和评价.硕士学位论文.杨凌:西北农林科技大学,2010.

[45] 余海英,李廷轩,张锡洲.温室栽培系统的养分平衡及土壤养分变化特征.中国农业科学,2010,43:514-522.

[46] 曾希柏,白玲玉,苏世鸣,等.山东寿光不同种植年限设施土壤的酸化与盐渍化.生态学报,2010,30(7):1853-1859.

[47] 张瑜.中国农田土壤酸化现状、原因与敏感性的初步研究.硕士学位论文.北京:中国农业大学,2009.

[48] 张建华,杨发荣.大理市蔬菜地土壤酸化的原因与调控措施.云南农业科技,2004(2):4-6.

[49] 张树金,余海英,李廷轩,等.温室土壤磷素的迁移变化特征.农业环境科学学报,2010,29:1534-1541.

[50] 张振华,姜泠若,胡永红,等.设施栽培大棚土壤养分、盐分调查分析及其调控技术.江苏农业科学,2003(1).

［51］张真和,陈青云,高丽红,等. 我国设施蔬菜产业发展对策研究. 蔬菜,2010(5):1-3.

［52］钟杭,马国瑞. 氯对马铃薯生理效应的影响. 浙江农业学报,1993,5(2):83-88.

［53］周建斌,翟丙年,陈竹君,等.西安市郊区日光温室大棚番茄施肥现状及土壤养分累积特性. 土壤通报,2006,37(2):287-290.

［54］朱本岳. 菜地土壤酸化原因及其对番茄生产的影响. 浙江农业大学学报,1989,15(3):273-277.

［55］朱端卫,成瑞喜,刘景福,等. 土壤酸化与油菜锰毒关系研究.热带亚热带土壤科学,1998,7(4):280-283.

［56］朱建华. 保护地蔬菜氮素去向研究. 博士学位论文. 北京:中国农业大学,2002.

［57］Bolan N S, Adriano D C, Curtin D, Soil acidification and liming interactions with nutrient and heavy metal transformation and bioavailability. Advances in Agronomy. 2003,78:215-272.

［58］Bothe H, Ferguson S J, Newton W E. Biology of the Nitrogen Cycle. Elsevier Science. 2007:1-427.

［59］Cao B, He F Y, Xu Q M., et al. Denitrification losses and N_2O emissions from nitrogen fertilizer applied to a vegetable field. Soil Science Society of China,2006,16(3):390-397.

［60］Cao Z H, Huang J F, Zhang C S. Soil quality evolution after land use change from paddy soil to vegetable land. Environmental Geochemistry and Health. 2004,26(2):97-103.

［61］Chen Q, Zhang X S, Zhang H Y, et al. Evaluation of current fertilizer practice and soil fertility in vegetable production in the Beijing region. Nutrient Cycling in Agroecosystems,2004,69:51-58.

［62］De Vries W, Breeuwsma A. The relation between soil acidification and element cycling. Water, Air, and Soil Pollution. 1987,5:293-310.

［63］De Boer W, Kowalchuk G A. Nitrification in acid soils: micro-organisms and mechanisms. Soil Boil. Biochem, 2001, 33:853-866.

［64］Driscoll C T, Likens G E. Hydrogen ion budget of an aggrading forested ecosystem. Tellus. 1982,34:283.

［65］Falkengren-Grerup U, Brunet J, Quist M E. Sensitivity of plants to acidic soils exemplified by the forest grass Bromus benekenii. Water, Air, Soil Pollut, 1995,85:1233-1238.

［66］Grattan S R, Grieve C M. Salinity-mineral nutrient relations in horticultural crops. Seientia Horticulture, 1999, 78:127-157.

［67］Grubben J H, Denton O A, Messian C M, et al. Vegetables, Plant Resources of Tropical Africa 2; PROTA Foundation. Wageningen, Netherlands, 2004.

［68］Guo J H, Liu X J, Zhang Y, et al. Significant acidification in major Chinese croplands. Science, 2010, 327:1008-1010.

［69］Guo R Y, Nendelb C, Rahn C, et al. Tracking nitrogen losses in a greenhouse crop rotation experiment in north China using the EU-Rotate_N simulation model. Environmental Pollution. 2010, 158: 2218-2229.

[70] Kim K R, Craig H, Nitrogen-15 and oxygen-18 characteristics of nitrous oxide: a global perspective. Science. 1993, 262:1855-1857.

[71] Li D J, Wang X M. Nitric oxide emission from a typical vegetable field in the Pearl River Delta, China. Atmospheric Environment. 2007, 41:9498-9505.

[72] Li L, Wu G. Numerical simulation of transport of four heavy metals in Kaolinite Clay. Environ Eng. , 1999, 125(4): 314-324.

[73] Prather M, Derwent R, Ehhalt D, et al. 1995. Other trace gases and atmospheric chemistry. In:Houghton J T, et al. (eds)Climate change radiative forcing of climate change and an evaluation of the IPCC 1992 emission scenarios. Cambridge University Press, Cambridge. 1994:77-126.

[74] Ren T, Christie P, Wang J G, et al. Root zone soil nitrogen management to maintain high tomato yields and minimum nitrogen losses to the environment. Scientia Hotriculturea, 2010, 125: 22-33.

[75] Shen Q R, Ran W, Cao Z H. Mehanisms of nitrite accumulation occurring in soil nitrification. Chemosphere. 2003, 50: 747-753.

[76] Song X Z, Zhao C X, Wang X L, et al. Study of nitrate leaching and nitrogen fate under intensive vegetable production pattern in northern China. C. R. Biologies, 2009, 332:385-392.

[77] Van Breemen N, Acid deposition and internal proton sources in acidification of soils and water. Nature, 1984, 307: 599-604.

[78] Zhao C S, Hu C X, H Wei, et al. A lysimeter study of nitrate leaching and optimum nitrogen application rates for intensively irrigated vegetable production systems in Central China. J Soils Sediments, 2010, 10: 9-17.

[79] Zheng X, Han S, Huang Y, et al. Re-quantifying the emission factors based on field measurements and estimating the direct N_2O emission from Chinese croplands. Global Biogeochemical Cycles, 2004, 18(2).

[80] Zhu J H, Li X L, Christie P, et al. Environmental implications of low nitrogen use efficiency in excessively fertilized hot pepper(*Capsicum frutescens* L) cropping systems. Agriculture, Ecosystems and Environment. 2005, 111:70-80.

第2章

土壤生物学障碍与调控途径

王敬国　阮维斌　张福锁　李晓林

土壤是覆盖在地球表面活的自然体。之所以说是活的,是因为土壤中存在着一个种类多、个体数量大的生物群体,形成了与地上生态系统完全不同的土壤生态系统,是构成物质生物地球化学循环不可或缺的环节。存在于陆地表面上的这层疏松物质——土壤,具有支撑植物生长的肥力功能;而且更重要的是,土壤生物是地球生物圈的重要组成部分,土壤生态系统是陆地生态系统形成的重要基础,使得土壤具有生态系统的服务功能。这些功能主要体现在参与物质的生物地球化学循环和对污染物质的净化作用等。土壤生态系统的稳定性影响着生态系统的物种多样性和稳定性,而且对维持大气、水体的环境质量具有重要作用。

然而,人们在利用土壤进行植物生产的过程中,往往忽略土壤的生态服务功能。更有甚者,在资源高投入的种植体系中,仅仅把土壤作为一个生长介质,既没有考虑到土壤的肥力功能,更不会顾及土壤其他的生态服务功能。如第1章所述,蔬菜种植体系的高投入导致土壤质量的恶化,并引起一系列大气和水环境问题。而且,土壤质量的恶化不仅表现在土壤物理和化学性状上,也表现在土壤生态系统的退化,出现了生物学障碍。土壤物理、化学和生物学障碍因素的产生,对我国设施蔬菜种植体系土壤的可持续利用构成了很大威胁。本章从人们关注的土壤质量和土壤健康问题入手,深入分析土壤生物学障碍因素产生的原因,并对控制土壤生物学障碍的途径进行探讨。

2.1　土壤健康与土壤生态系统服务功能的重要性

自然环境下成土过程进行得非常缓慢,在母质、气候、地形和植被的共同作用下,平均100~400年才形成 1 cm 厚的土壤(曹志洪等,2008)。而形成表层 15~20 cm 的土层,至少需要几千年,因而在人的生命周期内土壤是不可再生的资源。在土壤形成过程中,土壤生物就开始发挥着重要作用。如被称为成土过程"先锋植物"的地衣,就是真菌和光合细菌(蓝细菌)的共生体。由于在传统的生物分类中，真菌和细菌一直被列在植物界中，因而人们把地衣看做是真菌与藻类共生的一种特殊低等植物。但在实际上，它不是单一的绿色植物，或者说按现代生物分类它不属于植物，而是原核生物与菌物的共生体。土壤生物对植物残体的分解作用，释放出的二氧化碳对环境的改变，以及释放的次生代谢产物，促进了矿物质的风化和土壤的形成。而且，在成土过程中的腐殖化过程和团粒结构形成等过程中，土壤生物都起着不可取代的作用（Buscot 和 Varma，2005）。

在不同生物气候带发育的各种类型的土壤中，动物包括大型土壤动物、中型土壤动物和微型土壤动物，与数量众多的土壤微生物一起组成了复杂的土壤食物网结构，并成为陆地生态系统非常重要的一部分。土壤生物在碳转化、养分物质循环、维持良好的土壤结构以及有害生物与病害的调节等方面发挥其生态服务功能。同时，土壤生物还影响着陆地生态系统中各植物种群之间的相互作用，以及植物群落的演替，进而影响到陆地生态系统生物多样性和生态稳定性（Bever，1994；Wardle 等，2004）。此外，土壤生态系统还是一个巨大的生物基因资源库。

"万物土中生"，是因为土壤具有肥力，为植物生长提供适宜的水分、养分和扎根条件，从而为人类提供食物和纤维。同时，土壤还具有储存水资源和养分资源、分解有机和无机的污染物质、吸收和排放温室气体等生态功能。传统上，土壤学家从农业生物生产的角度利用土壤的肥沃度来评价土壤质量。并且选择那些影响农产品产量和质量、与土壤生产力和土壤适宜性的物理和化学参数，作为衡量土壤质量好坏的指标。然而，多年来由于人们过度开发利用土壤，引起了诸如土壤侵蚀、土壤污染和土壤肥力质量下降等土壤资源严重退化的问题。特别是，在土壤退化和全球变化对农业的可持续发展构成严重威胁的情况下，给土壤质量的概念赋予新的内涵就显得十分必要了。

为了更好地利用和保护土壤资源，促进可持续发展，在美国科学院于 1993 年出版了《土壤和水质量：农业的议程》(Soil and Water Quality：An Agenda for Agriculture)一书之后。美国土壤学会组织土壤各分支学科的 14 名土壤学家，成立了一个委员会，讨论土壤质量新的定义，论证土壤质量概念的合理性和正确性，并确定用于描述和评价土壤质量的土壤和植物因子（Karlen 等，1997）。1995 年 6 月份，美国土壤学会在发行的 Agronomy News 中将土壤质量定义为：在自然或管理的生态系统边界内，土壤具有保证植物和动物持续生产，维持和改善水体和大气质量，支撑人类健康和生境的能力。后来，这一定义修订为：在自然或管理的生态系统边界内，土壤具有保持生物持续生产，维持环境质量及促进植物和动物健康的能力（美国土壤学会，Glossary of Soil Science Terms）。土壤质量概念的提出有助于土壤科学各分支学科相互合作，将各种信息转变为土壤管理者和决策者可实际操作的措施。在科学意义上，更重要的是，体现出对土壤生物生态服务功能的肯定。充分认识土壤质量和土壤健康概念的重要性，并通过相关知识的普及，将理论转化为农业生产者的行动，是科学家的职责（Doran，2002），也是政府需要做的工作。如美国农业部在普及土壤质量的概念时，为农民提供许多相关的技术指导。

我国土壤科学工作者结合自己的实际，给出土壤质量的定义为：土壤提供食物、纤维和能源等生物质的土壤肥力质量，土壤保持周边水体和空气洁净的土壤环境质量，土壤消纳有机和无机有毒物质、提供生物必需元素、维护人畜健康和确保生态安全的土壤健康质量的综合量度（曹志洪等，2008）。尽管表述不同，但其基本含义一样。土壤的肥力功能、净化作用和对污染物的消纳都离不开土壤生物的贡献。

土壤质量是一个综合量度，无法进行直接测定和评价，只能通过测定某些土壤物理、化学和生物学参数，对土壤质量进行评价。选取的指标范围包括土壤固有的性质和土壤状况。土壤固有的性质受成土作用的控制，不同生物气候带和成土条件下，或者处于不同的成土阶段，这些性质有很大差异，但仍可通过对相关参数的测定予以表征土壤质量。土壤状况如何，即是否健康则需要做如下假定：如果土壤充分发挥了其功能，就认为是高质量的，如果土壤没有发挥其应有的潜力，则认为存在着障碍因素或者土壤质量低。目前通常适用的评价土壤质量的因子既包括了土壤物理和土壤化学方面的参数，也有土壤生物学参数（Karlen 等，1997）。如美国农业部提出的土壤质量评价的最小指标体系中就有：属于土壤物理学性质的土壤质地、土壤和根系深度、入渗和容重、田间持水量；化学性质的土壤有机质、pH 值、电导率，有效态氮、磷和钾；生物学性质中的微生物碳和氮、氮矿化潜势和土壤呼吸等（USDA，2001）。中国科学院南京土壤研究所在主持国家重大基础研究计划"土壤质量演变规律与持续利用"项目的研究中，也基本上采用了这一指标体系，只是根据不同的土壤类型，相应增加了个别的指标（曹志洪等，2008）。

与土壤质量作为一个专一性的特定术语被土壤学家同时关注的，还有土壤健康一词。其实土壤健康早就被植物保护学者用过，主要是针对土传病害而言，土传病害严重发生的土壤就是不健康的土壤。在讨论给出土壤质量的特定含义时，土壤学家提出了各种意见，其中重要的一条就是提出用土壤健康的概念代替土壤质量，或者与土壤质量一词互换使用。但土壤质量委员会考虑到土壤质量可以更好地将能够分析和定量化的土壤性质与土壤功能联系起来，要实用得多，该委员会最终决定采用土壤质量作为专业术语，而且认为土壤质量和土壤健康 2 个术语不宜互换使用（Karlen 等，1997）。此外，也有人认为，土壤健康更全面一些，特别是它包含了植物健康的内容，强调健康的土壤应当是抑制土传病害发生、保证植物健康的土壤（Janvier 等，2007）。

土壤质量主要强调土壤的"运行能力"，而土壤健康更多的是强调土壤作为一个活的自然体的资源属性，具有有效性和动态特征。土壤健康是对土壤生态系统在全球生态系统服务功能的作用深入认识的结果。国际土壤学界对土壤健康的定义主要有以下 2 种。

一种是认为土壤健康与土壤质量 2 个术语之间可以互换，只是前者更强调土壤是活的；或者是广义上的土壤质量的概念，只是具体表述上与土壤质量有所不同。Doran（2002）认为，土壤健康是指在自然或管理的生态系统边界内，一个充满活力的土壤所具有的保持生物持续生产，维持水体和大气环境，促进植物、动物和人类的持续能力。与土壤质量的定义不同，土壤健康强调土壤是有生命的，土壤的功能应该是连续的。在评价土壤健康时，也建议考虑土壤生物及其过程对农业可持续发展、生态系统功能的充分发挥以及维持当地、区域和全球的环境质量的重要作用。但是，其评价参数却基本上与土壤质量的指标体系相同（Doran，2002）。

关于土壤健康的另一种定义是 Kibblewhite 等 2008 年提出来的。具体表述为：一个健康的农业土壤既支撑满足人类对食物和纤维生产在质量和数量上的需求，同时发挥维持人类的生活质量和保护生物多样性的生态服务功能（Kibblewhite 等，2008）。他们定义的土壤生态服务功能包括碳转化、养分物质循环、土壤结构维持和有害生物、病原生物的调节，与之相对应的土壤生物功能类群分别是各类分解者（细菌、真菌、食微生物动物和腐屑生物）、养分物质循环的参与者(分解者、营养元素转化者、固氮菌和菌根真菌)、生态工程师(各种土壤动物和微生物)和生物群落的调节者(捕食者、食微生物动物和重寄生生物)。尽管相对于每一种生态服务功能,有各自的关键土壤生物功能类群,然而它们并非各自独立运行,而是组成了一个复杂的土壤生态系统——土壤食物网结构。加上土壤生物之间存在着复杂的相互作用,形成了一个高度综合的体系。干扰一种功能发挥的活动,最终会影响其他功能的发挥。如土壤有机质转化过程是所有土壤生态功能过程的基础,如果该过程发生变化,对土壤中的其他所有功能过程都会产生影响(Kibblewhite 等,2008)。当然,评价土壤是否健康也应充分考虑到土壤作为微生物栖息地的性质,其环境状况的改变,即土壤物理和化学性质的变化影响到土壤生物功能的充分发挥。因此,在评价指标上应当充分予以注意。评价土壤健康的具体指标包括:非生物因子方面,包括土壤作为栖息地的性质如土壤容重、土壤团聚体稳定性、pH 值、阳离子交换量(CEC)、关键的能量物质水平(有机物质及组分)和有效养分;在生物因子方面,则根据土壤特点选择土壤生物量、土壤生物多样性和群落结构、土壤微生物活性、活菌数(平板计数)和关键功能类群进行评价(Janvier 等,2007)。现代分子标记技术和微生物分子生态学方法,为进行土壤生物多样性、微生物群落结构和功能类群的分析提供了新的手段,也是当前土壤微生物学研究的热点。

从土壤质量概念的提出到对土壤生物多样性的保护和土壤健康的重视,人们对土壤功能的认识逐渐深入,也更加全面。然而,由于数量上占土壤生物绝对优势的微生物太小,而且土壤生态系统又是地球上最复杂的生态系统,我们对它的了解还远远不够,在许多方面还需要更多的探索。

总之,土壤健康是一个比土壤质量内涵更丰富的概念,除了与农业生产和环境保护有关的基本功能之外,还强调了土壤生物不容忽视的生态贡献,从而为全面评价土壤生物的基本功能和生态服务作用提供了理论依据。目的是要充分发挥土壤生物在维持土壤结构和调节土壤水文过程、与环境的气体交换和固碳能力、污染物的解毒能力、有机物质分解、养分循环、对有害生物和病害的抑制作用、食物和药物资源以及对植物生长的调节作用。土壤生物的这些作用的实现,是自然生态系统功能发挥的基础条件,保护这一资源是农业可持续发展的资源保证。因此,保护土壤生物的多样性,维持土壤生态系统的平衡不仅对土壤资源的可持续利用,而且对保持全球生态系统的稳定性和应对全球变化具有重要意义。

2.2 从作物连作障碍角度理解土壤生物学障碍的发生

土壤生物多样性和土壤生态服务功能既与土壤的肥力功能相联系,也关系到生态系统的功能发挥和环境变化。在农田生态系统中,土壤科学工作者通常关心的是土壤生物参与的各种土壤过程能够为作物协调供应养分、水分,提供良好的通气条件,控制污染和净化环境。除此之外,土壤生态系统对植物、动物健康的重要作用,也需要引起重视。土壤中有害生物和病原生物的危害,不仅抑制植物生长发育,而且将进一步影响到土壤生态功能的正常发挥。土壤生态系统各功能类群之间有着复杂的相互联系和相互作用,一个环节出现问题,将影响到一系列土壤生态过程,进而影响到整个地下生态系统和地上生态系统。农业生态系统是陆地生态系统的一个重要子系统,也是人为干扰强烈的生态系统,已经对全球生态系统产生了巨大影响。因此,有效地控制有害生物和病原生物对植物、动物的危害,保持健康的土壤生态系统是保障农业可持续发展和环境安全的需要(Kibblewhite 等,2008)。

2.2.1 连作障碍产生的背景与相关研究

农田生态系统内,对土壤生态系统具有典型负面影响的现象之一是作物连作障碍。由于土地资源短缺、种植习惯与经验、环境条件和经济利益驱动等原因,我国在同一地块上连续种植同一种作物的现象比较普遍。然而,许多种植物在连续种植的条件下,植株出现生长和发育受阻,病、虫、草害严重从而导致减产等问题,称为连作障碍。这些作物包括大田中的大豆、花生、高粱、水稻、豌豆等,园艺作物里的黄瓜、番茄、茄子、草莓、西瓜、苹果、柑橘、部分花卉等,经济林中的杉木以及中草药的人参、西洋参、黄芪等。

连作障碍一词可能来源于日文中的"连作障害",起始于1950年(西尾道德,1989)。他们认为,引起作物连作障碍的因素主要有土壤养分耗竭、土壤 pH 值变化、土壤物理性状恶化、植物源有害物质的积累和土壤有害生物的累积等。在欧洲,连作障碍又称为再种植的土壤发病,或简称重茬病,是一个在农业生产实践中很早就认识到的问题(Katznelsen,1972)。英国农学家 John Worlidge(1640—1700)在 1697 年出版的 Systema agriculturae: the mystery of husbandry discovered 一书中对这一问题就有相关描述。我国农民在生产实践中也早就知道,花生、西瓜等作物是不能重茬栽培的。在耕地资源相对富裕、人口压力不大、土地利用强度较低的情况下,对不适宜连作的作物进行合理轮作是容易做到的,反之,则存在着各种困难。

然而,20 世纪 80 年代以来,东北地区的大豆连作障碍已经成为影响我国大豆生产发展的一个重要限制因素。此外,杉木、人参、设施蔬菜栽培的连作障碍问题也越来越突出。目前,大豆、杉木和设施蔬菜等连作障碍的严重发生,变成了我国特有的问题。这主要是基于以下原因:首先,我国适宜种植某种作物的土地面积有限,农户生产规模小,土地利用强度较高,轮作较为困难。其次,经济利益驱动。出现连作障碍的作物,基本上都是经济作物,收益较高,连作虽有减产但最终的收益还是比其他作物高,而且如果配合施用农药,减产的幅度也不大。再者,农民的种植习惯和经验也有重要作用,特别是在设施蔬菜种植体系中,由于技术要求较高,专一化种植现象比较普遍,也难以改种其他作物。而且,有些经济作物,如传统医药用植物和经济林用树木品种,过去由于人工种植较少,大家对它们连作后可能会发生的问题没有认识,导致在同一块地连续种植该作物后障碍问题的发生。最后,在某些地区作物连作是一种迫不得已的行为。如在东北大豆产区,农民在大豆经济效益下滑时打算改种禾本科作物,但由于在大豆地里过多地使用了除草剂,导致改种的禾本科作物种子萌发受阻,出苗不齐,轮作也无法进行。

现在欧美国家,为了避免此类问题的发生,对大田作物,一般采用不同种类作物轮作的方式解决。而对难以进行轮作的设施蔬菜和花卉栽培,改土壤栽培为基质栽培,加上配合使用滴灌施肥技术和选用抗性砧木等措施防止连作障碍。如日本早在 20 世纪 70 年代,也出现了许多设施蔬菜栽培的连作障碍问题,后来由于采取了蔬菜基质栽培和抗性砧木,连作障碍得到了有效控制。目前在国外,只是在果树更新过程中还常常遇到重茬病(Benizri 等,2005)。

连作障碍问题不仅出现在经济作物上,而且近年来主要粮食作物——水稻的连作障碍问题也时有报道。如国际水稻所进行的水稻旱作表明,与正常有水栽培相比,旱作第 1 年的减产幅度为 8%~21%,而连作后的减产可以高达 69%(Peng 等,2006),甚至几乎绝收(Kreye 等,2009b)。研究表明,氮的有效性、pH 值变化及其引起的微量元素缺乏、根结线虫的危害加重等导致连作的旱作水稻的减产(Kreye 等,2009a 和 2009b;Nie 等,2007 和 2008)。

我国对连作障碍大范围的研究工作从大豆开始,许多农业科学工作者分别从土壤物理、化学和生物学,化感作用和土传病害等方面对连作障碍的机理进行了探讨,涉及养分亏缺、土壤 pH 值和物理性状变化、化感(自毒)物质积累、土壤微生物区系变化和土传病害等内容。

从 20 世纪末开始,我国设施蔬菜的连作问题也越来越突出,因而国家在"十五"期间就启动了克服设施园艺连作障碍的科技攻关课题,并在"十一五"科技支撑计划进一步支持相关研究。国家自然科学基金也启动了重点基金项目,支持设施园艺作物连作障碍的机理研究。在蔬菜作物的化感(自毒)作用以及控制土传真菌病害和根结线虫危害方面进行了大量的研究工作,取得了显著进展。

随着研究工作的深入,大家逐渐认识到土壤生物学因子在连作障碍中起着最主要的作用,因为土壤物理性状改变、土壤 pH 值下降和养分不均匀耗竭等因素不可能在第 2 年就有这样显著的影响。此外,进入 21 世纪以来,我国关于药用植物、杉木和果树连作障碍的研究工作的重心也由对化感物质的寻找,逐渐过渡到研究根系分泌物(包括化感物质)对土壤生物群落结构的影响上。而且,法国科学家对桃树重茬病的研究结果也表明,土壤细菌群落结构发生显著变化,特别是能够产生 HCN 的芽孢杆菌的数量大量增加是桃树再植病(重茬病)发生的主要原因(Benizri 等,2005)。正确认识土壤生物在连作障碍发生方面的作用,对有效控制连作障碍,促进我国大豆、设施蔬菜等产业体系的可持续发展,具有重要意义。

2.2.2 植物的化感作用与土壤生物群落结构的改变

植物的化感作用是存在于自然生态系统的一种常见现象。化感作用又称为他感作用或植物的相生相克,是化学生态学的重要研究内容。广义的化感作用是指植物或微生物释放的某些物质对环境中其他植物或微生物的有利或有害的效应(Rice,1984)。然而,许多人习惯上仍然只把生物之间的抑制作用定义为化感作用。如果这种抑制作用发生在同一种植物不同个体之间,称为自毒作用。

化感作用是自然界生物之间存在化学联系的一种方式,对维持生态平衡和系统的稳定性具有重要作用,只是这种化学联系的桥梁是被称为化感物质的某种特定化合物,主要是一些次生代谢物,如有机酸、醛类、芳香酸、生氰糖苷、内酯、香豆素、醌类、黄酮类、单宁类、生物碱、类萜和甾类等有机化合物。喻景权和日本学者松井佳久先后证实了豌豆、番茄、黄瓜、西瓜和甜瓜植物根系分泌物和残茬所引起的自毒作用,并从中分离出以肉桂酸为代表的多种自毒物质。这些物质通过影响细胞膜通透性、酶活性、离子吸收和光合作用等多种途径影响植物生长(喻景权和松井佳久,1999;Yu 和 Matsui,1997)。同时,这些化感物质还可能增加土传病害的危害,如王倩和李晓林(2003)曾报道,1.0 mol/L 苯甲酸、肉桂酸可导致西瓜幼苗枯萎病严重发生。

植物化感物质既可能来自于植株自身的化学组分,也可能是微生物在分解残茬过程中产生的次生代谢物质或中间产物。大豆地上部分残茬的 1 000∶1 水浸提液,就对植株生长有明显的抑制作用。其中,对根系生长的抑制作用尤为明显(阮维斌,2000)。同样,茄子秸秆的水浸提物对其种子萌发过程中胚芽和胚根的生长均有抑制作用,而在秸秆用量较低时(<0.015 g/mL),就对胚根的生长发生抑制作用。植物组织中的醇溶组分,抑制作用更为显著(王芳和王敬国,2005a)。

经过对大豆残茬及其腐解产物的分离和鉴定,这些化感物质有间羟基苯乙酸和对羟基苯乙酸(阮维斌等,2003)、2,4-二叔丁基苯酚、十八烯酸甲酯(阎飞,2003)和异黄酮类(包括大豆苷元和可斯麦醇)(黄斌,2001)。此外,还在大豆根系分泌物和活的根系中检测到 3 种异黄酮,除上述的大豆苷元和可斯麦醇外,还有染料木因。后者含量较低,且离体后很容易分解。根系分泌物中其他的化感物质还有对羟基苯甲酸(张俊英等,2007)。茄子残茬中的化感物质有邻苯二甲酸的多种衍生物、2,6-二甲基乙基苯酚、十七烷酸甲酯和十六烷酸甲酯等(王芳,2003)。

对目前分离的上述化感物质进行的生物检测试验表明,一般情况下这些化感物质在高浓度时抑制种子萌发,很低浓度时就抑制根系生长,特别是在苗期,而对地上部分的影响不明显。而且,在 2 种化合物的共同作用下,其抑制作用显著高于单一一种化感物质(阎飞,2003)。在田间条件下,由于土壤胶体对化感物质的吸附作用和微生物的分解,一般情况下不会积累到明显抑制种子萌发的数量,但对苗期作物根系生长的抑制作用则显著。我们利用尼龙袋在田间原位取得了完整的根系的方法发现,播种 18 d 后,连作土壤根系发育就明显受到影响(图 2.1)(阮维斌,2000)。

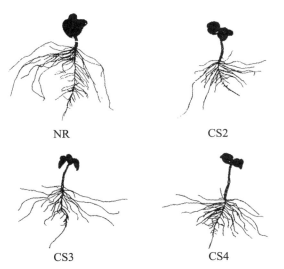

NR：正茬　CS2、CS3、CS4：分别为连作 2、3、4 年

图 2.1　田间不同连作年限大豆根系(播种 18 d 后)

在我国东北地区,前茬大豆收获后气温迅速下降,并很快进入冬季,因而植物残体的分解过程进行得很慢。开春之后,残茬的分解与大豆苗期生长在时间上的重合,是导致苗期根系生长受阻的主要原因。微生物在分解残茬过程中会合成一部分化感物质,或许主要是通过分解木质素类物质,释放出一些酚类化合物。由于像木质素这样的天然有机大分子物质,微生物是无法直接吸收的,需要先释放胞外酶对其进行胞外水解,并分解产生其组成成分。这些成分主

要由酚类物质组成。而参与木质素分解的主要是真菌,当溴甲烷处理土壤后,由于其对真菌的灭菌作用明显高于细菌,因而抑制了化感物质的释放,改善了大豆根系生长的土壤生物化学环境(图2.2)(阮维斌等,2001)。

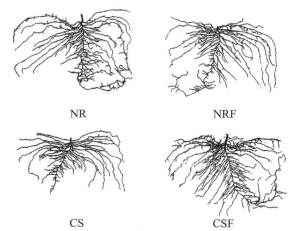

NR   NRF

CS   CSF

NR:正茬   NRF:正茬灭菌   CS:重茬   CSF:重茬灭菌

图2.2 溴甲烷灭菌后根系生长状况(播种 29 d 后)

溴甲烷是一种土壤消毒剂,主要用于消除植物寄生线虫和病原真菌等的危害,可能对原核生物的影响不如真核生物大。如从我们的研究中也可以看出,在溴甲烷灭菌之后,大豆根瘤的数量显著增加,说明对原核生物细菌的影响不大。微生物自身也会合成、释放各类生物活性物质,包括植物毒素、植物生长调节剂等(Bais 等,2004)。如胡江春和王书锦(1996)发现,连作后真菌数量增加,其中紫青霉菌(*Penicillium purpurogenum*)能强烈抑制大豆生长发育,认为是产生连作障碍的一个因素。溴甲烷消毒可以消除这种影响,并控制了病原线虫的危害,同时土壤中有益细菌的竞争能力提高。如上述研究中还发现溴甲烷消毒处理后,根瘤菌侵染并形成根瘤的能力增强。

连续种植大豆 3 年以上,苗期大豆根系生长有改善(图2.1),其原因可能是:①在底物数量积累时,能够利用这些化感物质的土壤生物增加,化感物质的分解加快;②土壤生物群落发生了进一步的改变,土壤生物之间的相互作用所致。

在其他作物的连续种植体系中,如园艺作物的茄子,重茬土对苗期根系生长也具有显著的抑制作用(王芳,2003)。其原因与土壤中残茬腐解产物中的化感物质有关(王芳和王敬国,2005b)。由此可见,具有自毒作用的植物,经过一定时间后,其自毒物质在土壤仍然能够存在,或者也有可能是产生这些化感物质的土壤生物还存在,其作用到了足以影响下茬作物苗期生长的程度。

连作植物除了在根系形态上的差异之外,还与根系活性的改变有关。刘丽君等(1993)的研究表明,连作导致大豆根系活力下降,根部细胞内超氧化物歧化酶(SOD)活性降低。由此可以说明,连作体系中的化感物质通过影响植物生理过程,加速大豆根部细胞的衰老,并使其抗逆能力减弱。

上述研究表明,连作条件下根系分泌和微生物分解植物残体过程中释放的化感物质,对下茬作物生长和发育具有抑制作用。化感物质主要来自于微生物的合成、释放或分解有机质过程中产生的中间产物,这是基于目前发现的根系分泌物中的自毒物质抗微生物分解能力都不强,在土壤中容易被降解。如根据我们近期的研究,大豆异黄酮在土壤中的半衰期只有几个小时,但由于土壤无机固相的物理保护作用或与相关微生物空间分布距离,经过几天后这些物质仍有一定的残留(郭中元等,待发表资料),受土壤物理保护的自毒物质抑制效果更会进一步减弱。根系分泌物中的酚类物质,与土壤有机质转化过程中木质素分解的中间产物,在组分上没有太大区别。从连作的原位土壤中分离得到的这类酚类物质,可能更多地来自于残体的分解。这如同我们常见的一种现象类似,秸秆还田后,在其快速分解时期,下茬作物出苗质量就不好,因为局部会产生大量的酚酸类物质。如果坚持认为根系分泌物中化感物质作用更大的话,也只能表明土壤中微生物结构已经发生了显著变化,分解这类物质的微生物种群受到了抑制,这种情况在设施菜田里或许比较突出。

进一步分析还可以发现,自毒物质和其他化感物质对植物生长影响的相关研究,基本是在实验室内模拟条件下进行的。采用盆栽试验的研究方法,在限定土壤体积、化感物质添加量较大并与土壤充分混匀的情况下,容易增强其毒害效果。而在田间条件下,化感物质平均含量较低,只是由于空间分布不均,有局部浓度很高的"热点"存在。这也意味着土壤中存在着大量无毒或低毒的区域,而植物根系非常容易躲避开这些"热点",在化感物质浓度较低的区域生长,以免自身受到伤害。

目前,绝大多数情况下难以肯定植物的化感作用是引起连作障碍的关键因素。而且,许多被称为化感物质的化合物是常见的酚酸类物质,易于被土壤微生物分解,或者很快成为土壤腐殖质的组分。在正常情况下,这类物质的影响是过渡性的,其本身不会积累到对植物生长长期有害的程度。如果长期毒害作用发生,只能表明这种土壤的生物种群结构发生了改变,其实质是某种相关的生物功能类群的群体数量太低,或者有害生物的群体过于强大。前者与化感物质有关,后者更多是受根系分泌物的影响。化感物质另外能够发挥其作用的地方,是通过影响细胞的生理和生物化学过程,来抑制部分功能类群的功能发挥。无论哪一种形式,总之是土壤生态服务功能出现了障碍,是土壤不健康的表现。

2.2.3　连作条件下土壤生物学障碍的产生及原因

根系分泌物中的化感物质对下茬作物的影响更大的可能途径,是通过改变土壤生物的种群结构来影响下茬作物。上节的论述表明,连作条件下化感物质对下茬作物根系生长有明显的抑制作用。尽管如此,多年的生产实际情况表明,最终导致连作减产的主要原因是土传病害严重发生。而根系分泌物刺激有害生物生长是一个重要原因(韩雪等,2006)。

大豆的土传病原生物主要有病原真菌和有害线虫,分别引起大豆根腐病和胞囊线虫病等。其中,大豆根腐病是由多种土壤习居菌复合侵染引起,主要有禾谷镰孢菌(*Fusarium graminearum* Schwa)、立枯丝核菌(*Rhizoctonia solani* Kuhn)、茄腐镰孢菌(*Fusarium solani* Martius App. et Wr)、尖孢镰孢菌芬芳变种[*Fusarium oxysporum* var. *redolens*(Wouenum) Gordon]、燕麦镰孢菌(*Fusarium avenaceum*)和终极腐霉菌(*Phthium ultimum* Trow)等(马汇泉和辛惠普,1985)。胞囊线虫是一类重要的寄生性植物病原生物,属异皮线虫科,主要发生在温暖和冷凉地区,其中对我国危害最大的是大豆孢囊线虫(*Heterodera glycine*),也是胞囊线虫病的致病生物。而且,孢囊线虫的数量随着连作时间的延长而增加(刘增柱等,1990)。此外,蔬菜作物的病害中,与连作关系密切的有番茄枯萎病(*Fusarium* spp.)和黄瓜枯萎病(*Fusarium* spp.)等土传病害的严重发生(刘春艳等,2010)。另外,人参和其他中草药植物连作后,土传病害的发生也是一个重要原因(张重义等,2010;简在友等,2008;张子龙和王文全,2009)。

在设施蔬菜土壤,对许多种蔬菜作物有害的植物寄生性线虫(简称植食性线虫)有多种,其中包括根结线虫属线虫(*Meloidogyne* spp.),而该属中南方根结线虫(*Meloidogyne incognita*)的危害最为突出。根据我们在寿光地区的有关调查,与自然土壤相比,农田土壤植生性线虫所占比例较高,可占线虫总数的90%以上。但是,大田作物土壤中根结线虫所占比例非常低,而连续种植蔬菜作物后,设施土壤中根结线虫随着连续种植的年限延长,线虫的总数增加,根结线虫占植食性线虫比例提高,一般高达80%~90%,线虫的多样性指数随种植年限的增加而明显下降(阮维斌等,未发表资料)。连作土壤中病原和有害生物的超平衡状态的积累,是土壤生物群落发生变化的一个重要标志。

我们利用16S rDNA的DGGE方法对盆栽试验土壤微生物群落结构分析的结果表明,受大豆根系活动的影响,根面和根际土壤微生物种群较单一,土体中微生物种群最丰富。而且,病原生物镰刀霉菌的数量也是根面最高,根际次之,土体最少,同时根际活动还刺激了胞囊线虫的生长,其中感病品种对镰孢菌和大豆胞囊线虫的促进作用更强(陈宏宇等,2005,2006)。利用设在黑龙江省农业科学院土壤肥料研究所的试验地大豆连作的长期定位试验,我们对不同连作年限的田间微区和小区的原位土壤取样进行微生物学分析,结果与盆栽相同,即根系对病原真菌的生长有显著的促进作用。而连作和迎茬大豆根面和根际镰孢霉数量均多于正茬大豆的。在5~6年的连作期间内,随着种植年限的增加胞囊线虫和镰孢菌均有增加的趋势。之后,表现出下降的趋势(陈宏宇,2005)。

通过Biolog、16S/18S rDNA DGGE对不同连作年限大豆根际/土体微生物群落研究结果进一步证实,根际微生物群落结构与土体差异很大,根际效应显著(李春格,2006)。采用16S rDNA PCR-DGGE对试验田中不同连作年限大豆根际/土体细菌群落进行研究。发现不同连作年限大豆土体细菌群落在DGGE图谱中没有明显的条带变化,而根际的则有明显细菌种群的变化(李春格,2006)。此外,在正茬和8年连作土壤中,一种大豆胞囊线虫生防菌淡紫拟青霉条带明显。而且,可产生抗生素的绿色木霉,也只有在正茬土中发现(李春格,2006)。因而可以推测,拮抗菌的恢复与存在可能是在连作多年之后控制线虫危害的一个重要因素。

上述结果表明,受连续种植某一作物的影响,土壤生物的种群结构发生了显著变化,而且这种变化主要发生在植物根际,与根系活动,特别是根系释放的各种物质,特别是分泌物有关。影响根际生物群落变化的主要原因有以下几点。

1. 根系特定分泌物的作用

作为信号物质或生长刺激性物质根系分泌物,会对某些生物种群产生特异性的诱导作用。特别是根系释放的信号物质,对根际部分生物的诱导作用是土壤生物群落结构发生变化重要原因。有害生物和病原真菌在连作土壤中的富集和危害增加,与敏感植物(寄主植物)根系分泌物对它们的诱导或刺激作用有关。早在1982年,日本人就发现glycinoeclepin A对线虫有诱导孵化的作用(Maramune等,1982)。后来,研究者还发现,大豆苷元和染料木因等异黄酮类物质对大豆疫霉病(*Phytophthora sojae*)病原真菌孢子具有诱导其趋化性移动及萌发的作用(Tyler 等,1995)。而在大豆、玉米、谷子等植物释放的独角金内酯,具有专一性的诱导菌根真菌孢子孵化和菌丝分枝的作用(Bouwmeester 等,2007)。根系分泌物中的酚酸类物质,明显促进病原真菌的生长(Blum,1998)。因此可以推断,大豆根际中的对羟基苯甲酸、香草醛、苯甲酸、阿魏酸等酚酸类化感物质在重茬中的含量远远高于正茬(战秀梅等,2004;张淑香,2000),是影响生物结构变化的重要原因之一。这种诱导作用主要来源于活体的根系。如活体根对 SCN 二龄幼虫趋化性有明显的影响(阮维斌,2000)。

2. 植物根系淀积物作为微生物碳源、能源和氮源物质的作用

植物根际效应产生的主要原因是根系不断地以各种方式释放有机物质,为微生物提供碳源、能源甚至氮源物质,促进了微生物生长,增加微生物的根土比。高等植物固定的净光合产物的 20%～60% 被转移到地下部分,其中的 15%～60% 用于根系呼吸。一年生植物根系淀积的有机碳总量,最高可达转移到地下部分同化物的 40%,即每年有 800～4 500 kg/hm² 的 C 进入土壤,同时进入土壤的还有 15～60 kg/hm² 的 N(Neumann,2007)。根际土壤微生物群落结构趋于简单的内在原因是,土壤中存在着 2 种类型的微生物,其中土著类型微生物是指以土壤腐殖质作为主要碳源和能源,活性较低但数量比较稳定的一类微生物。这类微生物具有比较复杂的营养需求,生长缓慢;发酵类型微生物(又称为外来类型微生物)主要利用新鲜的有机物质,对加入的新鲜有机物反应迅速,生长很快。在生态学上,前者属于 K-选择型,后者属于 R-选择型,是生物对环境适应性的一种表现形式(Neher,2010)。根际环境或许更适合于 R-选择型的微生物,如细菌中的假单胞杆菌等。微生物的生态选择性,加上不同植物释放的碳源、能源和氮源物质在种类和性质的差别,是导致不同种类和基因型植物根系微生物种群结构产生变异的主要原因之一。根系淀积物中的底物诱导作用,使得能够利用这种底物的微生物在根际中占有优势地位,从而影响土壤生物群落结构。

3. 根系活动诱导产生的根际物理和化学环境的变化

根系对水分和养分的吸收(特别是对部分养分的偏爱吸收)、呼吸作用、质子和配位体的释放、碳沉积、酶的释放等显著改变了根际土壤的物理、化学性质,并直接或间接地改变了生物学性质,为土壤生物提供了这个不同于土体的生存环境,将对根际生物的种群特征产生显著影响。同样,这种影响的程度和范围也与植物种类和基因型有关(张福锁等,2008)。微生物无处不在,似乎微生物可以适应地球上的任何环境。如果将微生物作为一个整体来看,确实如此。但不同种类的个体,又是对环境非常敏感的,微小的变化就有可能使得其难以生长。细菌是单细胞生物,生长就意味着个体数量的增加。单细胞的微小生物,其功能相对单一,是对环境变化敏感的主要原因。需要指出的是,不生长并不意味着死亡,微生物可以利用各种机制,提高其抗饥饿存活的能力,从而在土壤中长期存在。而且土壤性质的空间变异,特别是土壤结构的存在,使得土壤中能够在难以想象的长时间内,保持自己的生物多样性,只是丰富度有差异而已。尽管现有的方法难以准确地描述出来这种现象,它们事实上是客观存在的。否则,难以解释当环境条件改变时,优势种群会发生变化,过去找不到的群落又出来了。

4. 生物间的相互作用

土壤生物之间存在着共生、竞争、寄生、捕食、互营和拮抗等相互关系。这些形式的相互关系不仅影响着某一生物在根际的定殖,也影响着其种群的大小和功能的发挥。如菌根植物侵染菌根真菌后,对根际(菌根际)生物种群结构产生影响,从而改善寄主植物的根际环境,提高植物对病原真菌和有害生物的抗性。再有,某些抑病土对某些病原生物的控制作用,也主要是

利用生物间的相互作用。

在这种意义上可以说,植物根系对微生物的影响可以进一步延伸到土壤生态系统的食物链和食物网结构的变化。一般认为,土壤生态系统的食物网结构是基于植物残体,以由下至上的调节为主(Neher,2010),即土壤群落结构由营养物质的有效性以及被捕食者数量和种类决定。当然,也可能存在着由上向下的调节,即处于营养级下端土壤生物的数量和多样性,受上一个营养级捕食者的控制。这2种因素共同作用的结果,导致土壤生物群体结构的改变,从而对农田生态系统产生有利和不利影响,连作障碍是不利影响的一个典型案例。深入认识植物根系与土壤生物之间的相互关系,对有目的地调控土壤生物群落结构,使之向有利于农田生态系统的稳定性方向发展,具有重要的科学意义。

土壤生态学家将根系看做是土壤生态系统中重要组成部分。更重要的是,在这个生态系统中,根系往往起主导作用,是由下至上调节的主体。同时,我们在认识根际土壤生物群落结构变化时,也要兼顾生物间的相互作用,因为由上至下的调节也是这一系统中不可忽视的一个方面,某种情况下,也许起决定性作用。

2.2.4　土壤生物学障碍的含义

作为陆地生态系统的一个非常重要的组成部分,由土壤动物、微生物、植物根系及其土壤的各种非生物学组分共同组成的土壤生态系统,在全球变化日益明显的今天,显得越来越重要。利用生态学的基本原理、研究方法和思维方式研究土壤生态系统,为土壤生物学和生物化学开辟了一个新的研究领域和发展方向。更能够在宏观上把握住正确的方向,少走弯路。而且,对这一生态系统的研究也吸引了越来越多的生态学家。

Copley(2000)在Nature上发表文章指出,20世纪90年代中期以后,生态学家认识到土壤生物多样性是调节生态系统功能发挥的关键因子,而且许多最重要的植物之间相互作用,包括植物通过土壤动物和微生物与其他植物之间发生的相互作用,发生在人们通常看不到的地下部分——土壤中。这种相互作用决定了生态系统中植物为什么生长在某一个特定的地方,是如何生长的。这是因为由于植物其根系形态和生物代谢过程的差异,而向土壤环境释放不同的碳源、能源物质和次生代谢产物,并导致根际物理和化学环境发生改变等,使得不同植物根际土壤的群落结构不同,而这些不同的土壤生物群落结构,反过来影响植物本身和相邻植物的生长发育,并对生态系统结构和群落组成、演替产生影响(Tarkka等,2008),这种相互关系就是植物—土壤反馈。

1994年,在研究了4种植物与相关的土壤生物群落之间存在着反馈作用之后,Bever确定了植物—土壤反馈的概念(Bever,1994)。一种植物诱导产生的土壤群落结构,可能对自身或其他植物的生长有正的或负的反馈作用。当正反馈作用发生时,将使受影响植物的群体数量会增加,生物多样性可能减少。当负反馈作用发生时,受影响植物的群体数量会减少,生物多样性可能增加。土壤生物群落结构和功能的改变,意味着受它们调节的生物地球化学过程,如养分的释放、有机物质转化、氮素转化与循环等影响植物生长发育的因素发生了变化;同时,部分土壤生物种群大量增加,也可以直接作用于植物,如病原生物和寄生性动物对植物的危害,有益生物(菌根真菌、固氮生物和拮抗微生物、植物促生菌等)对植物生长的促进作用。此外,土壤生物还可能通过对土壤结构和通透性的影响,对植物生长发育产生间接的影响。由此可见,在许多情况下,植物—土壤之间的反馈作用对生态系统的稳定起着决定性的作用(Wardle 等,2004)。

　　植物—土壤反馈的研究工作虽然是在自然生态系统中进行的,但其揭示的生态学基本规律,仍然适用于农田生态系统。农田生态系统的植物种类相对单一,横向上来看几乎没有种间的相互作用,但前茬植物导致土壤生物群落结构的改变,必然影响后茬作物生长和发育。如果表现出抑制性影响,即说明上下茬之间存在着负反馈作用,无论下茬是否是同一种作物。

　　在连作条件下,虽然难以排除植物化感作用是连作障碍产生的原因之一,如 Kong 等,(2008)从杉木连作的土壤上曾分离出了一种环二肽(学名为:6-hydroxy-1,3-dimethyl-8-nonadecyl-[1,4]-diazocane-2,5-diketone)的化感物质,由杉木根系分泌,毒性很强。除此之外,还没有具有类似作用的化感物质从连作的土壤中分离。前文提到,更多情况下,人们分离出的化感物质或者是常见的酚酸类物质,其毒害作用具有过渡性或轻微性,而且它们的毒害作用难以从田间实际情况下得到足够的证据。与此相反,国内更多的研究结果表明,土传的真菌或线虫病害,单独或两者同时存在是导致连作障碍发生最主要的原因。当然,化感物质的存在有可能进一步帮助病原生物对寄主的侵染,加重其致病作用,然而根本原因在于病原生物超平衡状态存在。此外,国外近年报道,桃树重茬病是由有害细菌引起的(Benizri 等,2005),也很好地说明了生物种群结构发生了变化,使得有害细菌积累到了足以危害再植桃树生长的程度。综上所述,根系活动对根际土壤生物群落结构的影响,引起土壤微生态系统失衡,是连作土壤出现生物学障碍的最主要原因(图 2.3)。

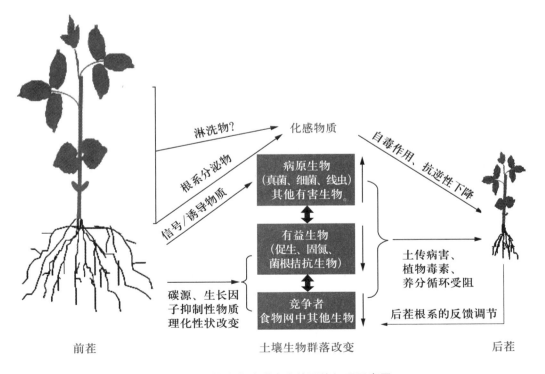

图 2.3　作物连作障碍产生的可能机理示意图

如图 2.3 所示,在苗期,植物释放的化感物质对自身具有一定的毒害作用,除了抑制后茬作物的生长和发育外,还可能导致植物对病害的抗逆性下降。更重要的是,前茬植物根系释放的信号物质或诱导性物质,对病原生物(真菌、细菌和线虫等)以及其他有害生物的趋化性迁移、真菌孢子的萌发或线虫虫卵的孵化等有促进作用。这些有害生物通过对植物的致病作用,或者释放植物毒素,抑制后茬植物的生长和发育。同时,根系沉积的碳源、能源和氮源物质数量和种类变化、释放的抑制性物质或者根系活动导致根际土壤理化环境改变等因素,以及上根际生物之间相互作用的影响,对植物有益的生物生长和种群数量受到某种程度上的抑制。这些有益的生物功能类群包括:具有植物促生作用、共生和固氮的生物,对有害生物具有拮抗作用的有益生物,具有与病原生物竞争营养物质和碳源物质的中性土壤生物等。

根际土壤生物群落的改变,进一步影响了土壤食物网结构,从而导致土壤生态系统的改变和植物—土壤负反馈的发生。这种负反馈在后茬作物根系作用下,可能得到进一步加强。这种由于土壤生物群落改变,原有的土壤生态系统发生了不利于后茬作物生长和发育的改变,实际上是产生了一种对植物生长不利的生物学障碍因素。

据此,土壤生物学障碍可以定义为:在自然或农田生态系统中,植物—土壤的相互作用导致土壤生物种群发生了不利于某种植物生长和发育改变的现象。这种改变表现为土壤生态系统的失衡和服务功能的不利变化,从而导致碳转化和养分物质循环过程的改变,降低了土壤对有害生物的调节和控制能力。这里虽然是从土壤生态系统对有害生物控制作用减弱或丧失的角度来定义土壤生物学障碍的,但土壤生物群落改变引起的其他土壤生态功能障碍方面的问题,都应该包括在内。如这种变化导致碳转化、养分循环与转化过程受阻或向不利的方向发展,土壤结构破坏等。

土壤生物学障碍发生还与土壤中的非生物因素有密切关系。存在对植物生长不利的物理和化学障碍因素的土壤,土壤生物学障碍的发生更为严重。如我们曾在调查中发现,在东北地区的盐分含量较高的土壤上,大豆连作障碍的土传病害发生得更为严重,而在有机质含量较高的土壤上,连作障碍发生相对较轻。而且,不合理的水肥管理也是加重生物学障碍的一个重要原因,如氮素管理的影响(图 2.4)。

图 2.4 的结果是 2008 年在一个长期定位的氮素管理田间大棚内取得的。其中对照已经连续 5 年不施氮肥,优化施氮处理的有机肥量与农民的习惯相同,但化学氮肥仅为农民习惯施肥量的 1/3,土壤 pH 值在试验开始时的 2004 年降至 6.5 以下,后来有所提高。在取样时,习惯施氮处理的 pH 值为 6.7,而其他 2 个处理的 pH 值在 7 左右。养分不平衡,或许更重要的是不同氮肥水平导致的土壤理化性状的变化,对土壤生物学障碍发生的程度产生了影响。总之,土壤生物学障碍因素与土壤理化性状之间存在着一定程度的相互作用。

提出土壤生物学障碍这一概念,可以更准确地反映出连作障碍等土壤生态系统出现问题的实质,加深对相关问题的认识,有利于采取有针对性的调控措施。土壤生物学障碍的提法虽然是从连作障碍发展而来的,但覆盖的面更宽一些,针对性也更强一些,这是因为连作障碍的定义比较模糊,传统上是指连续种植同一种作物发生的减产现象。而土壤生物学障碍可适用于那些虽然不是同一种作物,但仍然出现同样问题的情况。如在设施菜田里,受根结线虫危害的作物不止一种,既有茄科的番茄、茄子等,也有葫芦科的黄瓜、丝瓜等。这些不同科属作物在同一块地交替种植,不能算是连作,但同样受根结线虫的危害,只是受害严重程度稍有不同而已。连作障碍在国外的说法是"重茬病"(replant soil sickness)。如果只用"soil sickenss"来

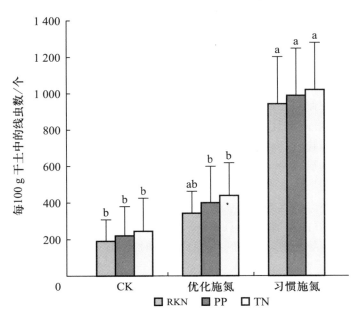

CK:对照　　RKN:根结线虫　　PP:植物寄生线虫　　TN:线虫总数

图 2.4　**氮素管理对根结线虫、植物寄生性线虫和线虫总数的影响**

注:同一颜色柱形图上不同小写字母表示处理之间差异显著($P<0.05$)。

引自:阮维斌等,未发表资料。

表示土壤生物学障碍,也是一种选择,是相对于土壤健康而言的。本章 1.1 节已经对目前"土壤健康"这一术语的内涵进行了综述,可见出现生物学障碍的土壤,是其生态服务功能的发挥出现障碍的土壤,因而也是不健康的土壤。

2.3　土壤生物学障碍的调控途径

传统最有效控制消除土壤有害和病原生物的方法是进行土壤消毒处理,常用的土壤消毒剂是甲基溴(溴甲烷)。根据联合国《关于消耗臭氧层物质的蒙特利尔议定书》规定,由于这类卤代烃类化合物对大气臭氧层的破坏而被逐渐淘汰。其中,溴甲烷已于 2005 年 1 月 1 日在发达国家被完全停止生产和销售。发展中国家可以顺延 10 年,但在 2015 年也将被完全禁用。出于环境安全原因,在中国的部分地区,如北京市早已禁止在蔬菜上使用溴甲烷。目前研制成功的替代品,成本高且施用效果不稳定。

国内很早就开始尝试使用有机肥(含生物菌肥)和菌剂等方式进行连作障碍的控制(郑军辉等,2004;张春兰等,1999;蔡燕飞等,2003;孙红霞等,2001;王占武等,2004)。一般认为,大量使用有机肥可以改善土壤的物理、化学和生物学性状。然而由于重金属、抗生素和激素类物质的存在,城市垃圾堆肥和畜禽有机肥的应用受到一些限制。因为这些抗生素可以通过动物源有机肥转移到蔬菜中,对蔬菜安全和人体健康构成潜在的危险(Kumar 等,2005)。生产实践中,我国蔬菜特别是设施蔬菜生产中,有机肥的大量施用非常普遍(参见本书第 1 章),尽管如此,土壤生物学障碍问题还是没有解决。利用微生物菌剂(包括生防菌和微生物肥料菌剂)改善地力的努力,除根瘤菌外均存在效果不稳定的问题,或者存在着控制对象单一,不能广泛施用的问题。近年来,沈其荣及其合作者通过筛选能够产生抑菌化合物的生防菌株和制成的微生物有机肥,在抗西瓜枯萎病等土传病害方面取得很有成效的工作(Raza 等,2009;Zhao 等,2011)。然而其是否具有广谱性,特别是对其他真菌和线虫病害的防治效果,有待于进一步验证。

利用抗性砧木是控制土传病害的重要措施之一。然而,大范围推广存在着产品品质下降的问题,主要是口感不好。而且,长期连续使用同一砧木,难免会在不远的将来出现新的问题,因为长期种植同一种作物,没有轮作,土壤生态系统失衡的问题还可能发生。而且,国外抗性砧木的应用往往是和基质栽培结合进行的,基质由于易于更换,因此这方面的问题不突出。

土壤生态系统是陆地生态系统的一个组成部分,因而,应用生态学基本原理控制土壤生物学障碍的发生就是一种必然选择。van der Putten 等人提出的对作物有害线虫进行生态调控思路,为我们提供了很好的参照依据(van der Putten 等,2006)。调控土壤生物学障碍的基本思路是以由下而上的调控为主,附之于由上而下的调控。其中由下而上调控的核心,是进行根际的生态调控。

2.3.1 根际调控的理论基础

德国微生物学家 Hilter 于 1904 年提出了根际的概念,其依据就是豆科植物根系附近几个毫米的土壤范围内,微生物的数量特别是根瘤菌的数量显著高于不受根系影响的土体。根系生物在数量上的增加,是因为这里有根系主动释放和沉积的多种有机物质,为根际微生物提供碳源、能源和生长因子;释放信号物质或诱导性物质引导部分生物向根际迁移、定殖(王敬国,1993)。根系活动的诱导作用加上根际生物之间的相互作用,产生了根际这个特殊的微生态系统,其生物的群落结构明显不同于土体。根据植物—土壤的反馈理论,这个特殊微生态系统反过来影响植物根系生长发育,以及植物与土壤之间的相互关系。我们认为,根系分泌物对根际病原生物生长的刺激作用和对有益生物的抑制作用,并由此带来的根际微生态系统的失衡是连作条件下土传病害严重发生的根本原因(阮维斌等,2001,2003)。而且,影响根系特定和常见有机物质释放的主要因素是植物种类和基因型差异,以及环境因素和管理措施(Curl 和Truelove,1986;van Veen,2004)。因而通过人为措施,定向调控根际土壤生物的种群结构是可能的。

根际调控的研究及实践始于 20 世纪中期,开始主要是采用固氮、生防等微生物菌剂,增加豆科作物根瘤固氮、根际联合固氮达到防治土传病害的目的。后来,解磷和解钾微生物菌肥也开始施用。然而多年的实践表明,除根瘤菌外,其他菌剂的应用均存在效果不稳定的问题。其主要原因在与众多土著类型微生物竞争过程中,从外面引入的微生物难以形成优势种群,且受环境因素变化的影响较大。相反,多年的实践证明,通过根际营养调控的方法改善植物的根系生长以及营养供应,在果树等作物上,是一个切实有效的措施。此外,近年来植物源的天然有机物在调控根系生长发育和控制土传病害、土壤肥力功能恢复方面研究和应用越来越受到重视。

定向调控根际生物群落结构的依据是对根系与根际生物之间的相互关系进行干扰。根际微生物数量的富集和种群特征的显现是由根系分泌物启动和调节的。根系分泌物在根系和土壤生物的信息交流和能量流动方面具有十分重要的作用（Bais 等，2004；Yao 和 Allen，2006；Malusa 等，2006；Szabo 和 Wittenmayer，2000；Ye 等，2006）。同样，根际土壤生物也能反过来影响根系分泌物的组分和数量（Segarra 等，2006；Rasmann 等，2005；Turlings 和 Ton，2006；Baldwin 等，2006；Nobrega 等，2005；van Dijk 和 Nelson，2000；Ruan 等，2005；Blouin 等，2005；Anderson 等，2004）。然而陆地生态系统包括地上部分和地下部分，二者组成了一个相互依存的整体（Wardle 等，2004）。过去更多的是对二者独立开展研究，而忽略了二者之间的联系。最近，人们逐渐认识到地上部分与地下部分的反馈和协调在控制生态系统的过程和特性方面的重要作用（Bardgett 和 Wardle，2003）。因此，无论从地下部分根际调控还是从地上部分调控，一方面将会直接或间接有助于植物根际生物间的平衡而提高地力，另一方面可能增加植物抗性，提高植物产量。

2.3.2　根际调控的具体措施

1. 环境友好型植物源活性物质筛选与根际调控剂

近年来的有关研究表明，植物源天然有机物可以用于防治土传病害，在土壤生态功能恢复方面具有一定潜力。如土壤添加短链脂肪酸丁酸后，能够杀死腐霉（*Pythium* spp.）、立枯丝核菌（*Rhizoctonia solani*）等病原真菌；调查还发现丁酸使根结线虫对番茄的危害降低 70% 以上（McElderry 等，2005；Browning 等，2006）。阮维斌等（2005）从芝麻饼肥中分离到 3 种长链脂肪酸，加入到发生连作障碍的土壤中后导致有益细菌和放线菌数量显著增加，黄瓜生物量也成倍增加（Ruan 等，2005）。此外，研究还表明，其他植物源天然活性物质也有很好的抑病效果（参见本书第 5 章）。以天然活性物质为基础，结合部分营养元素进行复配，形成根际调控制剂，以达到抑病、壮根和平衡营养的效果。根据上述原理生产的根际调控制剂，在田间应用取得了一定效果，其中在苗期表现突出。

2. 有益生物

菌根真菌是农业生态系统中十分普遍和重要的有益微生物，它与大多数园艺作物形成稳定的共生体系。VA 菌根真菌能参与植物许多生理生化代谢过程，对植物有多方面作用。如可促进根系对钙、镁、钼、硼等多种元素的吸收利用，从而改善植物的矿物质营养状况，具有"生物肥料"的作用（Li 等，1991）。通过诱导植物合成多种酶类、可溶性蛋白、类脂，调节酶活性植物体内源激素平衡状况，促进矿物质养分和水分吸收利用，增强光合作用，以提高植物抗旱性、抗盐性及其他抗逆性，增加产量和改善品质（Feng 等，2002）。后来的研究表明，菌根真菌在土传病害的防治方面具有明显的效果和很大的潜力，它能够有效防治尖孢镰孢菌（*Fusarium oxysporu*）、立枯丝核菌（*Rhizoctonia solani*）等引起的病害（Kjoller 和 Rosendahl，1996；Masadeh 等，2004）。Habte 等（1999）报道，菌根真菌侵染的白三叶草接种南方根结线虫（*Glomus aggregatum*），40 d 后，菌根真菌显著增加白三叶草生物量，降低线虫数和线虫卵的数量、根结数，有效控制线虫的危害（Habte 等，1999）。番茄联合接种菌根真菌和穿刺巴氏杆菌（*Pasteuria penetrans*）后，能够有效降低南方根结线虫的危害，根结数减少，番茄地上部生物量和产量都显著增加（Talavera 等，2002）。

本课题组利用菌根真菌控制黄瓜根结线虫危害的盆栽试验研究表明，抑制线虫效果最好的菌根真菌是地表球囊霉（*Glomus versifome*），其次是摩氏球囊霉（*Glomus mossiae*）和根内球囊霉（*Glomus intraredices*）（Zhang 等,2009）。

在田间条件下,采用 AM 真菌菌根化育苗与生物有机肥育苗技术,套种拮抗作物,添加作物秸秆等综合措施手段,改善植物根际微生态环境,以控制菜田土壤线虫危害也取得了较好的效果。与对照相比,利用 AM 真菌单接种育苗、AM 真菌和生物有机肥混合育苗处理促进了植物的生长,并能够在一定程度上降低土壤线虫密度,分别平均下降了 14% 和 23%（黄成东等,未发表资料）。

有益生物还应包括对能够分解化感物质的微生物、植物根际促生菌（PGPR）、拮抗微生物等的引入。

3. 非寄主植物间作

利用病原生物的非寄主植物进行间作目的在于:①利用非寄主植物释放的碳源、能源氮源和生物活性物质,改变设施蔬菜作物根际的生物群落结构。这是一种典型的由下而上的调节方式,即通过增加设施内植物多样性,改变底物的结构来促进地下部分的生物多样性,维持土壤生态平衡。同时,利用根系及其与此相联系的土壤生物,干扰寄主植物与病原生物之间的信号联系。②利用非寄主植物中对病原生物有抑制作用的活性物质,控制病原生物的危害。利用植物及其含有的天然活性物质在改善根际土壤生物环境方面具有重要意义。国外的研究表明,高丹草生长期间和残体腐解过程中产生氰胺类杀死线虫的化合物,使根结线虫的危害降低至对照的 46%（Widmer 和 Abawi,2002）。种植菊科茼蒿后,番茄生物量显著提高,线虫危害明显降低（Bar-Eyal 等,2006）。燕麦作为绿肥使土壤中放线菌和细菌密度增加,增加土壤对疫病病原菌等的抑制效应（Wiggins 和 Kinkel,2005）。另外,大戟科的蓖麻、菊科的万寿菊、胡麻科的芝麻和豆科的富贵豆等轮作后,都能不同程度地降低病原真菌和线虫的密度,改善土壤的生物性状。国外对生物学障碍因素的克服多采用轮作和进行无土栽培等措施解决。轮作有助于维持和恢复土壤健康,减少土壤病虫害（Tilman 等,2002）。

盆栽筛选的研究表明,蓖麻、辣椒和茼蒿等非寄主植物对控制黄瓜根结线虫危害有明显的效果（左元梅等,未发表资料）。在田间条件下,20 多种非寄主植物与番茄和黄瓜间作（混种）防治根结线虫的研究结果表明,这些非寄主植物的引入,对控制黄瓜和番茄的根结线虫危害有明显的效果。其中万寿菊、高羊茅、黑麦草和茼蒿均有很好的控制根结形成的效果。而且在盛花期之前可以显著降低土壤中的线虫密度,但在成熟期对土壤线虫密度降低的效果不大（阮维斌等,未发表资料）。这一研究结果表明,非寄主植物间作（混种）后,在干扰寄主植物和病原线虫之间的信号联系方面,具有明显效果,但由于这些植物本身不能够产生对线虫有抑制作用的化合物或者在底物改变方面的效果不大,因而对土壤中线虫密度的降低没有影响。

吴凤芝等的研究结果也表明,小麦—黄瓜间作显著降低了土壤真菌的数量,极显著提高细菌的数量和细菌的丰富度指数,小麦—黄瓜间作、毛苕子—黄瓜间作和三叶草—黄瓜间作极显著地降低了尖孢镰孢菌的数量。同时间作还降低了 4 种土传病害的病情指数（参见第 8 章）。

2.3.3　填闲作物与非寄主植物残体引入

为了在更大的范围内控制土壤病原生物的密度,利用田间试验研究了采用非寄主植物填闲和添加非寄主植物残体的效果。这是由下而上调节土壤生物群落结构的另外一种实践方式。其中,填闲是利用夏季 2 个月左右的大棚作物休闲期,通过填闲植物活体在生长期间不断分泌和释放的活性物质,或提供不同种类的碳源和能源,以及翻埋后土壤生物对残体提供的碳源、能源和氮源物质,刺激其他生物的生长,增加土壤生物的多样性,改变土壤生物群落结构。非寄主植物残体的引入是在没有休闲期或休闲期太短的情况下,为土壤生物提供不同的碳源和能源,增强土壤生物的多样性。这也是根际调控的配套措施。在填闲处理中的供试植物包括毛苕子、苏丹草、玉米、万寿菊等。2 年的试验结果表明,这些植物在田间均表现出较好地控制土壤根结线虫数量的效果。其中 2007 年达到了显著水平,另一大棚在 2008 年进行的处理尽管也表现出较好的作用,但是由于根结线虫的本底数量较高,处理间变异较大而导致其效果没有达到统计学意义上的显著水平。尽管如此,这方面的工作还是很有意义的。特别是如果能够在用一块地上,连续多年采用这一方式,相信效果是显著的。

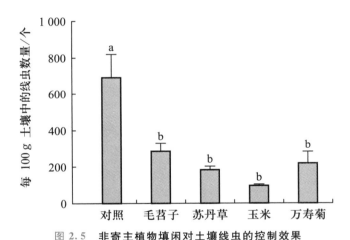

图 2.5　非寄主植物填闲对土壤线虫的控制效果

注:柱形图上不同小写字母表示处理之间差异显著($P < 0.05$)。

引自:阮维斌等,待发表资料。

田间条件下,非寄主植物残体添加到土壤后,主成分分析结果显示与对照处理结果完全分开。微生物总量的测定表明,植物残体添加到土壤中后,微生物数量总体提高,其中玉米植株残体处理效果最显著,万寿菊植株残体对土壤生物种群的影响也有一定作用,虽不如万寿菊间作效果好。一般而言,植物残体的引入对真菌群落结构的影响较为明显,对细菌群落的影响较弱(李一丹等,未发表资料)。

2.3.4　水肥管理

前文提到,不同氮素管理对土壤线虫数量和种群分布的显著影响是存在的(图 2.4),而且这是连续 4 年的观察结果,相对比较稳定。在低氮水平下根结线虫数量持续下降,危害显著降低。这表明采取合理的养分管理措施,控制土壤生物群落结构的变化还是可行的。

环境中的非生物因子是决定着生态系统内植物类型分布和种群特征的重要因素。与生态系统的普遍规律相同,土壤生态系统中的非生物因素也会对土壤生物群落结构产生影响。但是这种影响或许更复杂,而且是多方面的。土壤环境因子可以通过影响植物根系活动间接地影响土壤生物的种群结构,也可能对某些土壤生物种群产生直接的影响。如土壤 pH 值对许多土壤生物化学过程均有显著影响。在较小的变幅内,这种影响主要体现在功能表达上;但在较大的范围内,则要影响生物多样性和土壤生物群落结构。因为各种土壤生物化学反应和特定的生物种群都有一个最适环境条件的要求。环境条件发生改变,土壤生物群落结构随之而变就是显而易见的了。更何况土壤生物的个体较小,其自身功能的限制使得其难以很好地适应环境的变化,这种情况长期出现,必然导致土壤生物群落结构的变化,甚至某些土壤生物,如细菌,会发生遗传变异。

比较各种环境障碍性因素的相对重要性还可以发现,环境中非生物的障碍因素在生态系统的稳定性方面往往比生物学因素更重要。两者影响的尺度不同,程度也有差异。如不同类型的生态系统主要是由气候(温度和降水等)等环境因素决定的。而一个自然生态系统内部的生物多样性可以是由环境因素的变化引起,也可以是植物的种间或群体之间的相互作用所致。这种原则如果可用来解释土壤生态系统的现象,可以说环境因素决定了土壤生物多样性的特征,即决定了土壤生态系统中的种群结构特征。而且,众多的实践表明,土壤生物多样性最多的土壤,往往是质量最好的土壤。在土壤存在着物理和化学障碍等非生物障碍因素的情况下,单纯调控土壤生物学因素的效果难以达到目的。如第 1 章所述,设施菜田土壤极高的水肥投入导致了土壤酸化、土壤表层盐分聚集等土壤障碍因素的发生,土壤质量退化现象明显。在某种意义上可以断言,这些因素对土壤生物多样性和土壤生物学障碍因素发生的影响作用比生物学因素更强、更重要。在不消除非生物障碍因素的情况下,生物学障碍因素控制效果十分有限。

因此,采取合理的水肥管理措施,稳定提高土壤质量,是控制生物学障碍因素发生的一项基础性工作。这方面工作也是国际上的研究"热点",如欧洲和美国多年来投入大量财力和人力开展的人类干扰活动对土壤生物多样性的研究等。我国虽然也有这方面的研究,但总体深度不够,只是侧重于土壤管理对生物多样性影响的一般性变化的了解,缺乏对土壤生态服务功能变化的深入研究。

2.4 结　　论

土壤生态系统的生态服务功能既对生态系统的稳定性具有重要作用,也关系到粮食安全、全球变化和各类环境安全问题,在各种自然和农田生态系统中均具有重要地位,受到越来越多的关注。保持土壤的生物多样性,改善土壤质量,保证土壤健康,对土壤的可持续利用和农业的可持续发展具有重要意义。

土壤生物学障碍是由于不合理的农田管理措施而产生的一种次生障碍因素,是土壤不健康的标志之一。设施菜田土壤生物学障碍的发生的主要原因是不合理土壤管理和利用措施,包括长期连续种植单一作物,水肥投入不合理导致的土壤非生物障碍因素的发生或土壤环境的变化。由于土壤生态系统的复杂性,单一的调控措施的作用有局限。因地制宜地综合利用各种调控措施,才能有效地控制土壤生物学障碍的发生。

2.5 致　　谢

　　本文是作者15年来相关研究工作的一次较为系统的总结,先后接受资助的项目和课题有:国家"九五"科技攻关"重中之重"大豆项目子课题"重迎茬大豆根系与根际微生物分泌物的种类及其毒害和调控技术"(1996—2000,项目编号:95-001-05-3-2-1-7),国家自然科学基金面上项目"化感物质对连作大豆根系的毒害机理及其调控"(1999—2001,项目编号:39870488)、"连作条件下大豆根际环境中生物之间相互作用的研究"(2003—2005,项目编号:30270768)和"大豆根分泌物和淀积物对根际功能生物种群的作用机理"(2009—2011,项目编号:40871121),国家"十五"科技攻关课题"园艺作物连作障碍综合控制技术研究与示范"(2004—2006,项目编号:2004BA521B04),国家高技术发展规划(863)项目"十一五"农业领域专题"连作土壤根际微生物定向调控技术"(2006—2010,项目编号:2006AA10Z423),国家"十一五"科技支撑计划课题"设施园艺退化土壤修复与高效利用的研究"(2007—2010,项目编号:2006BAD07B03)。本文作者对国家科技部、国家自然科学基金委员会的连续和大力资助深表谢意;并对协助本研究工作的单位,黑龙江省农科院土壤肥料研究所和山东省寿光市农产品质量检测中心(土肥站)等表示感谢。同时,向参加有关研究工作的各位研究生和参与有关讨论的各位教师致意,谢谢你们的工作和各种方式的支持。

参 考 文 献

[1] 蔡燕飞,廖宗文,章家恩,等. 生态有机肥对番茄青枯病及土壤微生物多样性的影响. 应用生态学报,2003,14(3):349-353.

[2] 曹志洪,周健民主编. 中国土壤质量. 北京:科学出版社,2008.

[3] 陈宏宇. 不同品种和不同茬口大豆根面及根际的微生物群落结构分析. 博士学位论文. 北京:中国农业大学,2005.

[4] 陈宏宇,李晓鸣,王敬国. 抗病性不同大豆品种根面及根际微生物区系的变化Ⅰ:非连作大豆(正茬)根面及根际微生物区系的变化. 植物营养与肥料学报,2005,11(6):804-809.

[5] 陈宏宇,李晓鸣,王敬国. 抗病性不同大豆品种根面及根际微生物区系的变化Ⅱ:连作大豆(重茬)根面及根际微生物区系的变化. 植物营养与肥料学报,12(1):104-108.

[6] 韩雪,吴凤芝,潘凯. 根系分泌物与土传病害关系之研究综述. 中国农学通报,2006(3):316-318.

[7] 胡江春,王书锦. 大豆连作障碍研究Ⅰ:大豆连作土壤紫青霉菌的毒素作用研究. 应用生态学报,1996,7(4):396-400.

[8] 黄斌. 大豆残茬中异黄酮的分离、鉴定与其化感作用的研究,硕士学位论文. 北京:中国农业大学,2001.

[9] 简在友,王文全,孟丽,等. 人参属药用植物连作障碍研究进展,中国现代中药,2008,10

(6):3-5.

[10] 李春格. 大豆连作对土壤微生物群落功能和结构的影响,博士学位论文. 北京:中国农业大学,2006.

[11] 刘春艳,王勇,郝永娟,等. 设施蔬菜病害发生特点与综合防控技术. 北方园艺,2010(1):89～90.

[12] 刘丽君,高明杰,杨兆英. 大豆重迎茬减产机理和调控技术的研究. 黑龙江农业科学(增刊),1993,17-19.

[13] 刘增柱,周玉芝,韩静淑. 大豆连、轮作土壤微生物生态分布于大豆孢囊线虫群体动态的研究. 大豆科学,1990,9(3):206-212.

[14] 马汇泉,辛惠普. 大豆根腐病病原菌种类鉴定及其生物学的研究. 黑龙江八一农垦大学学报,1985,2:115-121.

[15] 阮维斌. 大豆连作障碍机理及调控措施的研究. 博士学位论文. 中国农业大学,2000.

[16] 阮维斌,刘默涵,黄斌,等. 两种羟基苯乙酸对大豆萌发的化感效应研究. 应用生态学报,2003,14(5):785-788.

[17] 阮维斌,刘默涵,潘洁,等. 不同饼肥对连作黄瓜生长的影响. 中国农业科学,2003,36:1519-1524.

[18] 阮维斌,王敬国,张福锁. 根际微生态系统中的大豆孢囊线虫. 植物病理学报,2002,32(2):200-213.

[19] 阮维斌,王敬国,张福锁,等. 溴甲烷灭菌对大豆苗期根系生长的影响. 生态学报,2001,21:759-764.

[20] 阮维斌,王敬国,张福锁,等. 根际微生态系统理论在连作障碍中的应用. 中国农业科技导报,1999,1(4):53-58.

[21] 孙红霞,武琴,郑国祥,等. EM对茄子、黄瓜抗连作障碍和增强土壤生物活性的效果. 土壤,2001(5):264-267.

[22] 王芳. 茄子连作障碍及里的研究. 博士学位论文. 中国农业大学,2003.

[23] 王芳,王敬国. 茄子秸秆水提物自毒作用初探. 中国生态农业学报,2005,13(2):51-53.

[24] 王芳,王敬国. 连作对茄子苗期生长的影响研究. 中国农业生态学报,2005,13:79-81.

[25] 王敬国. 根际微生物的植物基因型特征//张福锁. 植物营养生态生理学和遗传学. 北京:中国科学技术出版社,1993.

[26] 王倩,李晓林. 苯甲酸和肉桂酸对西瓜幼苗生长及枯萎病发生的作用. 中国农业大学学报,2003,8(1):83-86.

[27] 王占武,李晓芝,张翠绵,等. 防病促生功能性微生物的筛选及应用研究. 河北农业科学,2004,8(2):28-31.

[28] 西尾道德. 土壤微生物の基礎知識. 東京:农文协,1989:130-165.

[29] 阎飞. 大豆残茬中化感物质的分离、鉴定及其化感作用的研究,硕士学位论文. 中国农业大学,2003.

[30] 喻景权,松井佳久. 豌豆根系分泌物自毒作用的研究. 园艺学报,1999,26(3):175-179.

[31] 战秀梅,韩晓日,杨劲峰,等. 大豆连作及其根茬腐解物对大豆根系分泌物中酚酸类物质的影响. 土壤通报,2004,35(5):631-635.

[32] 张春兰,吕卫光,袁飞,等. 生物有机肥减轻设施栽培黄瓜连作障碍的效果. 中国农学通报,1999,15(6):67-69.

[33] 张福锁,申建波,冯固,等. 根际生态学—过程与调控. 北京:中国农业大学出版社,2009.

[34] 张俊英,王敬国,许永利.不同大豆品种根系分泌物中有机酸和酚酸的比较研究.安徽农业科学,2007:7127-7129.

[35] 张淑香,高子勤,刘海玲. 连作障碍与根际微生态研究 Ⅲ:土壤酚酸物质及其生物学效应. 应用生态学报,2000,11(5):741-744.

[36] 张重义,陈慧,杨艳会,等. 连作对地黄根际土壤细菌群落多样性的影响. 应用生态学报,2010,21:2843-2848.

[37] 张子龙,王文全. 药用植物连作障碍的形成机理及其防治.中国农业科技导报,2009,11(6): 19-23.

[38] 郑军辉,叶素芬,喻景权. 蔬菜连作障碍产生的机理及生物防治. 中国蔬菜,2004(3):58-60.

[39] Anderson J P, Badruzsaufari E, Schenk P M, *et al*. Antagonistic interaction between abscisic acid and jasmonate-ethylene signaling pathways modulates defense gene expression and disease resistance in Arabidopsis. Plant Cell, 2004,16:3460-3479.

[40] Bais H P, Park S W, Weir T L, *et al*. How plants communicate using the underground information superhighway. Trends in Plant Science, 2004, 9:26-32.

[41] Baldwin I T, Halitschke R, Paschold A, *et al*. Volatile signaling in plant-plant inter-actions: "Talking trees" in the genomics era. Science, 2006,311:812-815.

[42] Bardgett R D, Wardle D A. Herbivore-mediated linkages between aboveground and below-ground communities. Ecology. 2003,84:2258-2268.

[43] Bar-Eyal M, Sharon E, Spiegel Y. Nematicidal activity of chrysanthemum coronarium. European Journal of Plant Pathology. 2006,114: 427-433.

[44] Benizri E, Piutti S, Verger S, *et al*. Replant diseases: Bacterial community structure and diversity in peach rhizosphere as determined by metabolic and genetic fingerprinting. Soil Biology & Biochemistry. 2005, 37: 1738-1746.

[45] Bever J D. Feedback between plants and their soil communities in an old field communities. Ecology, 1994, 75: 1965-1977.

[46] Blouin M, Zuily-Fodil Y, Pham-Thi A T, *et al*. Belowground organism activities affect plant aboveground phenotype, inducing plant tolerance to parasites. Ecology Letters, 2005, 8: 202-208.

[47] Blum U. Effects of microbial utilization of phenolic acids and their phenolic acid breakdown products on allelopathic interactions. Journal of Chemical Ecology, 1998, 24: 685-708.

[48] Bouwmeester H J, Roux C, Lopez-Raez J A *et al*. Rhizosphere communication of plants, parasitic plants and AM fungi. Trends Plant Science, 2007, 12: 224-230.

[49] Browning M, Wallace D B, Dawson C, *et al*. Potential of butyric acid for control of

soil-borne fungal pathogens and nematodes affecting strawberries. Soil Biology & Biochemistry, 2006, 38: 401-404.

[50] Buscot F, Varma A(eds). Microorganisms in Soils: Roles in Genesis and Functions, Springer-Verlag, Berlin, Germany. 2005.

[51] Copley J. Ecology goes underground. Nature, 2000, 406: 452-454.

[52] Curl E A, Turelove B. The Rhizosphere. Springer-Verlag, Berlin. 1986.

[53] Doran J W. Soil health and global sustainability: translating science into practice. Agriculture, Ecosystem & Environment, 2002, 88: 119-127.

[54] Habte M, Zhang YC, Schmitt D P, Effectiveness of Glomus species in protecting white clover against nematode damage. Canadian Journal of Botany-Revue Canadienne de Botanique, 1999, 77: 135-139.

[55] Janvier C, Villeneuve F, et al. Soil health through soil disease suppression: Which strategy from descriptors to indicators? Soil Biology & Biochemistry, 2007, 39, 1-23.

[56] Karlen D L, Andrews S S, Doran J W. Soil quality: Current concepts and applications. Advances in Agronomy. 2001, 74: 1-40.

[57] Karlen D L, Mausbach M J, Doran J W et al. Soil quality: A concept, definition, and framework for evaluation. Soil Science Society of America Journal, 1997, 61: 4-10.

[58] Katznelsen J. Studies on clover soil sickness, I the phenomenon of soil sickness in berseem and Persian clover. Plant and Soil 1972, 36: 237-393.

[59] Kibblewhite M G, Ritzl K, Swift M J. Soil health in agricultural systems. Philosophical Transactions of Royal Society B, 2008, 363: 685-700.

[60] Kjoller R, Rosendahl S. The presence of the arbuscular mycorrhizal fungus Glomus intraradices influences enzymatic activities of the root pathogen Aphanomyces euteiches in pea roots. Mycorrhiza 1996, 6: 487-491.

[61] Klironomos J N, Setala H, van der Putten W H et al. Ecological linkages between aboveground and belowground biota. Science 2004, 304: 1629-1633.

[62] Kong C H, Chen L C, Xu X H, et al. Allelochemicals and activities in a replanted Chinese fir (Cunninghamia lanceolata (Lamb.) Hook) tree ecosystem. Journal of Agricultural and Food Chemistry 2008, 56: 11734-11739.

[63] Kreye C, Bouman B A M, Castaneda A R, et al. Possible causes of yield failure in tropical aerobic rice. Field Crops Research 2009a, 111: 197-206.

[64] Kreye C, Bouman B A M, Lampayan R M, et al. Causes for soil sickness affecting early plant growth in aerobic rice. Field Crops Research 2009b, 114: 182-187.

[65] Kumar K, Gupta S C, Baidoo S K, et al. Antibiotic uptake by plants from soil fertilized with animal manure. Journal of Environmental Quality, 2005, 34: 2082-2085.

[66] Li X L, George E, Marschner H. Extension of the phosphorus depletion zone in va-mycorrhizal white clover in A calcareous soil. Plant and Soil, 1991, 136: 41-48.

[67] Malusa E, Russo M, Mozzetti C, et al. Modification of secondary metabolism and flavonoid biosynthesis under phosphate deficiency in bean roots. Journal of Plant

Nutrition,2006,29:245-258.

[68] Maramune T, Anetai M, Takasugi M, *et al*. Isolation of a natural hatching stimulus, glycinoeclepin. Nature 1982, 297:495-496.

[69] Masadeh B, von Alten H, Grunewaldt-Stoecker, G *et al*. Biocontrol of root-knot nematodes using the arbuscular mycorrhizal fungus Glomus intraradices and the antagonist Trichoderma viride in two tomato cultivars differing in their suitability as hosts for the nematodes. Zeitschrift fur Pflanzenkrankheiten und Pflanzenschutz-Journal of Plant Diseases and Protection,2004,111:322-333.

[70] McElderry C F, Browning M, Amador J A. Effect of short-chain fatty acids and soil atmosphere on Tylenchorhynchus spp. Journal of Nematology,2005,37:71-77.

[71] Klironomos J N. Feedback with soil biota contributes to plant rarity and invasiveness in communities. Nature,2002,417:67-70.

[72] Neher D A. Ecology of plant and free-living nematodes in natural and agricultural soil. Annu. Rev. Phytopathology,2010,48:371-394.

[73] Neuman G. Root exudates and Nutrient cycling, Marschner P. & Rengel Z(eds) Soil Biology,2007,10:123-157.

[74] Nie L X, Peng S B, Bouman B A M, *et al*. Alleviating soil sickness caused by aerobic monocropping: responses of aerobic rice to soil oven-heating Plant and Soil,2007, 300:185-195.

[75] Nie L X, Peng S B, Bouman B A M, *et al*. Alleviating soil sickness caused by aerobic monocropping: Responses of aerobic rice to nutrient supply Field Crops Research, 2008,107:129-136.

[76] Nobrega F M, Santos I S, Da C M,*et al*. Antimicrobial proteins from cowpea root exudates: inhibitory activity against Fusarium oxysporum and purification of a chitinase-like protein. Plant and Soil,2005,272:223-232.

[77] Peng S B, Bouman B A M, Visperas R M, *et al*. Comparison between aerobic and flooded rice in the tropics: Agronomic performance in an eight-season experiment. Field Crops Research,2006. ,96:252-259

[78] Rasmann S, Kollner T G, Degenhardt J, *et al*. Recruitment of entomopathogenic nematodes by insect-damaged maize roots. Nature,2005,434:732-737.

[79] Raza W, Yang X M, Wu H S, *et al*. 2009. Isolation and characterisation of fusaricidin-type compound-producing strain of Paenibacillus polymyxa SQR-21 active against Fusarium oxysporum f. sp. nevium. European Journal of Plant Pathology 125, 471-483.

[80] Rice E. L. Allelopathy,2nd edition. New York: Academic Press. 1984.

[81] Ruan W B, Wang J, Pan H, *et al*. Effects of sesame seed cake allelochemicals on the growth cucumber(Cucumis sativus L. cv. Jinchun 4). Allelopathy Journal, 2005,16:217-225.

[82] Segarra G, Jauregui O, Casanova E, *et al*. Simultaneous quantitative LC-ESI-MS/MS

analyses of salicylic acid and jasmonic acid in crude extracts of Cucumis sativus biotic stress. Phytochemistry,2006,67:395-401.

[83] Szabo K,Wittenmayer L. Plant specific root exudations as possible cause for specific replant diseases in Rosaceen. Journal of Applied Botany-Angewandte Botanik,2000, 74:191-197.

[84] Tarkka M,Schrey S, Hampp R. Plant associate soil microbiology. Soil Biology, 2008,15:3-51.

[85] Tilman D,Cassman K G, Matson P A, *et al*. Agricultural sustainability and intensive production practices. Nature,2002,418:671-677.

[86] Turlings T C J, Ton J. Exploiting scents of distress: the prospect of manipulating herbivore-induced plant odours to enhance the control of agricultural pests. Current Opinion in Plant Biology,2006,9: 421-427.

[87] Tyler B M, Wu M H, Wang J M, *et al*. Chemotactic preferences and strain variation in the response of Phytophthora sojae zoospores to host isoflavones. Appllied and. Environmental Microbiology，1995,62:2811-2817.

[88] USDA，Guideline for Soil Quality Assessment in Conservation Planning. http://soils. usda. gov/sqi/assessment/guidelines. html. 2001.

[89] van der Putten W H, Cook R, Costa S, *et al*. Nematode interaction in Nature: Models foe sustainable control of nematode pests of crop plants? Advances in Agronomy,89: 227-260.

[90] van Dijk K,Nelson E B. Fatty acid competition as a mechanism by which Enterobacter cloacae suppresses Pythium ultimum sporangium germination and damping-off. Applied and Environmental Microbiology,2000,66:5340-5347.

[91] van Veen J A, The rhizosphere-Historical and future perspectives from a microbelogist's viewpoint. In Hartmann A, Schimd M, Wenzel W and Hinsinger Ph. (eds): Rhizosphere 2004-Perspectives and Challenges-A Tribute to Lorenz Hiltner, GSF-National Research Center for Environment and Health, Neuherberg, Germany. 2004:29-34.

[92] Wardle D A, Bardgett R D, Klironomos J N, *et al*. Ecological linkages between aboveground and belowground biota. Science, 2004,304:1629-1633.

[93] Widmer T L,Abawi G S. Relationship between levels of cyanide in sudangrass hybrids incorporated into soil and suppression of Meloidogyne hapla. Journal of Nematology. 2002,34:16-22.

[94] Wiggins E,Kinkel L L . Green manures and crop sequences influence alfalfa root rot and pathogen inhibitory activity among soil-borne streptomycetes. Plant and Soil, 2005,268:271-283.

[95] Yao J,Allen C. Chemotaxis is required for virulence and competitive fitness of the bacterial wilt pathogen Ralstonia solanacearum. Journal of Bacteriology,2006,188: 3697-3708.

[96] Ye S F, Zhou Y H, Sun Y, et al. Cinnamic acid causes oxidative stress in cucumber roots, and promotes incidence of Fusarium wilt. Environmental and Experimental Botany, 2006, 56:255-262.

[97] Yu J Q, Matsui Y. Effects of root exudates of cucumver(Cucumis sativus) and allelochemicals on ion uptake by cucumber seedlings. Journal of Chemical Ecology, 1997, 23:817-827.

[98] Zhang L D, Zhang J L, Christie P, et al. Effect of inoculation with the arbuscular mycorrhizal fungus Intraradices on the Root-Knot Nematode Meloidogyne Incognita in Cucumber, J Plant Nutrition, 2009, 32:967-979.

[99] Zhao Q Y, Dong C X, Yang X M, et al. Biocontrol of Fusarium wilt disease for Cucumis melo melon using bio-organic fertilizer Applied Soil Ecology, 2011, 47:67-75.

第 3 章

根际调控制剂活性组分的筛选

阮维斌　贾　尝　张伟朴　王敬国

3.1　根际与根际变化

3.1.1　根际的概念

根际是指受植物根系活动的影响,在物理、化学和生物学性质上不同于土体的那部分微域土区。根际的范围很小,一般指围绕根面1~2 mm厚,受根系分泌物控制的土壤薄层。植物根系在生长过程中和土壤进行着频繁的物质交换,不断改变根系周围环境的养分、水分、pH值、氧化还原电位和通气状况,从而使植物根际在物理、化学和生物学特性上不同于根外土壤。研究者证明,根际是植物生长过程中微生物、植物和土壤之间的相互作用,同时也是微生物生长的特殊生态环境。根际土壤中的微生物不仅数量多,而且在群落结构与植物相互作用等方面不同于非根际土壤,并且根际微生物数量、群落结构及其变化和植物病害的发生发展关系密切。

3.1.2　植物根系分泌物、残体和凋落物

植物从种子萌发,到生长季结束完成生活史的整个过程中,通过根系分泌、根系组织的自然脱落、根系呼吸,植物地上部分的淋洗液、枯枝落叶、植物残体等,补充碳源和氮源等到根际和土体,从而影响根际和土体的生物群落动态变化和土壤理化性状。植物根系的分泌物、残体和凋落物不仅为根际生物和土体微生物提供所需的能源,而且对这些生物的数量、种群结构、代谢及生长发育有一定的影响。这些根际生物反过来对根系生长进行正负反馈,影响植物生长状况。如碳同位素标记试验表明,低数量植物病原线虫侵染后能够增加光合同化产物向根中转移,促进根系分泌和微生物的活动(Yeates,1998)。

3.1.3　作物生长引起根际微生态环境的改变

病原生物与感病寄主相遇容易导致植物病虫害的发生,通常来说,在自然环境中病原生物很少大暴发而造成重大经济损失。与此相反,在现代集约化农业栽培体系中,重大病虫害疫情的威胁则持续存在。连续多年种植同种作物容易导致该地块严重的病虫害和其他土壤非生物学因子变劣(如土壤酸化、盐渍化、土壤碳氮比值下降等)。土壤连作障碍的发生是一个综合因素的结果,而化学农药针对性太强,因此,化学农药的调控效果往往不理想甚至没效果。而且化学农药的长期大量使用,导致病原生物抗药性增加,使可用农药越来越少,反而使病虫害防治问题变得严峻。

自然的、未受干扰的生境下,有益生物和有害生物往往处于平衡状态。可持续的根际生态系统调控的原则是增加土壤的有益生物和其所需要的食物,最终目标是增加土壤生物种类和土壤生物多样性。多样性越高,土壤生物系统则越稳定。因此,应采取多种措施,促进重建一个稳定的且能适应已改变环境的土壤生物间的平衡。

近些年来,抑制性土壤对有害生物的有效控制特征已引起人们的重视。如有的严重感染大豆胞囊线虫地块,经过多年连续种植后大豆胞囊线虫的危害基本不明显,这些能够对病原生物大豆胞囊线虫有免疫性的土壤是一种抑制性土壤。抑制性土壤这一自然现象给了我们连作障碍土壤防治一定的启示。抑制性土壤又称为"抑病土"、"抑菌土"、"抗病土"、"衰退土"等。其主要特点是:病原生物引入后不能存活或繁殖;病原生物可以存活和侵染,但感病寄主受害很轻微;病原生物在这种土中可以引起严重病害,但经过几年或几十年发病高峰之后,病害减轻至微不足道的程度。抑制性土壤抑制病原生物的作用机制包括诱导植物抗病性,寄生生物直接寄生病原生物,增加土壤生物活性,限制养分资源的供应,加剧生物间的竞争,有益生物分泌的抗生素直接抑病等,使病原生物的种群在这种环境中难以快速增长。但是,某些病原生物如立枯丝核菌(*Rhizoctonia solani*)和白绢病(*Sclerotium rolfsii*)具有大量的繁殖体,抑制性土壤则往往对这类病原生物不能有效控制。

植物连续单一种植后,土壤非生物因子和生物因子出现相应的变化,甚至非生物因子和生物因子出现相互作用,更加不利于植物生长。出现连作障碍,土壤非生物因子,如土壤酸化、盐渍化、土壤碳氮比过低或过高均影响作物生长。生物因子中,从植物生长的角度来讲,包括有益生物(菌根真菌、根瘤菌、食细菌线虫、食真菌线虫、捕食性线虫、部分杂食性线虫)和有害生物(病原真菌、病原细菌、病毒、植物寄生线虫、部分杂食性线虫、植食性昆虫)。在连续种植和不合理的种植中,整个生长季植物生长过程中,根系分泌物的持续供应、植物残体和凋落物补充,促进有害生物种群增加,降低有益生物的种群数量,打破根际生物的平衡。根际周围的微生物种类众多,包括细菌、真菌、放线菌、原生动物、藻类等,其中一部分微生物是植物病原菌,能够引起多种真菌病害,如小麦全蚀病、番茄早疫、番茄枯萎病、黄瓜炭疽病、黄瓜枯萎病、大豆根腐病。根际微生物数量的富集和种群特征的显现是由根系分泌物启动和调节的。根系分泌物在根系和微生物的信息交流和能量流动方面具有十分重要的作用。如寄主植物番茄根分泌物中的多种有机酸和氨基酸对青枯病菌(*Pseudomonas solanacearum*)具有化学诱导作用(趋化作用)(李春俭等,2008),而其他非寄主根分泌物则没有明显的趋化性。营养条件的改变,如缺磷,菜豆根系合成的类黄酮类和酚酸类等刺激微生物的信号物质有的增加而有的则减少,通过信号物质定向调控不同根际微生物群落动态。苹果植株根系分泌物能够刺激根际病原菌的生长而引起果树再植病。黄瓜植株根系分泌的化感自毒物质肉桂酸抑制根系生长,增加黄瓜枯萎病($Fusarium\ oxysporum$)的发病率(Ohwaki 等,1992)。当然,根际微生物也能反过来影响根系分泌物的组分和数量。如立枯丝核菌($Rhizoctonia\ solani$)感染黄瓜后,黄瓜根中茉莉酸和水杨酸的含量显著增加,诱导植株对病原菌做出防御性反应。土壤动物取食植物后,植物根系和地上部能够主动并系统地分泌挥发性信号物质,对取食动物进行直接防御或吸引天敌捕食而达到间接防御的目的,而且还可以释放信号物质促使相邻的同种植物产生防御性化合物。豇豆根系分泌的蛋白抑制剂可以抑制枯萎病病原菌($Fusarium\ oxysporum$)的生长。根际微生物对某些植物源脂肪酸的竞争是导致植物根际微生物区系变化的重要原因,对根际脂肪酸含量的调节有可能控制土传病害。我们的研究表明,某些脂肪酸添加到地力下降的菜田土壤中,细菌和放线菌数量显著增加。对根际生物的调控可以增加植物的系统抗性,对地上部分害虫和地下部分有害生物进行防御。在植物地上部分外源施用茉莉酸甲酯能够诱导植物防御基因的表达,增加植物的抗病性(El-Wakeil 等,2010)。

另外,土壤非生物因子的改变加速了某些病虫害的发生。如土壤 pH 值、养分状况、钙离子供应、氮素形态与某些病虫害关系密切。在中性或弱碱性土壤中,病虫害能够被有效抑制。pH 值和钙供应程度与枯萎病害的发生密切相关(Everett 和 Blazquez,1967)。施钙也可以有效控制土传病原真菌腐霉引起的猝倒病。钾肥能够有效控制病虫害的发生,钾肥不足时,棉花容易发生黄萎病害(杨火发等,2008)。磷肥过量施用也容易加重棉花黄萎病的发生。合理地施用有机肥可以改善土壤的理化性质,改变土壤中微生物群落的结构,降低有害微生物种群数量,增加有益微生物种群数量。

因此,只有全面理解由于植物生长引起的根际微生态环境的变化,分析土壤质量变劣的原因,才能针对性地采用综合措施调控土壤根际环境,从而有效控制土壤的连作障碍。

3.2 根际土壤生物因子的调控

根际微生态过程与调控的思路如图 3.1 所示。

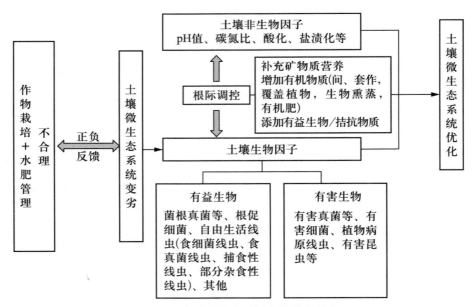

图 3.1 根际微生态过程与调控的思路

48

3.2.1 根际土壤生物因子的直接调控

3.2.1.1 菌根真菌

菌根真菌能够在以下方面增加植物的抗性：提供机械保护、分泌抗病物质、促进植物养分吸收、与病原生物竞争、改变植物根系分泌物的组成和数量。如果采取措施提高土壤中菌根真菌的种类和数量，则可以发挥其功能，增加土壤自身对病原生物的拮抗性。盆栽实验结果表明，菌根真菌能够显著降低根结指数、总卵数，有效控制南方根结线虫的危害（Zhang 等，2008）。

菌根真菌对土传病原真菌有很好的防治效应。黄瓜接种丛枝菌根真菌可显著促进黄瓜生长，并能显著抑制立枯病的发生，相对防治效果达 67.1%，并可诱导黄瓜根系苯丙氨酸解氨酶和几丁质酶等多种抗病相关酶的活性，激活植物早期防御反应（贺忠群等，2010）。

但是菌根真菌规模化纯培养尚没有完全解决，限制了菌根真菌的商业应用。另外，菌根效应与土壤含磷量呈负相关，这也限制了一些菌根真菌在一些高投入栽培系统中相应生态效应的发挥，降低其对病原生物的有效控制（Plenchette，2000；Plenchette 等，2005）。

3.2.1.2 有益真菌和放线菌

被毛孢（*Hirsutella rhossiliensis*）是一种食线虫真菌，与大豆胞囊线虫的种群控制关系密切（Chen 和 Reese，1999）。某些有益真菌能够有效控制特定有害生物。如植物病原真菌立枯丝核菌（*Rhizoctonia solani*）容易引起幼苗猝倒病，用拮抗真菌木霉菌（*Trichoderma* spp.）等处理种子后，促进棉花根系合成萜类物质，能够有效防治病原真菌立枯丝核菌危害（Howell 等，2000）。拮抗真菌木霉菌可以根据立枯丝核菌释放的化学信号定位，并释放酶杀死立枯丝核菌，从而有效防治病原真菌（Harman 等，2004）。拮抗真菌木霉菌也可以有效控制灰霉病菌（*Botrytis cinerea*）（Elad，2000）。淡紫拟青霉菌可以有效控制根结线虫（陈淑鸿和高学彪，2000）和番茄灰霉病（孙军德等，2005）。放线菌控制植物病原线虫也有巨大潜力（Sun 等，2008）。拮抗真菌淡紫拟青霉能够显著降低根结线虫密度，使植物生长增强（Siddiqui 和 Akhtar，2009）。但是，在土壤微生态系统中人为引进有益生物后，土著生物的竞争、食物来源匮乏、土壤物理环境不适等都不同程度地限制有益生物的定殖和其相应拮抗作用的发挥，目前仅根瘤菌等极少数有益菌能够商业应用。

3.2.1.3 植物根际促生细菌

植物根际促生细菌（简称 PGPR）是指与根有密切关系并定殖于根系，能促进植物生长的一类细菌（康贻军等，2010）。根据已有研究结果，人们普遍认为 PGPR 的作用机制主要有两大类：一类是诱导体系抗性，另一类是诱导体系忍受力。前者是指 PGPR 能产生抵抗多种病原菌的抗生素类物质或毒素，帮助植物抵抗生物类侵害，包括病原细菌、真菌、病毒及线虫等。目前报道最多的 PGPR 菌株有假单胞菌属（*Pseudomonas*）、芽孢杆菌属（*Bacillus*）、农杆菌属（*Agrobacterium*）、欧文氏菌属（*Eriwinia*）、黄杆菌属（*Flavo-bacterium*）、巴斯德氏菌属

（*Pasteurella*）等。PGPR 能改变寄主植物细胞壁结构和超微结构，合成氨基酸、生长激素、赤霉素等化合物，产生一些能够促进植物对营养物质吸收的物质，并能减轻或抑制植物病原微生物，从而促进植物的生长。油菜 PGPR 菌剂具有明显的促生作用，能显著改善油菜的农艺性状，尤其能明显增加油菜的单株有效角果数，从而提高油菜产量；油菜 PGPR 菌剂具有明显的生防效果，能降低油菜菌核病的发病率（李志新等，2005）。接种巴氏杆菌（*Pasteuria nishizawae*）能够有效降低大豆胞囊线虫的繁殖指数和大豆胞囊线虫的种群密度，从而有效控制大豆胞囊线虫的危害（Noel 等，2010）。植物生长促生细菌（PGPR）枯草芽孢杆菌显著降低根结线虫密度，使植物生长增强，与牛粪配合使用效果则更明显（Siddiqui 和 Futai，2009）。另外，昆虫病原线虫共生细菌发酵液通过致死、抑制生长和拒食作用，可以有效控制棉铃虫、菜青虫幼虫危害（刘峥等，2003）和小菜蛾（金永玲等，2010）。

3.2.1.4　土壤自由生活线虫

土壤自由生活线虫包括食细菌线虫、食真菌线虫、捕食性线虫、部分杂食性线虫。昆虫病原线虫是一种食细菌线虫。昆虫病原线虫施用后，可以有效控制根结线虫的危害，可能的机制为抑制卵的孵化和二龄幼虫的侵染（Molina 等，2007；Shapiro-Ilan 等，2006）。接种捕食类线虫（*Mononchoides fortidens*）后，能够有效控制根结线虫对番茄的危害，降低根结数，根结线虫的种群密度，增加植物营养生长和根系生物量（Khan 和 Kim，2005）。纯培养体系下，可以观察到捕食类线虫（*Koerneria sudhausi*）取食根结线虫的二龄幼虫和卵，这表明可以用这类捕食线虫生物控制根结线虫的危害（Bar-Eyal 等，2008）。

3.2.2　根际土壤生物因子的间接调控

3.2.2.1　有机物质的调控

广义的有机肥增加技术包括：种植覆盖植物、绿肥、作物轮作、秸秆堆肥、有机粪肥、城市生活垃圾堆肥等。

1. 有机肥的添加

添加有机肥可以有效控制病虫害的发生，为拮抗生物提供营养和栖息场所，增加土壤生物多样性，并且诱导植物的抗性。但是，由于有机肥本身特征的不同（来源、堆肥条件与过程、腐熟程度等），导致有机肥种类对病虫害的防治效果存在差异。如碳氮比高的有机肥的效果好于碳氮比低的有机肥，过量氮供应易刺激镰刀菌生长和相应病害的发生（Hoitink 等，1997）。有机肥堆肥腐熟过程中最高温度时的含水量与微生物重新定殖有关，湿度小时有害真菌容易定殖，湿度大时则真菌和细菌均能定殖，从而对土壤病原生物具有抑制特性（Hoitink 等，1997）。含盐量高的有机肥则易导致腐霉和疫霉的危害，腐霉引起的猝倒病与灌溉水含盐量密切相关（Al-Sadi 等，2010）。未腐熟的有机肥要提前使用，需要留下足够时间增加腐解程度。有机肥腐解过程中产生的氨和亚硝酸等毒素能够杀死黄萎病病原菌大丽轮枝菌（*Verticillium dahliae*）（Tenuta 和 Lazarovits，2002）。有研究者对 2 423 个试验结果进行总结，只有少数有机肥试验比较一致地表现出对某些病原生物的抑病效果；而大部分结果不一致，甚至也有表现出刺激或者没有效果的报道。有机肥的酶活和所含微生物的相关参数在一定程度上可以预测有机肥的抑病能力（Bonanomi 等，2010）。

2. 轮作和间作

同一地块连续多年种植同种作物容易导致该地块严重的病虫害。作物轮作的主要优点之一是控制病原生物种群数量的累积。在轮作体系中作物种类的选择很重要，感病寄主、替代寄主和病原生物尚能侵染的其他相关植物需要排除在外，否则达不到通过轮作措施控制病虫害的效果。如就根结线虫的危害而言，我国山东省寿光市保护地蔬菜种植体系中，"一乡一品"或者"一村一品"，即一个地方一个特色品种，这就导致某种蔬菜的单一长期种植，或者短暂的轮作也通常在根结线虫的寄主之间进行，导致近年来该地区根结线虫迅速扩散、危害持续加重。当然，对于那些没有寄主存在也能较长时间存活的病原生物，有效控制病原生物则需要较长的轮作时间，如大豆胞囊线虫的卵在胞囊中可以存活 5 年甚至更长时间，当地将 1 年的轮作称作"迎茬"，2 年及 2 年以上的轮作才称作"正茬"，"正茬"能够有效控制大豆胞囊线虫危害，而"迎茬"大豆胞囊线虫危害不比"重茬"（大豆连续种植）轻。

在没有合适的寄主条件下，病原生物由于没有寄主植物供给营养，或其本身病原生物的侵染，轮作或间作植物释放的丹宁、类黄酮、糖酐等杀灭线虫物质也是一个重要因子（Chitwood，2002）。作物生长过程中或绿肥残体腐解释放杀灭线虫物质可以用来生物熏蒸，如菊科植物（Tsay 等，2004）。但是，植物防治有害生物的效果与植物品种有很大的关系，如猪屎豆品种间防治线虫和其他植物病原生物等方面存在差异（Wang 等，2002）。国外的研究表明，高丹草生长期间和残体腐解过程中产生氰胺类杀灭线虫化合物，使根结线虫的危害降低至对照的46％。种植菊科茼蒿后，番茄生物量显著提高，线虫危害明显降低。燕麦作为绿肥使土壤中放线菌和细菌密度增加，增加土壤对疫病病原菌等的抑制效应。

3.2.3　根际的生态调控

3.2.3.1　根际生态调控的思路

由于现代种植业集约化、复种指数高和种类单一的发展趋势，植物的连作障碍现象愈加突出，因此，研制植物连作障碍调制剂迫在眉睫。针对植物连续种植或集约耕作中植物根际微生态系统出现的问题，我们提出了一个相对简单的调控思路。增加植物营养供给，添加抗病原生物的天然活性物质，补充有机物质提供碳氮等底物，从而调节土壤生物群落。通过以上措施在定向改善土壤非生物因子的同时，期望也改变生物因子，为植物生长提供一个较为合适的环境。譬如通过添加不同碳氮比的有机物质定向调控土壤的碳氮平衡，调节土壤生物的组成和结构，促进土壤生物群落功能的发挥以及养分周转和供应能力。根际调控的研究及实践始于20 世纪中期，开始主要是采用固氮、生防等微生物菌剂，增加豆科作物根瘤固氮、根际联合固氮达到防治土传病害的目的。后来，解磷和解钾微生物菌肥也开始施用。然而多年的实践表明，除根瘤菌等极少数菌外，其他菌剂的应用均存在效果不稳定的问题。这可能与外来微生物在与众多土著微生物竞争过程中难以形成优势种群，且受土壤环境因素限制有关。另外，多年的实践证明，在果树等作物上通过根际营养调控的方法改善植物的根系生长以及营养供应，将是一个切实有效的措施(薛进军等,2000)。

3.2.3.2 植物源天然有机物在根际调控中的应用

近年来,植物源的天然有机物在调控根系生长发育、控制土传病害和土壤地力恢复方面研究和应用越来越受到重视。刘卫群等人研究发现,配施不同量的芝麻饼肥对土壤中微生物数量和土壤酶活性有不同的刺激性和持续性,其中,对氨化细菌、放线菌、真菌的数量以及磷酸酶、转化酶和脲酶活性都有一定的积极刺激作用,土壤微生物的大量增殖,可加速有机物的分解和养分的暂时固定,提高养分的有效性和利用率,而土壤酶可以改善土壤某些理化性状(赵兰坡和姜岩,1988),因此,有利于根系的快速生长和对养分的吸收运输。这可能是刺激根系发育的主要原因之一(刘卫群等,2003)。付利波等人报道,在云南玉溪田烟生产上,施用25%腐熟菜籽饼肥+75%复合肥,烟草的产量和产值最高;饼肥用量相同时,腐熟饼肥产量、产值高于生饼肥(付利波等,2007)。蓖麻饼提取物浸根后,降低根结线虫的危害并促进番茄和茄子的生长(Abid等,1991),阮维斌等研究表明辣椒上施用蓖麻饼时,施用量1.2%(饼肥:土)虽然能够防治线虫,但出现明显的植物毒害,抑制辣椒生长(未发表数据)。向土壤中添加一定量的印棟油饼肥后,可以明显降低番茄枯萎病的发病率(Kimaru等,2004)。印棟油饼和印棟提取物在控制植物病原线虫方面具有较大潜力,并已经形成产品销售(Silva等,2008)。Harender等用花生饼、芥籽饼、芝麻饼和棉籽饼进行土壤处理来防治由番茄枯萎病菌引起的马铃薯萎蔫病,发现花生饼和芥子饼效果最好,土壤中病原菌的种群数量下降70%以上。另外,花生饼不仅能降低病情指数,而且还能提高花生的产量。他们还发现,在处理后45 d内,随着饼肥的降解,对病原菌的控制能力也逐渐加强(Raj等,1996)。Huang等人曾报道,向土壤中添加有机肥料,可以防治由大丽轮枝菌(*Verticillium dahliae*)引起的棉花黄萎病,其中,施加花生饼肥可以在一定程度上防治黄萎病的发生,而且对根际微生物区系一定影响,研究中的各种有机肥料的提取物对病原菌也有一定的抑制作用(Huang等,2006)。周新根等曾报道一种由蚕豆粉和无机物质组成的复合物对甜椒疫病菌(*Phytophthora capcisi*)、立枯丝核菌(*Rhizoctonia solani*)及终极腐霉菌(*Pythium ultimum*)都有很好的抑制效果,同时还可以促进寄主植物的生长(周新根等,1994)。阮维斌等人的研究发现,芝麻饼肥在连作条件下,对黄瓜幼苗的生长有一定的促进作用,且其中的主要成分为油酸和棕榈酸(阮维斌等,2003)。Alam和Khan报道在水的作用下,油籽饼分解并释放出许多是杀线物质,包括氨、酚类和醛类(Alam和Khan,1974)。

作为根结线虫的非寄主植物,万寿菊具有一定的防治病原线虫的作用,但防治潜力与万寿菊的品种有关。杂交品种万寿菊水浸提液(万寿菊秸秆:水=1:50)对根结线虫二龄幼虫有明显的毒杀作用,且线虫死亡率随着万寿菊水提物浓度的升高和时间的延长而升高,这表明万寿菊秸秆具有防治线虫的效果,可以作为一项措施用来防治根结线虫(未发表数据)。杨秀娟等(2006)研究了合欢叶、黄花菊花和万寿菊叶乙醇提取物对根结线虫卵囊羧酸酯酶和乙酰胆碱酯酶的活性有显著抑制作用。烟草浸提液可以显著地抑制线虫孵化,与对照组相比,利用烟草浸提液处理线虫72 h后,使线虫数量降低64.2%,证明了利用烟草植物天然残体可以有效地抑制根结线虫的孵化(未发表数据)。

3.3 根际调控制剂活性组分的筛选与应用——以脂肪酸为例

3.3.1 研究的总体思路和技术方案

利用生物活性追踪法,提取、分离、鉴定饼肥中的活性物质(图 3.2)。

技术方案:根据生物活性追踪的方法,在广泛筛选的基础上,利用研究天然植物产物的植物化学方法,借助气相色谱—质谱联机等谱学分析工具,对芝麻饼肥中的活性物质进行逐步分离、纯化、提取和鉴定。同时,在抑制土传病原真菌和增加作物抗盐性方面研究了对天然活性物质——脂肪酸类化合物防治作物连作障碍的机制进行了研究。最后,在机制研究基础上,结合平衡营养的原理,尝试研究能够抗病和增强作物抗逆的作物连作障碍调控技术,为有针对性地科学防治作物连作障碍奠定了一定的理论基础。将该技术应用于作物连作障碍防治,将降低农药使用,有助于减少蔬菜农药残留,提高蔬菜食用安全,成为保障设施蔬菜的可持续发展的关键技术之一。根际调控制剂活性组分脂肪酸的技术研究路线见图 3.2。

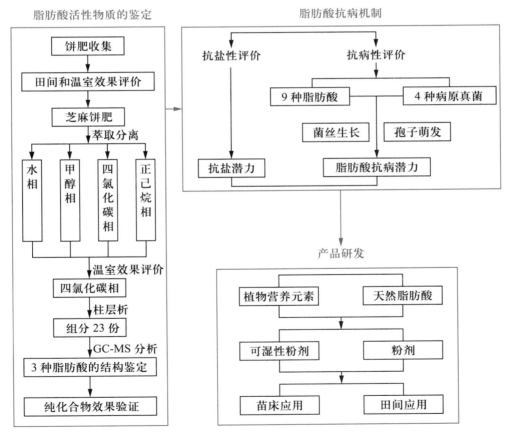

图 3.2　根际调控制剂活性组分脂肪酸的技术研究路线

3.3.2 具体实施方案

1. 饼肥的田间筛选

在发生严重土壤连作障碍的大棚,施入不同种类的饼肥及有机肥,观察这些处理对番茄的生长发育的调控效果。试验设了 7 个处理,分别为对照、土壤熏蒸(溴甲烷)、豆饼、棉籽饼、芝麻饼、菜籽饼、鸡粪。小区面积 20 m²,4 次重复,随机排列,饼肥用量 1 200 kg/亩。结果表明芝麻饼和棉籽饼处理后,植物的各项指标都明显提高,尤其是顶枝长、茎粗和侧枝数增加,调控效果甚至优于溴甲烷熏蒸处理(表 3.1)。

表 3.1　不同处理对番茄生长发育的影响

项目	茎粗/mm	顶枝长/cm	侧枝数/个
CK	5.08	45.34	2.53
溴甲烷熏蒸	5.34	44.32	2.98
豆饼	5.13	43.97	2.93
棉籽饼	5.25	46.03	3.10*
芝麻饼	5.26	47.37*	3.05*
菜籽饼	5.03	43.33	2.70
鸡粪	4.89	44.56	2.63

注:* 表示处理与对照差异显著($P<0.05$)。

2. 不同饼肥对连作障碍的防治效应研究

选择连续种植 7 茬黄瓜的大棚,在生长明显不好并有死苗现象的畦取土,并对病土进行如下 7 种调控处理:CK、菜籽饼 1.5%(饼肥与土壤的质量比,下同)、菜籽饼 0.5%、棉籽饼 1.5%、棉籽饼 0.5%、芝麻饼 0.5%、芝麻饼 0.1%。结果表明,芝麻饼具有很好的生物活性,对保护地具有连作障碍的黄瓜有明显的调节作用(阮维斌等,2003a),如表 3.2 所示。

表 3.2　不同饼肥处理对黄瓜幼苗生长的影响

项目	地上部分干重/(g/盆)	根干重/(g/盆)	叶面积/(cm²/盆)	总根长/(cm/盆)
CK	0.56±0.14[c]	0.06±0.02[c]	9.0±2.5[d]	1 499±444[bc]
菜籽饼 1.5%	0.16±0.12[d]	0.01±0.01[d]	1.8±2.1[e]	311±210[d]
菜籽饼 0.5%	0.63±0.16[c]	0.07±0.02[c]	12.9±1.5[c]	1 234±326[c]
棉籽饼 1.5%	0.66±0.21[c]	0.07±0.03[c]	12.7±2.6[c]	1 331±643[c]
棉籽饼 0.5%	0.89±0.09[b]	0.10±0.01[b]	15.9±1.1[b]	1 732±209[bc]
芝麻饼 0.5%	1.50±0.16[a]	0.17±0.02[a]	24.1±3.6[a]	3 220±641[a]
芝麻饼 0.1%	0.85±0.11[b]	0.10±0.02[b]	14.3±2.4[bc]	1 985±531[b]

注:同一列中,数据肩标不同小写字母表示不同处理之间差异显著($P<0.05$)。

3. 芝麻饼肥中活性物质的初步分离和活性检测

根据以下流程(图 3.3)对芝麻饼中的活性物质进行萃取分离,得到组分Ⅰ、Ⅱ、Ⅲ、Ⅳ。然后将这 4 种组分施到土壤中,处理包括:CK、组分Ⅰ 0.07%(组分物质与土壤的质量比,下同)、组分Ⅱ 0.07%、组分Ⅲ 0.2%、组分Ⅳ 0.38%。使各组分物质在土壤中的含量与 0.5% 芝麻饼处理时各组分物质在土壤中的含量一致。观察调控处理对黄瓜幼苗生长的影响。结果表明,与对照相比,4 个组分调控处理对黄瓜幼苗生长均有显著的促进作用。其中施用极性较小的组分Ⅲ和组分Ⅳ后,无论是地上部分干重还是地下部分干重均增加达 3 倍左右,总根长、叶片数和叶面积等显著增加(表 3.3)。

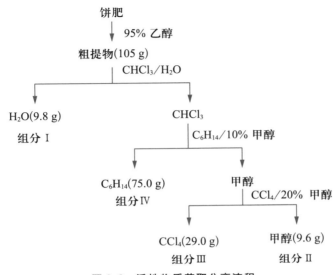

图 3.3　活性物质萃取分离流程

表 3.3　芝麻饼肥不同组分对黄瓜幼苗生长的影响

项目	总根长/(cm/盆)	叶面积/cm²	地上部分干重/(g/盆)	根干重/(g/盆)
CK	804.5±453.7[c]	14.7±7.9[d]	0.219±0.128[d]	0.057±0.032[c]
组分Ⅰ	1 932.5±399.6[b]	25.6±7.8[c]	0.395±0.106[c]	0.100±0.027[b]
组分Ⅱ	2 202.4±427.8[b]	32.8±9.6[bc]	0.504±0.101[bc]	0.124±0.021[b]
组分Ⅲ	3 109.8±880.4[a]	36.1±8.5[ab]	0.610±0.167[ab]	0.160±0.031[a]
组分Ⅳ	3 004.6±414.6[a]	44.1±5.9[a]	0.712±0.100[a]	0.171±0.021[a]

注:同一列中,数据肩标不同小写字母表示不同处理之间差异显著($P<0.05$)。

4. 四氯化碳相中活性物质的硅胶柱层析分离和鉴定

考虑到调控效果和施用量,决定对四氯化碳相中活性物质进一步活性追踪研究。

(1)柱层析分离:利用硅胶 G60 进行装柱,洗脱剂为 $CHCl_3$：$CH_3OH=9$：0.5,根据荧光检测接收,共接收 23 份。其中第 10 份中质量最大。

(2)结构鉴定:GC-MS 对第 10 份和组分Ⅲ进行鉴定。GC-MS(HP G1800A GCD SYSTEM)最大柱温 300℃,初始化温度 50℃。柱长 30 m,柱直径 0.25 mm,载气 He,流速 1.0 mL/min,柱压(50℃)53 kPa。气质联机鉴定结果如图 3.4 所示。第 10 份收集物质量占到组分Ⅲ质量的 92%。从 GC-MS 鉴定图谱(图 3.4)可以看出组分Ⅲ中第 10 份收集物中 3 种纯的化合物属于脂肪酸类物质。

5. 步骤五:活性物质(纯化合物)的根际调控效果验证

从连续种植 7 茬黄瓜的大棚中,在生长明显不好的并有死苗的畦取土(见步骤二),并对病土进行如下 4 种调控处理：CK（对照）、纯的活性物质（2 g/kg）、Ca(NO₃)₂（1.74 g/kg）、灰菜（加入 15 g/kg）。观察不同措施对黄瓜幼苗生长的调控效果。结果见表 3.4，表明与对照相比，无论灰菜还是 Ca(NO₃)₂ 处理，对黄瓜叶面积、生物量、叶绿素含量等指标无显著的影响。可见，补充秸秆和施肥对黄瓜连作障碍的防治没有明显的防治效果。与其他处理和对照相比，活性物质处理显著增加黄瓜叶面积、生物量、叶绿素含量等指标。将本次试验再次重复，得到相同趋势的结果。至于活性物质施入土壤中，究竟对土壤中哪些因素起到作用，有待于进一步研究（Ruan 等，2005）。

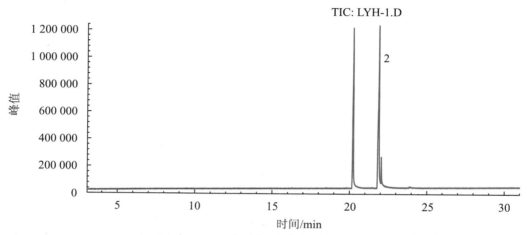

图 3.4　饼肥组分 Ⅲ 中第 10 份收集物的 GC-MS 鉴定图谱

表 3.4　不同处理对连作障碍黄瓜生长的影响

项目	叶面积/cm²	生物量/(g/盆)	叶绿素(鲜叶)a+b/(mg/g)
A+B	41.2±6.5**	4.1±0.75**	3.48±0.46*
灰菜	19.1±10.2	1.85±1.08	2.63±0.34
Ca(NO₃)₂	14.8±10.4	1.8±0.94	2.51±0.66
对照	14.5±9.0	1.53±0.7	2.35±0.84

注：* 表示处理与对照差异显著（$P<0.05$），** 表示处理与对照差异极显著（$P<0.01$）。

6. 脂肪酸类物质防治土壤连作障碍的机制研究——脂肪酸促进植物盐胁迫拮抗效应

在水培条件下研究脂肪酸油酸对植物抗盐迫的拮抗效应，包括 5 个处理：CK、盐、盐+油酸（100 μL/L）、盐+油酸（300 μL/L）、盐+油酸（100 μL/L）。其中盐胁迫水平根据前期试验的结果确定为 30 mmol/L。试验过程中，将油酸直接加入营养液中（可能存在油酸分布不均匀的问题）。结果表明，随着油酸浓度的增加，黄瓜的地上部分干重和根干重逐渐增加。其中，油酸 300、500 μL/L 2 个处理中，这 2 个指标显著高于盐胁迫对照。油酸处理后，POD 酶活性变化不大，而 SOD 酶活性逐渐下降，在油酸 300、500 μL/L 2 个处理中差异达到显著水平，说明油酸对盐胁迫具有显著的拮抗作用（表 3.5）（阮维斌等，2003b）。活性物质组分对黄瓜连作障碍的防治见图 3.5。

表 3.5　油酸对盐胁迫(30 mmol/L)条件下黄瓜生长的影响

项目	地上部分干重 /(g/盆)	根干重 /(g/盆)	POD(鲜叶) OD$_{470}$/[U/(min·g)]	SOD(鲜叶) /[U/(h·g)]
CK	2.456±0.204[a]	0.596±0.077[a]	27.9±13.6[b]	764.0±167.2[c]
盐	1.730±0.243[c]	0.294±0.032[c]	85.8±20.1[a]	1 375.9±472.8[a]
盐＋油酸 100 μL/L	1.750±0.123[c]	0.328±0.014[c]	102.6±24.9[a]	1 338.4±235.0[a]
盐＋油酸 300 μL/L	1.810±0.159[b]	0.371±0.065[b]	104.6±33.3[a]	1 075.6±267.7[b]
盐＋油酸 500 μL/L	1.959±0.228[b]	0.374±0.041[b]	111.1±67.1[a]	986.6±235.5[bc]

注:同一列中,数据肩标不同小写字母表示不同处理之间差异显著($P<0.05$)。

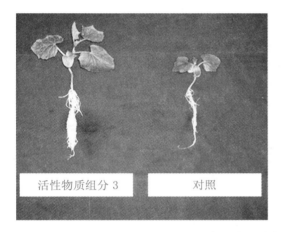

活性物质组分 3　　对照

对照　　活性物质

图 3.5　含活性物质的组分对黄瓜连作障碍的防治

7. 脂肪酸类物质防治土壤连作障碍的机制研究——脂肪酸类物质对几种土传病原真菌的抑制效应研究

为了进一步了解脂肪酸类物质对病土的调控效果,我们评价了 9 种天然脂肪酸对 4 种土传病原真菌的抑制效应。9 种脂肪酸:丁酸(C4∶0)、己酸(C6∶0)、辛酸(C8∶0)、癸酸(C10∶0)、月桂酸(C12∶0)、肉豆蔻酸(C14∶0)、棕榈酸(C16∶0)、油酸(C18∶1Δ9c)、亚油酸(C18∶2Δ9c,12c),4 种病原真菌:番茄早疫病病菌(*Alternaria solani*),黄瓜枯萎病病菌(*Fusarium oxysporum* f. sp. *Cucumerinum*),番茄枯萎病病菌(*Fusarium oxysporum* f. sp. Lycopersici)和黄瓜炭疽病病菌(*Colletotrichum lagenarium*),结果见表 3.6 和表 3.7(表中仅列出丁酸、辛酸、癸酸、棕榈酸、油酸、亚油酸的结果),结果表明除了油酸以外,其他脂肪酸均表现出对一种或多种植物病原菌菌丝生长的抑制作用。丁酸、己酸、辛酸、癸酸、月桂酸和棕榈酸还表现出对病原真菌孢子萌发的抑制作用,抑制程度因脂肪酸和真菌的种类不同而有所不同。值得注意的是,癸酸对黄瓜枯萎病病菌的菌丝生长和孢子萌发均表现出很强的抑制作用。饱和脂肪酸棕榈酸比不饱和脂肪酸油酸更强地表现出抑制作用。以上结果表明,脂肪酸在植物病原菌综合防治中具有相当的潜力(Liu 等,2008)。

表 3.6 脂肪酸对植物病原真菌菌丝生长的抑制作用(测量菌落直径)　　　　　　　mm

脂肪酸	浓度/(μmol/L)	番茄早疫	黄瓜炭疽	黄瓜枯萎	番茄枯萎
丁酸	0	44 ±1.6	44 ±2.6	54 ±1.8	43 ±1.5
	100	27 ±3.2**	38 ±2.9	49 ±2.4	43 ±1.4
	1 000	22 ±2.4**	23 ±2.7**	45 ±1.1**	35 ±1.7**
	2 000	17 ±1.5**	18 ±2.4**	36 ±1.7**	36 ±1.8**
辛酸	0	44 ±1.3	44 ±2.6	53 ±1.3	45 ±2.8
	100	41 ±1.5	50 ±1.0	56 ±1.4	43 ±1.0
	1 000	38 ±1.3	37 ±2.2	41 ±1.7**	38 ±2.0*
	2 000	28 ±2.2**	0 ±0.0**	36 ±3.3**	33 ±1.4**
癸酸	0	44 ±1.6	46 ±2.3	53 ±1.3	45 ±1.6
	100	32 ±2.1**	25 ±5.6**	50 ±2.6	40 ±2.2
	1 000	27 ±3.5**	0 ±0.0**	45 ±4.2	39 ±1.5
	2 000	16 ±3.6**	0 ±0.0**	38 ±2.4**	38 ±1.7
棕榈酸	0	45 ±2.0	44 ±2.6	55 ±2.6	47 ±1.6
	100	42 ±3.4	43 ±4.1	51 ±1.4	45 ±3.4
	1 000	40 ±2.3	42 ±4.9	50 ±1.3	43 ±1.0
	2 000	39 ±1.6	41 ±0.8	52 ±1.2	44 ±1.3
	3 900	26 ±2.1**	21 ±2.5**	33 ±4.2**	30 ±2.6**
亚油酸	0	43 ±2.2	44 ±2.6	53 ±1.3	45 ±1.6
	100	40 ±1.4	49 ±0.6	51 ±0.8	45 ±1.0
	1 000	42 ±1.4	47 ±2.0	50 ±0.9	36 ±1.6**
	2 000	37 ±1.5**	43 ±1.5	43 ±0.7**	37 ±0.9**
油酸	0	45 ±2.0	47 ±3.2	55 ±2.6	43 ±1.5
	100	43 ±2.4	49 ±4.2	56 ±2.0	41 ±1.2
	1 000	41 ±2.5	50 ±2.3	51 ±1.7	47 ±1.1
	2 000	49 ±1.4	40 ±2.8	51 ±1.0	41 ±1.5
	3 200	41 ±2.3	42 ±1.0	51 ±1.3	44 ±1.0

注:同列数据中,* 表示处理与对照差异显著($P<0.05$),** 表示处理与对照差异极显著($P<0.01$)。

表 3.7 脂肪酸对植物病原真菌孢子萌发的抑制作用　　　　　　　　　　　　　%

脂肪酸	浓度/(μmol/L)	孢子萌发		
		黄瓜炭疽	黄瓜枯萎	番茄枯萎
丁酸	0	92 ±0.6	98 ±0.7	97 ±0.3
	100	93 ±0.9	98 ±0.3	96 ±0.3
	1 000	87 ±1.0	97 ±0.9	95 ±0.6
	2 000	59 ±3.5**	93 ±0.6**	93 ±1.5**

续表3.7

脂肪酸	浓度/(μmol/L)	孢子萌发		
		黄瓜炭疽	黄瓜枯萎	番茄枯萎
辛酸	0	95 ±0.6	98 ±0.6	91 ±1.2
	100	94 ±2.5	97 ±0.3	91 ±0.3
	1 000	0 ±0.0**	0 ±0.0**	0 ±0.0**
	2 000	0 ±0.0**	0 ±0.0**	0 ±0.0**
癸酸	0	95 ±0.6	97 ±0.9	94 ±0.3
	100	28 ±1.2**	98 ±0.3	90 ±0.6**
	1 000	0 ±0.0**	26 ±1.8**	9 ±1.0**
	2 000	0 ±0.0**	0 ±0.0**	0 ±0.0**
棕榈酸	0	94 ±0.6	98 ±1.0	90 ±1.5
	100	94 ±0.3	97 ±0.9	90 ±0.6
	1 000	96 ±1.2	97 ±0.6	89 ±1.2
	2 000	94 ±1.2	97 ±0.9	88 ±1.0
	3 900	0 ±0.0**	50 ±3.6**	0 ±0.0**
亚油酸	0	96 ±1.8	97 ±1.0	98 ±0.3
	100	95 ±1.2	97 ±0.6	98 ±0.6
	1 000	98 ±0.7	99 ±0.3	97 ±0.6
	2 000	94 ±1.0	98 ±1.3	98 ±0.6
油酸	0	94 ±0.6	97 ±0.7	93 ±1.0
	100	94 ±2.5	97 ±1.2	92 ±1.0
	1 000	96 ±0.3	98 ±0.3	91 ±0.6
	2 000	97 ±0.6	97 ±1.2	92 ±1.5
	3 200	92 ±1.5	98 ±0.3	95 ±1.2

注:同列数据中,** 表示处理与对照差异极显著($P<0.01$)。

8. 脂肪酸类物质根际调控应用——对连作黄瓜和番茄幼苗的调控效应(盆栽实验)

用采自山东省寿光市八里庄连作黄瓜大棚和罗家庄连作番茄大棚的土壤来研究脂肪酸对连作黄瓜和番茄生长的影响。试验设3个处理,分别为对照(CK)、低量脂肪酸 4 g/kg、高量脂肪酸 8 g/kg。均在播种前混施于盆中(15 cm×13 cm),观察这些处理对连作黄瓜和番茄幼苗生长的影响,结果见表3.8 和表3.9,发现油酸和棕榈酸处理促进了黄瓜幼苗的生长发育。随着用量的增加,促进作用逐渐增强。在番茄的重复试验中,番茄幼苗发生病害,与对照相比在脂肪酸类物质调控处理中幼苗死苗数显著减少。

表 3.8 脂肪酸类物质根际调控对连作黄瓜幼苗生长的影响

项目	CK	低量脂肪酸	高量脂肪酸
株高/cm	11.91±0.38[b]	13.26±0.56[ab]	13.66±0.51[a]
茎粗/mm	4.36±0.10[c]	5.00±0.08[b]	5.49±0.12[a]
叶片数/个	3.29±0.15[b]	3.57±0.13[ab]	3.71±0.10[a]
叶面积/cm²	63.97±4.28[b]	76.80±2.49[a]	69.38±5.37[ab]
地上部分干重/(g/盆)	1.08±0.07[b]	1.32±0.05[a]	1.23±0.06[ab]

续表3.8

项目	CK	低量脂肪酸	高量脂肪酸
根干重/(g/盆)	0.16 ± 0.01^b	0.24 ± 0.01^a	0.24 ± 0.02^a
总干重/(g/盆)	1.24 ± 0.08^b	1.55 ± 0.05^a	1.46 ± 0.08^a
根冠比	0.15 ± 0.01^b	0.18 ± 0.01^{ab}	0.19 ± 0.01^a
壮苗指数	0.08 ± 0.01^b	0.11 ± 0.00^a	0.12 ± 0.01^a
根结数/个	83.86 ± 14.34^a	61.95 ± 5.96^a	50.05 ± 8.03^a
根系活力/[μg/(g·h)]	156.88 ± 21.36^b	283.66 ± 16.69^a	315.65 ± 35.70^a

注:表中数据为平均值±标准误,同行数据肩标不同小写字母表示不同处理之间差异显著($P<0.05$)。

表3.9　油酸和棕榈酸对连作番茄幼苗生长的影响

项目	CK	油酸	棕榈酸
株高/cm	4.40 ± 0.35^c	6.01 ± 0.10^b	6.79 ± 0.18^a
茎粗/mm	1.25 ± 0.07^b	1.42 ± 0.03^a	1.57 ± 0.05^a
叶面积/cm²	3.41 ± 0.71^b	5.2 ± 0.35^a	6.32 ± 0.40^a
地上部分干重/(g/盆)	0.07 ± 0.01^b	0.10 ± 0.01^a	0.12 ± 0.01^a
根干重/(g/盆)	0.01 ± 0.00^a	0.01 ± 0.01^a	0.01 ± 0.00^a
总干重/(g/盆)	0.08 ± 0.01^b	0.12 ± 0.01^a	0.14 ± 0.01^a
根冠比	0.10 ± 0.01^a	0.11 ± 0.01^a	0.09 ± 0.01^a
壮苗指数	0.0035 ± 0.0006^b	0.0050 ± 0.0002^a	0.0054 ± 0.0005^a
侧根数/(个/株)	12.97 ± 1.94^b	13.00 ± 0.91^b	18.05 ± 0.83^a

注:表中数据为平均值±标准误,同行数据肩标不同小写字母表示不同处理之间差异显著($P<0.05$)。

9. 脂肪酸类物质根际调控应用——含脂肪酸类物质的田间应用

我们在山东省寿光市蔬菜大棚中施入脂肪酸类物质,观察其对苗床番茄和黄瓜幼苗生长的影响,结果见表3.10和表3.11,表明油酸和棕榈酸显著促进了黄瓜和番茄幼苗根系的生长,而且它们具有壮苗的作用。

表3.10　脂肪酸类物质对苗床黄瓜幼苗生长的影响

项目	株高/cm	茎粗/mm	地上部分干重/(g/盆)	根干重/(g/盆)	总干重/(g/盆)	根冠比
对照	$15.98\pm0.69^*$	3.77 ± 0.07	1.87 ± 0.19	0.09 ± 0.01	1.96 ± 0.20	0.05 ± 0.00
处理	12.73 ± 0.80	3.92 ± 0.06	2.39 ± 0.09	$0.19\pm0.02^*$	2.57 ± 0.11	$0.08\pm0.01^*$

注:*表示处理和对照差异显著($P<0.05$)。

表3.11　脂肪酸类物质对苗床番茄幼苗生长的影响

项目	株高/cm	茎粗/mm	地上部分干重/(g/盆)	根干重/(g/盆)	总干重/(g/盆)	根冠
对照	8.42 ± 1.04	2.92 ± 0.26	3.86 ± 0.87	0.45 ± 0.10	4.31 ± 0.96	0.12 ± 0.01
处理	11.34 ± 1.93	$3.48\pm0.39^*$	$7.78\pm1.92^*$	$0.73\pm0.16^*$	$8.51\pm2.08^*$	0.10 ± 0.01

注:*表示处理和对照差异显著($P<0.05$)。

3.4　结　　论

依据根际微生态学理论,利用植物源天然有机物进行根际生物因子的调控,是控制土传病害危害的一个重要途径,对土壤生态功能恢复也具有一定作用。本节以调节剂的活性组分脂肪酸的筛选为例,详细讨论了结合生物实验对活性物质分离、筛选和检验过程。研究表明,部分脂肪酸具有控制土传真菌病害的作用。

3.5　致　　谢

感谢国家高技术发展规划(863)课题"连作土壤根际微生物定向调控技术"(项目编号:2006AA10Z423),国家"十一五"科技支撑计划课题"设施园艺退化土壤修复与高效利用的研究"(项目编号:2006BAD07B03)的资助。

参 考 文 献

［1］陈淑鸿,高学彪. 淡紫拟青霉 MCWA18 菌株对爪哇根结线虫卵孵化的影响. 中国生物防治 2000,16:78-80.

［2］付利波,苏帆,陈华,等. 菜籽饼肥不同用量对烤烟产量及质量的影响. 中国生态农业学报,2007(6):77-80.

［3］贺忠群,李焕秀,汤浩茹. 丛枝菌根真菌对黄瓜立枯病的影响. 四川农业大学学报,2010,28:200-204.

［4］金永玲,韩日畴,丛斌.昆虫病原线虫共生细菌嗜线虫致病杆菌 All 对小菜蛾拒食作用物性质的初步研究. 中国生物防治,2010,26:132-137.

［5］康贻军,程洁,梅丽娟,等. 植物根际促生菌作用机制研究进展.应用生态学报,2010,21:232-238.

［6］李春俭,马玮,张福锁. 根基对话及其对植物生长的影响. 植物营养与肥料学报,2008,14(1):178-183.

［7］李志新,邢丹英,王晓玲,等. PGPR 菌剂对油菜的促生作用和菌核病防治效果. 中国油料作物学报,2005,27,51-54.

［8］刘卫群,姜占省,郭红祥,等.芝麻饼肥用量对烤烟根际土壤生物活性的影响. 烟草科技/栽培与调制,2003(6):31-34.

［9］刘峥,简恒,杨秀芬.昆虫病原线虫共生细菌发酵液对棉铃虫和菜青虫的口服毒性. 植物保护学报,2003,30:19-23.

［10］阮维斌,刘默涵,潘洁,等. 不同饼肥对连作黄瓜生长的影响及其机制初探. 中国农业科学,2003,36:1519-1524.

[11] 阮维斌,潘洁,李华兵,等. 营养液条件下油酸对黄瓜幼苗生长的影响. 华北农学报,2003,18:88-91.

[12] 孙军德,赵春燕,王辉,等. 不同生物防治菌株对番茄灰霉病防治效果的影响. 沈阳农业大学学报,2005,36:445-447.

[13] 薛进军,赵风平,台社珍,等. 苹果树断根对铁的吸收与矫治缺铁黄化的效果. 河北果树,2000(1):6-7.

[14] 杨火发,鲁君明,姜存仓. 施用钾肥对棉花枯萎病、黄萎病及产量的影响. 土壤肥料,2008,2:28-29.

[15] 杨秀娟,何玉仙,陈庆和,等. 3种植物乙醇提取物对南方根结线虫卵囊酯酶活力影响及其成分分析. 生物技术通报,2006,476-489.

[16] 赵兰坡,姜岩. 施用有机物料对土壤酶活性的影响(Ⅱ):有机物料的不同分解时期对土壤酶活性的影响. 吉林农业大学学报,1988,10:45-49.

[17] 周新根,朱宗源,汪树俊. 辅以拮抗微生物的有机添加物对蔬菜土传病原菌的生物防治作用. 上海农业学报,1994,10(4):53-58.

[18] Abid M,Maqbool M. Effect of bare-root dip treatment in oil-cakes and neem leaf extract on the root-knot development and growth of tomato and eggplant. Parkistan Journal of Nematology,1991(9):13-16.

[19] Alam M M,Khan A M. Control of phytonematodes with oil-cake amendments in spinach field. Indian J. Nematol.,1974,14:239-240.

[20] Al-Sadi A M,Al-Masoudi R S,Al-Habsi N,et al. Effect of salinity on pythium damping-off of cucumber and on the tolerance of Pythium aphanidermatum. Plant Pathology,2010,59:112-120.

[21] Bar-Eyal M.,Sharon E,Spiegel Y,et al. Laboratory studies on the biocontrol potential of the predatory nematode Koerneria sudhausi(Nematoda:Diplogastridae). Nematology,2008,10:633-637.

[22] Bonanomi G,Antignani V,Capodilupo M,et al. Identifying the characteristics of organic soil amendments that suppress soilborne plant diseases. Soil Biology & Biochemistry. 2010,42:136-144.

[23] Chen S Y,Reese C D. Parasitism of the nematode Heterodera glycines by the fungus Hirsutella rhossiliensis as influenced by crop sequence. Journal of Nematology,1999,31:437-444.

[24] Chitwood D J. Phytochemical based strategies for nematode control. Annual Review of Phytopathology,2002,40:221-260.

[25] Elad Y. Biological control of foliar pathogens by means of Trichoderma harzianum and potential modes of action. Crop Protection,2000,19:709-714.

[26] El-Wakeil N E,Volkmar C,Sallam A A. Jasmonic acid induces resistance to economically important insect pests in winter wheat. Pest Management Science,2010,66:549-554.

[27] Everett P H,Blazquez C H. Influence of lime on the development of Fusarium wilt of

watermelons. Florida state horticultural society,1967:143-148.

[28] Harman G E, Howell C R, Viterbo A, *et al*. Trichoderma species-Opportunistic, avirulent plant symbionts. Nature Reviews Microbiology,2004,2:43-56.

[29] Hoitink H A J, Stone A G, Han D Y. Suppression of plant diseases by composts. HortScience,1997,32(2):184-187.

[30] Howell C R, Hanson L E, Stipanovic R D, *et al*. Induction of terpenoid synthesis in cotton roots and control of Rhizoctonia solani by seed treatment with Trichoderma virens. Phytopathology,2000,90:248-252.

[31] Huang J L,Li H L,Yuan H X. Effect of organic amendments on Verticillium wilt of cotton. Crop Protection,2006,25:1167-1173.

[32] Khan Z,Kim Y H. The predatory nematode, Mononchoides fortidens(Nematoda:Diplogasterida), suppresses the root-knot nematode, Meloidogyne arenaria, in potted field soil. Biological Control,2005,35:78-82.

[33] Kimaru S K, Waudo S W, Monda E, *et al*. Effect of Neem Kernel Cake Powder (NKCP) on Fusarium wilt of tomato when used as soil amendment. Journal of Agriculture and Rural Development in the Tropics and Subtropics,2004,105:63-69.

[34] Liu S Y,Ruan W B,Li J,*et al*. Biological control of phytopathogenic fungi by fatty acids. Mycopathologia,2008,166:93-102.

[35] Molina J P,Dolinski C,Souza R M,*et al*. Effect of entomopathogenic nematodes(Rhabditida: Steinernematidae and Heterorhabditidae) on Meloidogyne mayaguensis Rammah and Hirschmann (Tylenchida: Meloidoginidae) infection in tomato plants. Journal of Nematology,2007,39:338-342.

[36] Noel G R,Atibalentja N,Bauer S J. Suppression of Heterodera Glycines in a Soybean Field Artificially Infested with Pasteuria Nishizawae. Nematropica,2010,40:41-52.

[37] Ohwaki Y, Hirata, H. Differences in carboxylic acid exudation among P-starved leguminous crops in relation to carboxylic acid contents in plant tissues and phospholipid level in roots. Soil Sci. Plant Nutr,1992,38:235-243.

[38] Plenchette C. Receptiveness of some tropical soils from banana fields in Martinique to the arbuscular fungus Glomus intraradices. Applied Soil Ecology,2000,15:253-260.

[39] Plenchette C, Clermont-Dauphin C, Meynard J M, *et al*. Managing arbuscular mycorrhizal fungi in cropping systems. Canadian Journal of Plant Science, 2005, 85:31-40.

[40] Ruan W B,Wang J,Pan H,*et al*. Effects of sesame seed cake allelochemicals on the growth cucumber(Cucumis sativus L. cv. Jinchun 4). Allelopathy Journal,2005,16:217-225.

[41] Shapiro-Ilan D I,Nyczepir A P,Lewis E E. Entomopathogenic nematodes and bacteria applications for control of the pecan root-knot nematode, Meloidogyne partityla, in the greenhouse. Journal of Nematology,2006,38:449-454.

[42] Siddiqui Z A,Akhtar M S. Effects of antagonistic fungi and plant growth-promoting rhizobacteria on growth of tomato and reproduction of the root-knot nematode,

Meloidogyne incognita. Australasian Plant Pathology,2009,38:22-28.

[43] Silva J C T,Oliveira R D L,Jham G N,*et al*. Effect of neem seed extracts on the development of the Soybean Cysts Nematode. Tropical Plant Pathology,2008,33:171-179.

[44] Sun M.,Chen S,Kurle J E,*et al*. Interactive effect of arbuscular mycorrhizal fungi, soybean cyst nematode, and soil pH on iron-deficiency chlorosis and growth of soybean. Phytopathology,2008,98:154-S 154.

[45] Tenuta M,Lazarovits G. Ammonia and nitrous acid from nitrogenous amendments kill the microsclerotia of Verticillium dahliae. Phytopathology,2002,92:255-264.

[46] Tsay T T,Wu S T, Lin Y Y. Evaluation of Asteraceae plants for control of Meloidogyne incognita. Journal of Nematology,2004,36:36-41.

[47] Wang K H, Sipes B S, Schmitt D P. Crotalaria as a cover crop for nematode management: A review. Nematropica,2002,32:35-57.

[48] Yeates G W. Soil nematode assemblages: Regulators of ecosystem productivity. Phytoparasitica,1998,26:97-100.

[49] Zhang L D,Zhang J L,Christie P,*et al*. Pre-inoculation with arbuscular mycorrhizal fungi suppresses root knot nematode (Meloidogyne incognita) on cucumber (Cucumis sativus). Biology and Fertility of Soils,2008,45:205-211.

第4章

黄瓜种子萌发过程中的自毒作用及缓解研究

张　韵　师　恺　周艳虹　喻景权

4.1　引　言

　　在自然和农业生态系统中,化感现象是指由植物合成的化合物所引起的植物与植物之间、植物与微生物之间、植物与食草动物之间相互作用的现象(Rice,1984;Inderjit 和 Duke,2003)。化感物质通过淋溶、挥发、腐解和根系分泌等途径进入根系环境(Rice,1984)。通常,化感现象发生在不同种类的植物之间(Callaway 和 Aschehoug,2000;Vivanco 等,2004),但有时也在同科或同种作物中发生,这一特殊的化感现象称为自毒现象(Singh 等,1999;Yu 等,2000)。自毒现象是一个农业中普遍存在的现象,并且是农业生产中连作障碍的主要成因之一(Yu 等,2000)。近几年,大量研究表明自毒现象在农作物连作障碍及土壤病虫害传播过程中起着非常重要的作用(Singh 等,1999;Yu 等,2000;Ye 等,2004)。

　　植物次生代谢过程中的许多中间产物都具有化感作用。苯甲酸和肉桂酸类衍生物是常见的植物根系分泌物和土壤提取物的主要组分(Yu 和 Matsui,1994;Inderjit 和 Duke,2003),这些化合物能显著抑制多种植物的根系生长(Rudrappa 等,2007;Batish 等,2008)。大量研究表明,化感物质影响了植物的许多生理生化过程的正常进行,如光合作用、呼吸作用、水分及营养的吸收、活性氧的产生等(Hejl 等,1993;Yu 和 Matsui,1997;Bais 等,2003;Ding 等,2007),并由此直接或间接地导致植株生长受抑。

　　种子萌发过程主要依靠种子吸胀、储藏物质的转化提供生长所需的物质和能量,随着对储藏物质的大量消耗,在根分生组织中细胞分裂迅速进行,源源不断地为正在生长的根提供新的细胞(Inzé 和 De Veylder,2006)。种子萌发后的快速生长以细胞增殖、分化和伸长为基础,表现为体积增大和重量增加。细胞分裂在植物形态建成生长发育过程中具有非常重要的作用,同时也在植物响应环境变化的过程中发挥重要的调节作用(Cockcroft 等,2000)。细胞周期由 DNA 复制(S 期)和有丝分裂(M 期),以及 G_1 和 G_2 期组成(Dewitte 和 Murray,2003)。细胞周期的各个步骤环节均受到细胞周期蛋白(Cyclins)以及细胞周期蛋白激酶(CDKs)的共同调控(Inzé 和 De Veylder,2006)。种子萌发及种子萌发后的生长是植物生长发育过程中的关键阶段,许多研究结果表明植物种子萌发及萌发后的生长阶段要比其他生长发育阶段对化感物质更为敏感(Peirce 等,1993;Turker 等,2008)。Rice(1984)指出,细胞周期是化感物质的作用位点之一。Nishida 等(2005)发现,由 *Salvia leucophylla* 产生的单萜类化合物能抑制小白菜根尖分生组织的细胞增殖和 DNA 合成。Sánchez-Moreiras 等(2008)发现,BOA 会选择性地抑制莴苣根分生组织细胞的有丝分裂进程。另外,在种子萌发的过程中,化感物质也可能通过阻碍正常的物质代谢过程对植株生长发育产生毒性作用,Rasmussen 等(1992)指出,sorgoleone 造成的植物生长受抑是由于线粒体功能遭到了破坏,Hejl 等(1993)研究发现,胡桃醌会导致植物叶绿体和线粒体功能丧失。

黄瓜是我国设施栽培的主要作物,连作后会产生生长量降低,发育迟缓的现象,其产量和品质都受到严重影响。由黄瓜根系分泌物产生的自毒作用是黄瓜连作障碍的主要成因之一(Yu 等,2000)。黄瓜种子的储藏物质主要以油脂的形式存在,在黄瓜种子萌发和萌发后的生长过程中,油脂通过 β-氧化、乙醛酸循环和糖质新生等一系列过程逐渐分解,最终转化为蔗糖,运输到植物各个部位供生长和呼吸作用所需,直到植株能够进行光合作用(Graham,2008)。黄瓜根系分泌物包含多种苯甲酸和肉桂酸类衍生物,这些苯基羧酸类化合物对黄瓜离子吸收具有显著的抑制作用,还会导致活性氧大量产生,造成氧化胁迫,同时促进黄瓜枯萎病菌的侵染进程(Yu 和 Matsui,1994,1997;Ye 等,2004;Ding 等,2007)。然而,化感物质对黄瓜种子萌发过程中初期根系生长的影响机理,特别是对细胞周期的作用以及对种子储藏物质和能量代谢过程的影响知之甚少。

Muscolo 等(2002)研究指出,酚酸类物质能显著抑制南欧黑松种子萌发,这可能是由于酚酸类物质造成种子中储存的油脂利用率降低及随后产生的葡萄糖含量降低造成的。糖是细胞代谢的基本物质,是呼吸作用和代谢的中间产物,也是细胞壁的结构物质(Gibson,2005)。此外,糖作为信号分子在植物生长发育过程中起着非常重要的作用(Rolland 等,2006)。因此,自毒物质抑制黄瓜根系生长是否通过影响油脂—糖的转化过程,以及外源添加蔗糖是否可以缓解自毒物质对黄瓜根系生长产生的不良影响,值得深入探究。

4.2 黄瓜根系浸提液、根系分泌物及苯基羧酸类化合物对黄瓜胚根伸长的抑制作用

研究发现,黄瓜根系浸提液、根系分泌物及苯基羧酸类化合物处理黄瓜露白种子 48 h 后,黄瓜胚根长度均受到不同程度的抑制。且随着根系浸提液和根系分泌物浓度的增加,黄瓜胚根生长的抑制率也显著增加,其中浓度为 1∶10 的根系水提液和 100 mg/L 的根系分泌物处理后黄瓜胚根伸长抑制率高达 60.18% 和 62.50%(Zhang 等,2010a)。

调查了苯甲酸、香草酸、对羟基苯甲酸、邻羟基苯甲酸、3,4-二羟基苯甲酸、没食子酸、肉桂酸、苯丙酸、咖啡酸、对香豆酸、阿魏酸、芥子酸等 12 种苯基羧酸类黄瓜自毒物质对其种子萌发过程中胚根伸长的抑制作用,发现肉桂酸抑制效果最为显著,而苯甲酸抑制效果最弱。相比较而言,肉桂酸类衍生物比苯甲酸类衍生物的抑制效果更强,肉桂酸类衍生物处理后黄瓜胚根长

度的抑制率为 34.78%~59.43%,而苯甲酸类衍生物处理后抑制率仅为 20.69%~36.00%(Zhang 等,2009)。12 种苯基羧酸类化合物对黄瓜胚根长度的抑制效果存在差异,这可能与其化学特性(如水溶性)有关(Yu 和 Matsui,1997)。

4.3　黄瓜根系浸提液、根系分泌物及苯基羧酸类化合物对黄瓜细胞周期的影响

为了阐明根系浸提液和根系分泌物造成的黄瓜胚根生长受抑的分子机理,我们检测了 4 种细胞周期蛋白($CycA$、$CycB$、$CycD3;1$ 和 $CycD3;2$)和 2 种细胞周期蛋白激酶基因($CDKA$ 和 $CDKB$)表达的变化。结果表明,根系浸提液(1∶25)处理后 6 h,黄瓜根尖中 $CDKB$、$CycA$、$CycB$ 和 $CycD3;2$ 基因的表达量分别比对照降低了 67.99%、38.91%、24.91% 和 28.61%;而 $CDKA$ 和 $CycD3;1$ 基因几乎没有受到影响,表达量与对照无显著差异。根系分泌物(50 mg/L)处理后 6 h,6 个细胞周期相关基因的表达量都显著下调,其中 $CycA$ 和 $CycB$ 基因的表达量分别比对照降低了 46.43% 和 41.45%。$CycD3;2$ 基因的表达量降低为对照的 58.30%,但 $CycD3;1$ 基因的下调幅度较小,仅比对照降低了 17.33%。同时,$CDKA$ 和 $CDKB$ 基因的表达量也分别比对照降低了 39.74% 和 27.80%(Zhang 等,2010a)。

3,4-二羟基苯甲酸和没食子酸显著抑制了 $CycB$ 基因的表达,但对其他几个基因的表达没有显著影响(图 4.1)。咖啡酸对 $CDKA$、$CycA$ 和 $CycD3;1$ 基因的表达没有显著影响,但显著抑制了 $CDKB$、$CycB$ 和 $CycD3;2$ 基因的表达。阿魏酸和芥子酸能显著抑制 $CDKA$、$CDKB$、$CycB$、$CycD3;1$ 和 $CycD3;2$ 基因的表达,但对 $CycA$ 基因的表达影响不大(图 4.1)。我们进一步检测了肉桂酸处理后不同时间对细胞周期相关基因表达的影响。结果表明,肉桂酸处理后 3~48 h 内上述各基因的表达量大体表现出先降后升的趋势,其中 $CDKB$、$CycA$ 和 $CycB$ 基因在肉桂酸处理后 3~48 h 表达量一直受到显著抑制,表达量仅为对照组的 20%~60%(Zhang 等,2009,2010a)。其中,$CycB$ 基因作为有丝分裂 G_2/M 期的标志性基因(Hemerly 等,1992;Ferreira 等,1994;Donnelly 等,1999),在黄瓜根系浸提液、根系分泌物及苯基羧酸类化合物处理后下调幅度最大,说明黄瓜自毒物质首先抑制了 G_2/M 期的顺利转换,因此细胞进入有丝分裂的能力被显著削弱,有丝分裂进程受到严重阻碍。

与 $CycB$ 基因功能接近,$CycA$ 负责调控 S 到 M 期的转换。苯基羧酸类化合物处理后 $CycA$ 基因的表达量也受到显著抑制。肉桂酸处理能引发植物产生过量的活性氧,造成氧化胁迫(Ding 等,2007),而 $CycA$ 基因对氧化胁迫比较敏感(Reichheld 等,1999),因此苯基羧酸类化合物处理后 $CycA$ 基因表达量的显著下调可能与活性氧产生有关。$CDKB$ 基因专一作用于 G_2 和 M 期(Magyar 等,1997;Porceddu 等,2001),在肉桂酸处理后 3~48 h $CDKB$ 基因的表达量始终处于较低的水平,再次说明有丝分裂期更容易受到自毒物质的影响。D 族细胞周期蛋白基因($CycD$)负责调控 G_1 到 S 期的转换(Menges 等,2006)。本试验结果表明,黄瓜自毒物质也抑制了 $CycD3;1$ 和 $CycD3;2$ 基因的表达,说明 G_1 到 S 期的转换也受到了影响。但值得一提的是,$CDKA$ 和 $CycD3$ 基因在肉桂酸处理 12 h 以后,表达量开始逐渐提高,表现出接近对照水平的趋势;而 $CDKB$、$CycA$ 和 $CycB$ 基因的表达在肉桂酸处理后 3~48 h 始终处于较低的水平,这有可能是因为 $CDKA$ 和 $CycD3$ 基因在 G_1/S 期表达活跃,因此,它们可能也

在核内复制过程中起作用(Zhang 等,2009,2010a)。

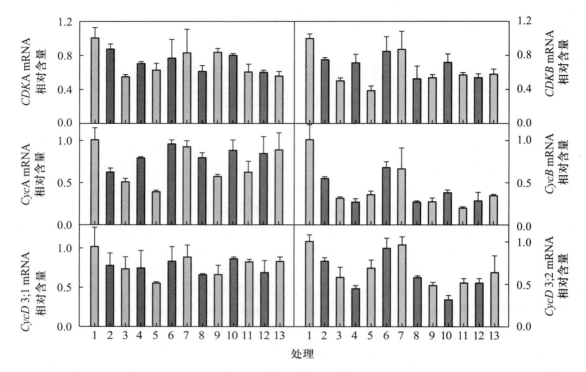

图 4.1　苯基羧酸类化合物对黄瓜细胞周期相关基因表达的影响

注:图中横坐标 1~13 依次代表蒸馏水对照、苯甲酸、香草酸、对羟基苯甲酸、邻羟基苯甲酸、

3,4-二羟基苯甲酸、没食子酸、肉桂酸、苯丙酸、咖啡酸、对香豆酸、阿魏酸、

芥子酸。各种苯基羧酸的浓度均为 0.25 mmol/L。

除了有丝分裂以外,许多植物细胞还会进行另一种细胞周期形式,即不断重复 DNA 复制过程,而不进行随后的细胞分裂过程,这一现象称为核内复制现象。许多种子植物都具有核内复制的特性,如拟南芥、番茄、黄瓜等。核内复制通常发生在进行分化的细胞或代谢活动较为旺盛的部位(Sugimoto-Shirasu 和 Roberts,2003)。我们选取了细胞生长活动非常旺盛的根尖 2 mm 的组织为实验材料,在苯基羧酸类化合物处理后 48 h 通过流式细胞仪检测细胞核 DNA 相对含量。研究结果表明,黄瓜胚根根尖(2 mm)中有 3 种不同倍性的 DNA 含量,依次定义为 2C、4C 和 8C(Gilissen 等,1993)。各浓度的根系浸提液、根系分泌物及苯基羧酸类化合物处理后黄瓜胚根根尖 DNA 含量发生了显著的变化,具体表现为 2C 的比例显著降低,同时 8C 的比例显著增加,而 4C 的比例没有明显变化,平均倍性(MCV)显著提高,见表 4.1(Zhang 等,2009,2010a)。由此表明,黄瓜根系浸提液、根系分泌物及苯基羧酸类化合物可能导致黄瓜根尖细胞核内复制现象加剧。核内复制现象的加剧也可能与活性氧大量产生所导致的植株早衰有关。另外,有丝分裂相关基因的表达量显著降低也会直接导致细胞核 DNA 含量发生变化。我们的研究结果表明,黄瓜自毒物质处理后 CDKB 和 CycB 基因的表达表现出显著并且持续的抑制效果(Zhang 等,2009,2010a),说明有丝分裂严重受阻。因此,许多代谢物质和能量不能顺利进入有丝分裂期发挥作用,便转而促进了核内复制过程的进行。

表4.1 不同浓度的黄瓜根系分泌物对黄瓜根尖细胞核 DNA 含量和分布的影响 %

分泌物浓度/(mg/L)	2C	4C	8C	均值
0	35.75[a]	48.47	15.78[c]	3.92[c]
25	27.68[b]	48.02	24.30[b]	4.42[b]
50	26.22[c]	48.42	25.36[b]	4.49[b]
100	23.19[b]	48.75	28.06[a]	4.66[a]

注:同一列中,数据肩标不同小写字母代表不同处理之间差异显著($P<0.05$)。

4.4 蔗糖缓解黄瓜种子萌发过程中的自毒作用

自毒物质肉桂酸显著抑制黄瓜胚根生长的同时,胚根组织中总糖、蔗糖、己糖含量也显著降低;黄瓜总呼吸速率(V_T)降低,而抗氰呼吸(V_{KCN})增加。但添加 0.5% 蔗糖溶液后可以有效缓解肉桂酸造成的抑制作用,并且黄瓜组织中总糖、蔗糖和己糖含量分别比单独肉桂酸处理提高了 34.74%、70.40% 和 78.08%(表 4.2)。同时,在肉桂酸处理同时添加蔗糖后呼吸速率几乎不受影响,与对照差异不显著,总呼吸速率比单独肉桂酸处理提高了 55.76%(表 4.3,Zhang 等,2010b)。

表4.2 肉桂酸和蔗糖对黄瓜可溶性糖含量的影响(干物质基础) mg/g

项目	可溶性糖含量		
	总糖	蔗糖	己糖
对照	9.62±1.23[b]	6.11±0.74[b]	3.11±0.11[a]
0.25 mmol/L 肉桂酸	6.16±0.47[c]	2.50±0.13[d]	2.19±0.38[b]
0.5%蔗糖+0.25 mmol/L 肉桂酸	8.30±0.39[bc]	4.26±0.43[c]	3.90±0.14[a]
0.5%蔗糖	16.17±1.93[a]	11.58±0.92[a]	3.84±0.64[a]

注:同一列中,数据肩标不同小写字母代表不同处理之间差异显著($P<0.05$)。

表4.3 肉桂酸和蔗糖对黄瓜呼吸速率的影响(鲜叶,以 O_2 计)

项目	呼吸速率/[μmol/(g·h)]		
	V_T	V_{KCN}	V_{SHAM}
对照	15.52±1.24[a]	5.10±0.43[b]	9.92±0.66[ab]
0.25 mmol/L 肉桂酸	9.02±0.23[b]	6.45±0.31[a]	2.57±0.36[c]
0.5% 蔗糖+0.25 mmol/L 肉桂酸	12.77±0.91[a]	5.05±0.31[b]	7.72±0.72[b]
0.5% 蔗糖	15.53±0.65[a]	3.30±0.32[c]	12.23±0.51[a]

注:同一列中,数据肩标不同小写字母代表不同处理之间差异显著($P<0.05$)。

黄瓜自毒物质处理后可溶性糖含量的显著下降可能与黄瓜种子萌发、油脂分解过程几个关键酶基因(Lox,Ms,Icl 和 Pck)有关,它们分别在 β-氧化、乙醛酸循环和糖质新生过程中起重要作用。其中脂氧合酶(Lox)催化三酰甘油生成脂肪酸,是油脂转换过程中的第一个关键步骤。异柠檬酸裂合酶(Icl)和苹果酸合成酶(Ms)是乙醛酸循环特有的酶,是乙醛酸循环的标志性基因。磷酸烯醇式丙酮酸羧激酶（*Pck*）在糖质新生过程中起决定性作用，是糖合成的最后一个限速酶（Graham，2008）。研究结果表明，肉桂酸显著抑制了 *Lox*、*Icl*、*Ms* 和 *Pck* 基因的表达，因此，油脂分解过程受到了显著抑制，糖的合成受到了显著削弱。相反，在肉桂酸处理的同时添加乙醛酸循环的最终产物蔗糖，这些基因能维持正常水平的表达量（图 4.2）。因此，蔗糖可能通过提高油脂分解代谢中关键基因的表达量、保证糖的合成、弥补由肉桂酸导致的糖含量亏缺，保护黄瓜种子免受肉桂酸的毒害作用（Zhang 等，2010b）。

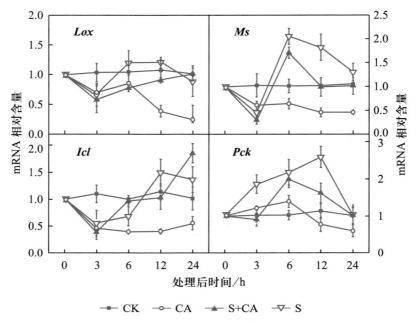

图 4.2　肉桂酸和蔗糖对黄瓜种子萌发过程中油脂代谢相关基因表达的影响

　　同时，我们发现在肉桂酸处理的同时添加蔗糖能不同程度地缓解由苯基羧酸类化合物造成的黄瓜胚根伸长受阻的现象，单独添加 0.5% 蔗糖，能使黄瓜胚根长度比对照增加 13.68%，说明适宜浓度的蔗糖能促进黄瓜胚根的伸长。蔗糖对香草酸、3,4-二羟基苯甲酸、肉桂酸、咖啡酸、对香豆酸和阿魏酸的缓解效果尤为显著，使黄瓜胚根长度比单独苯基羧酸化合物处理相应提高了 30%～45%。然而蔗糖并不能缓解由邻羟基苯甲酸造成的黄瓜自毒现象，并且对苯甲酸和苯丙酸的缓解效果也相对较弱，黄瓜胚根长度比苯甲酸和苯丙酸处理后提高了 13.68% 和 12.02%（图 4.3，待发表）。

4.5　主要结论与展望

　　根系分泌和腐解是自毒物质进入土壤的主要途径。我们收集了黄瓜的根系浸提液和根系分泌物，同时选取了黄瓜根系分泌物组分中的 12 种苯基羧酸类化合物，发现它们都对黄瓜种子萌发后的生长具有显著的抑制效果。与此同时，细胞周期相关基因（*CDKs* 和 *Cyclins*）的表达也受到了显著的抑制,特别是 *CycB* 基因,说明黄瓜自毒物质主要作用于 G_2/M 期的转变,导致细胞分裂严重受阻;同时,与对照组相比,黄瓜自毒物质处理后黄瓜根尖细胞核 DNA 的相对含量发生了显著的变化,具体表现为 2C 比例显著降低、8C 比例显著增加,由此导致平均倍性(MCV)提高,即促进了核内复制的进行。这可能是因为细胞受自毒物质影响,不能顺利进入有丝分裂,转而进行核内复制,是植物细胞抵御环境逆境的一种保护机制。

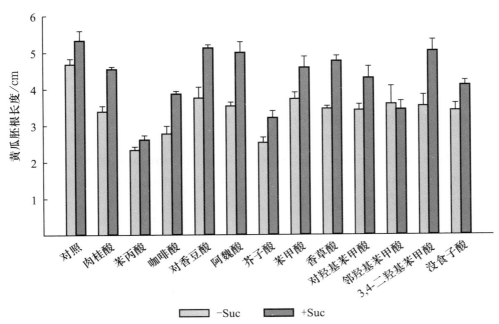

图 4.3　蔗糖和苯基羧酸类化合物对黄瓜胚根长度的影响

在黄瓜种子萌发过程中,其储藏物质油脂逐渐转变为糖供给黄瓜生长所需。我们研究发现黄瓜自毒物质肉桂酸会导致黄瓜种子萌发过程中糖含量,特别是蔗糖含量的严重匮乏,由此造成呼吸过程发生紊乱。进一步的研究表明,肉桂酸抑制了油脂分解代谢过程中关键基因的表达,阻碍了蔗糖的合成。外源添加蔗糖能显著提高油脂分解代谢过程中关键基因的表达,保证蔗糖合成和呼吸作用的顺利进行,因而能有效弥补肉桂酸造成的物质能量代谢异常的现象,保证植株的正常生长。

我们以种子萌发为模式研究了黄瓜自毒物质对其细胞周期及储藏物质代谢的影响,并证明了糖对于由黄瓜自毒物质造成生长抑制的缓解作用。但是,在设施条件下生产,穴盘育苗、幼苗定植的栽培模式更为普遍,自毒物质是否通过相同的机理抑制连作土壤中幼苗根系的细胞分裂、膨大以及伸长,进而抑制根系生长发育还值得研究。已有的结果暗示增加根系糖含量可能是提高黄瓜对自毒物质耐性的有效途径,但是设施土壤微生态环境复杂,与离体条件下单一的环境所不同,土壤中存在的大量微生物和动物,土壤添加蔗糖后可能被微生物所吸收、利用,并且有可能改变土壤微生物群落,其缓解自毒现象的可能性还值得验证和探讨。此外,通过有效的化学调控或栽培手段增强地上部分的抗性以及光合作用,为根系提供较多的糖分,也有可能提高黄瓜对自毒物质的抗性。

4.6 致　　谢

本研究受"十一五"国家科技支撑计划项目(项目编号:2006BAD07B03)资助。

参 考 文 献

[1] Bais H P, Walker T S, Kennan A J, *et al*. Structure-dependant phytotoxicity of catechins and other flavonoids: flavonoid conversions by cell-free protein extracts of *Centaurea maculosa*(spotted knapweed). Journal of Agriculture and Food Chemistry, 2003,51:897-901.

[2] Batish D R, Singh H P, Kaur S, *et al*. Caffeic acid affects early growth, and morphogenetic response of hypocotyl cuttings of mung bean (*Phaseolus aureus*). Journal of Plant Physiology, 2008,165:297-305.

[3] Callaway R M, Aschehoug E T. Invasive plant versus their new and old neighbors: a mechanism for exotic invasion. Science,2000,290:521-523.

[4] Cockcroft C E,den Boer B G W,Healy J M S,*et al*.Cyclin D control of growth rate in plants. Nature,2000,405:575-579.

[5] Dewitte W, Murray J A H. The plant cell cycle. Annual Review in Plant Biology, 2003,54:235-264.

[6] Ding J, Sun Y, Xiao C L, *et al*. Physiological basis of different allelopathic reactions of cucumber and figleaf gourd plants to cinnamic acid. Journal of Experimental Botany,2007,58:3765-3773.

[7] Gibson S I. Control of plant development and gene expression by sugar signaling. Current Opinion in Plant Biology,2005,8:93-102.

[8] Graham I A. Seed storage oil mobilization. Annual Review in Plant Biology,2008,59: 115-142.

[9] Hejl A M, Einhellig F A, Rasmussen J A. Effects of juglone on growth, photosynthesis, and respiration. Journal of Chemical Ecology,1993,19:559-568.

[10] Inderjit,Duke S O. Ecophysiological aspects of allelopathy. Planta,2003,217:529-539.

[11] Inzé D, De Veylder L. Cell cycle regulation in plant development. Annual Review in Genetics,2006, 40:77-105.

[12] Muscolo A,Panuccio M R, Sidari M. Glyoxylate cycle in germination of *Pinus laricio* seeds: effects of phenolic compounds extracted from different forest soils. Plant Growth Regulation, 2002,37:1-5.

[13] Nishida N, Tamotsu S, Nagata N, *et al*. Allelopathic effects of volatile monoterpenoids produced by *Salvia leucophylla*: inhibition of cell proliferation and DNA synthesis

in the root apical meristem of *Brassica campestris* seedlings. Journal of Chemical Ecology,2005,31:1187-1203.

[14] Peirce L C, Miller H G. Asparagus emergence in fusarium-treated and sterile media following exposure of seeds or radicles to one or more cinnamic-acids. Journal of the American Society for Horticultural Science,1993,118:23-28.

[15] Rasmussen J A, Hejl A M, Einhellig F A, *et al*. Sorgoleone from root exudates inhibits mitochondrial functions. Journal of Chemical Ecology,1992,18:197-207.

[16] Rice E L. Allelopathy,2nd ed. New York:Academic Press, 1984.

[17] Rolland F, Baena-Gonzalez E, Sheen J. Sugar sensing and signaling in plants: conserved and novel mechanisms. Annual Review in Plant Biology,2006,57:675-709.

[18] Rudrappa T, Bonsall J, Gallagher J L, *et al*. Root-secreted allelochemical in the noxious weed Phragmites Australis deploys a reactive oxygen species response and microtubule assembly disruption to execute rhizotoxicity. Journal of Chemical Ecology, 2007, 33:1898-1918.

[19] Sánchez-Moreiras A M, De La Pea T C, Reigosa M J. The natural compound benzoxazolin-2(3H)-one selectively retards cell cycle in lettuce root meristems. Phytochemistry,2008, 69:2172-2179.

[20] Singh H P, Batish D R, Kohli R K. Autotoxicity: concept, organisms, and ecological significance. Critical Reviews in Plant Sciences,1999, 18: 757-772.

[21] Turker M, Battal P, Agar G, *et al*. Allelopathic effects of plants extracts on physiological and cytological processes during maize seed germination. Allelopathy Journal,2008, 21: 273-286.

[22] Vivanco J M, Bais H P, Stermitz F R, Thelen G C, Callaway RM. Biogeographical variation in community response to root allelochemistry: novel weapons and exotic invasion. Ecology Letter,2004, 7: 285-292.

[23] Ye S F, Yu J Q, Peng Y H, *et al*. Incidence of Fusarium wilt in *Cucumis sativus* L. is promoted by cinnamic acid, an autotoxin in root exudates. Plant and Soil,2004, 263: 143-150.

[24] Yu J Q, Matsui Y. Effects of root exudates of cucumber(*Cucumis sativus*) and allelochemicals on uptake by cucumber seedlings. Journal of Chemical Ecology,1997, 23: 817-827.

[25] Yu J Q, Matsui Y. Phytotoxic substances in the root exudates of *Cucumis sativus* L. Journal of Chemical Ecology,1994, 20: 21-31.

[26] Yu J Q, Shou S Y, Qian Y R, Hu W H. Autotoxic potential in cucurbit crops. Plant and Soil 2000, 223: 147-151.

[27] Zhang Y, Gu M, Shi K, *et al*. Effects of aqueous root extracts and hydrophobic root exudates of cucumber(*Cucumis sativus* L.) on nuclei DNA content and expression of cell cycle-related genes in cucumber radicles. Plant and Soil, 2010a, 327:455-463.

[28] Zhang Y, Gu M, Xia X J, *et al*. Alleviation of autotoxin-induced growth inhibition and

respiration by sucrose in *Cucumis sativus*（L.）. Allelopathy Journal，2010b，25（1）：147-154.

［29］ Zhang Y，Gu M，Xia X J，*et al*. Effects of phenylcarboxylic acids on mitosis, endoreduplication and expression of cell cycle-related genes in roots of cucumber (*Cucumis sativus* L.). Journal of Chemical Ecology，2009，35(6)：679-688.

第5章

豆科和藜科植物抗菌活性物质的
筛选与应用

周立刚

5.1 引　　言

　　植物抗菌活性物质是植物产生的具有抗菌活性的化合物,包括组成性表达和诱导产生两大类,诱导产生的抗菌化合物又称为植保素(周立刚,2005)。由于长期的协同进化,植物能产生多种多样的抗菌活性物质,包括有生物碱、甾体、萜类、黄酮类、醌类、苯丙素类、单宁类等,这些抗菌物质可以直接开发成杀菌剂,也可以作为化学合成农药的先导结构。在过去的半个多世纪里,由于化学农药长期大量使用,病原产生抗性,对农作物的保护越来越困难,这就要求不断开发出新型的杀菌剂(或抗菌剂)。随着人们对保护自然环境的认识和科学知识水平的提高,对高效、低毒、低残留、环境友好、选择性高的农药需求呼声也越来越高。由于植物源杀菌剂来源于自然界,在发挥农药活性的同时,相对易于降解,现已成为当今农药创新研究的热点(李正名,1999;钱旭红等,2003;侯太平,2006;Dayan等,2009)。

　　我国具有丰富的植物资源,而由植物源活性成分开发出来的农药品种相对较少(Zhou和Wedge,2008)。本研究小组以主要分布在我国西部的几种豆科和藜科植物为材料,进行提取物的制备、抗菌活性成分的追踪分离、提取物的防病效果等方面的研究。在设施园艺中,连作障碍是最突出的问题之一,由于长期栽种某一作物,致使土壤结构、化学组成、微生物区系发生了巨大的变化,植物病原(尤其是土传病原菌、病原线虫)密度增大,由于设施的保护,这些病原能适应不利的外界环境。因此,本研究供试的微生物主要为设施园艺作物的土传病原菌,目的在于从豆科和藜科植物中筛选出具有抗菌活性的先导结构,为新型杀菌剂的研制提供新结构,同时可以将一些活性成分直接开发成生物农药,用于病害防治,为有效地利用这些资源植物提供依据。本章涉及的豆科和藜科植物多为饲用植物,对其抗菌活性物质的了解,有助于提升其饲用价值和营养价值,为综合利用与开发提供依据。

5.2　豆科植物提取物及其活性成分对植物病原菌的抑制作用

豆科(Leguminosae)是被子植物的第三大科,包括含羞草亚科(Mimosoideae)、云实亚科(Caesalpinioideae)、蝶形花亚科(Papilionoideae),约727属19 325种,广泛分布于世界各地,植物资源丰富(Lewis等,2006),许多豆科植物是重要的油料作物、饲用植物、药用植物。豆科植物化学成分主要有黄酮类、萜类、生物碱、苝类、蒽醌类等。本研究主要以产自我国西部盐豆木(*Halimodendron halodendron*)、刺叶锦鸡儿(*Caragana acanthophylla*)、白皮锦鸡儿(*Caragana leucophloea*)、苦豆子(*Sophora alopecuroide*)、皂荚(*Gleditsia sinensis*)为材料进行抗菌活性物质的筛选(李端等,2005,2006;Zhou等,2007a,2007b;王蓟花,2010;高海峰等,2010)。

5.2.1　盐豆木提取物及其活性成分对植物病原菌的抑制作用

盐豆木乙醇提取物及各萃取组分对植物病原真菌菌丝生长的影响见表5.1。结果表明:盐豆木的乙醇粗提物和各萃取组分都有抑制活性,其中乙酸乙酯层的活性较强,且具有很好的量效关系,2.0 mg/mL时乙酸乙酯层对棉花枯萎病菌、黄瓜枯萎病菌、番茄枯萎病菌和西瓜枯萎病菌的抑制率分别为51.0%、57.1%、57.6%和61.9%。乙醇粗提物对番茄枯萎病菌菌丝的生长具有较好的抑制作用,2.0 mg/mL时抑制率高达44.5%,但对黄瓜枯萎病菌菌丝的生长具有促进作用。正丁醇部分活性比石油醚部分活性好,水层活性很弱。

表5.1　盐豆木乙醇提取物和各萃取部分对真菌菌丝生长的抑制作用

项目	浓度 /(mg/mL)	菌丝生长抑制率/%			
		棉花枯萎病菌	黄瓜枯萎病菌	番茄枯萎病菌	西瓜枯萎病菌
乙醇粗提物	0.25	0.6±1.4	−3.7±2.5	3.5±2.5	−3.1±2.5
	1.00	7.6±1.4	−1.8±2.5	14.1±3.8	1.3±2.5
	2.00	18.5±2.5	−0.4±1.4	44.5±3.8	6.8±2.5
石油醚部分	0.25	0.2±2.5	2.0±1.4	6.6±2.5	−3.1±2.5
	1.00	5.9±1.4	5.3±1.4	12.9±3.8	0.4±1.4
	2.00	24.2±5.8	15.3±2.5	29.1±1.4	3.5±2.5
乙酸乙酯部分	0.25	23.3±3.8	25.6±3.8	27.5±2.5	12.7±3.8
	1.00	27.5±3.8	41.5±1.4	40.0±3.8	28.5±3.8
	2.00	51.0±3.8	57.1±5.0	57.6±3.8	61.9±2.5
正丁醇部分	0.25	3.0±2.5	0.4±5.2	7.2±2.5	−3.1±2.5
	1.00	16.8±2.5	7.6±2.9	23.8±2.5	1.7±3.8
	2.00	29.8±2.9	25.8±2.5	34.8±2.5	12.9±5.0

续表5.1

项目	浓度 /（mg/mL）	菌丝生长抑制率/%			
		棉花枯萎病菌	黄瓜枯萎病菌	番茄枯萎病菌	西瓜枯萎病菌
水部分	0.25	4.8±1.4	−2.0±2.5	13.0±1.4	1.5±1.4
	1.00	5.5±1.4	−0.4±1.4	14.8±1.4	2.4±1.4
	2.00	6.8±2.5	7.8±2.9	18.5±2.9	2.9±1.4
多菌灵	0.001	71.7±2.5	100.0±0.0	74.8±2.5	41.0±2.5

　　盐豆木乙醇提取物对供试病原菌均有一定的抑制作用，在各萃取组分中，氯仿层和 90% 乙醇层表现出较强的抗菌活性。通过硅胶柱层析、Sephadex LH-20 凝胶柱层析、RP-18 反相硅胶柱层析、结晶与重结晶、HPLC、HSCCC 等分离技术从盐豆木活性部分氯仿层和 90% 乙醇层中分离得到 11 个酚类化合物。运用 ^{1}H-NMR、^{13}C-NMR、MS 等波谱技术，鉴定其结构分别为 8-O-甲基雷杜辛、3,3′-二-O-甲基槲皮素、4-羟基-3-甲氧基肉桂酸、3-O-甲基槲皮素、3,5,7,8,4′-五羟基-3′-甲氧基黄酮、槲皮素、8-O-甲基雷杜辛-7-O-β-D-葡萄吡喃糖苷、对-羟基苯甲酸、水杨酸、3,3′-二-O-甲基槲皮素-7-O-β-D-葡萄吡喃糖苷、异鼠李素-3-O-β-D-芸香糖苷。其中包括 6 种黄酮醇类化合物，2 种异黄酮类化合物，3 种酚酸类化合物，这些化合物都是首次从盐豆木中分离得到的（王蓟花，2010）。

　　以 8 种病原细菌、2 种病原真菌作为供试菌株，通过 MTT-比色法和稻瘟菌孢子萌发法对盐豆木各单体化合物进行了抗菌活性测定，结果表明黄酮苷元的活性明显强于黄酮苷类化合物。具有相似结构的苷元：3,3′-二-O-甲基槲皮素、3-O-甲基槲皮素、3,5,7,8,4′-五羟基-3′-甲氧基黄酮、槲皮素表现较强的抑菌活性，3,3′-二-O-甲基槲皮素对各细菌的半抑制浓度范围为 26.79～73.14 μg/mL，3-O-甲基槲皮素对各细菌的半抑制浓度范围为 32.93～52.07 μg/mL，槲皮素对各细菌的半抑制浓度范围为 30.61～44.07 μg/mL，3,5,7,8,4′-五羟基-3′-甲氧基黄酮对各细菌的半抑制浓度范围为 59.96～86.52 μg/mL。单体化合物对稻瘟菌孢子萌发也有一定抑制作用，其中化合物：8-O-甲基雷杜辛、3,3′-二-O-甲基槲皮素、3-O-甲基槲皮素、3,5,7,8,4′-五羟基-3′-甲氧基黄酮、槲皮素具有较强的抑制稻瘟菌孢子萌发效果，半抑制浓度分别为 47.10、39.35、67.89、154.09 和 35.80 μg/mL。

　　盐豆木花精油的气相色谱—质谱（GC-MS）分析结果见表 5.2，主要含有 35 种化合物，为总含量的 98.04%，其中含量较高的几种化学成分为十一烷（16.49%）、十二烷（15.31%）、十三烷（12.51%）、葵烷（8.16%）、6,10,14-三甲基-五葵烷-2-酮（6.27%）、甲基棕榈酸酯（6.03%）、甲基亚麻酸（4.10%）、乙基环己烷（4.09%）等。

表 5.2　盐豆木花精油的化学组成

化合物	分子式	保留系数（RI）	含量/%
7-Oxabicyclo[2.2.1]heptane	$C_6H_{10}O$	796	0.18
1,2-Dimethyl cyclohexane	C_8H_{16}	800	0.32
Ethylcyclohexane	C_8H_{16}	803	4.09
7-Oxabicyclo[4.1.0]heptane	$C_6H_{10}O$	822	0.72
1-Hexanol	$C_6H_{14}O$	830	1.08

续表5.2

化合物	分子式	保留系数(RI)	含量/%
Cyclohexanol	$C_6H_{12}O$	843	2.17
Cyclohexanone	$C_6H_{10}O$	851	2.16
Propylcyclohexane	C_9H_{18}	881	0.26
Decane	$C_{10}H_{22}$	950	8.16
Butylcyclohexane	$C_{10}H_{20}$	983	0.33
(E)-Non-2-en-1-ol	$C_9H_{18}O$	1 027	0.51
6-(3,3-Dimethyloxiran-2-yl)hex-1-en-3-ol	$C_{10}H_{18}O_2$	1 030	1.94
cis-Linaloloxide	$C_{10}H_{18}O_2$	1 049	0.86
Undecane	$C_{11}H_{24}$	1 062	16.49
Pentylcyclohexane	$C_{11}H_{22}$	1 098	0.29
2-(4-MethylcycloheX-3-enyl)-Propan-2-ol	$C_{10}H_{18}O$	1 187	0.51
Dodecane	$C_{12}H_{26}$	1 200	15.31
Tridecane	$C_{13}H_{28}$	1 299	12.51
2-Methoxy-4-vinylphenol	$C_9H_{10}O_2$	1 317	1.17
(E)-1-(2,6,6-Trimethylcyclohexa-1,3-dienyl)-but-2-en-1-one	$C_{13}H_{18}O$	1 385	0.39
Thujopsene	$C_{15}H_{24}$	1 431	0.14
Hexadecane	$C_{16}H_{34}$	1 462	0.34
(E)-4-(2,6,6-TrimethylcycloheX-1-enyl)-but-3-en-2-one	$C_{13}H_{20}O$	1 486	0.53
Hexadecane	$C_{16}H_{34}$	1 597	0.81
2,2′,5,5′-Tetramethyl-1,1′-biphenyl	$C_{16}H_{18}$	1 678	0.50
Heptadecane	$C_{17}H_{36}$	1 697	0.56
Palmitaldehyde	$C_{16}H_{32}O$	1 712	1.02
Methyl tetradecanoate	$C_{15}H_{30}O_2$	1 724	2.38
6,10,14-Trimethyl-pentadecan-2-one	$C_{18}H_{36}O$	1 844	6.27
7,9-Di-tert-butyl-1-oxaspiro(4,5)deca-6,9-diene-2,8-dione	$C_{17}H_{24}O_3$	1 918	1.07
Methyl palmitate	$C_{17}H_{34}O_2$	1 925	6.03
Methyl linoleate	$C_{19}H_{34}O_2$	2 053	3.67
Methyl linolenate	$C_{19}H_{32}O_2$	2 057	4.10
Phytol	$C_{20}H_{40}O$	2 064	0.62
Methyl stearate	$C_{19}H_{38}O_2$	2 070	0.52
合计			98.04

　　盐豆木花精油对病原真菌和细菌的抑制作用见表5.3,盐豆木精油具有较强的抗菌谱,对各病原菌的最小杀死浓度(MBC)为 $100\sim350$ $\mu g/mL$,其最小抑制浓度(MIC)为$100\sim250$ $\mu g/mL$,半抑制浓度(IC_{50})浓度范围为 $40.37\sim193.81$ $\mu g/mL$,其中对黄瓜角斑病菌(P. lachrymans)和溶血葡萄球菌(S. haemolyticus)的抑制活性最强,半抑制浓度分别为40.37 和 82.12 $\mu g/mL$。

表 5.3　**盐豆木精油抗菌活性**

供试菌	线性方程	相关系数 (r)	MBC /(μg/mL)	MIC /(μg/mL)	IC$_{50}$ /(μg/mL)
根癌土壤杆菌 A. tumefaciens	$Y=2.2015X+0.5033$	0.9908	200	175	111.44±0.75
大肠杆菌 E. coli	$Y=3.1821X-1.1574$	0.9907	200	175	111.71±0.95
黄瓜角斑病菌 P. lachrymans	$Y=1.9930X+1.7867$	0.9747	100	100	40.37±0.58
伤寒沙门氏菌 S. typhimurium	$Y=4.3860X-5.0469$	0.9937	300	250	193.81±1.97
番茄疮痂病菌 X. vesicatoria	$Y=3.1191X-1.9421$	0.9897	250	250	169.22±0.28
枯草芽孢杆菌 B. subtilis	$Y=2.7519X-0.7926$	0.9837	150	150	126.57±0.50
金黄色葡萄球菌 S. aureus	$Y=2.2238X+0.0679$	0.9888	250	250	164.63±0.66
溶血葡萄球菌 S. haemolyticus	$Y=2.6083X+0.0191$	0.9967	125	125	82.12±0.61
白色念珠菌 C. albicans	$Y=3.5489X-2.8927$	0.9924	350	250	167.10±0.48
稻瘟菌 M. oryzae	$Y=4.0422X-3.3434$	0.9890	—	250	115.06±0.57

5.2.2　刺叶锦鸡儿提取物及其活性成分对植物病原菌的抑制作用

刺叶锦鸡儿(*Caragana acanthophylla*)为豆科牧草,主要分布在中国新疆维吾尔自治区的平原荒漠、盐渍地及河滨沙地,资源丰富(牛西午,1999;王一峰等,2006)。本研究针对棉花枯萎病菌、黄瓜枯萎病菌、番茄枯萎病菌和西瓜枯萎病菌,采用带毒培养基—菌丝生长速率法,对刺叶锦鸡儿提取物及其不同极性的萃取部分进行了抗真菌活性测定,为深入研究其抗菌活性成分,提升其应用价值提供依据。

所选供试菌为棉花枯萎病菌、黄瓜枯萎病菌、番茄枯萎病菌、西瓜枯萎病菌。刺叶锦鸡儿乙醇提取物及各萃取组分对以上 4 种枯萎病菌菌丝生长的影响见表 5.4。结果表明:刺叶锦鸡儿的乙醇粗提物和各萃取组分都有活性,其中乙酸乙酯层和乙醇粗提物的活性较强且具有很好的量效关系,2.0 mg/mL 时乙酸乙酯层对以上各菌的抑制率分别为 36.0%、65.1%、59.7% 和 48.9%。乙醇粗提物对以上各菌菌丝的生长都有抑制作用,在 2.0 mg/mL时对西瓜枯萎病菌菌丝生长的抑制作用最好,抑制率达到 50.2%。石油醚层活性和正丁醇层活性相比,前者较好,在 2.0 mg/mL 时抑制率分别为 32.6%、36.2%、23.8% 和 23.1%,水层活性很低。

表 5.4 刺叶锦鸡儿乙醇提取物和各萃取部分对真菌菌丝生长的抑制作用

项目	浓度 /(mg/mL)	菌丝生长抑制率/%			
		棉花枯萎病菌	黄瓜枯萎病菌	番茄枯萎病菌	西瓜枯萎病菌
乙醇粗提物	0.25	7.6±1.4	7.0±2.5	12.2±2.5	10.1±3.8
	1.00	18.6±4.3	16.4±2.9	27.1±2.5	23.1±2.5
	2.00	21.4±5.0	46.5±2.5	38.1±2.5	50.2±2.5
石油醚部分	0.25	14.0±3.8	7.7±1.4	3.3±2.5	0.4±2.5
	1.00	29.3±2.5	16.0±2.5	13.3±2.5	6.3±1.4
	2.00	32.6±2.9	36.2±1.4	23.8±2.5	23.1±2.5
乙酸乙脂部分	0.25	24.8±1.4	21.0±1.4	29.8±2.5	1.3±3.8
	1.00	34.5±2.9	38.5±2.5	47.7±3.8	8.3±3.8
	2.00	36.0±1.4	65.1±2.9	59.7±2.5	48.9±3.8
正丁醇部分	0.25	10.5±1.4	1.2±1.4	17.9±2.9	−0.4±2.9
	1.00	14.8±1.4	11.6±1.4	23.9±3.8	6.5±2.5
	2.00	15.5±2.9	23.7±2.9	39.8±2.5	22.1±1.4
水部分	0.25	9.8±2.9	2.9±1.4	7.1±1.4	2.0±2.9
	1.00	11.4±5.0	3.6±2.9	7.8±3.8	3.2±1.4
	2.00	14.2±2.5	4.0±3.8	8.7±2.9	3.9±2.5
多菌灵	0.001	70.2±1.4	100.0±0.0	73.8±1.4	50.2±2.5

5.2.3 白皮锦鸡儿提取物及其活性成分对植物病原菌的抑制作用

白皮锦鸡儿(*Caragana leucophloea*)同样为豆科牧草,主要分布在中国新疆维吾尔自治区的平原荒漠、盐渍地及河滨沙地,资源丰富(牛西午,1999;王一峰等,2006)。白皮锦鸡儿乙醇提取物及各萃取组分对以上各菌菌丝生长的影响见表5.5。结果表明:白皮锦鸡儿乙醇粗提物和各萃取组分都有活性,其中乙酸乙酯层和乙醇粗提物的活性较强且具有很好的量效关系,2.0 mg/mL 时乙酸乙酯层对以上各菌的抑制率分别为78.4%、73.4%、72.0% 和69.6%。乙醇粗提物对棉花枯萎病菌、黄瓜枯萎病菌、番茄枯萎病菌菌丝的生长都有较好的抑制作用,在2.0 mg/mL 时抑制率都在50% 以上,但对西瓜枯萎病菌菌丝生长的抑制作用较差,在2.0 mg/mL 时抑制率为5.5%。石油醚层活性比正丁醇活性强,在2.0 mg/mL 时石油醚层对以上各菌的抑制率最低为32.6%,而正丁醇层对以上各菌的抑制率最高才为30.0%。水层活性很低。

表 5.5 白皮锦鸡儿乙醇提取物和各萃取部分对真菌菌丝生长的抑制作用

项目	浓度 /(mg/mL)	菌丝生长抑制率/%			
		棉花枯萎病菌	黄瓜枯萎病菌	番茄枯萎病菌	西瓜枯萎病菌
乙醇粗提物	0.25	26.8±2.5	18.2±2.5	18.2±1.4	28.2±2.5
	1.00	31.0±1.4	31.0±2.9	43.7±1.4	2.0±2.9
	2.00	51.8±1.4	53.5±2.5	50.6±2.5	5.5±2.5

续表5.5

项目	浓度/(mg/mL)	菌丝生长抑制率/%			
		棉花枯萎病菌	黄瓜枯萎病菌	番茄枯萎病菌	西瓜枯萎病菌
石油醚部分	0.25	13.1±1.4	16.4±1.4	11.3±3.8	1.3±1.4
	1.00	26.1±1.4	23.9±4.3	23.8±2.5	5.7±1.4
	2.00	42.2±1.4	48.7±1.4	41.3±2.5	32.6±2.5
乙酸乙脂部分	0.25	48.8±2.5	47.1±1.4	54.5±2.5	42.2±2.9
	1.00	62.3±2.5	60.8±1.4	66.4±1.4	47.9±3.8
	2.00	78.4±1.4	73.4±1.4	72.0±2.5	69.6±2.5
正丁醇部分	0.25	11.3±1.4	2.9±1.4	2.4±2.5	0.7±3.8
	1.00	24.6±2.5	4.9±1.4	5.3±1.4	5.3±2.9
	2.00	30.0±2.9	16.2±2.5	17.7±2.5	13.3±2.5
水部分	0.25	3.0±2.9	4.2±2.9	9.3±2.5	3.2±2.9
	1.00	4.1±1.4	5.4±3.8	10.2±1.4	4.4±1.4
	2.00	4.4±2.5	4.9±1.4	11.7±2.5	5.1±2.5
多菌灵	0.001	75.8±2.5	100.0±0.0	71.3±1.4	46.0±3.8

5.2.4 苦豆子提取物及其活性成分对植物病原菌的抑制作用

苦豆子(*Sophora alopecuroide*),别名草本槐,苦豆根。豆科多年生草本植物。根直伸而细长,多侧根。茎直立,上部分枝,高 30～80 cm。全株密被灰白色平伏绢状柔毛。单数羽状复叶,互生,长 6～15 cm,小叶 11～25,矩圆状披针形或矩圆形,全缘,长 1.5～2.8 cm,宽 7～10 mm,两面及叶柄均密生平伏绢毛,呈灰绿色;托叶小,钻形、宿存。总状花序生于分枝顶端,长 10～15 cm,花多数紧密排列。萼针形,密生平伏绢毛,顶端具短三角状萼齿,花冠淡黄白色,较萼长 2～3 倍,翼瓣具耳。雄蕊 10 枚分离。荚果捻珠状,长 5～12 cm,密生平伏短绢毛,内有种子 6～12 粒。种子宽卵形,黄色或淡褐色,长 4～5 mm(时永杰,2003)。

采用打孔扩散法,通过不同加药剂量对 4 种细菌进行了抗菌活性的比较(表 5.6)。每孔加入 4 mg 时,石油醚、氯仿、正丁醇部分对 4 种细菌表现出较弱的抑制作用。每孔加药量提高到 8 和 20 mg,生物碱和正丁醇部分的抑菌作用明显提高;当每孔加药量为 20 mg 时,生物碱部分对 4 种病原菌的抑菌圈直径均在 9 mm 左右;正丁醇部分的作用更为突出,其中对番茄疮痂病菌的抑菌圈直径为 17 mm。石油醚萃取部分的抑菌圈直径随着剂量的增加没有明显的提高,这可能由于其脂溶性成分在培养基中不易扩散的原因所致。通过比较,我们得出正丁醇部分抑菌活性最强,抑菌圈直径均大于其他部分;生物碱部分抗菌谱较广,对 4 种细菌都有一定的抑菌作用;水层部分在所测浓度下对 4 种细菌均没有抑制作用(李端等,2006)。

表 5.6　苦豆子不同极性溶剂萃取部分对细菌生长的影响

细菌	剂量/(mg/穴)	抑菌圈直径/mm				
		石油醚部分	氯仿部分	正丁醇部分	水部分	乙醇提取物
黄瓜角斑病菌	0	ND	ND	ND	ND	ND
P. lachrymans	4	+	+	++	ND	+
	8	+	++	11.0±0.1	ND	9.7±0.6
	20	+	8.7±0.3	13.1±0.4	ND	12.7±0.6
番茄疮痂病菌	0	ND	ND	ND	ND	ND
X. vesicatoria	4	7.7±0.6	+	++	ND	11.3±0.3
	8	8.0±0.9	+	10.8±0.3	ND	13.3±0.3
	20	+	++	17.0±1.0	ND	16.2±0.8
枯草芽孢杆菌	0	ND	ND	ND	ND	ND
B. subtilis	4	12.0±1.0	8.7±0.1	10.0±1.0	ND	9.3±0.1
	8	11.7±0.6	9.3±0.6	12.7±1.5	ND	11.7±1.2
	20	ND	9.0±0.0	12.0±1.0	ND	13.8±0.1
欧文氏菌	0	ND	ND	ND	ND	ND
E. carotovora var.	4	ND	+	ND	ND	9.0±0.0
carotovora	8	ND	10.3±0.1	ND	ND	11.1±0.8
	20	ND	19.1±0.5	ND	ND	19.7±1.3

注:琼脂打孔药剂扩散法;溶剂对照为 DMSO;阳性对照链霉素每孔为 0.008 mg(0.2 mg/mL 的母液 40 μL),抑菌圈平均直径为(21.8±1.1) mm;ND:未显示抑菌活性;+:显示出轻微的抑制活性,抑菌圈不易测量;++:显示较强抑制活性,抑菌圈不易测量;表中数值为平均值±标准差。

　　苦豆子乙醇提取物及不同极性溶剂萃取部分对真菌生长的影响见表 5.7。在 1 mg/mL 时,正丁醇、石油醚、生物碱部分对瓜果腐霉、黄瓜萎蔫病菌、番茄萎蔫病菌都具有较强的抑制作用,其中正丁醇部分和生物碱部分能完全抑制瓜果腐霉的生长,抑制率为 100%,水层部分对这 3 种病原真菌的生长没有抑制作用,其中对瓜果腐霉和番茄萎蔫病菌的生长还有促进作用。但是苦豆子不同极性溶剂萃取部分对于番茄早疫病菌的抑制作用与其他 3 种菌有所不同,除正丁醇抑制率为 31.39% 外,石油醚和生物碱部分均不能抑制其生长,相反,水层部分却表现出一定的抑制作用,抑菌率为 21.67%,对于此现象的出现有待深入研究。

表 5.7　苦豆子不同极性溶剂萃取部分对真菌生长的抑制作用

真菌	菌丝生长抑制率/%				
	石油醚部分	生物碱部分	正丁醇部分	水部分	乙醇提取物
瓜果腐霉					
P. aphanidermatum	30.4	100	100	ND	9.2
黄瓜枯萎病菌					
F. oxysporum f. spp. cucumerinum	35.8	42.6	40.2	2.6	17.7

续表5.7

真菌	菌丝生长抑制率/%				
	石油醚部分	生物碱部分	正丁醇部分	水部分	乙醇提取物
番茄萎蔫病菌 F. oxysporum f. spp. lycopersici	31.3	38.4	39.4	ND	13.3
番茄早疫病菌 A. solani	ND	ND	31.4	21.8	8.9

注：采用菌丝生长抑制法；溶剂对照为 DMSO，浓度为 1%（V/V）；提取物或萃取部分在培养基中的浓度为 1 mg/mL；ND：未检测出抑制活性。

5.2.5　皂荚提取物及其活性成分对植物病原菌的抑制作用

皂荚（Gleditsia sinensis）是豆科皂荚属植物，是我国特有品种，分布于全国各地。皂荚刺即皂荚的棘刺，能消肿排脓、杀虫治癣，具有抗肿瘤、抗菌的活性，尚未见有关其抗菌活性成分的文献报道（王蓟花等，2008）。本研究利用扩散法、生长速率法等抗菌活性测定方法，对皂荚刺乙醇提取物及其石油醚、氯仿、乙酸乙酯、正丁醇和水的萃取部分进行了抗菌活性筛选；并对活性部位的化学成分进行了跟踪分离，通过硅胶柱层析及 Sephadex LH-20、结晶与重结晶等技术从活性部位乙酸乙酯萃取部分中分离得到 9 个化合物。运用 ^{1}H-NMR、^{13}C-NMR、MS 等现代波谱技术，鉴定了没食子酸乙酯、双氢山奈素、北美圣草素、槲皮素、3,3′,5′,5,7-五羟基双氢黄酮醇、表儿茶素、咖啡酸、3-O-甲基鞣花酸-4′-(5″-乙酰基)-α-L-阿拉伯糖苷和 3-O-甲基鞣花酸-4′-O-α-鼠李糖苷等 9 个化合物的结构，其中 3-O-甲基鞣花酸-4′-(5″-乙酰基)-α-L-阿拉伯糖苷新化合物，其他化合物均为首次从该属植物中分离。通过微量稀释法测定了 7 个化合物对枯草芽孢杆菌、番茄疮痂病菌等 4 种细菌的最低抑菌浓度，其中没食子酸乙酯、双氢山奈素、槲皮素、3,3′,5′,5,7-五羟基双氢黄酮醇、咖啡酸表现出一定的抗菌活性，咖啡酸对枯草芽孢杆菌和番茄疮痂病菌的最低抑菌浓度为 0.125 mg/mL（李端，2005）。

5.3　藜科植物提取物及其活性成分对植物病原菌的抑制作用

藜科（Chenopodiaceae）是被子植物的大科之一，两半球的亚热带、温带、寒带都有分布。藜科基本上是一个温带科，全球共约 130 个属 1 500 余种，广泛分布于欧亚大陆、南北美洲、非洲和大洋洲的半干旱及盐碱地区，主要生长在海拔 300～2 000 m 的地段，个别种类如小果滨藜（Microgynoecium tibeticum）分布在海拔 4 000 m 以上的高山（吴征镒，1979）。本研究主要以我国新疆维吾尔自治区产的几种藜科植物，如无叶假木贼（Anabasis aphylla）、盐穗木（Halostachys caspica）、盐爪爪（Kalidium foliatum）等，进行抗菌活性物质的是筛选（宋素琴，2004；杜华，2008；杨红兵等，2009；Liu 等，2010）。

5.3.1 无叶假木贼提取物及其活性成分对植物病原菌的抑制作用

对无叶假木贼的乙醇提取物、石油醚萃取部分、氯仿萃取部分、乙酸乙酯萃取部分、正丁醇萃取部分和水部分进行了抗菌活性测定。结果发现,无叶假木贼乙醇提取物具有一定的抑菌作用,在各萃取组分中,乙酸乙酯组分和氯仿组分对供试病原菌均表现出较强的抑制作用,其次是石油醚组分和正丁醇组分,水部分的抗菌活性较弱。由此可推测出,无叶假木贼中抗菌活性成分主要为极性中等的化合物,存在于乙酸乙酯组分和氯仿组分中,且很可能是具弱碱性、易与酸成盐的生物碱类。

通过硅胶柱层析、Sephadex LH-20凝胶柱层析、RP-18反相硅胶柱层析、结晶与重结晶等技术从无叶假木贼的活性部分乙酸乙酯组分和氯仿组分中分离得到13个化合物。运用^{1}H-NMR、^{13}C-NMR、MS等波谱技术,鉴定其结构分别为1-(2-羟基-4,6-二甲氧基)-苯乙酮、正二十九烷酸、3,4-二羟基-肉桂酸-二十四烷基酯、水杨酸、3,4-二羟基-肉桂酸甲酯、β-谷甾醇、香草酸、4-羟基-苯甲酸-十五烷基酯、24-乙基-5-α-胆甾-22-烯-3-β-醇、异尼可替因、无叶毒藜吡啶胺、N-甲基毒藜碱、无叶假木贼碱-A(Du等,2008)。

从无叶假木贼中分离得到的苯酚类化合物具有较强的抗菌活性,1-(2-羟基-4,6-二甲氧基)-苯乙酮对枯草芽孢杆菌(*Bacillus subtilis*)、番茄疮痂病菌(*Xanthomonas vesicatoria*)、根癌土壤杆菌(*Agrobacterium tumefaciens*)、黄瓜角斑病菌(*Pseudomonas lachrymans*)、白色念珠菌(*Candida albicans*)的抑制中浓度(IC_{50})为44.03、14.05、9.19、9.49和86.02 $\mu g/mL$;水杨酸对以上5种靶标菌的IC_{50}分别为40.22、12.37、9.64、28.21和51.38 $\mu g/mL$。4种吡啶类生物碱表现出较强的抗菌活性,其中,N-甲基毒藜碱对枯草芽孢杆菌、番茄疮痂病菌、根癌土壤杆菌、黄瓜角斑病菌、溶血葡萄球菌(*Staphylococcus haemolyticus*)、白色念珠菌的IC_{50}为96.72、99.47、54.34、82.68、163.64和91.52 $\mu g/mL$;无叶假木贼碱-A对以上6种靶标菌的IC_{50}为65.84、68.03、42.95、75.65、60.20和82.66 $\mu g/mL$。1-(2-羟基-4,6-二甲氧基)-苯乙酮、N-甲基毒藜碱和无叶假木贼碱-A对稻瘟菌孢子萌发的IC_{50}分别为233.94、229.19和278.48 $\mu g/mL$(Du等,2009)。

以上研究表明,无叶假木贼抗菌活性成分主要为极性中等的化合物,推测酚类化合物和生物碱类化合物是无叶假木贼中的主要抗菌活性成分。本研究将为揭示无叶假木贼的抗菌化合物、藜科植物的化学分类学提供依据。

5.3.2 盐穗木提取物及其活性成分对植物病原菌的抑制作用

采用活性追踪的方法从盐穗木地上部分的乙醇粗提物中首次分离得到了7个黄酮类化合物(Liu等,2010)。结构鉴定为木犀草素、白桦素、白杨素-7-O-β-D-葡萄糖苷、槲皮素、槲皮素-3-O-β-D-葡萄糖苷、异鼠李素-3-O-β-D-葡萄糖苷、异鼠李素-3-O-β-D-芸香糖苷。

在这些化合物中,白杨素表现出了最好的抑制活性,对细菌的最低抑制浓度为6.25～12.5 $\mu g/mL$,而对稻瘟菌孢子萌发产生抑制的最低浓度则为50 $\mu g/mL$。在分离到的7个黄酮化合物中,以黄酮苷元的抗菌活性较强,黄酮苷类化合物的活性相对较弱(Liu等,2010;刘浩等,2010a,2010b,2011)。

5.3.3 盐爪爪提取物及其活性成分对植物病原菌的抑制作用

盐爪爪乙醇提取物对供试病原菌均有一定的抑制作用,在各萃取组分中,乙酸乙酯组分表现出较强的抗菌活性,其次是正丁醇组分,石油醚组分和水部分的抗菌活性较弱。提示盐爪爪抗菌活性成分主要分布在乙酸乙酯组分和正丁醇组分中,为极性中等的化合物。盐爪爪氯仿萃取部分具有较强的抗细菌活性(杨红兵等,2009)。

5.4 植物提取物或组分对植物病害的防治

在温室进行了 3 种藜科植物提取物即无叶假木贼、盐穗木和角果藜提取物对番茄枯萎病的防效试验,将植物提取物配制成水剂,对番茄枯萎病的防治采用土壤灌根处理,温室防病试验结果见表 5.8。3 种提取物中,无叶假木贼乙醇提取物对番茄枯萎病的相对防效比较好。

表 5.8　**3 种藜科植物提取物对番茄枯萎病的防治效果**

项目	浓度 /(mg/mL)	防治效果/%	
		药剂处理 1 周后	药剂处理 2 周后
多菌灵	2	70.74	87.45
无叶假木贼乙醇提取物	2	43.78	62.74
	4	70.82	87.89
盐穗木乙醇提取物	2	31.57	52.92
	4	45.39	76.51
角果藜乙醇提取物	2	37.08	42.43
	4	46.27	63.15

在田间进行了无叶假木贼、盐穗木和角果藜提取物对杨树溃疡病的防效试验,将植物提取物配制成水剂,对杨树溃疡病的防治采用树干涂抹处理,田间防效试验结果见表 5.9。3 种提取物中,无叶假木贼乙醇提取物对杨树溃疡病相对防效比较好。

表 5.9　**3 种藜科植物提取物对杨树溃疡病的防治效果**

项目	浓度 /(mg/mL)	防治效果/%	
		药剂处理 1 周后	药剂处理 2 周后
多菌灵	2	42.59	55.78
无叶假木贼乙醇提取物	2	31.17	52.89
	4	64.75	85.72
盐穗木乙醇提取物	2	41.57	61.82
	4	55.39	77.51
角果藜乙醇提取物	2	33.08	65.43
	4	36.18	74.24

5.5 结论与展望

植物次生代谢物生物农药是一类重要的生物农药,由于生物农药具有很好的环境相容性,对人畜安全,因此越来越受到青睐(Dayan 等,2009)。我国幅员辽阔,植物资源丰富,高等植物的种类接近 30 000 种,对植物抗菌物质的研究相对较少,尤其是西部荒漠地区植物的研究更少,而且大多停留在粗提物的活性评价阶段。本课题研究涉及的几种豆科和藜科植物均为主要分布在我国西部的植物,对其进行生物学、植物化学的研究有利于充分了解该植物在特殊生存环境下产生的次生代谢产物,同时也为次生代谢物生物农药的研究与开发提供依据。以下几方面的工作今后值得深入开展。

(1) 由于抗菌活性物质的产生是植物的一种重要防卫机制,而这些次生代谢产物具有科属特异性,今后应系统开展豆科和藜科植物类群的抗菌活性物质的筛选,深入探讨抗菌化合物产生的化学生态学(如对病原菌的抑制作用、化感作用等)和化学分类学(如系统学和亲缘关系的研究)意义。

(2) 多数豆科和藜科植物资源丰富,用途广泛,既能防风固沙,又是重要的经济植物和饲用植物,许多抗菌活性物质(如黄酮类成分)是食品或饲料中的功能成分,具有很好的抗氧化活性和免疫调节活性等,深入研究这些黄酮类成分,有利于豆科和藜科植物功能成分的开发,进一步提升其营养价值和利用价值。

(3) 应加快豆科和藜科植物抗菌物质的应用研究。在防治植物的土传病害(包括线虫病害)方面,可以将植物提取物或植物整体打碎施入土中,直接应用,改善土壤微生态环境。另外,可以将植物提取物或单一抗菌成分开发成正式登记的生物农药品种,植物次生代谢物生物农药的研究与开发是一个漫长的过程,在确定植物提取物的防效后,还需进行农药助剂的筛选、剂型的研制、毒理学、环境安全评价试验等系列的工作。关于这方面的研究,光靠某一课题小组很难完成,需要多个课题小组密切合作,上中下游研究工作融于一体,尤其需要企业的介入。

(4) 结合高通量的筛选和快速分离鉴定等手段,继续从豆科和藜科植物中筛选先导结构,并结合计算化学、构效关系等进行结构的多级优化,为创制高效低毒的农药提供依据。

5.6 致　　谢

本研究主要由国家科技支撑计划项目(项目编号:2006BAD07B03)、国家高技术研究发展计划项目(项目编号:2006AA10Z423)、高等学校博士学科点专项科研基金(项目编号:20060019048;20100008110037)、兵团博士资金专项(项目编号:2006JC09)提供资助。参加本研究项目的研究生主要有:宋素琴、李端、唐静、杜华、王蓟花、刘浩、高海峰、杨红兵、赵江林、周亚明。

参 考 文 献

[1] 杜华，周立刚，李春，等. 藜科植物化学成分与生物活性的研究进展. 天然产物研究与开发，2007，19(5)：884-889.

[2] 杜华，周立刚，唐静，等. 无叶假木贼和盐爪爪提取物的抗菌活性. 天然产物研究与开发，2007，19(1)：92-96.

[3] 杜华. 无叶假木贼抗菌活性成分. 博士学位论文. 北京：中国农业大学，2008.

[4] 高海峰，王蓟花，赵思峰，等. 刺叶锦鸡儿. 白皮锦鸡儿和盐豆木提取物抗氧化活性. 天然产物研究与开发，2010，22(S)：191-193.

[5] 侯太平. 植物农药研究进展. 中国农业科技导报，2006，8(6)：12-16.

[6] 李端，周立刚，姜微波，等. 皂荚提取物对植物病原菌的抑制作用. 植物病理学报，2005，35(6)：86-90.

[7] 李端，周立刚，王敬国，等. 苦豆子提取物对黄瓜和番茄病原菌的抑制作用. 西北植物学报，2006，26(3)：558-563.

[8] 李端. 豆科植物皂荚和苦豆子抗菌化合物初步研究. 中国农业大学硕士学位论文，2005.

[9] 李正名. 新农药创制的现状和发展趋势. 世界农药，1999，21(6)：1-4.

[10] 刘浩，赵江林，吕仕琼，等. 盐穗木黄酮及其抗菌和抗氧化活性. 中国科技论文在线，编号2010,2010a：1-9.

[11] 刘浩,吕仕琼,牟燕，等. 盐穗木苯酚酸类化合物及其抗菌和抗氧化活性. 中国科技论文在线，2010b：1-8.

[12] 刘浩，单体江，牟燕，等. 盐穗木生物碱及其抗菌和抗氧化活性. 中国科技论文在线，2011：1-6.

[13] 牛西午. 中国锦鸡儿属植物资源研究——分布及分种描述. 西北植物学报，1999，19：107-133.

[14] 钱旭红，徐晓勇，宋恭华，李忠. 二十一世纪新农药研发趋势. 贵州大学学报(自然科学版)，2003，20(1)：83-90.

[15] 时永杰，杜天庆. 苦豆子. 中兽医医药杂志，2003，13：131-134.

[16] 宋素琴，周立刚，郝小江，等. 新疆具抗菌活性的植物资源. 西北植物学报，2004a，24(2)：259-266.

[17] 宋素琴，周立刚，李端，等. 新疆五种植物抗菌活性研究. 天然产物研究与开发，2004b，16(2)：157-159.

[18] 宋素琴. 新疆无叶假木贼抗菌活性物质的初步研究. 硕士学位论文. 北京：中国农业大学，2004.

[19] 王蓟花，唐静，李端，等. 皂荚化学成分和生物活性的研究进展. 中国野生植物资源，2008，27(6)：1-3.

[20] 王蓟花，周立刚，韩建国，等. 紫花苜蓿化学成分及其生物活性与开发利用. 天然产物

研究与开发，2009，21(2)：346-353.

[21] 王蓟花. 盐豆木酚类化合物及精油的抗菌和抗氧化活性. 博士学位论文. 北京：中国农业大学，2010.

[22] 王一峰，杨文玺，王春霞，等. 甘肃豆科饲用植物资源. 草业科学，2006，23：12-16.

[23] 杨红兵，周亚明，刘浩，等. 六种藜科植物提取物对植物病原菌的抑制活性. 天然产物研究与开发，2009，21(5)：744-747.

[24] 吴征镒. 论中国植物区系的分区问题. 云南植物研究，1979，1：1-20.

[25] 周立刚. 植物抗菌化合物. 北京：中国农业科学技术出版社，2005.

[26] Dayan F E，Cantrell C L，Duke S O. Natural products in crop protection. Bioorganic & Medicinal Chemistry，2009，17：4022-4034.

[27] Du H，Wang Y，Zhao J，et al. Antibacterial phenolics from chenopodiaceous plant *Anabasis aphylla* L.. *Journal of Biotechnology*，2008，136(Suppl. 1)：88-89.

[28] Du H，Wang Y，Yan C，et al. Alkaloids from *Anabasis aphylla* L.. Journal of Asian Natural Products Research，2008，10(11)：1093-1095.

[29] Du H，Wang Y，Hao X，et al. Antimicrobial phenolic compounds from Anabasis aphylla. *Natural Product Communications*，2009，4(3)：385-388.

[30] Lewis G，Schrire B，Mackinder B. Molecular phylogenetics of the clover genus (*Trifolium*-Leguminosae). Molecular Phylogenetics and Evolution，2006，39：688-705.

[31] Liu H，Mou Y，Zhao J，Wang J，et al. Flavonoids from *Halostachys caspica* and their antimicrobial and antioxidant activities. Molecules，2010，15(11)：7933-7945.

[32] Wang J，Gao H，Zhao J，et al. Preparative separation of phenolic compounds from *Halimodendron halodendron* by high-speed counter-current chromatography. Molecules，2010，15(9)：5998-6007.

[33] Yang H，Du H，Zhou Y，et al. Antifungal activity of the extracts and fractions of six chenopodiaceous plant species. Journal of Biotechnology，2008，136(S. 1)：S89.

[34] Zhou L，Li D，Wang J，et al. Antibacterial phenolic compounds from the spines of *Gleditsia sinensis* Lam.. Natural Product Research，2007a，21(4)：283-291.

[35] Zhou L，Li D，Jiang W，et al. Two ellagic acid glycosides form *Gleditsia sinensis* Lam. with antifungal activity on *Magnaporthe grisea*. Natural Product Research，2007b，21(4)：303-309.

[36] Zhou L，Wedge D E. Agricultural application of higher plants for their antimicrobial potentials in China. In：Crop Protection Research Advance(Burton EN，Williams PV，eds.)，New York：Nova Science Publishers，2008：213-233.

第6章

菌根真菌与南方根结线虫相互作用

张立丹　李晓林　张俊伶

6.1 引　　言

根结线虫(*Meloidogyne* spp.)是世界上为害农作物的重要病原生物之一。据统计,全世界作物生产每年因根结线虫危害造成的损失约 1 000 亿美元(Oka 等,2000)。在温带和热带地区,根结线虫带来的损失是所有病原物中危害最严重的(Trudgill 和 Blok,2001)。近年来,随着保护地蔬菜栽培面积的迅速扩大,特别是随着连作栽培时间的延长,根系自毒产物增多,抵抗力下降,从而为根结线虫的侵染提供了非常适宜的条件,使根结线虫的为害成为蔬菜生产上的突出问题(李林等,2004)。同时线虫的侵染还会加剧细菌、真菌等病害的发生,加重产量损失。目前,根结线虫病害已经成为仅次于真菌病害的一类发病非常严重的病害,一旦发生,造成产量损失一般达 30%～50%,严重的高达 75%,甚至绝产(彭德良,1998)。设施连作土壤根结线虫危害的防治已成为当前蔬菜生产上亟待解决的问题。当前对根结线虫的防治工作极为棘手。市场上缺乏抗性品种,轮作和改进栽培措施等方法均对线虫有不同程度的防效,但都有较大的局限性。化学防治最为有效,但是绝大多数杀线剂为剧毒产品,过量的使用不仅会破坏生态环境,而且危害人畜健康,因此,寻求易降解、环境友好、所需剂量少,且对非目标微生物几乎不会造成危害的生物措施成为目前病虫害防治的焦点。

目前,已发现了多种对病原物具有拮抗作用的微生物,菌根真菌即为其中一种。丛枝菌根真菌(简称 AM 真菌)是农业生态系统中十分普遍和重要的有益微生物,它与绝大多数园艺作物形成稳定的共生体系(Smith 和 Read,1997)。研究表明,菌根真菌的侵染改变了植物光合产物的分配,调节了根际的 pH 值,并可以分泌具有抑制或刺激作用的物质,使土壤中微生物种群在数量、性质及空间分布上发生改变(Rillig,2004;Garmendia 等,2006)。菌根真菌在土传病害的防治方面具有明显的效果和很大的潜力,能有效防治尖孢镰刀菌(*Fusarium oxysporum*)、立枯丝核菌(*Rhizoctonia solani*)等引起的病害(Whipps,2004;Harrier 和

Watson，2004；Vierheilig 等，2008）。AM 真菌与植物寄生性线虫共同存在于寄主植物根系周围，均可对寄主植物根系进行侵染，并竞争植物根系碳水化合物及各种营养进行个体发育繁殖，但两种微生物对寄主作用却截然相反，两者在寄主根系中存在空间和营养竞争作用，因此，两者间相互作用引起了广大研究者的兴趣。Hol 和 Cook（2005）总结了过去 20 年中发表的 AM 真菌与植物寄生性线虫的相互作用，发现接种 AM 真菌能够降低植物寄生性线虫侵染所导致的地上部生物量损失，二者相互作用依线虫种类不同而有差别。接种菌根真菌对内寄生性线虫最有效，使其数量降低达 33%。因此，利用菌根真菌对植物内寄生性线虫（如根结线虫）进行防治具有较大应用潜力。

黄瓜是我国设施栽培中主要的蔬菜种类之一，栽培面积已占到保护地栽培面积的 80% 以上（李怀智，2003）。黄瓜属于对根结线虫比较敏感的作物，其主要受 4 种根结线虫危害，其中以南方根结线虫危害最为普遍。根结线虫病害导致黄瓜减产一般在 15% 左右，严重的可达 75% 以上，甚至绝收（李文超，2006）。黄瓜是一种菌根依赖性比较强的寄主植物（孟祥霞等，2000），越来越多的研究者开始关注菌根真菌在黄瓜生产上的应用潜力。研究表明，接种菌根真菌能够改善黄瓜品质，提高黄瓜产量（秦海滨等，2007；吕桂云等，2006），提高抗盐性（Rosendahl 和 Rosendahl，1991），并提高了黄瓜对枯萎病（王倡宪和郝志鹏，2008；Hao 等，2006）和疫病（Rosendahl C N 和 Rosendahl S，1990）等病原菌的抗性作用。接种 AM 真菌能改善根际环境，提高黄瓜抗病性，减少病害发生，减轻土壤中有毒物质的危害，对改善土壤生态环境具有效果显著、无毒、无污染等特点，对黄瓜等蔬菜作物的持续高产、优质、高效栽培和无公害生产具有潜在的重要意义。

但是，接种菌根真菌能否降低根结线虫的危害，提高黄瓜对其抗性作用还缺乏研究报道。基于此，本研究针对根结线虫病害发生严重这一黄瓜生产中的主要问题，抓住生物防治这一主流的病害防治趋势，而菌根真菌既可以作为生物肥料又可以作为生防因子的特点，重点研究菌根真菌与南方根结线虫间相互作用及机制。采用对黄瓜侵染效果较好，在我国农田中广泛存在的菌根真菌（*Glomus* spp.），在黄瓜育苗时进行接种，移栽后接种根结线虫（*Meloidogyne incognita*），研究了不同真菌种类对黄瓜苗生长的效应及对南方根结线虫侵染和繁殖的影响；利用筛选出来的优势菌种，研究了接种菌根真菌对黄瓜生理代谢及对根结线虫的抗性潜力；此外，通过外源施用磷肥，探讨了磷营养在黄瓜线虫抗性中的作用，为实现利用菌根生物技术提高植物对线虫的抗性提供重要的理论依据。

6.2 接种菌根真菌对黄瓜根结线虫病害的效应

盆栽条件下，研究了接种 3 个菌根真菌菌种：*Glomus intraradices*（Schenck 和 Smith）（BEG141），*Glomus mosseae*（Gerdemann 和 Trappe）（BEG167）及 *Glomus versiforme* 对黄瓜（*Cucumis sativus* L. cv. 中农 16）生长和养分吸收的影响。根结线虫为南方根结线虫（*Meloidogyne incognita*），是北方保护地发病及危害黄瓜作物最为普遍和严重的线虫种类。所用土壤为低养分含量的沙土，采自北京市大兴区庞各庄镇农田。土壤基本理化性状（风干土，各含量指标均基于土壤干重）：pH 值 8.44（水浸提，水土比 2.5∶1）、有机质含量 0.30%、全氮 0.08%、速效磷（Olsen-P）7.72 mg/kg、速效钾（NH₄-OAc-K）33.6 mg/kg、有效硫

[Ca(H$_2$PO$_4$)$_2$-HOAc]35.7 mg/kg。此外,为了提高土壤通透性,便于根结线虫发生反应,采用河沙作为培养基质,用前将河沙用自来水冲洗数遍,晒干。将土壤和河沙分别过2 mm 土壤筛,按照体积比 1:1 进行混合均匀,经121℃,2 h 高压蒸汽灭菌处理,风干备用。采用二因素完全随机试验设计,试验设接种处理:不接种(－AMF)和接种菌根真菌(*Glomus intraradices*,Gi;*Glomus mosseae*,Gm;*Glomus versiforme*,Gv);不接种和接种根结线虫(*Meloidogyne incognita*,Mi)。试验共 8 个处理:①不接种的完全对照(－AMF－Mi);②未接种菌根真菌,育苗 30 d 后接种根结线虫 *Meloidogyne incognita*(－AMF＋Mi);③接种菌根真菌 *Glomus intraradices*,(＋Gi);④育苗时接种菌根真菌 *Glomus intraradices*,育苗30 d 后接种根结线虫 *Meloidogyne incognita*(＋Gi＋Mi);⑤育苗时接种菌根真菌 *Glomus mosseae*(＋Gm);⑥育苗时接种菌根真菌 *Glomus mosseae*,育苗后 30 d 接种根结线虫 *Meloidogyne incognita*(＋Gm＋Mi);⑦育苗时接种菌根真菌 *Glomus versiforme*(＋Gv);⑧育苗时接种菌根真菌 *Glomus versiforme*,育苗后 30 d 接种根结线虫 *Meloidogyne incognita*(＋Gv＋Mi)。每个处理 8 次重复,总计 64 盆。为了保证黄瓜苗期能正常生长,所有处理的土壤均加入氮 200 mg/kg(NH$_4$NO$_3$)、磷 50 mg/kg(KH$_2$PO$_4$ · 2H$_2$O)、钾 200 mg/kg(K$_2$SO$_4$)、镁 100 mg/kg(MgSO$_4$ · 7H$_2$O)、锌 5 mg/kg。

采用直播方式,每盆播种 4 粒黄瓜种子,待小苗生长到一片真叶的时候进行间苗,每盆留2 株黄瓜苗进行培养,待黄瓜苗生长到三叶一心(30 d)进行根结线虫接种处理,接种后生长 5周进行收获。试验在中国农业大学资源与环境学院培养室进行,温度 23～35℃,进行室内光照培养,相对湿度在 50% 左右。采用去离子水进行浇灌,待线虫接种后,每周浇 1 次低磷的Hoagland 营养液补充养分。

研究结果表明,接种 3 种菌根真菌根系侵染率在 50%～70%。不同菌种间差异未达到显著水平。接种根结线虫对根系侵染率影响达到显著水平,接种 *G. intraradices*,*G. mosseae* 及*G. versiforme* 根系侵染率分别降低了 9%、24% 和 17%。根系侵染率下降的主要原因可能是菌根真菌与根结线虫竞争侵染空间,取食位点及来自寄主植物的碳水化合物(Smith,1988;Hol 和 Cook,2005)。

与对照相比,接种菌根真菌显著促进植株地上部的生长(表 6.1),如接种 *G. mosseae* 和*G. versiforme* 植株地上部分干重分别为完全对照处理的 1.84 和 1.92 倍。接种根结线虫后,接种处理仍能显著提植株地上部的生长,接种 *G. intraradices*、*G. mosseae* 和 *G. versiforme* 植株地上部分干重分别为单接种根结线虫的 1.03、1.65 和 2.07 倍。株高、叶片数量及根系鲜重也呈同样的趋势。通常情况下,根结线虫侵染寄主植物根系后,会导致植物生长减弱和产量下降(Williamson, 1998);降低寄主植物对养分的吸收(Patel 等,1988);阻碍养分和水分在根系中的运输(Gaillaud 等,2008)。本试验中,接种根结线虫并没有对植物地上部生物量产生影响(表 6.1)。与此相似,番茄感染南方根结线虫后,在生长 9 周时,植株地上部分干重增加,在 12周时,接种和未接种根结线虫地上部分没有差异,而在生长 15 周时,地上部分干重明显增加(Diedhiou 等,2003)。可能原因是根结线虫侵染寄主植物根系的前期,消耗了大量碳水化合物,刺激寄主植物引发短期植物生长旺盛。本试验周期比较短,根结线虫可能刚刚完成一次生育周期,因此,还未对寄主植物产生破坏性效应。但接种根结线虫后,植物根长明显受到抑制(表 6.1),植株根系鲜重明显增加,植物根系形成了大量的根结,导致根系发生畸变,因此,可能最终影响植物的生长。接种促进了植物根系的生长,在未接种根结线虫时 3 种菌根真菌菌

种 *G. intraradices*、*G. mosseae* 和 *G. versiforme* 分别使植株根长增加了 1.29、1.97 和 2.41 倍,而在接种根结线虫后,双接种处理分别使根系长度增加了 1.34、2.14 和 2.54 倍。

表 6.1　接种根结线虫对黄瓜苗株高、地上部干重、根鲜重及根长的影响

接种菌根真菌和根结线虫	地上部分干重/g	株高/cm	根鲜重/g	叶片数量	根长/cm
Non-Mi					
Non-mycorrhizal	2.51[b]	27.5[b]	2.78[b]	10[b]	649.7[c]
G. intraradices	2.26[b]	24.3[b]	2.66[b]	10[b]	843.8[c]
G. mosseae	4.63[a]	51.9[a]	6.05[a]	13[a]	1 281.5[b]
G. versiforme＋Mi	4.82[aA]	53.2[aB]	7.04[aB]	14[aB]	1 566.7[aA]
Non-mycorrhizal	2.74[c]	31.0[c]	4.58[b]	10[c]	455.2[c]
G. intraradices	2.82[c]	34.4[c]	5.23[ab]	11[bc]	609.6[c]
G. mosseae	4.52[b]	57.3[b]	7.02[a]	15[ab]	973.7[b]
G. versiforme	5.66[aA]	73.7[aA]	8.77[abA]	14[aA]	1 157.5[aB]
方差分析					
Mi 接种处理	NS	***	***	*	***
AMF 接种处理	***	***	***	***	***
双接种处理	NS	NS	NS	*	NS

注:①表中 Non-Mi 表示未接种根结线虫处理;Mi 表示接种根结线虫处理。
②数据来自 8 个重复的平均值。采用方差分析 ***,$P < 0.001$;**,$P < 0.01$;*,$P < 0.05$;NS 表示无显著性差异。
③同一列中,数据肩标不同大小写字母表示差异显著($P < 0.01$ 和 $P < 0.05$)。

　　AM 真菌能提高敏感性植物对于线虫的抗性,减轻根结线虫的发病程度,降低根结线虫繁殖数量(Hol 和 Cook,2005)。由表 6.2 可以看出,接种 AM 真菌能显著降低黄瓜根结线虫病害的发病率和病情指数,不同 AM 真菌的效应也存在差异。接种 *G. versiforme* 处理的效果优于接种 *G. intraradices* 和接种 *G. mosseae*。在单接种根结线虫时,根结指数和病情指数分别为 4.0 和 100% 发病率。接种 AM 真菌黄瓜苗的根结指数和病情指数均显著下降。3 种 AM 真菌对根结线虫病害的防治效果以 *G. versiforme* 最好,其次为 *G. mosseae*,且菌种之间差异达到显著水平。接种菌根真菌对根结线虫的侵染和繁殖表现出一定的抑制作用(表 6.3)。从整个根系来看,接种菌根真菌并未降低根结数量、雌虫数及卵块数量,但降低了卵数量。按照单位重量根系进行计算,接种 *G. intraradices*、*G. mosseae* 和 *G. versiforme* 分别使根结数降低了 13.4%、21.6% 和 45.4%,使雌虫数量分别降低了 33.8%、47.5% 和 48.1%,使卵块数量降低了 9%、46.9%、43.8%,卵数量降低了 79.3%、88.8%、76.0%。相应地,接种减少了根结线虫卵数量/卵块(Zhang 等,2008)。Castillo 等(2006)发现接种菌根真菌 *G. intraradices*,*G. mosseae* 或 *G. versiforme* 能促进橄榄的生长,同时降低两种根结线虫 *M. incognita* 和 *M. javanica* 的根结指数及根结线虫的繁殖,说明菌根真菌对根结线虫的作用取决于寄主植物、菌根真菌及根结线虫种类的组合和环境条件(Harrier 等,2004)。本试验中,综合植物生长、养分吸收及对根结线虫的繁殖,接种 *G. mosseae* 和 *G. versiforme* 的效果优于 *G. intraradices*。

表 6.2　接种菌根真菌对黄瓜根结线虫病害发病情况的影响

项目	根结指数	病情指数 /%	防治效果 /%
+Mi	4.0[a]	100	0
+Gi+Mi	3.0[b]	75	25
+Gm+Mi	2.4[c]	59	41
+Gv+Mi	2.0[c]	50	50

注:①Mi,南方根结线虫 *Meloidogyne incognita* 的缩写;Gi,菌种 *G. intraradices* 的缩写;Gm,菌种 *G. mosseae* 的缩写;Gv,菌种 *G. versiforme* 的缩写;"+"表示接种。表 6.3 同。

②同一列中,数据肩标不同小写字母表示不同处理之间差异显著(P<0.05)。

表 6.3　接种菌根真菌对根结线虫侵染和繁殖的影响

接种菌根真菌	整个根系				根/g				卵/卵块
	根结数	雌虫数	卵块数	卵数量	根结数	雌虫数	卵块数	卵数量	
+Mi	426[ab]	706[a]	130[a]	89 752[a]	97[a]	160[a]	32[a]	19 602[a]	694[a]
+Gi+Mi	357[b]	537[a]	147[a]	21 191[b]	84[a]	106[b]	29[a]	4 049[b]	146[b]
+Gm+Mi	511[a]	587[a]	120[a]	15 346[b]	76[ab]	84[b]	17[b]	2 186[b]	151[b]
+Gv+Mi	448[ab]	698[a]	122[a]	41 295[b]	53[b]	83[b]	18[b]	4 707[b]	334[b]

注:同一列中,数据肩标不同小写字母表示不同处理之间差异显著(P<0.05)。

6.3　接种菌根真菌和施磷对根结线虫的影响

试验育苗采用 50 孔塑料苗盘(上口径 8.5 cm,底径 6 cm,高 7.5 cm),移栽后采用 1 L 的塑料盆,规格为 140 mm×160 mm。菌种采用 *Glomus intraradices* (BEG141)。育苗基质采用草炭和蛭石,配比按照体积比 1∶1 混合均匀,然后间歇湿热灭菌 2 h。培养基质同 6.2。试验为三因素随机试验设计。在育苗时设接种菌根处理:不接种(对照)和接种 Gi;移栽时设接种南方根结线虫处理:不接种(对照)和接种 Mi;移栽时土壤磷添加浓度设 2 个处理:50(P50)和 100 mg/kg(P100)(KH$_2$PO$_4$)。试验共 8 个处理,5 次重复,总共 40 盆。试验在培养室中进行,培养室温度 22~35℃,相对湿度 50% 左右。每天辅助照明 14 h,用去离子水浇灌,土壤湿度为土壤干重的 15%(W/W)。

接种菌根真菌植物根系侵染状况较好,菌根侵染率为 56%~64%。随着土壤磷水平的提高,根系侵染率有降低的趋势,但差异未达到显著水平。与单接种 Gi 相比,P50 时双接种 Gi+Mi 明显降低了菌根真菌的侵染,但 P100 时两者差异不显著。

在 2 个施磷水平时,接种 Gi 显著促进黄瓜苗株高、叶片数及地上部分干重水平,接种菌根真菌的促生作用在 P50 时高于 P100 供应水平(表 6.4)。土壤磷供应水平的提高促进了未接种植株的地上部生长,但是对菌根植物影响不大。在两个供磷水平下,未接种菌根处理,接种根结线虫后地上部干重下降,接种菌根真菌和提高土壤磷的供应水平能够显著促进黄瓜苗的生长。植株根鲜重在菌根真菌接种后显著增加,根结线虫接种处理植株根系鲜重有增加的趋势,但是未达到显著水平,说明根结线虫接种的时间较短,在植物根系中还没有形成大量的根结组织,发病还未达到严重程度。与未接种菌根的黄瓜苗相比,接种菌根真菌能够显著提高植株地上部含磷量,增加土壤磷的供应水平,接种根结线虫对植株含磷量未产生显著的影响。

表 6.4　接种和施磷对黄瓜部分特征的影响

施磷水平 /(mg/kg)	接种菌根真菌	接种根结线虫	株高 /cm	叶片数	地上部分干重/g	根鲜重 /g	地上部分磷含量/%
50	对照	−Mi	9.25	6	0.30	0.68	0.14
		+Mi	6.05	7	0.25	1.58	0.17
	G. intraradices	−Mi	45.03	13	1.72	1.63	0.29
		+Mi	61.00	15	2.15	2.58	0.23
100	对照	−Mi	24.30	10	0.79	0.48	0.16
		+Mi	17.55	8	0.48	2.63	0.20
	G. intraradices	−Mi	50.85	13	1.97	2.03	0.25
		+Mi	60.55	14	2.53	3.24	0.27
方差分析:							
磷处理			*	*	*	NS	NS
接种菌根处理			***	***	***	***	***
根结线虫处理			NS	NS	NS	NS	NS
磷处理×接种菌根处理			NS	NS	NS	NS	NS
接种菌根×根结线虫处理			NS	NS	NS	*	NS
磷处理×根结线虫处理			*	*	*	NS	NS
磷处理×接种菌根处理×根结线虫处理			NS	NS	NS	NS	NS

注:* 表示差异显著($P<0.05$),** 表示在差异极显著($P<0.01$),*** 表示差异十分显著($P<0.001$),NS 表示无显著差异。

接种菌根真菌能够显著降低黄瓜根系根结数量。在 P50 和 P100 水平下,接种 Gi 分别将根结数量降低了 53.5% 和 52.5%。磷供应水平的提高对根结数量无显著影响(图 6.1)。育苗时接种菌根真菌 *G. intra radices* 能够显著降低单位根重的卵块数量(图 6.2A)、卵数量(图 6.2B)及二龄幼虫 J_2 数量(图 6.2C)。同样,Castillo(2006)研究了橄榄接种 *G. intraradices* 对

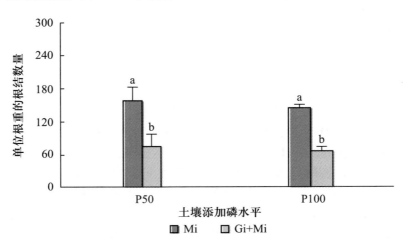

图 6.1　施磷水平和接种菌根真菌对单位根重的根结数量的影响

注:图中的数值为 5 个重复的平均值,同一磷水平柱形图上的不同小写字母表示不同处理之间差异显著($P<0.05$)。

M. incognita 和 *M. javanica* 的作用,发现接种菌根真菌显著降低了根结数量及繁殖体数量,
两种线虫降低程度分别为 6.3%～36.8% 和 11.8%～35.7%。Habte(1999)的研究也发现,
接种 *G. intraradices* 并未显著促进红三叶的生长,但显著降低了 *M. incognita* 的数量及卵数
量,而接种 *G. aggregatum* 或者 *G. mosseae* 不仅可以促进植物的生长,而且能够提高三叶草
对根结线虫的耐性。在土壤磷添加水平为 50 mg/kg 时,接种 Gi 使单位根重的卵块数量、卵
数量及二龄幼虫数量 J_2 分别降低了 63%、52% 和 34%;在土壤磷添加水平为 100 mg/kg 时,
则上述参数分别降低了 46%、58% 和 48%。每克根中根结线虫繁殖体、每克根的卵块数及卵
数量在 P100 时明显低于 P50,但是根结线虫具有侵染能力的二龄幼虫 J_2 数量未受到土壤供磷
水平的影响。与 P50 相比,P100 处理每克根中卵块数量比对照降低了 63%,接种菌根真菌比
对照降低了 15%;每克根中卵数量比对照降低了 78%,而菌根植物降低了 58%。

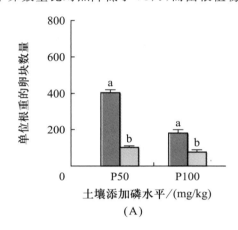

(A)

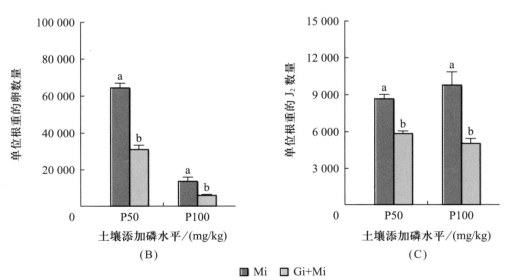

(B)　　　　　　　　　　　　　(C)

■ Mi　□ Gi+Mi

**图 6.2　2 个土壤磷添加水平下,接种菌根真菌 *G. intraradices* 对
每克根中根结线虫卵块数、卵数量及二龄幼虫 J_2 数量的影响**

注:同一磷水平柱形图上的不同小写字母表示不同处理之间差异显著($P<0.05$)。

菌根真菌对植物的主要贡献是能够加强植物对 P 的吸收和利用(Smith 和 Read,1997)。本试验中,在 P50 条件下,接种植株根结数量、卵块数量及 J_2 数量明显低于 P100 条件下未接种处理(图 6.1,图 6.2),但 P50 条件下菌根植株地上部磷含量却低于 P100 非菌根植株地上部的磷含量(表 6.4);此外,在双接种条件下,土壤供磷水平的提高对植物地上部磷含量并未产生显著差异,但明显减少了卵的数量(图 6.2)。说明在黄瓜-菌根真菌-根结线虫体系中,提高植株对磷的吸收可能不是菌根真菌抵御根结线虫的唯一机制(Smith,1987,1988)。Hol 和 Cook(2005)总结了菌根真菌影响线虫的一些可能机制,如接种植物根系分泌物发生改变,菌根真菌形成的庞大菌丝网络会在物理上阻碍根结线虫的侵染,菌根真菌和根结线虫竞争寄主植物的光合产物及侵染空间。此外,改变根系形态结构、组织病理学、植物生理生化过程及寄主植物对养分和水分的利用也是菌根真菌提高植物线虫抗性的机制。

6.4　接种菌根真菌和根结线虫对黄瓜防御酶活性的影响

本研究采用 1 L 的塑料盆,选用菌种为 *Glomus versiforme*(简称 Gv),在温室条件下进行。试验采用二因素随机试验设计。试验设接种处理:①CK,不接种(对照);②Gv,接种菌根真菌 *G. versiforme*;③Mi,接种根结线虫 *Meloidogyne incognita*;④Gv+Mi,双接种菌根真菌和根结线虫。菌根化育苗 4 周,接种根结线虫。根结线虫接种后每隔 1 d 取样 1 次,取样时间为 0、1、3、5、7、9、11 和 13 d,试验共 4 个处理,每个处理 4 次重复,0 d 时取样 8 盆,其他时间每次取样 16 盆,总计 120 盆。时间为 2008 年 6 月份至 7 月份中旬,培养室温度 25~32℃,用去离子水进行浇灌,保持土壤湿度为土壤干重的 15%(W/W)。

6.4.1　过氧化氢酶(CAT)活性

CAT 在植物防御反应中起着重要作用,是植物体内活性氧自由基清除剂,可以清除活性氧自由基,使植物细胞避免膜脂过氧化作用而引起伤害,在氧化胁迫下,对维持细胞内的氧化还原平衡起着重要作用。黄瓜植株叶片中 CAT 酶活性呈波浪式变化,各处理在不同取样时间均无显著差异,说明接种根结线虫并未对叶片 CAT 活性产生显著影响(图 6.3A)。接种 Gv 处理根系中 CAT 活性在不同取样时间均高于对照处理,但差异不显著(图 6.3B)。在根结线虫接种后 3 d 和 7 d,Gv+Mi 处理呈现 2 个峰,但在接种后 7 d 时 CAT 活性达到最高值,在 9 d 后与对照及 Gv 处理无显著差异;Mi 处理在根结线虫接种后根系 CAT 活性 7 d 才出现峰值,其值小于双接种处理,说明菌根真菌能够提前诱导根系 CAT 活性(3 d)。在盐害或重金属胁迫等逆境条件下,菌根真菌能够诱导植物 CAT 活性增强,降低膜渗透性及脂过氧化反应,从而减轻了氧化胁迫对细胞膜造成的伤害(Azcón 等,2009;Garg 和 Manchanda,2008)。

6.4.2　过氧化物酶(POD)活性

过氧化物酶(POD)是广泛存在于各种生物体内的一类氧化酶,是植物细胞壁形成和木质素合成的关键酶,是植物防卫反应体系的重要组成部分,它与其同功酶在植物体内活性与植物抗病性关系密切,可作为植物抗性的生理指标。单接种 Gv 植株叶片和根系 POD 均略高于对照(CK),但整个时间段与对照间无显著差异(图 6.4 A,B)。接种根结线虫后,无论是单接种 Mi 还是 Gv+Mi 处理植株 POD 均被激活,并在根结线虫接种后第 5 天酶活性达到高峰,在随后几天呈下降趋势,在 13 d 时接种植物 POD 活性与未接种 Mi 处理活性相近,但整体变化趋势表现为从根结线虫接种后 1～11 d,双接种处理 POD 活性均高于单接种根结线虫处理(图 6.4)。与叶片相比,根系 POD 活性变化更为剧烈,无论是单接种 Mi 还是 Gv+Mi 处理都诱导 POD 活性增强。其中 Mi 处理,在线虫接种后 5 d 时出现酶活性峰值,随后呈下降趋势。而 Gv+Mi 处理在线虫接种后 3 d 时 POD 活性达到最高值,随后呈降低趋势,到第 9 天时与 Mi 处理活性相近,而 11 d 和 13 d 时又略有上升。从根系 POD 活性变化可以看出,双接种处理 POD 活性峰值出现得早,比单接种根结线虫处理早 2 d 出现,表明接种 *G. versiforme* 能诱导

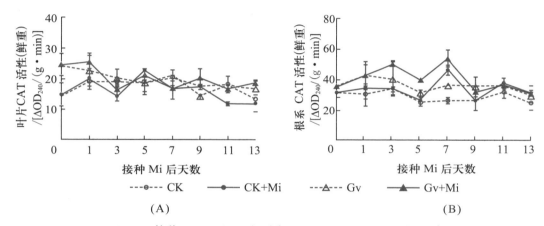

图 6.3 接种 *G. versiforme*(Gv)和 *Meloidogyne incognita*(Mi)对叶片(A)和根系(B)CAT 活性变化的影响

注:数据为平均值±标准误($n=4$)。

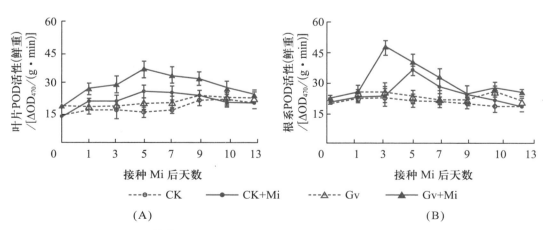

图 6.4 接种 *G. versiforme*(Gv)和 *Meloidogyne incognita*(Mi)对叶片(A)和根系(B)POD 活性变化的影响

注:数据为平均值±标准误($n=4$)。

黄瓜根系 POD 活性增强,并使根系在受到根结线虫侵染时 POD 被快速激活。与本试验结果类似,李敏(2006)报道先接种 AM 真菌,30 d 后接种枯萎病镰刀菌能够增加 POD 活性,认为在病原真菌侵染西瓜时,AM 真菌可以通过诱导植物防御反应提高保护酶活性,清除活性氧等有毒物质,保护细胞膜系统少受伤害,从而减轻病原菌对西瓜植株的伤害,减轻了枯萎病的危害。

6.4.3　多酚氧化酶(PPO)活性

多酚氧化酶(PPO)主要生理功能是参与酚类氧化为醌及木质素前体的聚合作用,与植物抗病密切相关。从图 6.5 可以看出,单接种 Gv 植株叶片和根系 PPO 活性均略高于对照,但二者无显著差异。在接种后 7 d 时,叶片中单接种根结线虫处理显著高于对照,但是整体变化比较平缓;Gv+Mi 处理叶片 PPO 活性在根结线虫接种 5 d 后呈现上升趋势,到接种后 7 d 达到峰值,然后开始下降,到接种后 13 d 降低到与单接种 Gv 相近的酶活性。根系 PPO 活性变动较大,根结线虫接种后 1 d 开始,单接种根结线虫处理酶活性开始上升,到接种后 7 d 时,达到峰值,随后呈下降趋势,但在 11~13 d 降幅较大;Gi+Mi 处理从接种后 3 d 酶活性显著升高,到 5 d 后达到峰值,然后呈下降趋势;双接种使根系 PPO 峰值比单接种 Mi 处理提前 2 d,说明接种菌根真菌能够诱导根系 PPO 活性,并激发植物根系对根结线虫侵染产生防御性反应(图 6.5)。此结果与镰刀菌引起黄瓜枯萎病菌酶活性变化的结果一致(王昌宪,2006;Hao 等,2005)。

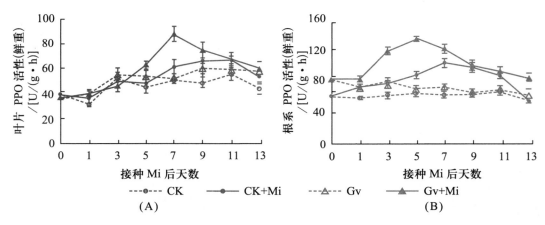

图 6.5　接种 *G. versiforme*(Gv)和 *Meloidogyne incognita*(Mi)对叶片(A)和根系(B)PPO 活性变化的影响

注:数据为平均值±标准误(n=4)。

6.4.4　根系苯丙氨酸解氨酶(PAL)活性

苯丙氨酸解氨酶(PAL)活性提高在植物抗线虫病害中起着重要作用,其活性增强有利于提高对线虫抗性作用。植物内寄生性线虫(包囊线虫和根结线虫)侵染马铃薯、番茄、大豆等抗性栽培品种后,与感病植株相比,抗病品种根系PAL活性增幅大,持续时间久(Nagesh等,1999)。从图6.6可以看出,根结接种初期(0 d)接种Gv和对照处理间根系PAL活性相近,没有显著差异。从根结线虫接种后1~13 d时,除第7天两者数值相近外,接种Gv处理PAL均略高于对照处理。Mi处理在根结线虫接种后3 d之后活性开始上升,接种后5 d时PAL活性达到峰值,之后呈现下降趋势,到13 d时下降到与对照相近值;Gv+Mi处理PAL活性变化趋势与单接种根结线虫相似,在根结线虫接种后5 d出现峰值,然后呈下降趋势,但PAL活性在根结线虫接种后1 d时开始直至最终收获,均高于单接种根结线虫处理。与单接种根结线虫处理相比,双接种Gv+Mi处理,菌根真菌并没有提前诱导PAL达到反应峰值,但是PAL活性增加速度及数量显著高于单接种根结线虫处理,其峰值为单接种根结线虫的1.5倍,为完全对照的3.2倍。有关菌根真菌对西瓜镰刀菌枯萎病、大豆包囊线虫病及葡萄根结线虫病的研究也证实了AM真菌能够诱导植物PAL活性(李敏,2006)。Garmendia等(2006)研究表明,菌根真菌侵染的辣椒植物,在病原菌 *Verticillium dahliae* 侵染寄主植物时能够诱导PAL及POD活性的升高,而单独病原菌处理并未产生该效应,认为菌根真菌能够通过诱导产生防御酶同功酶及促进防御酶活性来增强对病害的生物防治作用。

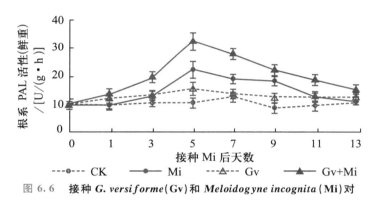

图6.6 接种 *G. versiforme*(Gv)和 *Meloidogyne incognita*(Mi)对根系PAL活性变化的影响

注:数据为平均值±标准误($n=4$)。

6.5 结论与展望

(1)接种菌根真菌 *G. intraradices*,*G. mosseae* 或 *G. versiforme* 能够促进黄瓜的生长,改善植株养分,降低根结线虫病害的发生,表现为接种菌根真菌能够显著降低根结指数、抑制根结线虫侵染和繁殖。3个菌种中以 *G. versiforme* 的综合效果最佳。

(2)在土壤2个磷供应水平下(P 50 mg/kg 和 P 100 mg/kg),接种 *G. intraradices* 显著改善了黄瓜苗的生长、降低了根系根结数量,但提高磷供应水平对根结数量无显著影响。接种和高磷显著降低了单位根重的卵块数量、卵数量及二龄幼虫 J_2 数量,表明提高磷营养不是菌根真菌提高对根结线虫抗性的唯一机制,接种菌根真菌可能通过其他机制的共同作用影响植物对根结线虫的抗性。

(3)接种根结线虫激活了黄瓜根系CAT、POD和PPO酶的活性。与单接种根结线虫相比,双接种菌根真菌和根结线虫黄瓜根系和叶片中 POD 和 PPO 酶活性,根系中 CAT 和 PAL 酶活性提前达到峰值,且叶片中前 2 种酶出现峰值时间迟于相应的根系。说明菌根真菌侵染寄主植物建立共生体后,能够作为激发系统,使根系对根结线虫侵染产生快速反应,表现为在一定范围内激活黄瓜与抗病相关的防御性酶类活性,启动寄主的防御体系。

目前,有关菌根真菌抗病机理研究的热点主要集中在菌根真菌接种后产生的诱导抗性反应,一些先进的研究技术和手段,如分子生物学技术、同位素技术、离体培养及共聚焦激光扫描显微技术等的应用将有助于深入揭示菌根真菌在诱导抗性反应中的调节机制。此外,尽管菌根真菌广泛存在于农业生态系统,但其在实际生产中应用仍受到许多因素的影响,包括环境条件、寄主植物种类和土著菌根真菌等。此外,由于土壤环境的复杂多样性,采用单一的生防因子对病害进行防治受到一定的限制。因此,采用多种生防因子联合作用来抵御病原物对寄主植物的损伤,将会是一种非常有效的生物防治途径。研究表明,菌根真菌与一些抗病微生物的联合作用能够显著促进植物生长,增强对病原线虫的抗性作用。因此,未来应加强菌根真菌与上述微生物联合作用在不同生态条件下对植物寄生性病原线虫抗性作用及相关机理研究,充分挖掘菌根真菌作为生防因子的潜力,在可持续农业中发挥其生物学功能。

6.6 致　谢

本研究得到国家高科技发展项目(2006AA10Z423)和北京市重点基金(6091001)的资助。

参 考 文 献

[1] 李怀智.我国黄瓜栽培的现状及其发展趋势.蔬菜,2003,8:3-4.

[2] 李林,齐军山,李长松,等. 保护地蔬菜根结线虫的综合防治. 中国蔬菜,2004, 6:54-56.

[3] 李敏,AM 真菌对西瓜枯萎病的效应及其机制. 博士学位论文. 北京:中国农业大学,2005.

[4] 李文超,王秀峰. 根结线虫对日光温室黄瓜微量元素含量的影响. 西北农业学报,2006, 15:91-95.

[5] 吕桂云,陈贵林,齐国辉,等.菌根化育苗对大棚黄瓜生长发育和果实品质的影响. 应用生态学报,2006,12:2352-2356.

[6] 孟祥霞,李敏,刘敏,等. 葫芦科蔬菜对丛枝菌根真菌依赖性的研究. 中国生态农业学报,2001,9:50-51.

[7] 彭德良. 蔬菜病虫害综合治理——蔬菜线虫病害的发生和防治. 中国蔬菜. 1998, 4:57-58.

[8] 秦海滨,贺超兴,张志斌,等. 丛枝菌根真菌对温室有机土栽培黄瓜的作用研究. 内蒙古农业大学学报,2007,28:69-72.

[9] 王倡宪,郝志鹏. 丛枝菌根真菌对黄瓜枯萎病的影响.菌物学报,2008:27:395-404.

[10] 王倡宪. AM 真菌对设施黄瓜幼苗生长及抗枯萎病能力研究. 博士学位论文. 北京:中国农业大学,2006.

[11] Azcón R，P María del Carmen，Borbala B，*et al*. Antioxidant activities and metal acquisition in mycorrhizal plants growing in a heavy-metal multicontaminated soil amended with treated lignocellulosic agrowaste source. Applied Soil Ecology，2009. 41：168-177.

[12] Castillo P，Nico A I，Azcon-Aguilar C，*et al*. Protection of olive planting stocks against parasitism of root-knot nematodes by arbuscular mycorrhizal fungi. Plant Pathology,2006,55：705-713.

[13] Diedhiou P M，Hallmann J，Oerke，E C，*et al*. Effects of arbuscular mycorrhizal fungi and a non-pathogenic *Fusarium oxysporum* on *Meloidogyne incognita* infestation of tomato. Mycorrhiza，2003,13：199-204.

[14] Garg N，and G Manchanda. Effect of arbuscular mycorrhizal inoculation on salt-induced nodule senescence in *Cajanus cajan*(Pigeonpea). Journal of Plant Growth Regulation，2008,27：115-124.

[15] Garmendia I，Aguirreolea J，Goicoechea N. Defence-related enzymes in pepper roots during interactions with arbuscular mycorrhizal fungi and/or Verticillium dahliae. Biocontrol，2006,51：293-310.

[16] Habte M，Zhang Y C，Schmitt D P. Effectiveness of Glomus species in protecting white clover against nematode damage. Canadian Journal of Botany，1999，77：135-139.

[17] Hao Z P，Christie P，Qin L，Wang C X，*et al*.Control of *fusarium* wilt of cucumber seedlings by inoculation with an arbuscular mycorrhical fungus. Journal of Plant Nutrition，2005,28：1961-1974.

[18] Harrier L A，Watson C A . The potential role of arbuscular mycorrhizal(AM) fungi in the bioprotection of plants against soil-borne pathogens in organic and/or other sustainable forming systems. Pest Management Science，2004,60：149-157.

[19] Hol W H G，Cook R. An overview of arbuscular mycorrhizal fungi-nematode interactions. Basic Applied Ecology，2005,6：489-503.

[20] Nagesh M，Reddy P P，Rao M S. Comparative efficacy of VAM fungi in combination with neem cake against *Meloidogyne incognita* on *Crossandra undulaefolia*. Mycorrhiza News，1999,11：11-13.

[21] Oka Y，Nacar S，Putievsky E，Ravid U，*et al*. New strategies for the control of plant-parasitic nematodes. Pest Management Science. 2000,56(11)：983-988.

[22] Patel S K，Patel A J，Patel D J. Effect of interaction between root-knot(*Meloidogyne incognita* and *M. javanica*) and reniform (*Rotylenchulus reniformis*) nematodes on nutrient uptake by tobacco plant. Tobacco Research，1988,14：106-108.

[23] Rillig M C. Arbuscular mycorrhizae and terrestrial ecosystem processes. Ecology Letters. 2004，7：740-754.

[24] Rosendahl C N, Rosendahl S. The role of vesicular-arbuscular mycorrhiza in controlling damping-off and growth reduction in cucumber caused by *Pythium ultimum*. Symbiosis. 1990,9: 1-3.

[25] Rosendahl C N, Rosendahl S. Influence of vesicular-arbuscular mycorrhizal fungi (*Glomus* spp.) on the response of cucumber(*Cucumis sativus* L.) to salt stress. Environmental and Experimental Botany, 1991,31: 313-318.

[26] Smith G S. Interactions of nematodes with mycorrhizal fungi. In: Veech J A,Dickson D W, eds. Vistas on Nematology. Painter, DeLeon Springs, 1987,292-300.

[27] Smith G S. The role of phosphorus nutrition in interactions of vesicular-arbuscular mycorrhizal fungi with soilborne nematodes and fungi. Phytopathology, 1988, 78: 371-374.

[28] Smith S E, Read D J. Mycorrhizal Symbiosis. 2nd Edition. Academic Press. London: Harcourt Brace and Company, 1997.

[29] Trudgill D L, Blok V C. Apomictic, polyphagous root-knot nematodes: exceptionally successful and damaging biotrophic root pathogens. Annu Rev Phytopathol. 2001,39: 53-77.

[30] Vierheilig H, Steinkellner S, Khaosaad,*et al*. The biocontrol effect of mycorrhization on soilborne fungal pathogens and the autoregulation of the AM symbiosis: one mechanism, two effects. Mycorrhiza. *Springer*-Verlag, *Heidelberg*, Germany, 2008:307-320.

[31] Whipps J M. Prospects and limitations for mycorrhizas in biocontrol of root pathogens. Canadian Journal of Botany, 2004,82: 1198-1227.

[32] Williamson V M. Root-knot nematode resistance genes in tomato and their potential for future use. Annual Review of Phytopathology, 1998,36: 277-293.

[33] Zhang L D, Zhang J L, Christie P, *et al*. Pre-inoculation with arbuscular mycorrhizal fungi suppresses root knot nematode(*Meloidogyne incognita*) on cucumber(*Cucumis sativus*). Biology and Fertility of Soils. 2008,45: 205-211.

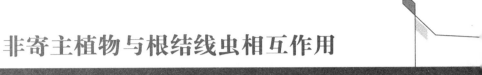

第7章

非寄主植物与根结线虫相互作用

左元梅　董林林

7.1 引　言

线虫(Nematodes),在分类学上属线形动物门(Nematheminthes)线虫纲(Nematoda),它是动物界中一类两侧对称,不仅呈现不分节、无附肢和假体腔特征,而且具有完全消化道、神经系统、排泄系统的蠕虫状无脊椎动物,线虫种类繁多,非寄生的线虫主要自由生活在海洋、湖泊、河流、沼泽地里和土壤中,寄生线虫主要寄生在人、动物体和植物体内,寄生在植物体内的,称之为植物寄生线虫。根结线虫(*Meloidogyne* spp.)是植物内寄生性线虫,属于线虫门(Nematoda)侧尾腺口纲(Secernentea)垫刃目(Tylenchidae)异皮线虫科(Heteroderidae)根结线虫属(Meloidogynidae)(刘维志,2000;冯志新,2001)。目前,世界上已经报道的根结线虫有90余种,而南方根结线虫(*Meloidogyne incognita*)、爪哇根结线虫(*M. javanica*)、花生根结线虫(*M. arenaria*)和北方根结线虫(*M. hapla*)占整个根结线虫的95%(武扬等,2005),其中又以南方根结线虫和爪哇根结线虫两种发生较为普遍和严重(Eisenback 等,1986;Verdejo-Lucas 等,2008)。

根结线虫是世界范围内的重要病原生物之一,它给世界农业生产带来了严重损失,每年全世界因此而造成的农业经济损失巨大(Abad 等,2008),特别是南方根结线虫造成农业生产的一系列问题使得大量作物减产(Nafiseh 等,2010)。这主要是由于根结线虫的寄主植物范围非常广泛,超过 3 000 种植物都容易被线虫侵染,主要包括单子叶植物、双子叶植物、草本植物、木本植物,特别是蔬菜中的茄科、葫芦科等经济价值高的作物更容易被线虫侵染。比如,在我国北方设施生产中广泛种植的番茄和黄瓜及其容易被南方根结线虫侵染。一般可造成减产30%～40%,甚至绝收(彭德良,1998),因此,如何防治南方根结线虫对作物的侵染和危害始终是国内外科学家所关注的热点科学问题。

目前,国内外针对线虫病害发生严重的地区主要的方法是采用土地休闲、使用抗性砧木、无土栽培、常规农药的使用及土壤消毒等,但每一种方法的使用都有其一定的局限性。如在我国北方的蔬菜生产中,蔬菜的栽种仍以土培为主。对于线虫的危害更倾向于以化学防治为主,溴甲烷、益舒宝、米乐尔等是常用的高毒杀线虫剂,随着线虫抗药性不断增加,在线虫危害严重的地块,几乎每隔一年都得使用高毒农药进行熏蒸处理,这常常造成农药的投入不断加大,不仅菜农成本投入越来越高,也使得环境的风险和对人类健康的威胁也越来越严重。因此,近年来,国际上防治线虫的手段越来越趋向非化学手段,其基本的理念主要是通过生物学措施和手段干扰作物体系与病原线虫之间的信息识别和传递过程,从而得到控制病原线虫的侵染所带来危害,这就要求对有关线虫发育和侵染植物的生物学过程的分子机制深入了解。然而,基于寄生线虫需要寄生这一特点,使得人们对这一领域的研究知之甚少。因此,这一研究将为通过安全有效的生物学措施防治线虫提供重要的理论依据和技术支撑。

7.2　不同植物对南方根结线虫侵染具有显著的调控能力

目前,按照植物能否被根结线虫侵染及抵抗线虫侵染能力的不同,一般将极易被侵染的称为寄主植物,而不容易被线虫侵染的植物称为非寄主植物。而对于非寄主植物的定义,国内外没有严格的规定,我们认为:不容易被线虫侵染的植物均为非寄主植物,而不同植物释放的根系分泌物可能是调控线虫能否侵染植物的主要原因。根系分泌物是指植物根系在生命活动过程中由根细胞和组织向土壤环境中释放的各种化合物的总称,主要包括氨基酸、多糖、高分子蛋白、酰胺类、糖类、有机酸、酚类等物质,而且在一些植物种类的根际中也发现了挥发性的化合物,根际中发散的挥发性代谢物能够使植物直接或间接的作用于土壤中的生物(Katrin 等,2010)。事实上,当侵染植物的根结线虫处于二龄幼虫阶段时,它必须寻找合适的寄主植物,而线虫在土壤中并不是毫无方向地寻找寄主植物,它们之所以能找到合适的寄主植物,是受寄主植物根系分泌物的刺激而被吸引到根上(Cortese,2006)。现在已证明不同植物的根分泌物不同,对根结线虫的影响也不同,有能够吸引线虫侵染的根系分泌物(如各种含碳和氮的化合物),也有具有排斥线虫侵染的分泌物(如生物碱类)。二龄幼虫有发达的受神经元支配的感应功能,通过头部的嗅觉神经元(AWA,AWC)来感知根系散发出的信号物质并开始寻找、侵染寄主植物(Bargmann 等,1993;Etoile 等,2000)。已有研究表明,利用非寄主植物与寄主植物进行间作或轮作,亦可有效的减轻线虫对寄主植物的侵染病害。天人菊、万寿菊、波斯菊及百日草显著减少根结数量,减少土壤中线虫的数量,这主要是由于天人菊根系分泌物可以趋避南方根结线虫,因此,天人菊被选为控制线虫最为理想的轮作或间作的作物(Tsay 等,2004)。茴香、圆叶薄荷、留兰香、藏茴香的提取物能够显著抑制 80% 以上南方根结线虫的运动(Oka 等,2004),这主要是由于这些的不同植物释放的根系分泌物可能是调控线虫能否侵染的主要原因。因此,不同植物根系分泌物在调控线虫侵染方面具有重要的作用。

我们最新的研究结果也表明,通过盆栽试验进行大量非寄主植物的筛选,主要通过 12 种植物分别与黄瓜进行间作,研究不同植物对南方根结线虫侵染黄瓜的影响,与对照相比,茼蒿能够显著减少黄瓜根结数、卵块数、卵的数量,减少量均达到 40% 以上(董林林等,未发表),因此,茼蒿与黄瓜间作能够有效地防治南方根结线虫对黄瓜的侵染,减轻线虫病害。因此,我们筛选出几种对南方根结线虫侵染具有明显抗性的植物,从而为通过寄主与非寄主植物间作进行根结线虫防治提供了重要的理论依据和技术支撑。

7.3　不同植物调控南方根结线虫侵染的生物学机制

针对不同植物调控南方根结线虫侵染的生物学机制主要有 2 种观点:一种观点认为,非寄主植物减轻线虫病害的关键因子是非寄主植物隔离寄主植物与线虫接触,造成线虫食物匮乏,进而引起种内竞争,使线虫种群结构发生变化,从而使线虫数量下降(Putten 等,2006);另外一种观点认为,非寄主植物的根系分泌物切断或干扰线虫与寄主植物之间的信息交流从而对防治线虫具有较好的效果(Chitwood,2003),这主要是有些植物可以分泌杀线虫的化合物,如单宁、黄酮类、苷类等物质(Chitwood,2002),如菊科植物可以分泌多炔类的化合物,其中噻苯咪唑 C 对南方根结线虫的防治可高达 95%(Sanchez 等,1998)。但是,植物中特有的根系物如何阻断线虫侵染的分子机制并不清楚。因此,对植物根结线虫发育和寄生致病基因的分离鉴定和功能分析是目前国际上防治植物线虫学的研究热点之一。随着模式动物 *Caenorhabditis elegans* 基因组测序工作的完成(C. elegans Sequencing Consortium,1998),已经分离和鉴定了19 800 个能够编码 6 627 个蛋白家族的基因,并对有关基因的功能进行了详细而深入的研究(Kamath 等,2003)。已有的寄生线虫测序工作从 30 多种寄生线虫中产生 315 000 表达序列(Expressed Sequence Tags,EST),并已逐步建立了包括寄生线虫所有信息资源的数据网络(Vanholme 等,2006),特别是随着南方根结线虫基因组测序完成(Abad 等,2008),为研究寄生线虫与秀丽线虫的同源基因提供了足够的基因资源和技术可行性。

我们研究表明,通过对南方根结线虫的 9 165 个 contig 序列和秀丽线虫 361 207 个 EST序列进行 Blast 比对分析,当 *E*-value 值界定小于或等于 1E-100 时,2 种线虫中具有极高同源性的基因有 43 个;当 *E*-value 值界定在 1E-100 和 1E-50 之间时,2 种线虫的同源基因有 870个;当 *E*-value 值界定在 1E-50 和 1E-20 之间时,2 种线虫的同源基因有 1 880 个;*E*-value 值界定在 1E-20 和 1 之间时,2 种线虫的同源基因有 3 810 个(图 7.1),说明 2 种线虫的同源基因资源非常丰富。根据 geneontology 对南方根结线虫和秀丽线虫的同源基因进行了功能分类,如果仅是对这些基因功能进行大致的分类,这些基因编码的蛋白中有 47% 为各种分子的结合物,39% 为各种生化反应的酶,53% 为细胞器,如核糖体、线粒体的组成部分,则表明这些同源基因在 2 种线虫的发育、多细胞生物过程等方面起重要作用(图 7.2)。这些与秀丽线虫高度同源性基因的确定为南方根结线虫的功能基因的研究及生物防治提供重要的遗传材料和技术手段(黄利等,2010),这为从分子水平理解寄生线虫的生物学特性并通过生物学措施和技术手段防治寄生线虫提供重要的理论和技术依据。

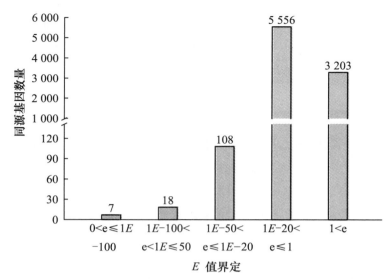

图 7.1 在 DNA 水平依赖 E 值鉴定南方根结线虫与秀丽线虫同源基因

注：E 值是期望值，作为评价基因同源性大小的标准和依据，E 值越小说明序列配对间的
同源相似性越高越可靠，基因序列和功能的同源一致性也越高。

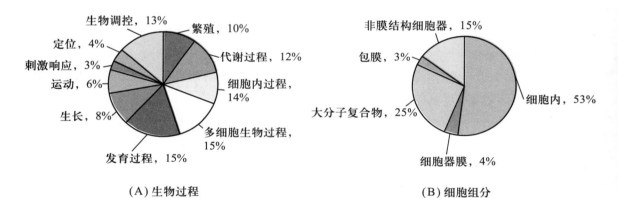

（A）生物过程　　　　　　　　　　　　（B）细胞组分

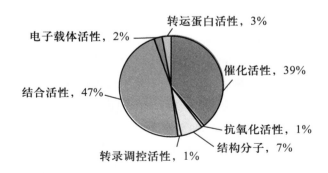

（C）分子功能

图 7.2 南方根结线虫与秀丽线虫高同源性基因序列的 geneontology 分类分析

7.4 非寄主植物与寄主植物的合理搭配能够 安全有效地防治南方根结线虫侵染

依据我们盆栽试验的筛选结果,我们进一步将所筛选的非寄主植物茼蒿引入田间大棚试验应用中,主要的技术方式是通过茼蒿和万寿菊与不同的寄主植物黄瓜、番茄、苦瓜间作这一措施研究对线虫的防治效应,在北京市大兴区魏善庄镇张家场村农业生产标准化基地的设施蔬菜大棚中进行两茬的田间试验,分别选用 2 个大棚为试验基地(分别称为棚 1 和棚 2)。在 2 个不同的大棚蔬菜生产中,在棚 1 的苦瓜定植时同时移栽育好的万寿菊到苦瓜根际周围,而水肥及农事管理与对照相同。在棚 2 的番茄定植两周后在根际周围套种茼蒿,苦瓜定植后立即套种茼蒿(表 7.1),结果表明寄主植物番茄、黄瓜分别与非寄主植物万寿菊、茼蒿间作处理后能够明显减少寄主植物根系根结指数,但不同作物的搭配形式,对寄主植物根结指数降低幅度有所差异。棚 1 中,苦瓜的根结指数减少 21.5%,而棚 2 中,番茄和苦瓜的根结指数分别减少 39.3% 和 58.0%,且在番茄上产生了显著性差异($P<0.05$)(图 7.3)。万寿菊、茼蒿与寄主植物搭配后,明显干扰了线虫的侵染,进而减轻线虫的病害(黄成东等,2010)。

表 7.1 2009 年试验茬口安排及品种

编号	冬春茬(2009 年 2~5 月份)	夏秋茬(2009 年 4~8 月份)
棚 1	—	苦瓜(美引绿箭三号)
棚 2	番茄(蒙特卡罗)	苦瓜(美引绿箭三号)

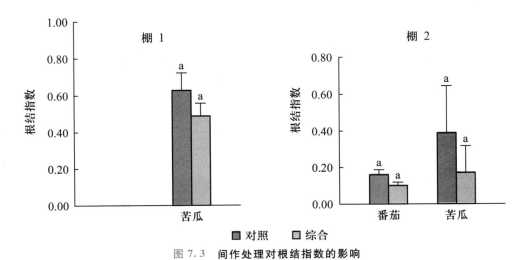

图 7.3 间作处理对根结指数的影响

注:图中同一蔬菜上不同小写字母表示不同处理之间差异显著($P<0.05$)。

同时,不同处理对寄主植物根际线虫的数量分布也产生了重要的影响。在棚 1 试验中将非寄主植物万寿菊与寄主植物苦瓜间作搭配处理,在苦瓜盛瓜期(Ⅰ)和拉秧前(Ⅱ)2 个时期分别采样,结果表明,间作处理中苦瓜根际土壤中线虫数量显著低于单作苦瓜,线虫数量分别下降了 65.8% 和 75.3%。在棚 2 试验中,茼蒿与番茄、苦瓜间作后,分别于苦瓜的盛瓜期(Ⅰ)、拉秧前(Ⅱ)及番茄的拉秧前(Ⅲ)采集土壤样品,结果表明,茼蒿与苦瓜、番茄间作减少寄主植物根际土壤中线虫的数量,拉秧期茼蒿与苦瓜间作的土壤中线虫数量减少了 65.6%;茼蒿与番茄间作的搭配中,番茄根际土壤中线虫的数量显著下降了 68.9%。该结果也表明,同种非寄主植物与不同的寄主植物搭配时,对寄主植物根际土壤中线虫数量的影响不同,而且不同生长的时期寄主植物根际土壤内线虫密度不同,以拉秧期土壤中线虫密度最低,盛果期线虫的密度最高,而在各时期综合处理均能明显的降低 0~30 cm 土壤中的线虫的密度,但是在不同的生育期内效果不同,这可能与线虫本身的发病周期有关系(表 7.2)。

表 7.2　单/间作处理对线虫数量的影响

大棚编号	项目	每 100 g 干土中土壤线虫密度/条		
		Ⅰ	Ⅱ	Ⅲ
棚 1	对照	305[a]	45[a]	—
	综合	104[b]	11[b]	—
棚 2	对照	675[a]	160[a]	272[a]
	综合	440[a]	55[b]	84[b]

注:①苦瓜盛瓜期(Ⅰ)和拉秧前(Ⅱ)、番茄拉秧前(Ⅲ)。
②表中同一棚内同一时期数据肩标不同小写字母表示不同处理之间差异显著($P < 0.05$)。

总之,通过我们的研究表明茼蒿、万寿菊对线虫的侵染具有显著的调控作用,而且在田间通过与寄主植物的合理间作搭配对防治线虫对寄主植物侵染方面具有显著的抑制效果,因此,利用茼蒿与寄主植物间作,一方面可以防治线虫对寄主植物的危害,另一方面又可增加菜农经济收益,同时,对减少环境的风险和促进人类健康发挥一定的作用,是一种安全有效的防治线虫的生物学措施。然而,目前有关非寄主植物如何调控线虫识别侵染植物的分子和生理机制仍需要进一步进行深入研究,以便于我们在了解不同植物调控线虫侵染的分子基础上,非常有针对性、专一性地采取有效的生物学方法创建低成本和环境友好的田间控制线虫的措施开辟新的技术途径。

7.5　致　　谢

感谢北京市自然科学基金重点项目(6091001)国家科技支撑计划项目(2006BAD07B03)项目的支持与资助。

参 考 文 献

[1] 黄成东,李晓林,王敬国. 设施菜田土壤根结线虫综合防治技术的应用效果. 中国蔬菜. 2010,21:23-25.

[2] 黄利. 利用 RNAi 技术和与非寄主植物间作防治南方根结线虫初探. 硕士学位论文. 北

京：中国农业大学，2009.

［3］黄利，王宇，董林林，等. 南方根结线虫与秀丽线虫同源基因的鉴定及其分析. 中国农业大学学报，2010，15(4)：45-50.

［4］冯志新. 植物线虫学. 北京：中国农业出版社，2001.

［5］刘维志. 植物病原线虫学. 北京：中国农业出版社，2000.

［6］刘维志. 植物病原线虫学. 北京：中国农业出版社，2004.

［7］武扬，郑经武，商晗武. 根结线虫分类和鉴定途径及进展. 浙江农业学报，2005，17(2)：106-110.

［8］彭德良. 蔬菜线虫病害的发生和防治. 中国蔬菜. 1998，4：57-58.

［9］Abad P，Gouzy J，Aury J M，*et al*. Genome sequence of the metazoan plant——parasitic nematode *Meloidogyne incognita*. Nature-biotech-nology，2008，26(8)：909-915.

［10］Bargmann C I，Hartwieg E，Horvitz H R. Odorant-selective genes and neurons mediate olfaction in *Caenorhabditis elegans*. Cell，1993，74：515-527.

［11］Chitwood D J . Phytochemical based strategies for nematode control. Annu. Rev. Phytopathol. 2002，40：221-249.

［12］Chitwood D J. Research on plant-parasitic nematode biology conducted by the United States Department of Agriculture-Agricultural Research Service. Pest Manag Sci. ，2003，59：748-753.

［13］C. elegans Sequencing Consortium. Genome sequence of the nematode C. *elegans*：a platform for investigating biology. Science，1998，282：2 012-2 018.

［14］Cortese M R. The expression of the homologue of the *Caenorhabditis elegans lin*-45 raf is regulated in the motile stages of the plant parasitic nematode *Meloidogyne artiellia*. Molecular and Biochemical Parasitology，2006，149：38-47.

［15］Eisenback J D，Hirschmann H，Saser J. N. 四种最常见根结线虫分类指南. 杨宝君译. 昆明：云南人民出版社，1986.

［16］Etoile N D，Bargmann C I. Olfaction and odor discrimination are mediated by the *Caenorhabditis elegans* guanylyl cyclase ODR-1. Neuron，2000，25：575-586.

［17］Kamath R S. ，Fraser A G，Dong Y，*et al*. Systematic functional analysis of the *Caenorhabditis elegans* genome using RNAi. Nature，2003，421：231-237.

［18］Katrin W，Marco K，Birgit Piechulla. Belowground volatiles facilitate interactions between plant roots and soil organisms. Planta，2010，231：499-506.

［19］Nafiseh K，Esmat M M，Abdolhosein T，*et al*. Management of root-knot nematode (*Meloidogyne incognita*) on cucumber with the extract and oil of nematicidal plants. International journal of Agricultural research. 2010，5(8)：582-586.

［20］Oka Y，Nacar S，Putievsky E，*et al*. Nematicidal activity of essential oils and their components against the root-knot nematode. Phytopathology. 2000，7：710-715.

［21］Van de Putten W H，Cook R，Costa K G，*et al*. Nematode interaction in nature：Models for plants. *Advances in agronomy*. 2006，89：228-260.

［22］ Sanchez de Viala S，Bridie B B，Rodriguez E，*et al*. The potential of thiarubrine C as a nematicidal agent against plant-parasitic nematodes. *J. Nemotal.* 1998，30：192-200.

［23］ Tsay T T，Wu S T，Lin Y Y. Evaluation of asteraceae plants for control of Meloidogyne incognita. Journal of nematology. 2004，36(1)：36-41.

［24］ Vanholme B，Mtreva M，Van Criekinge W V，*et al*. Detection of putative secreted proteins in the plant-parasitic nematode Heterodera schachtii. *Parasitol Res.* 2006，98：414-424.

［25］ Verdejo-Lucas S，Sorribas F A. Resistance response of the tomato rootstock SC 6301 to *Meloidogyne javanica* in a plastic house. European Journal of plant Pathology. 2008，121：103-107.

［26］ Zuckerman B M. Nematode chemotaxis and possible mechanisms of host/prey recognition. Annual Review Phytopathology. 1983，22：95-113.

第8章

间作与轮、套作对土壤生物多样性及黄瓜生长发育的影响

吴凤芝

8.1 引　言

　　连作致使土壤理化性质恶化,土壤养分失衡、土壤酶活性降低,微生态环境恶化,病虫害增加,产量、品质逐年下降,致使土地可持续利用能力下降,从而影响了作物的产量与品质,严重制约着设施生产的可持续发展(孔垂华,1998;马云华等,2004;张淑香等,2000)。作物间、轮、套作具有悠久的历史,是中国传统精细农艺的精华。有研究证实,合理的轮、间、套作有利于维持土壤微生物的多样性及活性,并可抑制在单一栽培系统中易繁衍的有害微生物及提高农作物产量(雷娟利等,2005)。采用间、混和套作等不同的农业措施,可以有效地改善植株的群体结构,使作物充分利用光、水、气、热和肥等条件,从而达到提高作物产量的目的(李少峰等,2001)。轮作可以提高地力及土壤酶活性,从而提高作物产量(杜连凤等,2006;胡元森等,2006;吴凤芝等,2006;吴艳飞等,2008;于慧颖等,2008;Caravaca 等,2003;Chander 等,2003;Dumontet 等,2001;Klose 等,1999;Paul,1984;Perucci 等,1997;Rodriguez-kabana 和 Truelove,1982;Stark 等,2007)。

　　小麦与油菜和荷兰豆间作对麦蚜及天敌群落产生一定的影响,间作增加了捕食性天敌的丰盛度和昆虫群落的稳定性(李素娟等,2007)。间作提高作物的产量(王凤娟等,2003;孙梅英等,2004;任领兵等,2007)、抑制病虫害的报道较多(周桂夙等,2005;陈志杰等,1995;王玉堂,2004;周可金等,2003;叶方等,2002;范桂萍,2005),不同作物间作提高产量抑制病虫害的机理大多集中在养分吸收利用和地上部生态系统的研究上(肖靖秀等,2005;刘均霞等,2007;肖焱波等,2007;焦念元等,2007;张俊娥等,2007;刘浩等,2007),而对地下部微生态环境的研究较少。尤其是间作控制病害的土壤微生物学机理尚未见报道。Nishiyama 等(1999)、Shiomi 等(1999)研究抑病与易感病土壤微生物群落结构,发现病原菌很难在微生物多样性高的土壤中滋生。YAO 等(2006)采用 RAPD(Random amplified polymorphic DNA,

随机扩增 DNA 多态性)技术研究了黄瓜连作和轮作对土壤微生物群落 DNA 序列多样性的影响,结果表明,轮作土壤的微生物群落 DNA 序列多样性指数大于连作土壤。

作物轮作有利,连作不利,在生产中早已被认识,但其机理尚不十分清楚。有研究表明,轮作可以提高地力,改善土壤理化性状,提高养分利用率,进而提高作物的产量(李启双等,2007;熊云明等,2004;黄国勤等,2006);轮作可以防治大棚次生盐渍化(康洪灿等,2007),提高微生物数量,改变其土壤微生物群落 DNA 序列多样性和群落功能多样性(王淑彬等,2002;Yao 等,2006;吴凤芝等,2007)。宋亚娜等(2006)采用 PCR-DGGE 技术研究间、轮作对根际氨氧化细菌和固氮菌群落结构的影响,发现间、轮作对作物根际氨氧化细菌和固氮菌群落结构组成具有一定影响。关于间、轮、套作提高作物产量的报道很多(李显石等,2007;李启双等,2007;裴先文等,2006),但间、轮、套作提高作物产量的机理尚不十分清楚。由于受研究手段等的限制,间、轮、套作对土壤微生态环境影响的研究报道较少。微生物是土壤环境质量的主要指标之一(Visser 等,1992),在根际环境中微生物具有重要的作用,其数量、种类和多样性对土壤的表观生物活性有着重要的影响(刘新晶等,2007)。

黄瓜作为设施栽培的重要蔬菜作物,经济效益显著,而黄瓜连作障碍日益严重,成为亟待解决的问题。本章以设施蔬菜中的主要栽培种类黄瓜为研究对象,以毛葱、大蒜为套作作物,小麦、大豆、毛苕子、三叶草和苜蓿为轮或间作作物,利用 PCR-DGGE、RAPD 和 T-RFLP 等分子生物学技术,对间、轮、套作黄瓜根际土壤微生态环境及生长发育的影响进行了研究,旨在探讨不同的间、轮、套作模式对土壤生态环境及黄瓜生长发育的影响,找出有利于提高黄瓜产量和土壤微生物多样性的最佳间、轮、套作方式。揭示间、轮、套作提高作物产量的微生物学机理,为改善设施生态环境,建立合理的蔬菜栽培制度提供可靠的理论依据和技术支撑。

8.2 不同作物间作对黄瓜病害及土壤微生物群落多样性的影响

本研究采用的黄瓜(*Cucumis sativus* L.)品种为罗斯喀,小麦(*Triticum aeslivum* L.)品种为东农 126,毛苕子(*Vicia villosa* L.)品种为杨陵金道,三叶草(*Trifolium repens* L.)品种为白花三叶草。土壤理化性状为:碱解氮 282.4 mg/kg;速效磷 328.9 mg/kg;速效钾 274.7/mg kg;有机质 79 g/kg,pH 值 7.05。

试验设计以黄瓜单作为对照,设小麦—黄瓜、毛苕子—黄瓜、三叶草—黄瓜 3 种间作处理,主栽作物黄瓜常规育苗,于 2005 年 4 月 25 日常规定植,垄距 60 cm,株距 30 cm,定植后 7 d 在垄台两侧条播各种间作作物,3 次重复,随机排列,播种量分别为:小麦 13.125 kg/hm²,毛苕子 7.500 kg/hm²,三叶草 9.450 kg/hm²。全程测定黄瓜的产量,在黄瓜拉秧前(2005 年 7 月 5 日)采用抖落法收集根际土壤,每个重复随机取 3 株混合,3 次重复,过 80 目筛,一部分放于 4℃冰箱用于土壤微生物数量的分析,另一部分放于—70℃冰箱用于土壤微生物多样性的分析。施肥与田间管理同常规,即黄瓜定植前撒施腐熟的干鸡粪 75 000 kg/hm²,营养含量为每 1 000 kg 含 N、P、K 为 5.0、7.6 和 6.0 kg。条施撒可富复合肥 300 kg/hm²,养分含量 40%,N∶P∶K 为 16∶16∶8。

8.2.1　间作对黄瓜根际土壤微生物多样性的影响

表 8.1 是 3 种作物分别与黄瓜间作后土壤微生物群落 DNA 序列的均匀度指数、丰富度指数和 Shannon-Weaver 指数的变化。RAPD 的结果表明,小麦—黄瓜间作显著提高土壤微生物 DNA 序列多样性各参数。毛苕子—黄瓜间作显著提高土壤微生物 DNA 序列均匀度指数。表 8.2 是 3 种作物分别与黄瓜间作后土壤细菌群落 DNA 序列的均匀度指数、丰富度指数和 Shannon-Weaver 指数的变化。T-RFLP 的结果表明,小麦—黄瓜间作显著提高黄瓜根际土壤细菌群落多样性各参数,小麦—黄瓜间作明显提高黄瓜根际土壤细菌群落丰富度指数。

表 8.1　**黄瓜根际土壤微生物群落 DNA 序列多样性指数变化**

方法	多样性	项目			
		小麦—黄瓜	毛苕子—黄瓜	三叶草—黄瓜	黄瓜单作
随机扩增	Shannon-Weaver 指数	1.26 ± 0.03^a	1.02 ± 0.07^b	1.02 ± 0.06^b	0.97 ± 0.10^b
DNA 多态性	Shannon-Weaver index 均匀度	0.90 ± 0.04^a	0.84 ± 0.08^a	0.80 ± 0.03^{ab}	0.69 ± 0.06^b
RAPD	丰富度	4.44 ± 0.14^a	3.44 ± 0.04^b	3.53 ± 0.47^b	3.58 ± 0.28^b

注:同一行中,数据肩标不同小写字母表示不同处理之间差异显著($P<0.05$)。

表 8.2　**黄瓜根际土壤细菌群落结构多样性指数变化**

方法	多样性	项目			
		小麦—黄瓜	毛苕子—黄瓜	三叶草—黄瓜	黄瓜单作
末端限制性片	Shannon-Weaver 指数	3.45 ± 0.02^a	3.22 ± 0.05^{ab}	3.11 ± 0.05^{ab}	3.25 ± 0.02^b
段长度多态性	Shannon-Weaver index 均匀度	0.87 ± 0.02^a	0.84 ± 0.08^{ab}	0.81 ± 0.02^{ab}	0.82 ± 0.01^b
T-RFLP	丰富度	49.00 ± 2.20^a	43.00 ± 1.90^b	40.50 ± 1.80^c	41.50 ± 2.30^b

注:同一行中,数据肩标不同小写字母表示不同处理之间差异显著($P<0.05$)。

8.2.2　间作对黄瓜根际土壤微生物数量及病情指数的影响

表 8.3 是不同作物间作对黄瓜根际土壤微生物数量及土传病原菌数量的影响,结果表明,小麦—黄瓜间作显著降低了土壤真菌的数量,极显著提高细菌的数量,小麦—黄瓜间作、毛苕子—黄瓜间作和三叶草—黄瓜间作极显著的降低了尖孢镰刀菌的数量。

小麦—黄瓜间作的土壤尖孢镰刀菌占真菌数量的百分比为 5.6%,显著低于黄瓜单作(6.8%),毛苕子—黄瓜间作土壤的尖孢镰刀菌占真菌数量的百分比为 4.1%,显著低于小麦—黄瓜间作和黄瓜单作,高于三叶草—黄瓜(2.8%),三叶草—黄瓜间作的土壤的尖孢镰刀菌占真菌数量的百分比显著低于毛苕子—黄瓜间作、小麦—黄瓜间作和黄瓜单作。说明以上作物间作显著降低了尖孢镰刀菌占真菌的比例。

表 8.3 不同作物间作对黄瓜根际土壤中真菌、细菌、放线菌、尖孢镰刀菌数量的影响

项目	真菌(10^4)	细菌(10^7)	放线菌(10^7)	尖孢镰刀菌(10^2)	尖孢镰刀菌/真菌/%
小麦—黄瓜	1.37 ± 0.26^{bA}	19.53 ± 0.94^{aA}	10.99 ± 0.19^{abA}	7.50 ± 1.51^{bB}	5.60 ± 1.63^{b}
毛苕子—黄瓜	1.60 ± 0.24^{abA}	8.48 ± 1.79^{bB}	11.47 ± 0.86^{aA}	6.33 ± 1.75^{bBC}	4.14 ± 1.67^{c}
三叶草—黄瓜	1.48 ± 0.20^{abA}	9.76 ± 2.14^{bB}	10.23 ± 0.74^{bA}	4.17 ± 0.75^{cC}	2.87 ± 0.71^{d}
黄瓜单作	1.72 ± 0.25^{aA}	8.84 ± 1.43^{bB}	10.75 ± 0.17^{abA}	11.33 ± 2.50^{aA}	6.67 ± 1.56^{a}

注:同一列中,数据肩标不同大、小写字母表示差异显著($P<0.01$ 和 $P<0.05$)。

图 8.1 是间作对黄瓜 4 种病害病情指数的影响,结果表明,间作降低了 4 种病害的病情指数。间作显著降低了黄瓜角斑病的病情指数。三叶草—黄瓜间作的黄瓜角斑病病情指数显著低于黄瓜单作,高于毛苕子—黄瓜间作和小麦—黄瓜间作;间作极显著地降低了黄瓜白粉病的病情指数。三叶草—黄瓜间作的黄瓜白粉病病情指数极显著低于黄瓜单作,显著高于小麦—黄瓜间作和毛苕子—黄瓜间作;三叶草—黄瓜间作的黄瓜霜霉病病情指数显著低于黄瓜单作,高于毛苕子—黄瓜间作和小麦—黄瓜间作,小麦—黄瓜间作显著低于毛苕子—黄瓜间作;间作极显著降低了黄瓜枯萎病的病情指数。毛苕子—黄瓜间作的黄瓜枯萎病的病情指数极显著低于黄瓜单作,显著高于小麦—黄瓜间作和三叶草—黄瓜间作,小麦—黄瓜间作和三叶草—黄瓜间作的黄瓜枯萎病的病情指数极显著的低于黄瓜单作。

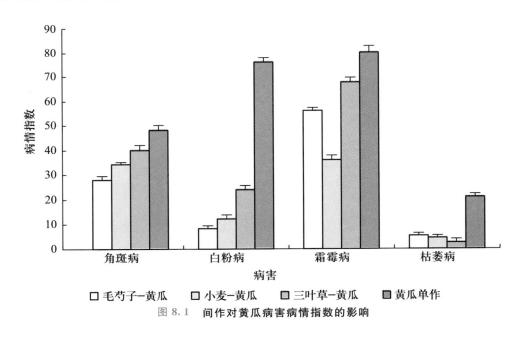

图 8.1 间作对黄瓜病害病情指数的影响

8.2.3 间作对黄瓜产量的影响

图 8.2 是不同作物间作对黄瓜产量的影响,结果表明,间作显著提高了黄瓜的产量。小麦—黄瓜间作的黄瓜产量最高为 $8.71\ t/hm^2$,显著高于三叶草—黄瓜间作和毛苕子—黄瓜间作,高于黄瓜单作。三叶草—黄瓜间作的黄瓜产量次之为 $5.87\ t/hm^2$,显著高于毛苕子—黄

瓜间作和黄瓜单作,毛苕子—黄瓜间作显著高于黄瓜单作。

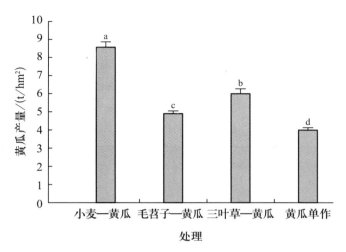

图 8.2 不同作物间作对黄瓜产量的影响

注:柱形图上不同小写字母表示不同处理之间差异显著($P<0.05$)。

8.3 轮作对土壤微生态环境及产量的影响

本研究仍采用黄瓜(*Cucumis sativus* L.)品种为罗斯喀;小麦(*Triticum aestivum* L.)品种为东农 126,毛苕子(*Vicia villosa* L.)品种为杨陵金道。试验于 2006 年 7 月份至 2007 年 7月份在东北农业大学园艺试验实习基地的塑料大棚内进行。供试土壤为黑土,土壤理化性状为:碱解氮 146.6 mg/kg,速效磷 284.2 mg/kg,速效钾 341.8 mg/kg,有机质 35.12 g/kg,EC值 0.43 mS/cm,pH 值 7.64。

试验设计为以不种植其他作物的黄瓜连作为对照,设小麦—黄瓜、毛苕子—黄瓜 2 种轮作处理,主栽作物黄瓜常规育苗,轮作作物小麦、毛苕子条播于两垄搭架黄瓜垄台的外侧,不影响主栽作物黄瓜的栽种,于 2006 年 8 月 25 日播种,播种量分别为 13.13 和 7.50 kg/hm²,上冻前结合秋翻将轮作作物翻入土壤中。2007 年 4 月 25 日定植黄瓜,每个处理 3 次重复,随机排列,垄作,垄距 0.6 m,株距 0.3 m,小区面积为 14.4 m²(6 m 长×0.6 m 宽/垄×4 垄)。黄瓜定植前撒施腐熟的干鸡粪 75 000 kg/hm²,营养含量为每 1 000 kg 含 N 5.0 kg、P 7.6 kg、K 6.0 kg。条施撒可富复合肥 300 kg/hm²,养分含量为 40%,N∶P∶K 为 2∶2∶1。试验过程中不施加任何肥料。

8.3.1 小麦、毛苕子与黄瓜轮作对土壤速效养分含量的影响

由表8.4可知,毛苕子—黄瓜处理的土壤碱解氮含量在定植后 30 d 高于其他处理,在定植后 50 d 极显著高于其他处理($P<0.01$),土壤碱解氮含量为 186.7 mg/kg,而对照仅为

140.0 mg/kg,在定植后 70 d 显著高于小麦—黄瓜处理($P<0.05$,表 8.1);轮作处理各时期土壤速效磷含量均高于对照,毛苕子—黄瓜处理土壤速效磷含量除在定植后 30 d 低于小麦—黄瓜处理外,其他时期均极显著高于其他处理($P<0.01$),小麦—黄瓜处理土壤各时期速效磷含量均显著或极显著高于对照($P<0.05$)。毛苕子—黄瓜处理土壤速效钾含量在各时期均为最高。除定植后 30 d 外,其他时期土壤速效钾含量均为毛苕子—黄瓜处理>小麦—黄瓜处理>对照。总体而言,毛苕子—黄瓜轮作处理增加了土壤碱解氮、速效磷及速效钾含量,所以,其对土壤作用效果相对较好。

表 8.4 不同轮作处理对土壤速效养分含量的影响   mg/kg

项目	碱解氮	速效磷	速效钾
A1	135.3±24.6[Aa]	372.0±26.9[Aa]	206.2±13.7[Aa]
B1	154.0±14.0[Aa]	321.0±1.7[ABab]	216.1±3.7[Aa]
CK1	144.7±10.7[Aa]	259.2±0.8[Bb]	214.8±4.5[Aa]
A2	154.0±7.1[Bb]	255.8±0.9[Bb]	200.8±13.2[Aa]
B2	186.7±10.7[Aa]	287.8±9.7[Aa]	209.1±9.5[Aa]
CK2	140.0±7.1[Bb]	241.5±1.7[Bc]	190.4±27.6[Aa]
A3	109.7±8.1[Ab]	251.5±0.8[Bb]	210.8±8.6[Aa]
B3	135.3±10.7[Aa]	274.0±3.8[Aa]	211.8±8.1[Aa]
CK3	137.7±10.7[Aa]	209.9±1.2[Cc]	188.7±21.5[Aa]

注:CK,黄瓜—黄瓜处理;A,小麦—黄瓜处理;B,毛苕子—黄瓜处理。0,定植前;1,定植后 30 d;2,定植后 50 d;3,定植后 70 d。同一列中,数据肩标不同大、小写字母表示处理间差异显著($P<0.01$ 和 $P<0.05$)。

8.3.2 小麦、毛苕子与黄瓜轮作对土壤酶活性的影响

由表 8.5 可知,定植后 30 d 多酚氧化酶活性为:毛苕子—黄瓜处理>小麦—黄瓜处理>对照,差异均达到极显著水平($P<0.01$),定植后 50、70 d 均为小麦—黄瓜处理>对照>毛苕子—黄瓜处理,在定植后 70 d 小麦—黄瓜处理极显著高于其他处理($P<0.01$)。多酚氧化酶参加腐殖质组分中芳香化合物的转化,是表征土壤腐殖质腐殖化程度的一种比较专性的酶,因此,小麦—黄瓜处理总体上土壤腐殖化程度相对较高(徐培智等,2008)。在定植后 30 d 各轮作处理过氧化氢酶活性均高于对照,在定植后 70 d 小麦—黄瓜处理过氧化氢酶活性极显著高于其他处理($P<0.01$)。过氧化氢酶能破坏土壤中生化反应生成的过氧化氢,减轻对植物的危害,则小麦轮作的土壤解毒作用相对较强(李春霞等,2007)。定植后 30 d 转化酶活性为小麦—黄瓜处理>毛苕子—黄瓜处理>对照,差异均达到极显著水平($P<0.01$),其他时期处理间无显著差异。土壤转化酶是土壤中的生物催化剂,反映了土壤中生物活性的强弱及物质转化的速度,小麦—黄瓜处理黄瓜生长前期土壤中生物活性较强,物质转化速度较快。各时期脲酶活性均为小麦—黄瓜处理>毛苕子—黄瓜处理>对照,小麦—黄瓜处理与对照差异达极显著水平($P<0.01$)。脲酶能促进土壤中含氮有机物尿素分子酰胺态键的水解,生成的氨是植物氮素营养来源之一,脲酶活性高,说明小麦处理土壤氮素代谢旺盛(刘亚锋等,2006)。总体而言,小麦—黄瓜轮作处理有助于土壤酶活性的提高。

表 8.5　不同轮作处理对土壤酶活性的影响

项目	多酚氧化酶/ [mg/(g·2 h)]	过氧化氢酶 (每克土在 30 min 内 消耗 0.1 mol/L 的 KMnO₄ 的体积/mL)	转化酶/ [mg/(g·24 h)]	脲酶/ [mg/(g·24 h)]
A1	2.11±0.26^{Bb}	1.17±0.15^{Aa}	3.67±0.09^{Aa}	9.65±0.39^{Aa}
B1	2.40±0.32^{Aa}	1.30±0.66^{Aa}	3.29±0.12^{Bb}	8.86±0.26^{ABb}
CK1	1.81±0.24^{Cc}	1.07±0.29^{Aa}	2.96±0.11^{Cc}	8.58±0.54^{Bb}
A2	1.78±0.28^{Aa}	1.20±0.10^{Aa}	3.50±0.13^{Aa}	8.85±0.01^{Aa}
B2	1.69±0.10^{Aa}	1.20±0.36^{Aa}	3.50±0.08^{Aa}	8.33±0.55^{Ab}
CK2	1.73±0.25^{Aa}	1.37±0.15^{Aa}	3.55±0.05^{Aa}	6.69±0.26^{Bc}
A3	2.18±0.29^{Aa}	2.33±0.23^{Aa}	3.25±0.11^{Aa}	9.53±0.10^{Aa}
B3	1.82±0.09^{Bb}	1.47±0.15^{Bb}	3.37±0.05^{Aa}	8.83±0.13^{ABb}
CK3	1.85±0.25^{Bb}	1.77±0.06^{Bb}	3.39±0.43^{Aa}	7.19±0.18^{Bb}

注:CK,黄瓜—黄瓜处理;A,小麦—黄瓜处理;B,毛苕子—黄瓜处理。0,定植前;1,定植后 30 d;2,定植后 50 d;3,定植后 70 d。同一列中,数据肩标不同大、小写字母表示处理间差异显著($P<0.01$ 和 $P<0.05$)。

8.3.3　小麦、毛苕子与黄瓜轮作对土壤细菌、真菌群落结构的影响

8.3.3.1　对土壤细菌群落结构的影响

根据变性梯度凝胶电泳分离原理,对 DGGE 图谱进行初步统计发现,不同时期各轮作处理与对照在 DGGE 图谱中的电泳条带数目和迁移率存在一定程度的差异,表明轮作处理对土壤菌群的群落结构产生明显影响。应用 Quantity One 软件对 DGGE 图谱进行初步分析,根据泳道/条带识别图(图 8.3)可知,毛苕子—黄瓜处理定植后 30 d 的泳道条带数量最多,达 35 条,小麦—黄瓜处理条带数达 31 条,而定植前基础土样泳道条带数仅为 28 条,表明轮作可能有助于细菌种类的增加。

基于 UPGMA 方法聚类分析(图 8.4A)表明,轮作处理改变了土壤的细菌群落结构。小麦—黄瓜处理与毛苕子—黄瓜处理在黄瓜定植后 30 d 土壤细菌群落结构的相似性最高,达到 92%,两个轮作处理对土壤细菌群落结构的影响在处理间差异不明显,但与对照差异很大,说明轮作处理对土壤细菌群落结构具有明显的影响,两个轮作处理对土壤细菌群落结构的影响在定植后 30 d 处理间差异不明显。随着黄瓜的生长,各处理间差异变大,到定植后 70 d 处理间相似性降至 63%。

根据 DGGE 图谱的数字化结果进行主成分分析(图 8.4B),根据主成分分析得到 DGGE 数据的因子载荷,由于因子载荷通常反映了微生物群落生理轮廓,是其群落结构和功能多样化的具体体现,因此,因子载荷图可以直观地反映不同处理土壤中微生物群落的生理变化。主成分分析的两个主要成分 PC1 和 PC2 分别代表总变量的 59.6% 和 15.2%。各处理定植后的散点位置与定植前的距离较远,表明黄瓜定植后对土壤细菌群落结构的影响较大。在定植后 30 d,小麦—黄瓜轮作处理与对照距离相对较远,表明小麦—黄瓜轮作对定植后 30 d,土壤细菌群落结构影响相对较大。在定植后 50 d 和 70 d,各轮作处理的散点与对照距离相对较远,表明轮作对黄瓜生长后期的根际土壤细菌群落结构有一定的影响。

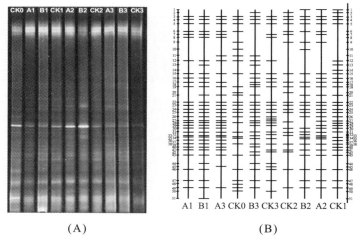

(A) (B)

图 8.3 不同轮作处理各时期土壤细菌 DGGE 图谱(A)及泳道/条带识别图(B)

注:CK,黄瓜—黄瓜处理;A,小麦—黄瓜处理;B,毛苕子—黄瓜处理。0,定植前;1,定植后 30 d;2,定植后 50 d;
3,定植后 70 d。图中数据肩标不同大、小写字母表示处理间差异显著($P<0.01$ 和 $P<0.05$)。

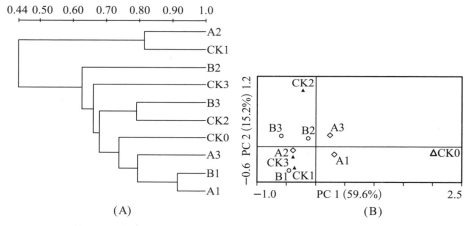

(A) (B)

图 8.4 不同轮作处理各时期土壤细菌群落相似性分析(UPGMA)(A)及主要成分分析(B)

8.3.3.2 对土壤真菌群落结构的影响

对 DGGE 图谱进行初步分析可知(图 8.5A),轮作处理对土壤真菌群落结构产生了影响。根据泳道/条带识别图(图 8.5B)可知,对照泳道条带数在定植前与定植后 30 d 均为 15 条,而在定植后 50 d 与定植后 70 d 均为 23 条,表明对照黄瓜结瓜后期根际土壤真菌种类明显增加。除定植后 30 d 外,其他时期对照泳道条带数均为最多,说明定植后 30 d 后对照的黄瓜根际土壤真菌种群数最多,轮作处理减少了结瓜后期的根际土壤真菌种类。

聚类分析(图 8.6A)表明,轮作处理改变了土壤真菌群落结构。定植后 50 d 毛苕子—黄瓜处理与定植后 70 d,小麦—黄瓜处理土壤真菌群落结构的相似性最高,达 84%。小麦—黄瓜处理与毛苕子—黄瓜处理在黄瓜定植后 30 d,土壤真菌群落结构的相似性较高,达到 79%,表明定植后 30 d,两个轮作处理对土壤真菌群落结构的影响在处理间差异不明显,但与对照差异较大,说明轮作处理对土壤真菌群落结构具有一定的影响。定植后 70 d,对照与定植前土壤真菌群落结构的相似性也达 79%,经过又一季黄瓜的生长,黄瓜连作土壤真菌群落结构组成变化不大。

根据 DGGE 图谱的数字化结果进行主成分分析(图 8.6B),黄瓜根际土壤真菌群落结构组成主成分分析的两个主要成分 PC1 和 PC2 分别代表总变量的 40.3% 和 24.4%。对照定植后 70 d 与定植前土壤的散点在一个区域,而与其他散点区域距离相对较远,表明对照定植后 70 d 与定植前土壤真菌群落结构差异较小,这与聚类分析结果相符。小麦—黄瓜轮作处理各时期的散点位置均在第三象限,与其他散点距离相对较远,表明小麦—黄瓜轮作对土壤真菌群落结构影响相对较大。毛苕子—黄瓜轮作处理除定植后 50 d 外,其他时期与对照差异较大,在定植后 70 d 时的散点与其前期的散点区距离较远,表明毛苕子—黄瓜轮作的黄瓜生长后期真菌群落结构变化较为明显。

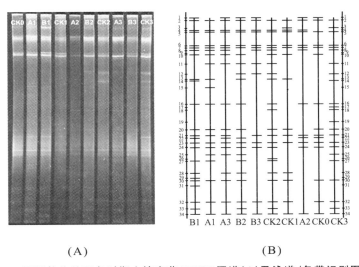

(A)　　　　　　　　　　　(B)

图 8.5　不同轮作处理各时期土壤真菌 DGGE 图谱(A)及泳道/条带识别图(B)

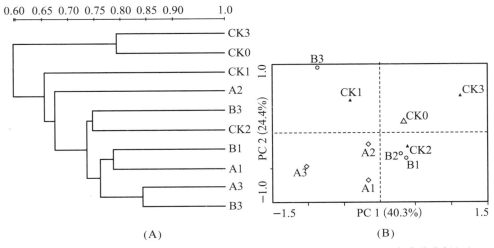

(A)　　　　　　　　　　　(B)

图 8.6　不同轮作处理各时期土壤真菌群落相似性分析(UPGMA)(A)及主成分分析(B)

8.3.4 小麦、毛苕子与黄瓜轮作对黄瓜产量的影响

图 8.7 为不同轮作处理黄瓜的总产量。小麦—黄瓜处理黄瓜总产量极显著高于对照,达到极显著水平($P<0.01$),其总产量为 36 782 kg/hm²。毛苕子—黄瓜处理黄瓜总产量显著高于对照($P<0.05$),为 33 547 kg/hm²。

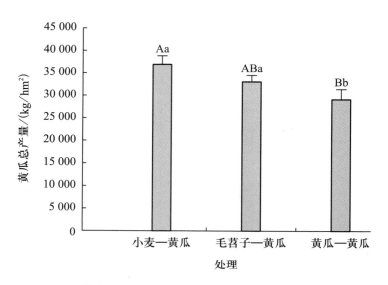

图 8.7 **不同轮作处理对黄瓜总产量的影响**

注:柱形图上不同大、小写字母表示不同处理之间差异显著($P<0.01$ 和 $P<0.05$)。

小麦、毛苕子与黄瓜轮作对黄瓜不同时期产量的影响见图 8.8。轮作处理黄瓜的前期产量极显著高于对照($P<0.01$),在 7 月 6 日,前各轮作黄瓜产量均明显高于对照。6 月 4 日～6 月 25 日小麦—黄瓜处理产量极显著高于对照($P<0.01$)。毛苕子—黄瓜处理产量在 6 月 4 日～6 月～14 日极显著高于对照($P<0.01$),在 6 月 15 日～6 月 25 日显著高于对照($P<0.05$)。因此,轮作处理黄瓜的经济产量明显高于对照,轮作处理对生产具有很大的实际意义。

8.4 轮、套作对黄瓜根际土壤细菌种群的影响

供试黄瓜(*Cucumis sativus* L.)品种为罗斯喀、小麦(*Triticum aestivum* L.)品种为东农126、大豆(*Giycine max* M.)品种为东农 42、毛苕子(*Vicia villosa* L.)品种为杨陵金道、三叶草(*Trifolium repens*)品种为白花三叶草、苜蓿(*Medicago sativa* Linn)品种为紫花苜蓿、毛葱(*Allium cepa* L.)品种为阿城毛葱、大蒜(*Allium saticum* L.)品种为阿城大蒜。

试验于 2005 年 7 月份至 2006 年 3 月份,在东北农业大学园艺试验实习基地内连续种植蔬菜作物 21 年的大棚内进行。土壤理化性状为:碱解氮 282.4 mg/kg、速效磷 328.9 mg/kg、

速效钾 274.7 mg/kg、有机质 7.9%、pH 值 7.05。各指标均测定采用鲍士旦(2000)的方法。

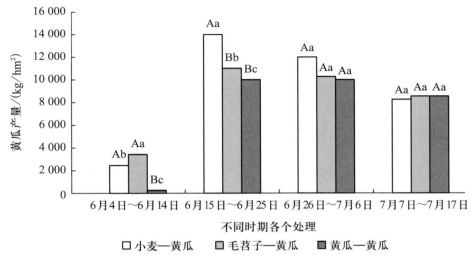

图 8.8 不同轮作处理对不同时期黄瓜产量的影响

注:同一时期柱形图上不同大、小写字母表示不同处理之间差异显著($P<0.01$ 和 $P<0.05$)。

试验设 8 个处理,分别为 5 种轮作处理和 2 种套作处理,以不种植任何作物的连作黄瓜为对照。7 种作物均在黄瓜垄台两侧条播。轮作作物为小麦、大豆、毛苕子、三叶草和苜蓿,于 2005 年 9 月 5 日播种,播种量分别为 13.125、16.68、7.50、9.45 和 12.00 kg/hm²,当轮作作物长至 5 cm 左右时,结合秋翻翻入地中;套作作物为毛葱和大蒜,于 2006 年 4 月 5 日播种,播种量分别为 2 085.00 和 2 925.00 kg/hm²。2006 年 4 月 25 日黄瓜定植。2006 年 5 月 20 日收获毛葱和大蒜,每个处理 3 次重复,随机排列,共 24 个小区,每个小区面积为 12 m²。分别于定植前、根瓜期、盛瓜期、拉秧期采用抖落法随机取每个重复中间 2 垄的黄瓜根际土样,每个重复取 3 株,过 80 目筛,每个处理 9 株土样混合,放于 -70℃ 冰箱待用。施肥与田间管理同常规,即黄瓜定植前撒施腐熟的干鸡粪 75 000 kg/hm²,营养含量为每 1 000 kg 含 N、P、K 为 5.0、7.6 和 6.0 kg。条施撒可富复合肥 300 kg/hm²,养分含量为 40%,N:P:K 为 16:16:8。

8.4.1　不同时期不同轮、套作土壤细菌类群的 PCR-DGGE 图谱分析

由图 8.9 DGGE 图谱来看,黄瓜定植前期各个处理都具有条带 A、E、G,除对照以外,各个处理均具有 C、D、F 条带。以小麦、大豆、三叶草为前茬的黄瓜 F 条带亮度要比以其他作物为前茬的黄瓜强。以毛葱为前茬种植的黄瓜作物独有 B 条带,但是条带的亮度较弱。黄瓜根瓜期以小麦、毛苕子和毛葱为前茬的黄瓜都增加了条带 H。其他各个条带数目没有明显变化,只是亮度比黄瓜定植前期的亮度增加,说明各个细菌类群的菌势增加。黄瓜盛果期各个处理条带亮度与前 2 个时期相比增强达到最高,以小麦、大豆、毛葱、大蒜为前茬的黄瓜出现了条带 I。以小麦、大豆、毛苕子、毛葱、大蒜为前茬的黄瓜还出现了 J、K。各个条带的亮度比黄

瓜定植前期、根瓜期的各个条带强。而到了黄瓜拉秧期各个条带亮度均减弱,H 条带消失(图 8.9)。

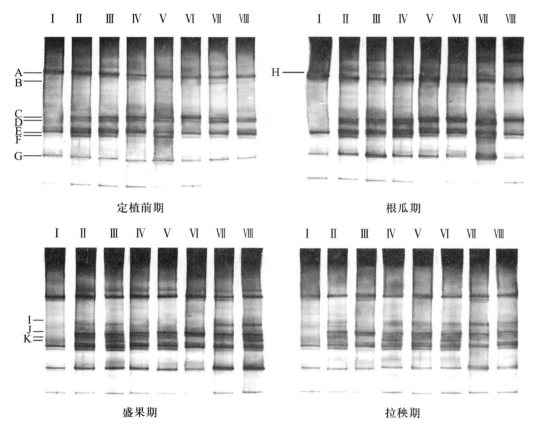

图 8.9 不同轮、套作黄瓜土壤细菌类群的 PCR-DGGE 图谱

注:Ⅰ~Ⅷ依次为对照、小麦、大豆、毛苕子、三叶草、苜蓿、毛葱、大蒜。

图 8.10、图 8.11 同。

8.4.2 不同轮、套作黄瓜不同时期土壤细菌类群的多样性及均匀度指数的变化

图 8.10 是不同取样时期的土壤细菌多样性指数的比较,由图 8.10 中可见,轮作中以小麦为前茬的黄瓜在 4 个取样时期均为最高,且随时间呈上升趋势,在盛果期达到最高。其次为以大豆为前茬的黄瓜 4 个时期,随时间也呈上升趋势,变化趋势和以小麦为前茬的黄瓜相同。轮作中以紫花苜蓿为前茬的黄瓜多样性指数最低。套作中以毛葱为前茬的黄瓜的多样性指数最高,4 个时期均大于大蒜,且随着时间呈上升趋势。

图 8.11 是不同取样时期的土壤细菌均匀度指数的比较,由图 8.11 中可见,各时期均匀度指数相差不大,轮作中以小麦为前茬的黄瓜均匀度指数最高,在根瓜期、盛果期以大豆为前茬的黄瓜多样性指数和以小麦为前茬的黄瓜的均匀度指数相平,以三叶草为前茬的黄瓜在根瓜期与毛苕子和紫花苜蓿相平,其他时期略高于毛苕子紫花苜蓿。拉秧期各处理明显高于对照,

套作中以毛葱为前茬的黄瓜的多样性指数最高,4 个时期均大于大蒜。

通过 4 个时期多样性指数、均匀度指数的分析比较得出,轮作中以小麦为前茬的黄瓜多样性指数、均匀度指数最高,该种轮作方式最好。套作中以毛葱—黄瓜套作的栽培方式最好。

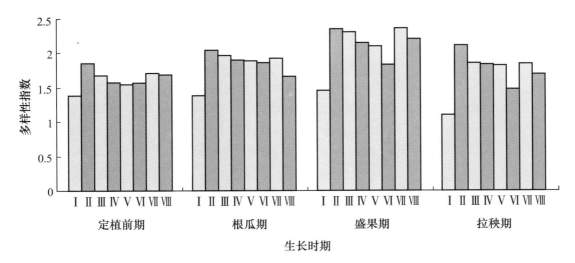

图 8.10 不同轮、套作黄瓜土壤细菌类群多样性指数

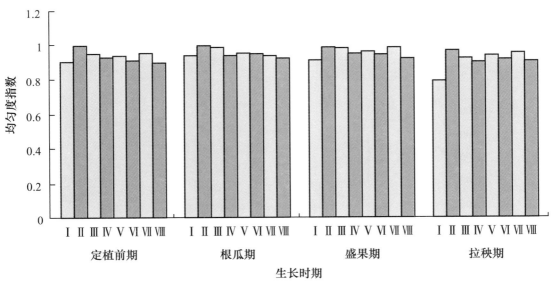

图 8.11 不同轮、套作黄瓜土壤均匀度指数

8.4.3 黄瓜根际土壤细菌 16S rDNA 片段的序列分析

对条带 B、C、D、E、F、H、I、J、K 进行切胶分离,再 PCR 扩增,克隆后测序,结果如表 8.6 所示。98% 的序列与未经培养的细菌亲缘关系较近。所测序列与 GenBank 数据库中已发表序列同源性为 90%～97%。大多数的序列都与不可培养的细菌同源性较高。对于轮作中土壤与

套作土壤所测的序列归为 6 个推测的细菌类群,其中大多数克隆属于 α-proteobacteria, β-proteobacteria,γ-proteobacteria,*Sphingobacterium*,Prosthecobacter 和 High bacterium G＋C。

表 8.6　细菌 16S rDNA 基因型测序结果

测序条带	片段长度	登陆号	同源性	推测种群
B	187	AY507 131	不可培养细菌 KD8-80(96％)	β 变形菌纲
C	182	AY507 133	不可培养细菌 MB-A2-100(93％)	高 G＋C 比
D	185	AY626 945	不可培养疣瘤菌属细菌 12－30(94％)	鞘氨醇杆菌属
F	190	AY626 946	与菌块产生共生体细菌－17B0(97％)	鞘氨醇杆菌属
H	185	AY591 518	不可培养的舌科菌 KL-111-2-2(95％)	变形菌纲
I	185	AY591 521	不可培养土壤细菌 Tc128－96(95％)	α 变形菌纲
J	180	AY626 948	不可培养细菌 KD4－60(92％)	柄突杆菌属
K	174	AY626 949	不可培养密西根湖底源细菌 LM4B12(90％)	γ 变形菌纲

8.4.4　轮、套作对黄瓜产量的影响

图 8.12 是不同轮、套作处理的黄瓜产量,从中可以看出,小麦轮作处理的产量极显著高于其他各处理,大豆轮作处理显著高于大蒜套作处理($P<0.05$),极显著高于其他各处理($P<0.01$)。各处理产量由大到小的顺序是:小麦>大豆>毛葱>三叶草>大蒜>苜蓿>毛苕子>对照。小麦轮作与大豆轮作处理在产量水平上与土壤微生物分析结果一致。说明小麦和大豆是黄瓜较为理想的轮作作物,套作作物以毛葱为好。

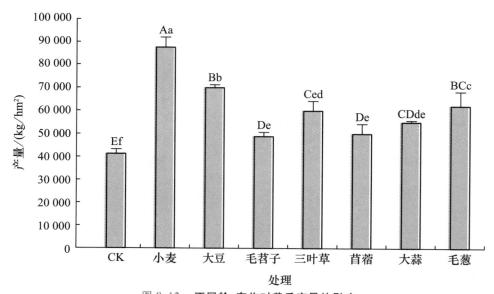

图 8.12　不同轮、套作对黄瓜产量的影响

注:柱形图上不同大、小写字母表示不同处理之间差异显著($P<0.01$ 和 $P<0.05$)。

8.5 主要结论与展望

小麦、毛苕子与黄瓜间作均能提高黄瓜根际土壤微生物群落多样性,其中,小麦—黄瓜间作对黄瓜根际土壤微生物群落多样性的影响最为突出;小麦、毛苕子和三叶草 3 种作物分别与黄瓜间作均显著提高了黄瓜产量($P<0.01$),其中小麦—黄瓜间作的产量优势最强;同时,3 种作物分别与黄瓜间作均降低了黄瓜角斑病、白粉病、霜霉病和枯萎病的病情指数和尖孢镰刀菌的数量。间作有利于提高土壤微生物群落的多样性、减轻病害、提高黄瓜产量。

轮、套作对黄瓜根际土壤细菌种群的种类、数量和黄瓜产量具有一定的影响,提高了土壤细菌种群多样性指数、均匀度指数和黄瓜产量。对 DGGE 条带进行测序的结果表明,它们大多与不可培养的细菌种属具有较高的同源性,大多为鞘氨醇杆菌属(*Sphingobacterium*)和变形细菌纲(Proteobacteria),高 G+C 比只在以毛葱为套作作物的黄瓜根际中出现。不同轮、套作中,细菌种群多样性随黄瓜生育期的变化而变化,在盛瓜期达最高值。以小麦为轮作作物和以毛葱为套作作物的黄瓜轮、套作栽培模式对提高产量最佳。毛苕子—黄瓜轮作对改善土壤营养环境最佳。

本研究只对间、轮、套作系统的微生态环境进行了研究,今后将进一步研究系统中的营养元素的变化、小气候变化及根系分泌物的变化等。

参 考 文 献

[1] 鲍士旦. 土壤农化分析. 3 版. 北京:中国农业出版社,2000:34-35,56-58,81-82,109-110.

[2] 陈志杰,仵光俊. 麦椒间、套避蚜效应与控制病毒病的效果. 植物保护学报,1995,22(4):343-347.

[3] 杜连凤,张维理,李志宏,等. 长江三角洲地区不同种植类型对土壤质量的影响. 农业环境科学学报,2006,25(1):95-99.

[4] 范桂萍. 油菜/蚕豆间作控制病虫害研究. 云南农业科技,2005,6:9-12.

[5] 胡元森,刘亚峰,吴坤,等. 黄瓜连作土壤微生物区系变化研究. 土壤通报,2006,37(1):126-129.

[6] 黄国勤,熊云明,钱海燕,等. 稻田轮作系统的生态学分析.生态学报,2006,26(4):1159-1 164.

[7] 焦念元,侯连涛,宁堂原,等. 玉米花生间作氮磷营养间作优势分析.作物杂志,2007,4:50-52.

[8] 康洪灿,钏兴宽,孙文涛,等. 菜稻轮作防治大棚蔬菜地次生盐渍化.作物杂志,2007,(5):67-68.

[9] 孔垂华.植物化感作用研究中应注意的问题. 应用生态学报,1998,9(3):332-336.

[10] 雷娟利,周艳虹,丁桔,等. 不同蔬菜连作对土壤细菌 DNA 分子水平多态性影响的研

究. 中国农业科学，2005,38(10)：2076-2083.

[11] 李春霞，陈阜，王俊忠，等. 不同耕作措施对土壤酶活性的影响. 土壤通报，2007,38
(3)：601-603.

[12] 李启双，赖有林，张利添. 稻菜轮作套种技术的优势及推广建议. 广东农业科学，2007
(4)：87-88.

[13] 李少峰，饶文芳. 混植对油菜主要农艺性状及产量的影响. 耕作与栽培，2001,5：
10，21.

[14] 李素娟，刘爱芝，茹桃勤，等. 小麦与不同作物间作模式对麦蚜及主要捕食性天敌群落
的影响. 华北农学报，2007,22(1)：141-144.

[15] 李显石，范宁. 日光温室草莓与甜瓜套作高产高效栽培技术. 吉林蔬菜，2007,2：5.

[16] 刘浩，段爱旺，孙景生，等. 间作模式下冬小麦与春玉米根系的时空分布规律. 应用生
态学报，2007，18(6)：1242-1246.

[17] 刘均霞，陆引罡，远红伟，等. 玉米/大豆间作条件下养分的高效利用机理. 山地农业生
物学报，2007,26(2)：105-109.

[18] 刘新晶，许艳丽，李春杰，等. 大豆轮作系统对土壤细菌生理菌群的影响. 大豆科学，
2007,26(5)：723-727.

[19] 刘亚锋，孙富林，周毅，等. 黄瓜连作对土壤微生物区系的影响—基于可培养微生物种
群的数量分析. 中国蔬菜，2006,7：4-7.

[20] 马云华，魏珉，王秀峰. 日光温室连作黄瓜根区微生物区系及酶活性的变化. 应用生态
学报，2004,15(6)：1005-1008.

[21] 裴先文，贾瑞成. 日光温室辣椒芹菜四季豆(苦瓜)间、套作高效栽培技术. 北京农业，
2006,11：4-5.

[22] 任领兵，季珊珊，王彬，等. 防寒沟西瓜—茄子间作高产高效栽培. 西北园艺，2007,1：
12-13.

[23] 宋亚娜，李隆，包兴国，等. 应用 DGGE 技术研究间、轮作对根际氨氧化细菌和固氮菌群
落结构的影响. 江西农业大学学报，2006,28(4)：506-511.

[24] 孙梅英，崔向华，徐新福. 夏芝麻与多种作物间作、套种效果与高产配套技术. 安徽农
业科学，2004,32(5)：882-889.

[25] 王凤娟，邓仰勇. 夏玉米与几种作物的间作技术中国种业，2003,9：43.

[26] 王淑彬，黄国勤，李年龙，刘隆旺. 稻田水旱轮作(第3年度)的土壤微生物效应. 江西
农业大学学报，2002,24：320-323.

[27] 王玉堂. 蔬菜巧间作胜过施农药. 蔬菜，2004,12：37.

[28] 吴凤芝，孟立君，王学征. 设施蔬菜轮作和连作土壤酶活性的研究. 植物营养与肥料学
报，2006,12(4)：554-558.

[29] 吴凤芝，王学征. 设施黄瓜连作和轮作中土壤微生物群落多样性的变化及其与产量品
质的关系. 中国农业科学，2007,40(10)：2274-2280.

[30] 吴艳飞，张雪艳，李元，等. 轮作对黄瓜连作土壤环境和产量的影响. 园艺学报，2008，
35(3)：357-362.

[31] 肖靖秀，郑毅，汤利，等. 小麦蚕豆间作系统中的氮钾营养对小麦锈病发生的影响. 云

南农业大学学报，2005，20(5)：640-645.

[32] 肖焱波，段宗颜，金航，等. 小麦/蚕豆间作体系中的氮节约效应及产量优势. 植物营养与肥料学报，2007，13(2)：267-271.

[33] 熊云明，黄国勤，王淑彬，等.稻田轮作对土壤理化性状和作物产量的影响. 中国农业科技导报，2004(4)：42-45.

[34] 徐培智，解开治，陈建生，等. 一季中晚稻的稻菜轮作模式对土壤酶活性及可培养微生物群落的影响. 植物营养与肥料学报，2008，14(5)：923-928.

[35] 叶方，黄国勤. 红壤旱地不同农田生态系统结构对玉米病虫害的影响. 中国生态农业学报，2002，10(1)：50-51.

[36] 于慧颖，吴凤芝. 不同蔬菜轮作对黄瓜病害及产量的影响. 北方园艺，2008，5：97-100.

[37] 张俊娥，李玉灵，黄大庄，等. 桑粮间作田条桑根系分布格局及其对土壤水分、养分的影响. 水土保持学报，2007，21(3)：38-43.

[38] 张淑香，高子勤，刘海玲. 连作障碍与根际微生态研究Ⅲ：土壤酚酸物质及其生物学效应. 应用生态学报，2000，11(5)：741-744.

[39] 周桂凤，肖靖秀，郑毅，等. 小麦蚕豆间作条件下蚕豆对钾的吸收及对蚕豆赤斑病的影响. 云南农业大学学报，2005，20(6)：779-782.

[40] 周可金，黄义德，武立权.南方丘陵山区茶稻间作复合系统生态效应的研究. 安徽农业大学学报，2003，30(4)：382-385.

[41] Caravaca F，Algucil M M，Roldan A. Changes in physical and biological soil quality indicators in a tropical crop system(*Havana*，Cuba) in response to different agroecological management practices. Environmental Assessment，2003，32：639-645.

[42] Chander K，Goyal S，Mundra C，*et al*. Organic matter，microbial biomass and enzyme activity of soils under different crop rotations in the tropics. Biology and Fertility of Soils，1997，24：306-310.

[43] Dumontet S，Mazzatura A，Casucci C，*et al*. Effectiveness of microbial indexes in discriminating interactive effects of tillage and crop rotations in a Vertic Ustorthens. Biology and Fertility of Soils，2001，34：411-416.

[44] Klose S，Moore J M，Tabatabai M A. Arylsulfatase activity of microbial biomass in soils as affected by cropping systems. Biology and Fertility of Soils，1999，29：46-54.

[45] Nishiyama M，Shiomi Y，Suzuki S，*et al*. Suppression of growth of Ralstonia solanacearum，tomato bacterial wilt agent on/in tomato seedlings cultivated in a suppressive soil. Soil Science and Plant Nitration，1999，45(1)：79-87.

[46] Paul E A. Dynamics of organic matter in soils. Plant and Soil，1984，76：275-285.

[47] Perucci U，Bonciarelli R，Santilocchi A. *et al*. Effect of rotation，nitrogen fertilization and management of crop residues on some chemical，microbiological and biochemical properties of soil. Biology and Fertility of Soils，1997，24：311-316.

[48] Rodriguez-kabana R，Truelove B. Effects of crop rotation and fertilization on catalase activity in a soil of the southeastern United States. Plant and Soil，1982，69：97-104.

[49] Shiomi Y，Nishiyama M，Onizuka T，*et al*. Comparison of bacterial community

structures in rhizoplane of tomato plants grown in soils suppressive and conducive towards bacterial wilt. Applied and Environmental Microbiology，1999，65 (9)：3 996-4 001.

[50] Stark C，Condron L M，Stewart A，*et al*. Effects of past and current crop management on soil microbial biomass and activity. Biology and Fertility of Soils，2007,43：531-540.

[51] Visser S，Parkinson D. Soil biological criteria as indicators of soil quality, soil micro-organisms. American Journal of Alternative Agriculture，1992,7(1)：33-37.

[52] Yao H Y，Jiao X D，Wu F Z. Effects of continuous cucumber cropping and alternative rotations under protected cultivation on soil microbial community diversity. Plant and Soil，2006,284：195-203.

第9章

TiO₂ 光催化降解农药作用研究

慕康国

9.1 引　　言

9.1.1　研究背景及意义

我国以占世界 7% 的耕地面积养活着占世界 22% 的人口,其中农药的作用功不可没(黄箐,2002)。但是随着人们生活水平的不断提高,人们对基本生活消费品的要求越来越严格,生产"无公害食品"的呼声也越来越强烈,"绿色食品"日益受到人们欢迎。我国加入 WTO 后,欧美各国纷纷对我国农产品的出口树立起"绿色壁垒",对我国出口农产品的要求更加严格(赵慧芹,2007)。农产品中农药的大量使用,使得农业发展面临着众多问题和瓶颈——农药残留就是其中之一。农药残留量超标,不仅制约着我国农产品的出口创汇,造成的经济损失逐年增加,也日益成为威胁我们生态环境和人们身体健康的重要问题,每年还引发数万起人员中毒伤亡事件。

研究表明,通过大气和饮用水进入人体的农药仅占 10%,有 90% 是通过食物链进入人体的。另外,由于农药污染的生物效应,使得在整个地球范围内,生物多样性受到了严重的危害。甚至在远离人类的南极海豹、企鹅体内也检出了 DDT(滴滴涕)的存在(鲁明中,1994)。

随着各种新型的有机物不断地涌现,传统的物理、化学方法难以降解,而生物降解的不足或弊端也逐渐显现。因此,这就需要我们寻求一种新的污染物降解方式。毋庸置疑,光催化氧化反应不仅在环保方面有着重要的意义,而且对太阳能的利用开发也有着非常重要的价值(吴忠标,2006)。

目前,对于消除有机农药残留的研究,主要集中于微生物降解和光催化降解 2 方面。微生物降解存在运行不稳定、二次污染等问题;而半导体光催化技术以其节能、高效、易操作、应用范围广、污染物降解彻底、无选择性、无二次污染等优点,成为一种有重要应用前景的环境治理方法,引起了国内外学者的普遍关注。在近 30 年的时间里,人们对光催化降解有机物反应过程中的影响因素,尤其是在催化剂的制备和选择、合适的光源的确定、反应动力学、以及反应器的型式等方面都作了大量的研究(史载锋等,2003)。

其中纳米 TiO_2 半导体光催化剂的异相光催化降解污染物(尤其对生物难降解有毒有机污染物)以其速度快、无选择性、深度氧化完全、能充分利用廉价太阳光和空气(水相中)的氧分子等优点而备受青睐。光催化氧化反应不仅在环保方面有着重要的意义,而且对太阳能的利用开发也有着非常重要的价值。稀土掺杂纳米 TiO_2 对农药废水降解的研究也有了较多的报道,但是主要集中在较低浓度农药的研究上,而且是以人工紫外光为光源,对太阳光作光源少有报道,且目前的研究停留在溶液的理论研究阶段,对田间实际应用于农作物生产中以降低土壤和农副产品农药残留的研究还没有报道,因此,如何提高太阳光的利用率,如何有效利用半导体催化剂在的农业生产的应用,特别是蔬菜瓜果生产中的应用,成为目前研究的新方向。

9.1.2 TiO_2 光催化降解有机物的研究现状

9.1.2.1 TiO_2 光催化技术的研究背景

对半导体光催化氧化的研究最早开始于 1972 年,日本科学家藤岛和本多发现在 380 nm 波长的紫外线照射下,半导体 TiO_2 单晶电极能使水在常温常压下发生分解反应,产生氢气和氧气(Fujishima A 和 Honda K,1972)。1976 年 Carey 等首次报道了利用半导体 TiO_2 降解联苯和氯联苯,之后 TiO_2/UV 方法在诸多领域的应用都有报道。人们也逐渐将半导体光催化技术应用于环境污染的治理方面,成为一种行之有效的污染物去除方法。

催化剂的催化活性与催化剂的晶格形态密切相关,TiO_2 是一种多晶型化合物,有三种晶格变体:金红石、锐钛矿以及板钛矿,其稳定性依次降低,此外,还有非晶型的 TiO_2。锐钛矿和金红石型结晶同属正方晶系,但是因为二者钛原子和氧原子的立体配置不同,后者为四方密堆积,而板钛矿属于菱形斜方晶系。随着温度和压力的改变,它们之间会发生相变,互相转化。因制备方法不同,TiO_2 的比表面积差异也较大。一般情况下,锐钛型的比表面积比金红石型的大。用于光催化的 TiO_2 主要是锐钛矿型和金红石型 2 种,锐钛型的 TiO_2 禁带宽度为 3.2 eV 而金红石型的 TiO_2 禁带宽度为 3.0 eV,从激发波长范围看,金红石型更容易被激发,但锐钛矿型比金红石型对氧的吸附能力强,具有较高的催化活性;加之金红石型比表面积小,光生电子和空穴容易复合,因而光催化活性较差,因此锐钛矿型 TiO_2 的催化能力相对更强,另有 Kumar 等(Kumar K N 和 Keizer P K,1992)。研究表明,混合晶型的催化活性更高。TiO_2 的基本性质参见表 9.1(孙锦宜和林西平,2002)。

表 9.1 TiO_2 的基本性质

| 形态 | 相对密度 | 晶格类型 | 晶格常数 | | Ti-O 距离/nm | 禁带宽度/eV |
			a	c		
锐钛型	3.84	正方晶系	5.27	9.37	0.195	3.2
金红石型	4.22	正方晶系	9.05	5.80	0.199	3
板钛型	4.13	斜方晶系	—	—	—	—

9.1.2.2　**TiO₂ 光催化技术的基本原理**

根据半导体光吸收阈值与带隙的关系有 $\lambda_g(nm) = 1\ 240/E_g(eV)$，当 TiO₂ 被波长小于 387.5 nm 的紫外光照射,处于价带上的电子能够被光子所激活,迁移到导带上,在其表面上产生光生电子和空穴。由于 TiO₂ 的光谱吸收特性,其在较宽的紫外光区都可以被激发,激发态的 TiO₂ 其价带上的空穴表现出很强的氧化势,而导带上的电子则具有强的还原势,一方面产生的电子或空穴可以直接和吸附在半导体表面的有机污染物反应;另一方面光生电子和空穴还可以和吸附在 TiO₂ 表面的有机物或水、溶解氧发生一系列反应,生成强氧化性的羟基自由基(HO·)或超氧离子(O_2^{2-}·)(苏茜和张勇,2005),羟基自由基(HO·)是水中氧化剂中反应活性最强的,对反应物几乎无选择性,可以氧化各种有机物,从而达到污染物无害化的目的。因此,可以在表面上发生很强的氧化(或)还原作用,即反应体系在光催化下,将吸收的光能直接转化为化学能,使许多通常情况下难以实现的反应在比较温和的条件下能够顺利进行。半导体在光催化中的作用类似于光解反应中敏化剂的作用,吸收光后在其表面形成电子、空穴对,从而形成强氧化环境,达到催化氧化的目的,本身不参加反应(Hofmann M R 等,1995)。上述反应可以用反应式 9.1 到反应式 9.7 以及图 9.1 描述(苏茜和张勇,2005)。

$$TiO_2 \xrightarrow{hv} h^+ + e^- \tag{反应式 9.1}$$

$$H_2O + h^+ \longrightarrow HO\cdot + H^+ \tag{反应式 9.2}$$

$$OH^- + h^+ \longrightarrow HO\cdot \tag{反应式 9.3}$$

$$O_2 + e^- \longrightarrow \cdot O_2 + e^+ \longrightarrow O_2^{2-} \tag{反应式 9.4}$$

$$O_2 + e^- \longrightarrow \cdot O_2^- + H^+ \longrightarrow HO_2\cdot \tag{反应式 9.5}$$

$$2HO_2\cdot \longrightarrow O_2 + H_2O_2 \tag{反应式 9.6}$$

$$H_2O_2 + \cdot O_2^- \longrightarrow \cdot OH + OH^- + O_2 \tag{反应式 9.7}$$

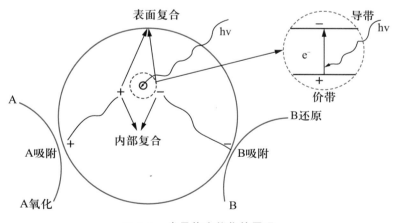

图 9.1　半导体光催化的原理

引自:Linsebiger A L 和 Lu G Q,1995。

9.1.2.3　**稀土元素掺杂影响光催化降解机理**

稀土元素具有 f 电子,易产生多电子组态,其氧化物也具有晶型多、吸附选择性强、电子型导电性和热稳定性好等特点(李振宏,1996)。稀土元素掺杂就是利用物理或化学方法,将稀土元素引入 TiO_2 晶格结构,从而在其中引入新电荷、形成缺陷或改变晶格类型,进而影响光生电子和空穴的运动状况、调整其分布状态或者改变 TiO_2 的能带结构,最终导致 TiO_2 的光催化活性发生改变。合理的稀土掺杂可以使 TiO_2 光催化剂的吸光波长发生红移、光吸收能力提高、光生电荷复合减少、传递加快、表面缺陷增加、表面吸附加强、粒径减小、焙烧过程向金红石型的转变减缓,从而使光催化反应效果明显改善(刘丽秀,2006)。同时,由于稀土元素可以吸收紫外区、可见光区、红外光区的各种波长的电磁波辐射,可更有效地利用太阳能(李翠霞,2009)。

9.1.2.4 农药的光催化降解研究

1. 有机磷农药的光催化降解

由于有机磷农药的 P—O 和 P—S 键的键能相对较低,容易吸收太阳光形成激发态分子,使 P—O 和 P—S 键断裂,所以,有机磷农药易发生光解(胡季帆,2003;范崇政,2001)。TiO_2 可将农药废水中对硫磷、久效磷、马拉硫磷、甲拌磷彻底降解为 PO_4^{3-}、SO_4^{2-}、Cl^-、CO_2、H_2O;将表面活性剂废水中氯化苄基十二烷基二甲基铵彻底降解为 CO_2、H_2O、NO_3^-、Cl^-;将十二烷基苯磺酸钠彻底降解为 CO_2、H_2O、SO_4^{2-}(杨爱丽,2003)。

岳林海(1998)用浸渍法制备了 8 种掺有稀土金属离子的 TiO_2 光催化剂,通过对久效磷的降解发现稀土掺杂对 TiO_2 光催化性能有明显的影响,La^{3+}/TiO_2、Ce^{4+}/TiO_2、Dy^{3+}/TiO_2、Sm^{3+}/TiO_2 等催化剂光降解久效磷的能力有明显的增加,特别是 Ce^{4+}/TiO_2,2 h 磷酸根的降解率达 91%,是使用纯纳米 TiO_2 的 3.3 倍。

陈士夫等(1996)报道了玻璃纤维负载 TiO_2 光催化降解 4 种有机磷农药,除 1 种农药的处理效果不十分理想外,其余 3 种在 90 min 内可 100% 降解。陈士夫等(2000)以异丙醇钛为原料,配成胶体,用玻璃纤维负载 TiO_2,光催化降解 6.5×10^{-4} mol/L 的敌敌畏和久效磷,光照 50 min,光解率达 90% 以上;还以 TiO_2/beads 作为催化剂,光催化降解 4.0×10^{-4} mol/L 的敌敌畏和久效磷原药,在 375 W 的中压汞灯下照射 1.5 h,其残留量小于 10%,光照 3.5 h,有机磷完全光催化降解成 PO_4^{3-},其光解动力学方程属于一级动力学方程(陈士夫,1996,2000)。Herrmann 等(1999)用负载 TiO_2 太阳光催化降解废水中 2,4-滴和苯并呋喃,光照 1 h,2 种农药被完全矿化。Galadi 等(1996)研究 1,1-二氯-2,2-双-(4-乙烷基苯)乙烷在光敏剂蒽醌的作用下 2 h,其降解产物为 1,1-二氯-2,2-双-(4-乙酰基苯)乙烷(74%)、4-乙酰基-4'-乙基苯甲酮(21%)、1-氯-2,2-双-(4-乙酰基苯)乙烷(3.5%)和 4,4-二乙烷基苯甲酮(1.5%)(Galadi,1995;Galadi,1996)

Yoshichika 等(2003)研究倍硫磷在玫瑰红及通入氧气紫外光照射的条件下,产生的单线态氧可以把其氧化降解成倍硫磷亚砜、3-甲基-4-甲基硫酚、二甲基苯基硫代磷酸酯、3-甲基-4-甲基亚磺基苯酚,并且碱性环境有助于降解反应的发生。

陈建秋等(2007)研究纳米 TiO_2 光催化降解乐果溶液,结果表明,TiO_2 最佳投加量为 0.6 g/L,光催化降解率随着乐果浓度的增加而降低,当乐果初始浓度为 3.9×10^{-5} mol/L 时,500 W 紫外灯照射 60 min 后降解率为 83%,当初始浓度为 1.96×10^{-4} 时,500 W 紫外灯照射 160 min 后降解率高达 99.4%。

王铎等(2006)发现,在光催化条件下,有机磷化合物快速分解,敌百虫和乐果分别在 1 h

和 2 h 内有 96.42％ 和 80.15％ 被分解成无机磷等其他无机产物,实现了快速降解。实验发现,光催化降解中敌百虫浓度与时间成正相关,用零级反应动力学模型描述;乐果浓度的自然对数与时间成正相关,符合一级反应解释光催化降解动力学方程。

伊荔松等(2009)研究了稀土掺杂纳米 TiO$_2$ 光催化氯胺磷,结果表明掺杂稀土离子后 TiO$_2$ 催化剂的光催化降解效率明显提高。在紫外光下降解 2 h 后,掺杂 TiO$_2$ 的光催化降解效率最高达到了 31％,而纯 TiO$_2$ 的降解效率只有 18％,掺杂 TiO$_2$ 的降解效率比纯 TiO$_2$ 提高了近 1 倍。

2. 氨基甲酸酯类农药的光催化降解

氨基甲酸酯类农药的光催化研究较少,中国海洋大学的陈建秋等(2006)以残杀威、呋喃丹、灭多威为代表的氨基甲酸酯类农药的 TiO$_2$ 光催化降解,结果表明,浓度数量级为 10^{-5} mol/L 时,300 W 中压汞灯照射 1 h,残杀威、呋喃丹、灭多威降解率均达到 98％ 以上;同时研究发现,氨基甲酸酯类化合物优先降解生成 NH_4^+,再继续被氧化为 NO_3^-,且 N-甲氨基甲酸芳基酯比 N-甲氨基甲酸肟酯更难降解。

3. 拟除虫菊酯类农药的光催化降解

对拟除虫菊酯类农药的光催化降解的研究相对也比较少,主要是由于菊酯类农药本身的降解速率较快。陈梅兰等人研究溴氰菊酯的光催化降解,结果表明,2 mg/L 的溴氰菊酯经光照 3 h 降解率最高可达 73.5％(高压汞灯)、66.0％(太阳光)(陈梅兰,2000)。

4. 其他农药的光催化降解

曹永松等(2005)研究了 TiO$_2$ 及掺 Fe 的 TiO$_2$ 降解溴虫腈,结果表明,掺 Fe 的 TiO$_2$ 对溴虫腈的降解效果较高,Fe 存在最佳掺杂量,$n(Fe^{3+})/n(TiO_2)＝0.08$,并且 pH 值对降解效果有明显的影响。

Muszkat 等(2002)研究嗪草酮、除草定的光降解,结果显示,添加亚甲基蓝可以显著提高除草定的光降解速率,当亚甲基蓝和除草定的物质的量比为 0.1 时,半衰期缩短为除草定(初始浓度为 30 mg/L)单独光解的 1/4,仅为 4.4 min。

9.1.3　土壤表面农药光化学降解的研究进展

9.1.3.1　土壤表面农药光化学降解研究背景

光化学转化是非生物转化的一种重要形式,自从 20 世纪 70 年代,Zepp 等(Zepp R G 等,1975)开始这一领域的研究以来,人们进行了大量的工作。最初的光化学研究都集中于水体,而对土壤中污染物光转化的研究则较少。

土壤是个非匀质、具有很大比表面积和多变异性的复杂体系。农药分子在土壤颗粒表面和内核以吸附态及结合态存在,这种非匀质相分布和吸附态的分子特征,与处于匀质相的液体或气体的分子特征有很大的不同,给农药土壤光解研究带来很多困难(Gohre K 和 Miller GC,1985)。光线在土壤中的穿透深度可能是农药光解速率减慢的重要原因(Miller G C 等,1983)。土壤颗粒吸附农药分子后,发生内部滤光现象,可能是光解速率减慢的另一个重要原因(Yokley R A 等,1986)。表层土壤中有机污染物光降解反应与均相和多相的水系统相比,有很大的区别,光转化很慢,这主要与土壤对光的阻碍效应有关。但是,与在土壤中的其他迁移转化过程相比,光转化则很快(Balmer M E 等,2000),光降解是污染物在土壤表面降解的一种重要途径(Schnoor J L 等,1992)。因此,研究土壤表层有机物的降解对认识污染物在环境中迁移和转化有非常重要的意义,20 世纪 90 年代以来,对土壤中有机污染物的光降解的大量研究报道足以说明这个问题。

9.1.3.2　土壤表面农药光化学降解的研究方法

土壤环境存在许多影响农药光解的因素,试验可控性低。因此,为了得到可比较和可重复的实验结果,经常用硅胶 G 或硅胶 G 薄层作为土壤表面农药光解的模拟系统(Hulpke H 等,1984)。20 世纪 70 年代末,联邦德国生态化学研究所研发了用硅胶 G 为农药吸附载体,测定吸附态农药光无机化产率的 GSF 方法(Pfister G,1983)。该方法不用标记农药,快速高效,可重复性极好,并可直观光解产物。但因为硅胶 G 毕竟不同于真实土壤,表面活性太高,所以,这种方法仅可用于农药吸附态光解的预试验。

土壤薄层法(STLC)是将土壤加水制成泥浆在玻板上涂成土壤薄层,在薄层一端定量点滴同位素标记农药溶液,用太阳光照射后,置一定溶剂中展开以分离光解产物(Helling C R 和 Turner B C,1968)的试验方法。此法本来是用于测定土壤中农药的移动性,改用来作光解研究虽简便易行,但缺点是泥浆涂于玻板后土壤的团粒结构不复存在,同时光照下土层干燥,含水量很低,难以合理评价农药的光解速率和光解产物(Choudhury P P 和 Dureja P,1997)。考虑到土壤团粒结构及粒径大小对农药光解的影响,玻皿法是近年来使用较多的土壤表面农药光解试验研究方法,该法是将过 2 mm 筛、具有团粒结构的土壤,按其自然状态置于玻皿中,于光源下进行光解(Dureja P,1989)。

试验条件的控制也是研究中较难解决的问题。太阳光虽然是光解研究最好的光源,但在大多数地区气象条件不允许得到可重复的光解条件。人工光源可以克服这一缺点,常用的人工光源包括氙灯、紫外灯、汞灯等,以氙灯最接近太阳光的光谱分布。不管何种人工光源,均要求滤去 < 290 nm 的紫外光部分,多用硼硅酸玻璃滤器,反应容器上加石英玻盖以减少挥发和水分损失。1989 年,岳永德采用将一定流量的空气经过蒸馏水湿润后再通过土壤表面的办法,获得了使土壤在光照下保持恒湿的效果(岳永德,1989)。1996 年 Donaldson 设计出一种液压传动装置进行土壤表面农药光解和移动性试验,利用毛细管上升原理补充光照时土壤水分蒸发的损失(Donaldson S G 和 Miller G C,1996)。1997 年,Misra 将计算机控制系统引入土壤表面农药光解试验中,通过控制土壤湿度和温度使农药在土壤中的光解条件更加接近自然状态(Misra B 等,1997)。供试土壤的灭菌也是研究农药光解的一个重要问题,它要求在不剧烈改变土壤理化性质的基础上彻底灭菌,较好的灭菌方法是高压蒸汽连续灭菌或叠氮化钠化学灭菌。

关于土壤中污染物的光化学行为的研究报道很少。土壤的组成复杂,污染物在土壤中进行各种各样的迁移和转化过程。这些给人们研究土壤中污染物的光化学行为带来了很大的困难。目前,人们在考察土壤中污染物的光降解行为时主要采用三种研究方法。

(1)悬浮态的土壤或者土壤组分对一些污染物的光降解影响(K Hustert 等,1999)。研究主要是把土壤或者土壤中的组分如有机质、金属氧化物、黏土矿物等与一定体积的水配比,形成悬浮态,然后放在阱式反应器使用汞灯或者氙灯进行光降解研究。

(2)表层土壤直接光降解实验。关于表层土壤中有机物光解的研究报道很少(张志军等,

1996)。研究主要采用 2 种实验方法。一种方法是先把目标物溶解在有机溶剂中,然后采用摇床、超声波振荡等方法使之和土壤混匀,风干,得到土壤样品。再把一定量的土壤样品平铺在皮氏培养皿,得到一定厚度的土壤样品,放在光下照射。另一种方法是把土壤与去离子水混匀,得到土壤悬浊液。移入一定量的悬浊液到皮氏培养皿,自然风干形成一定厚度的土壤层,然后把目标物的有机溶剂均匀喷洒在土壤表层,最后放在光下照射,进行光化学反应。

(3)把污染物萃取出来,然后进行光化学实验研究。萃取主要采用表面活性剂或者超临界水。

在实验中选用的光源主要是自然的太阳光和人工模拟的太阳光,主要是汞灯、氙灯等。发射波长在近紫外光和可见光范围。

9.2 TiO₂ 及稀土掺杂纳米 TiO₂ 的农药光催化降解作用研究

人们经过长期努力,已经建立了许多治理环境污染物(包括大气、水域及土壤污染物治理)的方法,其中以纳米半导体光催化剂的异相光催化降解污染物(尤其对生物难降解有毒有机污染物)以其速度快、无选择性、深度氧化完全、能充分利用廉价太阳光和空气(水相中)的氧分子等优点而备受青睐。其对农药废水降解的研究也有了较多的报道,但是主要集中在较低浓度农药的研究上,并且主要是以人工紫外光为光源,对太阳光作光源少有报道,且目前的研究只要停留在溶液研究阶段,对田间实际应用于农作物生产中以降低土壤和农副产品农药残留的研究还没有报道。因此,如何提高太阳光的利用率,如何有效利用半导体催化剂在的农业生产中,特别是用于蔬菜瓜果等食品生产中以降低农药残留,提高食品安全性成为目前研究的新方向。

本研究以太阳光为光源研究了 TiO₂ 及中国农业大学所合成的一种稀土掺杂纳米 TiO₂ 材料,对几种农药在不同介质(溶液、土壤表面、番茄叶片表面)中光催化的可行性以及其影响因素。

9.2.1 农药的测定方法

1. 农药标准溶液的配制

(1)1 000 mg/L 克百威、多菌灵标液用乙腈稀释定容,分别稀释到浓度为 0.5、1.0、2.0、5.0、10.0 和 20.0 mg/L。

(2)1 000 mg/L 毒死蜱、100 mg/L 苯线磷标液用乙酸乙酯稀释定容,分别稀释到浓度为:0.05、0.1 、0.2 、0.5 和 1.0 mg/L。

2. 克百威的液相色谱测定条件

色谱柱:Eurospher 100-5 C 18(4.6×250 mm,5 μm)

柱温:25℃

流动相:乙腈/水＝50/50

流速:1 mL/min

进样量:20 μL

紫外检测器波长:280 nm

克百威标准品浓度分别为 1.0、2.0、5.0、10.0、20.0 mg/L

3. 多菌灵的液相色谱测定条件

色谱柱:Eurospher 100－5C18(4.6×250 mm,5 μm)

柱温:25℃

流动相:甲醇/水＝55/45

流速:1 mL/min

进样量:20 μL

紫外检测器波长:280 nm

多菌灵标准品浓度分别为 0.5、1、2、5、10 mg/L

4. 毒死蜱的气相色谱测定条件

仪器型号:Agilent Technologies 6 890N Network GC system

检测器类型:FPD

色谱柱:50% 聚苯基甲基硅烷(DB-1701),30 m×0.322 mm×0.25 μm

进样口温度:250℃

检测器温度:250℃

进样量:1 μL

柱温:120℃,以 30℃/min 升温至 240℃保持 6 min

载气:氮气,纯度≥99.999%,流速 1.0 mL/min

燃气:氢气,纯度≥99.999%,流速 90 mL/min

助燃气:空气,流速 110 mL/min

毒死蜱标准品浓度分别为 0.05、0.1、0.2、0.5、1.0 mg/L

5. 苯线磷的气相色谱测定条件

仪器型号:Agilent Technologies 6 890N Network GC system

检测器类型:FPD

色谱柱:50% 聚苯基甲基硅烷(DB-17),30 m×0.322 mm×0.25 μm

进样口温度:250℃

检测器温度:250℃

进样量:1 μL

柱温:120℃,以 30℃/min 升温至 250℃保持 4.7 min

载气:氮气,纯度≥99.999%,流速 1.5 mL/min

燃气:氢气,纯度≥99.999%,流速 90 mL/min

助燃气:空气,流速 80 mL/min

9.2.2 农药溶液的光催化降解试验

取农药溶液(克百威)与催化剂按一定比例混合置于锥形瓶中,静止自然光照反应(北京,8～10月份),一定时间间隔后,将反应溶液离心(12 000 r/min,15 min)或过 0.2 μm 一次性过滤器。取清液,经前处理后,利用液相色谱或气相色谱测定反应液农药残留量,计算农药的消失量和降解率。

9.2.3　玻璃表面农药光催化降解试验

以太阳光(北京,7~10 月份)为光源,研究了 TiO₂ 对浓度为 10 mg/L 浓度的农药的玻璃表面光催化降解作用,考察了农药种类、催化降解时间、TiO₂ 用量等对光催化降解作用的影响。

农药溶液以丙酮为溶剂,移取 2 mL 配制好的农药溶液于培养皿(直径为 9.6 cm)中,待丙酮挥发后,随机收集对照组测定农药初始残留量,剩余培养皿加入 1 mL TiO₂ 悬浮液,并使其均匀分散在玻璃皿表面,以水为分散剂,然后置于太阳光下降解,分别于一定时间间隔收集培养皿,乙腈萃取后测定农药残留量,同时设置对照,对照则加入 1 mL 的去离子水,并使其均匀分散在玻璃皿表面。

9.2.4　土壤表面农药光催化降解试验

用乙腈将农药配制成 100 mg/L 的母液,再按一定浓度溶于土壤中,然后添加一定浓度的 TiO₂ 悬浮液于其中,混合均匀,在通风橱内使溶剂自然挥发,研磨过筛后得到含毒死蜱的土壤样品,处理方法同干燥土壤。称取一定量土样于培养皿(直径为 9.6 cm)中,置北京地区 7~10 月份晴朗少云天气 9~17 时太阳光下照光,光强(55~93)×10³lx,按不同间隔时间取样分析。

苯线磷、毒死蜱采用气谱测定,克百威、多菌灵采用液谱测定。

9.2.5　番茄叶片表面农药光催化降解试验

将配制好浓度为 50 mg/L 的农药溶液喷施于番茄叶片表面,喷嘴的距离叶片 5~10 cm,均匀挂满叶片表面,温室内自然降解数天后测定其初始残留量并喷施配制好的 TiO₂ 悬浮液,喷施的 TiO₂ 浓度分别为 0.4、0.8、1.2、1.6、2.0 g/L。并设置 2 组对照组,一组是自然降解;另一组是喷施蒸馏水。在太阳光照射下按不同时间间隔时间取样分析,每组处理设置 3 组重复试验。

9.3　TiO₂ 对农药溶液的光催化降解研究

9.3.1　TiO₂ 用量对克百威降解的影响

从图 9.2 中可以看出,有 TiO₂ 时克百威的降解率都在 90% 以上,而无催化剂时的降解率为 18.8%,所以,有 TiO₂ 的光催化降解效果是非常显著的。随着 TiO₂ 用量的增加,克百威的降解率呈现先上升后下降的趋势,当 TiO₂ 用量为 6 g/L 时,降解率最大达到 97.6%。

从图 9.3 中可以看出,随着 TiO₂ 用量的增加,克百威的单位 TiO₂ 消失量呈现下降的趋势。由于光照强度一定,随着 TiO_2 用量的增加,TiO_2 颗粒之间相互遮蔽以及颗粒表面对光的散射作用,导致 TiO_2 对光的利用效率降低,单位质量 TiO_2 所获得的光照强度降低,因此,单位 TiO_2 降解量下降。从图 9.3 可以看出,当 TiO_2 用量超过 8 g/L 时,单位 TiO_2 消失量降低的趋势趋于缓慢。TiO_2 用量为 2 g/L 时降解率就达到 93.7%,而 TiO_2 用量再增加时降解率增加已经不是太大,考虑单位催化剂降解率及催化剂总用量等各种因素,克百威悬浮液 TiO_2 最佳使用量为 2 g/L。因此,后面的试验使用的 TiO_2 最大用量为 2 g/L。

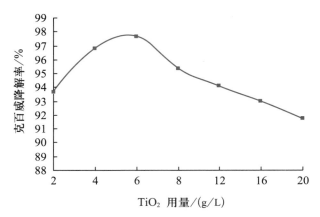

图 9.2　TiO_2 用量对克百威降解率的影响

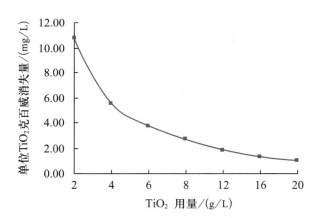

图 9.3　单位 TiO_2 克百威消失量随 TiO_2 用量的变化曲线

当 TiO_2 被波长小于 387.5 nm 的紫外光照射,处于价带上的电子能够被光子所激活,迁移到导带上,在其表面上产生光生电子和空穴。一方面产生的电子或空穴可以直接和吸附在半导体表面的有机污染物反应;另一方面光生电子和空穴还可以和吸附在 TiO_2 表面的有机物或水、溶解氧发生一系列反应,生成强氧化性的羟基自由基($HO\cdot$)或超氧离子($O^{2-}\cdot$)(苏茜等,2005),羟基自由基($HO\cdot$)是水中氧化剂中反应活性最强的,对反应物几乎无选择性,可以氧化各种有机物,从而达到污染物无害化的目的。因此,可以在表面上发生很强的氧化(或)还原作用,即反应体系在光催化下将吸收的光能直接转化为化学能。王怡中等人在 TiO_2 悬浮体系降解甲基橙的研究中也表明,添加 1 g/L 的 TiO₂ 后即可以明显的增加甲基橙的降解率;葛飞等人研究 TiO₂ 悬浆体系光催化降解苯酚也表明:未加催化剂的苯酚降解缓慢,1 h 后降解率仅 1.1%,而添加催化剂的降解率达 61% 以上。且当 TiO₂ 用量为 6 g/L 时,克百威的降解率为 97.6%,达到最佳降解效果。催化剂的使用量影响污染物的降解效率。理论上,初期随着催化剂用量增加,光降解率迅速上升,尔后上升幅度逐渐变缓,最终趋于不变。然而研究表明,催化剂用量存在一个最佳值,即起初光催化降解率随着催化剂用量的增加而升高,但增到一定值后,又呈下降趋势(陈梅兰和陈金瑗,2000)。这主要是由于起初光催化剂增加使得催化表面积更大,光利用率逐渐提高,产生的光生空穴和电子逐渐增加,因而降解率提高;当体系悬浮的催化剂增加到一定量之后,催化剂对光的遮蔽和散射作用使得光利用率大大降低,因此,催化效率也降低(陈士夫等,1995)。实验条件不同,催化剂的最佳使用量也不同。

9.3.2 pH 值对克百威降解的影响

从图 9.4、图 9.5 可以看出,无催化剂时,随着 pH 值的增大克百威的降解效果越显著,这主要是溶液中的 OH⁻ 随着 pH 值增大而增多,从而氧化效果会更好;当 TiO₂ 浓度为 1 g/L 时,pH 值为 7 时消失量为 12.73 mg/L、降解率为 59.2%,而 pH 值为 3 和 11 时消失量分别为 15.35、13.24 mg/L;降解率分别为 71.4%、61.6%。当 pH 值发生改变时,催化剂表面的电荷也发生变化。对于 TiO₂ 来说,pH<6.8 时表面带负电,pH>6.8 时表面带正电。当溶液的 pH 值接近于催化剂的等电点时,由于范德华力的作用,催化剂颗粒容易相互团聚形成大颗粒;当溶液 pH 值远离等电点的时候,由于电荷之间的相互排斥作用使得催化剂在溶液中分散较好,因而催化活性以及效率都较高(苏茜和张勇,2005)。赵梦月等人的研究表明,pH 值对甲拌磷的降解影响符合等电点理论(赵梦月和罗菊芬,1993)。

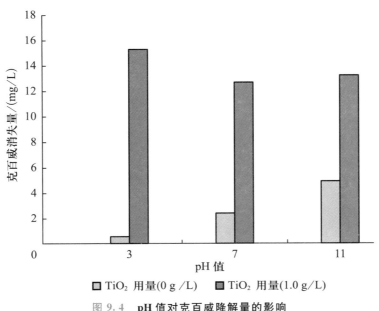

图 9.4 **pH 值对克百威降解量的影响**

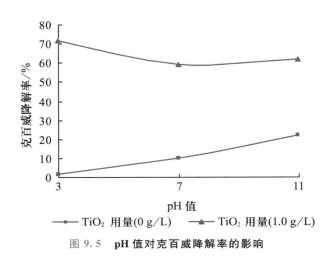

图 9.5　**pH 值对克百威降解率的影响**

9.3.3　克百威起始浓度对克百威光催化降解的影响

从图 9.6 中可以得知,随着克百威起始浓度的增加,相同时间内克百威的消失量逐渐升高。TiO_2 用量为 1 g/L 时,7.7 mg/L 的克百威 5 h 光照后消失量只有 7.66 mg/L,13.7 mg/L 的克百威 5 h 光照后消失量仅有 13.33 mg/L,而 31 mg/L 的克百威 5 h 光照后消失量达到 29.64 mg/L。

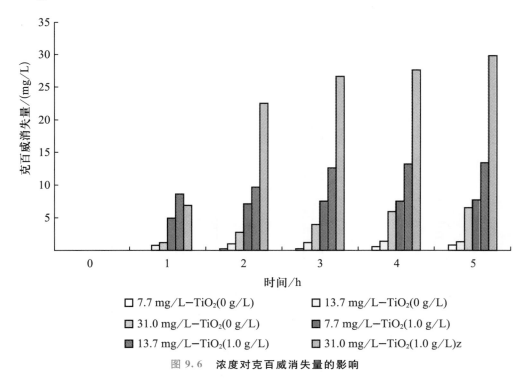

图 9.6　**浓度对克百威消失量的影响**

从图 9.7 中可以看出,随着克百威浓度的升高,相同时间内克百威的降解率反而降低。当 TiO₂ 用量为 1 g/L 时,7.7 mg/L 的克百威 3 h 光照后降解率高达 96.65%,13.7 mg/L 的克百威 3 h 光照后降解率有 92.05%,而 31 mg/L 的克百威 3 h 光照后降解率只有 85.6%。

克百威的消失量随克百威起始浓度增加而增加,降解率则随克百威起始浓度浓度增加而降低,半导体表面上的光生电子和空穴的复合是在小于 10^{-9} s 的时间内完成的,因此,反应物只有预先吸附在半导体光催化剂的表面才具有竞争性,才能够被氧化或者还原。当溶液中的反应物浓度增大时,随着光催化反应的进行,生成的小分子有机物质也越来越多,由于催化剂的表面积一定,增加的反应物不能够被吸附到催化剂的表面而不能及时参加反应,因此,降解率必然降低(徐悦华等,2001);此外,增加的小分子有机物也必然消耗 TiO₂ 表面生成的 OH· 和 O_2^{2-},因此,必然造成相对进攻底物的 OH· 数减少,导致光降解率下降(陈士夫等,1995)。

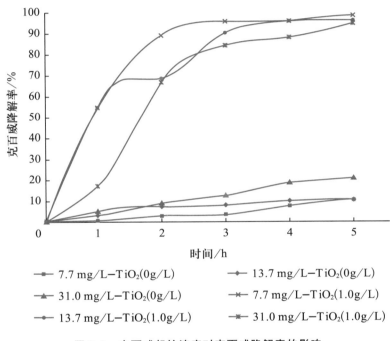

图 9.7 克百威起始浓度对克百威降解率的影响

9.3.4 克百威光解的动力学分析

多相光催化反应的降解动力学普遍采用 Langmuir-Hinshelwood（L-H）模型来描述 (Matthews RW,1988)。Turchi 和 Ollis(1990)将羟基自由基与有机物的反应分成 4 种可能:第一,吸附的羟基自由基与吸附的有机物之间;第二,吸附的有机物与自由的羟基自由基之间;第三,吸附的羟基自由基与游离的有机物之间;第四,游离的自由基与游离的有机物之间。动力学分析发现,这 4 种反应均符合 L-H 模型。

研究表明,在一个反应条件恒定的体系中,以 TiO₂ 为催化剂的悬浮相光催化反应速率受基质(有机污染物)在催化剂表面的吸附速率所控制。L-H 动力学方程表示如下,光催化反应目前普遍采用 Langmuir-Hinshelwood 动力学方程来分析:

$$反应速率 \ r = -\frac{dc}{dt} = \frac{kKc}{1+Kc} \qquad (公式 9.1)$$

式中：t 为反应时间，c 为反应物浓度，k 为反应速率常数，K 为吸附平衡常数。

当 $Kc \ll 1$ 时，公式可简化为

$$r = kKc_i \qquad (公式 9.2)$$

即：反应速率与反应物浓度成正比；$t = 0$ 时，$c_i = 0$，对公式 9.2 积分得：$\ln c_i = \nu_i kKt$；此时，$\ln c_i - t$ 为直线关系，此时光催化反应为一级反应。Vasilios A. 等人在研究百菌清、甲苯氟磺胺的光催化降解中也证实：百菌清和甲苯氟磺胺的光催化降解也符合一级动力学，相关系数分别达到 0.9995 和 0.9940(Vasilios A 等,2003)；Satyen Gautam 等人在研究三硝基苯磺酸光催化降解的研究中也发现：其降解也符合一级动力学方程，相关系 $r^2 = 0.98$(Satyen Gautam 等,2006)；Ivana Kuehr 等人研究光催化降解某些杀虫剂和杀菌剂的前体时也发现：低浓度光催化条件下，残留的咪唑、吡咯、三唑浓度的自然对数与时间呈现线性相关，即低浓度下 3 种物质的光催化降解也符合一级动力学反应(Ivana Kuehr 和 Oswaldo Nunez,2007)；徐悦华、张丽梅等分别在研究甲胺磷和乐果的光解动力学时却发现：甲胺磷、乐果的光催化降解符合零级动力学，即 $c_i - t$ 为直线关系(徐悦华等,2003；张丽梅等,2006)。

克百威的浓度分别为 7.7、13.7 和 31 mg/L，太阳光静止照射 5 h，TiO_2 用量为 1 g/L，对照试验没有 TiO_2 催化剂就直接光照。本试验有机物的降解反应动力学基本采用准一级反应拟合，并且得到了很好的线性。根据一级动力学反应公式 $\ln(c_0/c_t) = kt$，求得光解半衰期 $(t_{1/2}) = \ln2/k$。其中，k 为光解速率常数，c_0 为克百威的初始浓度，c_t 为 t 时刻克百威的残存浓度。当克百威光解一半时，即 $c_t = c_0/2$ 时，所需的时间即为光解半衰期 $(t_{1/2})$。

从表 9.2 可以看出各种浓度克百威光催化降解的线性都比较好，不同浓度克百威溶液直接光解半衰期分别为 31.36、34.83 和 14.06 h，而在 1 g/L TiO_2 悬浮液中光解半衰期分别降低了 43.2 倍、36.5 倍和 11.8 倍，TiO_2 对克百威光催化降解的效果显著，其中 TiO_2 对初始浓度为 7.7 mg/L 克百威降解效果最为显著。克百威的初始浓度对 TiO_2 光催化降解效果影响显著。

表 9.2　各种浓度的克百威光催化降解的动力学参数

克百威浓度 /(mg/L)	光解反应动力学回归式 $\ln c_i = -kt + m$	相关系数 r	半衰期 $t_{1/2}/h$
7.7	$\ln c_t = 0.022\,1\,t - 0.012\,2$	0.96	31.36
13.7	$\ln c_t = 0.019\,9\,t + 0.022\,1$	0.93	34.83
31	$\ln c_t = 0.049\,3\,t - 0.004\,7$	0.99	14.06
7.7+TiO_2(1g/L)	$\ln c_t = 0.971\,1\,t + 0.180\,5$	0.98	0.71
13.7+TiO_2(1g/L)	$\ln c_t = 0.747\,1\,t + 0.070\,5$	0.99	0.93
31+TiO_2(1g/L)	$\ln c_t = 0.630\,3\,t - 0.115\,7$	0.99	1.10

9.3.5　小结

无催化剂条件下克百威降解缓慢，添加 TiO_2 使其降解速度显著增加。克百威的光解率随着 TiO_2 用量的增加先增加后减小；克百威的单位 TiO_2 消失量则随着 TiO_2 用量的增加而迅速降低。综合考虑，TiO_2 最佳用量 2 g/L。

酸碱性溶液比中性溶液中克百威的光催化降解效果好,符合"等电点理论"。

克百威光催化降解量均随农药浓度的增加而增加,但降解率反而下降。不同浓度的克百威的光解符合一级动力学方程。

浓度为 2 g/L,TiO₂在 pH 为中性,克百威初始浓度为 10 mg/L 较小量级时效果显著。

9.4 玻璃表面农药光催化降解的研究

9.4.1 克百威的玻璃表面光催化降解

从图 9.8 中可以看出,随着 TiO₂用量的增加,克百威的降解率出现先增加尔后下降的趋

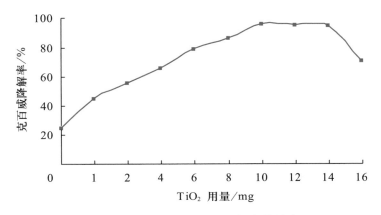

图 9.8 **TiO₂用量对克百威降解率的影响**

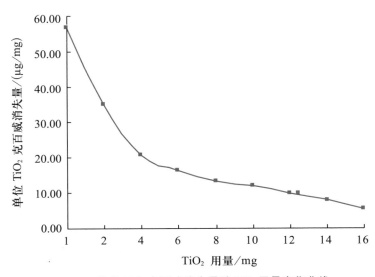

图 9.9 **单位 TiO₂克百威消失量随 TiO₂用量变化曲线**

势,在TiO₂用量达到10 mg时降解率达到最大为96.9%,催化剂的使用量影响污染物的降解效率。从图9.9中可以看出,随着 TiO₂用量的增加,单位 TiO₂克百威的消失量呈现下降的趋势。由于光照强度一定,随着 TiO₂用量的增加,TiO₂颗粒之间相互遮蔽以及颗粒表面对光的散射作用,导致 TiO₂对光的利用效率降低,单位质量 TiO₂所获得的光照强度降低,因此,单位 TiO₂降解量下降。从图9.9可以看出,当 TiO₂用量超过 6 mg 时,单位 TiO₂克百威消失量降低的趋势趋于缓慢。考虑单位催化剂降解率及催化剂总用量等各种因素,克百威玻璃表面 TiO₂最佳使用量为 6 mg。

9.4.2　多菌灵的玻璃表面光催化降解

从图9.10中可以看出,无论任何反应时刻,随着 TiO₂用量的增加,多菌灵的降解率一直处于上升的趋势,且 TiO₂用量为 2.0 mg 时降解率达到最大,在每个时刻的多菌灵降解率分别为 15.0%、47.7%、60.0%、77.0% 和 80.0%,而没使用 TiO₂时,多菌灵 9.3%、13.3%、17.7%、20.7%和25.0%,2 mg 的 TiO₂使得多菌灵的降解率提高了 5.7%、34.4%、42.3%、56.3%和55.0%,可见,TiO₂提高多菌灵的降解率效果显著,且 2.0 mg TiO₂对多菌灵的降解效果最好,催化剂的使用量影响多菌灵的降解效率。

从图9.11中可以看出,随着 TiO₂用量的增加,多菌灵的单位 TiO₂消失量呈现下降的趋势。由于光照强度一定,随着 TiO₂用量的增加,TiO₂颗粒之间相互遮蔽以及颗粒表面对光的散射作用,导致 TiO₂对光的利用效率降低,单位质量 TiO₂所获得的光照强度降低,因此,单位 TiO₂降解量下降。从图9.11可以看出,当 TiO₂用量超过0.8 mg 时,单位 TiO₂消失量降低的趋势趋于缓慢。考虑单位催化剂降解率及催化剂总用量等各种因素,多菌灵玻璃表面 TiO₂最佳使用量为 0.8 mg。

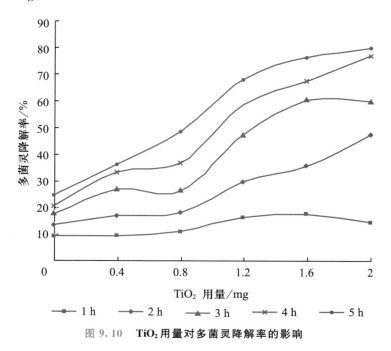

图 9.10　**TiO₂用量对多菌灵降解率的影响**

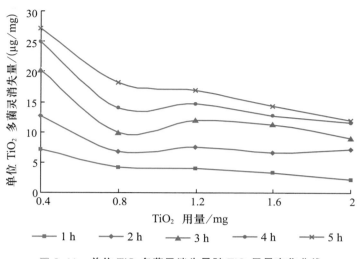

图 9.11　单位 TiO₂ 多菌灵消失量随 TiO₂ 用量变化曲线

9.4.3　毒死蜱的玻璃表面光催化降解

从图 9.12 中可以看出,无论任何反应时刻,随着 TiO₂ 用量的增加,毒死蜱的降解率一直处于上升的趋势,且 TiO₂ 用量为 2.0 mg 时降解率达到最大,在每个时刻的毒死蜱降解率分别为 22.9%、39.4%、54.7%、64.1% 和 69.2%,而没使用 TiO₂ 时,毒死蜱降解率分别为 17.4%、24.0%、32.9%、34.1% 和 39.7%,2.0 mg 的 TiO₂ 使得毒死蜱的降解率提高了 5.5%、15.4%、21.5%、30.0% 和 29.5%,可见 TiO₂ 提高毒死蜱的降解率效果显著,且 2.0 mg TiO₂ 对毒死蜱的降解效果最好,催化剂的使用量影响毒死蜱的降解效率。

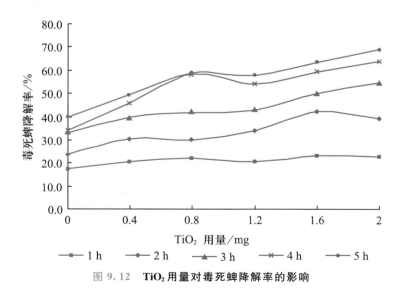

图 9.12　**TiO₂ 用量对毒死蜱降解率的影响**

从图 9.13 中可以看出,随着 TiO₂ 用量的增加,单位 TiO₂ 毒死蜱的消失量呈现下降的趋势。由于光照强度一定,随着 TiO₂ 用量的增加,TiO₂ 颗粒之间相互遮蔽以及颗粒表面对光的散射作用,导致 TiO₂ 对光的利用效率降低,单位质量 TiO₂ 所获得的光照强度降低,因此,单位 TiO₂ 降解量下降。从图 9.12 可以看出,当 TiO₂ 用量超过 1.2 mg 时,单位 TiO₂ 消失量降低的趋势趋于缓慢。考虑单位催化剂降解率及催化剂总用量等各种因素,毒死蜱玻璃表面 TiO₂ 最佳使用量为 1.2 mg。

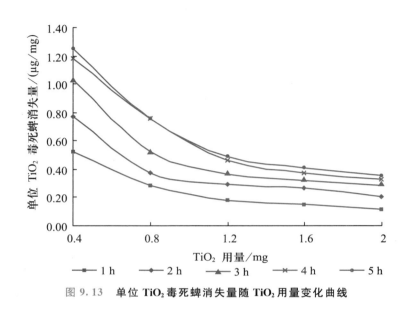

图 9.13　单位 TiO₂ 毒死蜱消失量随 TiO₂ 用量变化曲线

9.4.4　苯线磷的玻璃表面光催化降解

从图 9.14 中可以看出,无论任何反应时刻,随着 TiO₂ 用量的增加,苯线磷的降解率一直处于上升的趋势,且 TiO₂ 用量为 2.0 mg 时降解率达到最大,在每个时刻的苯线磷降解率分别为 44.1%、55.9%、64.0%、68.4% 和 82.4%,而没使用 TiO₂ 时苯线磷 16.2%、27.2%、34.6%、34.6% 和 37.5%,2 mg 的 TiO₂ 使得苯线磷的降解率提高了 27.9%、28.7%、29.4%、33.8% 和 44.9%,可见 TiO₂ 提高苯线磷的降解率效果显著,且 2 mg TiO₂ 对苯线磷的降解效果最好,催化剂的使用量影响苯线磷的降解效率。

从图 9.15 中可以看出,随着 TiO₂ 用量的增加,单位 TiO₂ 苯线磷的消失量呈现下降的趋势。由于光照强度一定,随着 TiO₂ 用量的增加,TiO₂ 颗粒之间相互遮蔽以及颗粒表面对光的散射作用,导致 TiO₂ 对光的利用效率降低,单位质量 TiO₂ 所获得的光照强度降低,因此,单位 TiO₂ 降解量下降。从图 9.15 可以看出,当 TiO₂ 用量超过 1.2 mg 时,单位 TiO₂ 消失量降低的趋势趋于缓慢。考虑单位催化剂降解率及催化剂总用量等各种因素,苯线磷玻璃表面 TiO₂ 最佳使用量为 1.2 mg。

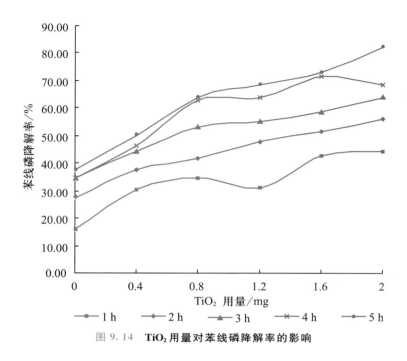

图 9.14 TiO₂ 用量对苯线磷降解率的影响

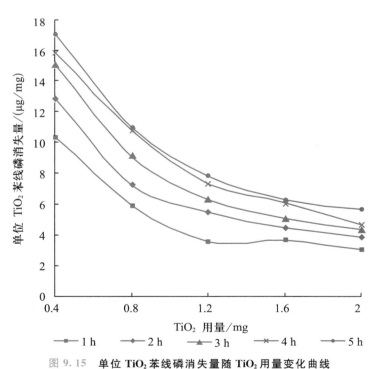

图 9.15 单位 TiO₂ 苯线磷消失量随 TiO₂ 用量变化曲线

9.4.5 小结

在玻璃表面光催化试验中,喷洒 TiO_2 悬浮液可以明显地提高四种受试农药的降解率,并且各种农药的降解率变化各不相同。

随着时间的增加,苯线磷的降解率也逐渐增加,苯线磷降解率受时间的影响。不同 TiO_2 用量的苯线磷单位时间消失量均首先升高然后迅速降低,最后趋于稳定。

9.5 TiO_2 对土壤表面农药光催化降解的研究

9.5.1 克百威的土壤表面光催化降解

9.5.1.1 不同 TiO_2 用量对克百威光解的影响

光照 40 h 后,克百威在不同 TiO_2 含量的土壤中的残留量分别比没有添加 TiO_2 的土壤中克百威的残留量分别减少了 13.2%、23.9%、25.1%、40.2%和 45.9%,其中添加 200 mg/kg 时,残留量为最小,见图 9.16。

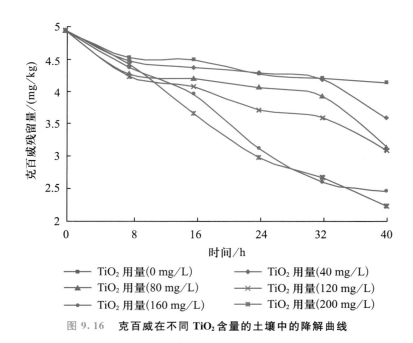

图 9.16 克百威在不同 TiO_2 含量的土壤中的降解曲线

通过克百威在不同 TiO_2 含量的表层土壤中光解试验结果(图 9.16)分析可知,用一级动力学方程可以很好地描述其降解曲线(相关系数均在 0.90 以上)。

据此,本文建立克百威降解动力学方程:

$$-\mathrm{d}[c_t]/\mathrm{d}t = k[c_t] \qquad\qquad (公式9.3)$$
$$\ln c_t = -kt + m$$
$$t_{1/2} = \ln2/k$$

式中：k 为光解一级动力学常数，h^{-1}；t 为光照时间，h；c_t 为克百威在土壤中的浓度，mg/kg；$t_{1/2}$ 为光解半衰期，h；m 为常数。

通过对实验结果分析回归可知，不同 TiO₂ 含量的表层土中克百威光解的一级动力学回归曲线均有很高的相关系数，这表明不同 TiO₂ 含量的表层土中克百威的光解符合准一级动力学方程。

由表 9.3 可以看出，TiO₂ 能够促进克百威在土壤中的光解。克百威在不同 TiO₂ 含量的土壤中的准一级动力学常数随添加 TiO₂ 含量的增加而增大，其对应的光解半衰期逐渐减小；且分别比没有添加 TiO₂ 的土壤中克百威的半衰期分别缩短了 37.0%、54.5%、61.3%、78.3% 和 79.8%，其中添加 200 mg/kg TiO₂ 时，半衰期为最小。以上结果表明，以太阳光为光源，利用 TiO₂ 光催化降解薄层土壤中克百威是可行的，克百威在土壤表面的残留量随添加 TiO₂ 用量的增加而减小，且不同处理的效果也不一样，添加 TiO₂ 用量为 200 mg/kg 时的降解效果最好，使克百威光解率高达 54.8%。克百威在土壤表层中光解的半衰期随 TiO₂ 含量的增加而有显著的增大，这表明土壤中添加 TiO₂ 对克百威的光解起着不容忽视的作用。

表 9.3　克百威在不同 TiO₂ 含量的土壤中的光降解动力学参数

TiO₂ 用量 /(mg/kg)	光解反应动力学回归式 $\ln c_t = -kt + m$	速率常数 k/h^{-1}	相关系数 r	半衰期 $t_{1/2}/h$
0	$\ln c_t = 0.0305 - 0.0041\,t$	0.0041	0.945	169.1
40	$\ln c_t = 0.011 - 0.0065\,t$	0.0065	0.934	106.6
80	$\ln c_t = 0.0167 - 0.009\,t$	0.009	0.918	77.0
120	$\ln c_t = 0.0252 - 0.0106\,t$	0.0106	0.981	65.4
160	$\ln c_t = -0.0219 - 0.0189\,t$	0.0189	0.988	36.7
200	$\ln c_t = -0.0181 - 0.0203\,t$	0.0203	0.996	34.1

9.5.1.2　TiO₂ 含量与克百威光解速率常数的关系

土壤中含有的微量氧化钛具有很强的催化活性，对光化学行为有很大的影响，表层土壤中的克百威在 TiO₂ 的光催化降解作用下能够得到很快的降解，光解试验结果经回归分析，得到添加 TiO₂ 用量(c)与光解速率常数(k)的相关关系为：

$$k = 9 \times 10^{-5} c + 0.003 \qquad\qquad (公式9.4)$$

方程的相关系数 r 为 0.968，两者具有很好的相关性，表层土样中的克百威光催化降解速率常数随添加 TiO₂ 用量的变化趋势如图 9.17 所示。

克百威的光催化降解速率常数随 TiO₂ 用量的增加而增大，添加 TiO₂ 对表层土中克百威的光解起着很重要的作用，表层土壤中的 TiO₂ 在太阳光光照条件下，对克百威的光解有催化作用，TiO₂ 含量与土壤表层中的克百威的的光解速率常数之间的线性相关性也很显著。

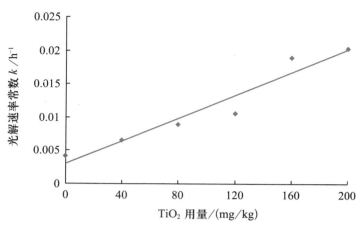

图 9.17 **TiO₂ 用量与光解速率常数 k 的关系**

9.5.1.3 土壤厚度对克百威光催化降解的影响

结果如图 9.18 所示,相同时间内土壤厚度较大的消失量比较小,而降解率也比较低,光降解 40 h 后 0.5 mm 厚度的土壤中克百威消失量为 2.69 mg/kg,降解率为 54.8%;1.0 mm 厚度的土壤中克百威的消失量为 2.46 mg/kg,降解率为 50.1%;5.0 mm 厚度的土壤中克百威的消失量为 1.77 mg/kg,降解率为 36.0%;0.5 mm 厚度土壤的处理,其降解半衰期为 0.019 6 h^{-1},而 1.0 mm 与 5.0 mm 处理的降解速率常数分别为 0.5 mm 厚度的土壤处理的 92.9%、50.5%,见表 9.4。土壤厚度对光解的影响趋势,即土壤厚度越大,克百威的降解越慢;土壤厚度越小,其降解越快,半衰期越短。而当土壤厚度差异不大时,其对光解速率的影响也不大。

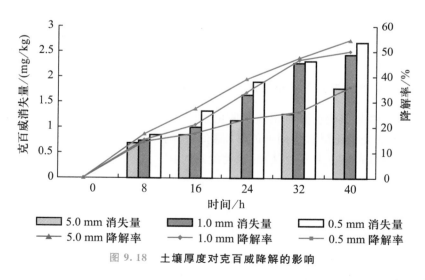

图 9.18 **土壤厚度对克百威降解的影响**

由于土壤颗粒的屏蔽使到达土壤下层的光子数急剧减少,因而土壤中的光解通常局限在土表 1 mm 范围内(司友斌等,2002)。间接光解太阳影响着农药在土壤中的光化学转化。土壤中的敏化物质在光照时能产生活性基因如单重态氧,由于单重态氧的垂直移动,会使得农药的光解深度增加(Adams 等,1994)。

表 9.4 克百威在不同厚度土壤光照土层中的降解

土壤厚度 /mm	光解反应动力学回归式 $\ln c_t = -kt + m$	速率常数 k/h^{-1}	相关系数 r	半衰期 $t_{1/2}/h$
5.00	$\ln c_t = 0.027\ 1 - 0.009\ 9\ t$	0.009 9	0.977	70.0
1.00	$\ln c_t = -0.008\ 6 - 0.018\ 2\ t$	0.018 2	0.990	38.1
0.50	$\ln c_t = 0.011\ 9 - 0.019\ 6\ t$	0.019 6	0.999	35.4

9.5.2 多菌灵的土壤表面光催化降解

9.5.2.1 不同 TiO₂ 用量对多菌灵光解的影响

光照 40 h 后,多菌灵在不同 TiO₂ 含量的土壤中的残留量比没有添加 TiO₂ 的土壤中多菌灵的残留量分别减少了 2.0%、18.4%、49.0%、64.8% 和 68.9%,其中添加 200 mg/kg TiO₂ 时,残留量为最小,见图 9.19。

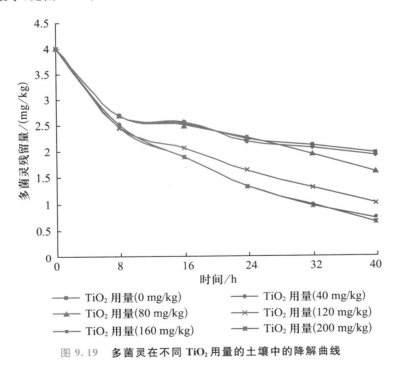

图 9.19 多菌灵在不同 TiO₂ 用量的土壤中的降解曲线

通过多菌灵在不同 TiO₂ 含量的表层土壤中光解试验结果(图 9.19)分析可知,用一级动力学方程可以很好地描述其降解曲线(相关系数均在 0.90 以上)。

据此,本文建立多菌灵降解动力学方程:

$$-d[c_t]/dt = k[c_t]$$

（公式 9.5）

$$\ln c_t = -kt + m$$
$$t_{1/2} = \ln 2/k$$

式中:k 为光解一级动力学常数,h^{-1};t 为光照时间,h;c_t 为多菌灵在土壤中的浓度,mg/kg;$t_{1/2}$ 为光解半衰期,h;m 为常数。

通过对实验结果分析回归可知,不同 TiO_2 含量的表层土中多菌灵光解的一级动力学回归曲线均有很高的相关系数,这表明不同 TiO_2 含量的表层土中多菌灵的光解符合准一级动力学方程。

由表 9.5 可以看出,多菌灵在不同 TiO_2 含量的土壤中的准一级动力学常数随添加 TiO_2 含量的增加而增加,其对应的光解半衰期逐渐减小;多菌灵在表层土壤中半衰期随着 TiO_2 添加含量增加比没有添加 TiO_2 的土壤中多菌灵的半衰期分别缩短了 4.8%、22.3%、51.5%、63.6%、64.9%,其中添加 200 mg/kgTiO_2 时,半衰期为最小。以太阳光为光源,利用 TiO_2 光催化降解薄层土壤中多菌灵是可行的,多菌灵在土壤表面的残留量随添加 TiO_2 用量的增加而减小,且不同处理的效果也不一样,添加 TiO_2 用量为 200 mg/kg 时的降解效果最好,使多菌灵光解率高达 84.8%。而添加 TiO_2 用量为 160 与 200 mg/kg 时降解效果相近,所以,TiO_2 用量为 160 mg/kg 时,对表层土壤多菌灵降解效果与成本最佳。多菌灵在土壤表层中光解的半衰期随 TiO_2 含量的增加而有显著的增大,这表明土壤中存在的 TiO_2 对有机物多菌灵的光解起着不容忽视的作用。

表 9.5　**多菌灵在不同 TiO_2 含量的土壤中的光降解动力学参数**

TiO_2 用量 /(mg/kg)	光解反应动力学回归式 $\ln c_t = -kt + m$	速率常数 k/h^{-1}	相关系数 r	半衰期 $t_{1/2}$/h
0	$\ln c_t = 0.151\,5 - 0.015\,8\,t$	0.015 8	0.922	43.9
40	$\ln c_t = 0.146\,2 - 0.016\,6\,t$	0.016 6	0.932	41.8
80	$\ln c_t = 0.110\,3 - 0.020\,3\,t$	0.020 3	0.967	34.1
120	$\ln c_t = 0.114\,3 - 0.032\,6\,t$	0.032 6	0.988	21.3
160	$\ln c_t = 0.06 - 0.043\,2\,t$	0.043 2	0.998	16.0
200	$\ln c_t = 0.043\,9 - 0.045\,t$	0.045	0.997	15.4

9.5.2.2　TiO_2 含量与多菌灵光解速率常数的关系

土壤中含有的微量氧化钛具有很强的催化活性,对光化学行为有很大的影响,表层土壤中的多菌灵在 TiO_2 的光催化降解作用下能够得到很快的降解。光解试验结果经回归分析,得到添加 TiO_2 用量(c)与光解速率常数(k)的相关关系为:

$$k = 0.000\,2\,c + 0.011\,9 \qquad\qquad（公式9.6）$$

方程的相关系数 r 为 0.962,两者具有很好的相关性,表层土样中的多菌灵光催化降解速率常数随添加 TiO_2 用量的变化趋势如图 9.20 所示。

多菌灵的光催化降解速率常数随 TiO_2 用量的增加而增大,添加 TiO_2 对表层土中多菌灵的光解起着很重要的作用,表层土壤中的 TiO_2 在太阳光光照条件下,对多菌灵的光解有催化作用,且 TiO_2 添加量与土壤表层中的多菌灵的的光解速率常数之间的线性相关性也很显著。在土壤环境中 TiO_2 的催化作用对多菌灵迁移转化的环境行为有很重要的影响,这为半导体光敏剂在土壤中光催化降解多菌灵建立模型或更深层次的研究提供试验依据。

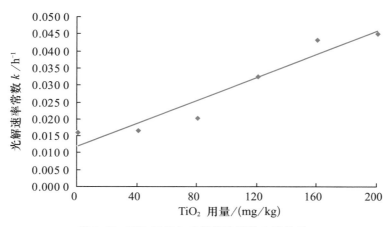

图 9.20 **TiO₂用量与光解速率常数 k 的关系**

9.5.2.3 土壤厚度对多菌灵光催化降解的影响

结果如图 9.21 所示,相同时间内土壤厚度较大的消失量比较小,而降解率也比较低,光降解 40 h 后 0.50 mm 厚度的土壤中多菌灵消失量为 2.01 mg/kg,降解率为 67.0%;0.75 mm 厚度的土壤中多菌灵的消失量为 1.76 mg/kg,降解率为 58.7%;1.00 mm 厚度的土壤中多菌灵的消失量为 1.64 mg/kg,降解率为 54.7%;0.75 与 1.00 mm 处理的降解速率常数仅为 0.50 厚度的土壤处理的 80.7%、73.4%,见表 9.6。土壤厚度差异对光解的影响趋势,即土壤厚度越大,多菌灵的降解越慢;土壤厚度越小,其降解越快,半衰期越短。

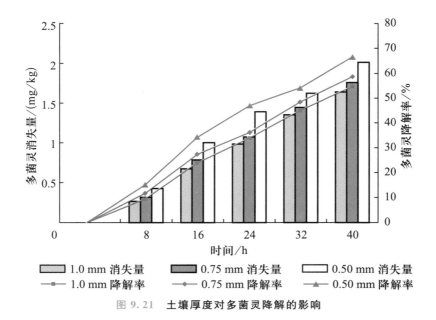

图 9.21 **土壤厚度对多菌灵降解的影响**

表 9.6　　多菌灵在不同厚度土壤光照土层中的降解

土壤厚度 /mm	光解反应动力学回归式 $\ln c_t = -kt + m$	速率常数 k/h^{-1}	相关系数 r	半衰期 $t_{1/2}/h$
1.00	$\ln c_t = -0.044\,8 - 0.020\,1\,t$	0.020 1	0.994	34.5
0.75	$\ln c_t = -0.041\,4 - 0.022\,1\,t$	0.022 1	0.994	31.4
0.50	$\ln c_t = -0.037\,1 - 0.027\,4\,t$	0.027 4	0.995	25.3

由于土壤颗粒的屏蔽使到达土壤下层的光子数急剧减少，因而土壤中的光解通常局限在土表 1 mm 范围内(司友斌等，2002)。间接光解太阳影响着农药在土壤中的光化学转化。土壤中的敏化物质在光照时能产生活性基因如单重态氧，由于单重态氧的垂直移动，会使得农药的光解深度增加(Adams RL 等，1994)。

9.5.3　毒死蜱的土壤表面光催化降解

9.5.3.1　TiO₂ 用量对毒死蜱光催化降解的影响

通过毒死蜱在不同 TiO₂ 含量的表层土壤中光解试验结果(如图 9.22 所示)分析可知，用一级动力学方程可以很好地描述其降解曲线(相关系数均在 0.95 以上)。

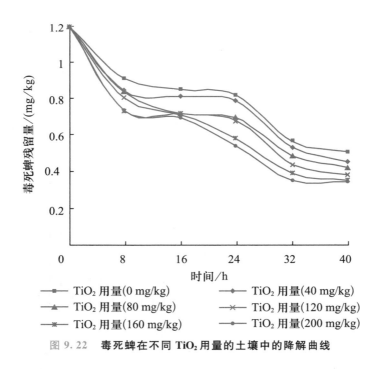

图 9.22　　毒死蜱在不同 TiO₂ 用量的土壤中的降解曲线

据此，本文建立毒死蜱降解动力学方程：

$$-\mathrm{d}[c_t]/\mathrm{d}t = k[c_t] \qquad\qquad \text{(公式 9.7)}$$

$$\ln c_t = -kt + m$$
$$t_{1/2} = \ln 2/k$$

式中:k 为光解一级动力学常数,h^{-1};t 为光照时间,h;c_t 为毒死蜱在土壤中的浓度,mg/kg;$t_{1/2}$ 为光解半衰期,h;m 为常数。

通过对实验结果分析回归可知,不同 TiO₂ 含量的表层土中毒死蜱光解的一级动力学回归曲线均有很高的相关系数,这表明不同 TiO₂ 含量的表层土中毒死蜱的光解符合准一级动力学方程。

由表 9.7 可以看出,TiO₂ 能够促进毒死蜱在土壤中的光解。毒死蜱在不同 TiO₂ 含量的土壤中的准一级动力学常数随添加 TiO₂ 含量的增加而增大,其对应的光解半衰期逐渐减小,且分别比没有添加 TiO₂ 的土壤中毒死蜱的半衰期分别缩短了 8.33%、17.0%、23.8%、29.8% 和 33.9%,其中添加 TiO₂ 200 mg/kg 时,半衰期为最小。对光照 40 h 各处理的光降解统计分析表明,添加 TiO₂ 用量为 40 mg/kg 与没有添加 TiO₂ 处理间差异以及添加 TiO₂ 用量 80、120、160 和 200 mg/kg 4 个处理间差异不显著,而前 2 个处理与后 4 个处理间差异均达到显著水平。有研究表明,200 mg/kg 的 TiO₂ 对毒死蜱的光催化降解有促进作用,可以缩短其半衰期且效果明显(岳永德等,2002)。本研究结果表明,毒死蜱在土壤表层中光解的半衰期随 TiO₂ 含量的增加而有显著的增大,这表明土壤中添加 TiO₂ 对毒死蜱的光解起着不容忽视的作用。

表 9.7　毒死蜱在不同 TiO₂ 含量的土壤中的光降解动力学参数

TiO₂ 用量 /(mg/kg)	光解反应动力学回归式 $\ln c_t = -kt + m$	相关系数 r	半衰期 $t_{1/2}$/h	40 h 降解率 /%
0	$\ln c_t = 0.024\,7 - 0.020\,6\,t$	0.967	33.6	57.5[b]
40	$\ln c_t = 0.043\,8 - 0.022\,5\,t$	0.958	30.8	62.5[b]
80	$\ln c_t = 0.070\,9 - 0.024\,8\,t$	0.977	27.9	65.0[a]
120	$\ln c_t = -0.125 - 0.031\,7\,t$	0.979	21.9	68.3[a]
160	$\ln c_t = 0.093\,1 - 0.029\,4\,t$	0.973	23.6	70.8[a]
200	$\ln c_t = 0.098\,9 - 0.031\,2\,t$	0.973	22.2	71.7[a]

注:同一列中,数据肩标不同小写字母表示不同处理之间差异显著($P < 0.05$)。

9.5.3.2　毒死蜱初始浓度对毒死蜱光催化降解的影响

结果如图 9.23 所示,相同时间内毒死蜱浓度较高的土壤消失量也较高,而降解率反而较低,光降解 40 h 后 0.47 mg/kg 毒死蜱消失量为 0.34 mg/kg,降解率为 72.3%;0.73 mg/kg 毒死蜱的消失量为 0.46 mg/kg,降解率为 63.0%;0.94 mg/kg 毒死蜱的消失量为 0.51 mg/kg,降解率为 54.3%。对光照 40 h 各处理的光降解统计分析表明:3 个不同处理之间的差异很显著,此结果说明了添加浓度差异对光解的影响趋势,即添加浓度越大,毒死蜱的降解越慢,而且差异显著。

当在土壤中添加不同浓度的毒死蜱时,其光解速率也不相同,表现为添加浓度越高,其降解越慢,浓度越低,其降解越快,半衰期越短。在本试验中,添加 0.47 mg/kg 的处理,其降解半衰期为 22.0 h,而 0.73 与 0.93 mg/kg 处理的半衰期分别升至 29.2、35.9 h,两者的降解速率常数仅为添加浓度 0.47 mg/kg 处理的 75.2％、61.3％,见表 9.8。

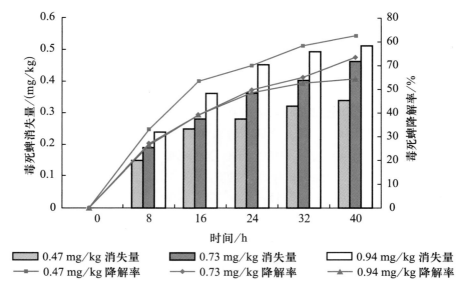

图 9.23　浓度对毒死蜱消失量和降解率的影响

表 9.8　不同添加浓度对土壤中毒死蜱光解的影响

初始浓度 /(mg/kg)	光解反应动力学回归式 $\ln c_t = -kt + m$	相关系数 r	半衰期 $t_{1/2}$/h	40 h 降解率 /%
0.47	$\ln c_t = 0.115\,2 - 0.031\,5\,t$	0.981	22.0	72.3[a]
0.73	$\ln c_t = 0.010\,5 - 0.025\,2\,t$	0.995	27.5	63.0[b]
0.94	$\ln c_t = 0.104\,9 - 0.019\,3\,t$	0.963	35.9	54.3[c]

注:同一列中,数据肩标不同小写字母表示不同处理之间差异显著($P < 0.05$)。

9.5.3.3　土壤厚度对毒死蜱光催化降解的影响

结果如图 9.24 所示,相同时间内土壤厚度较大的消失量比较小,而降解率也比较低,光降解 40 h 后 0.50 mm 厚度的土壤中毒死蜱消失量为 0.80 mg/kg,降解率为 81.8％;0.75 mm 厚度的土壤中毒死蜱的消失量为 0.75 mg/kg,降解率为 76.3％;1.00 mm 厚度的土壤中毒死蜱的消失量为 0.71 mg/kg,降解率为 72.4％。对光照 40 h 各处理的光降解统计分析表明:三个不同处理之间的差异很显著,此结果说明了土壤厚度差异对光解的影响趋势,即土壤厚度越大,毒死蜱的降解越慢,而且差异显著。

当土壤厚度不同时,其光解速率也不相同,表现为土壤厚度越大,其降解越慢,土壤厚度越小,其降解越快,半衰期越短。在本试验中,0.50 mm 厚度土壤的处理,其降解半衰期为 17.3 h,而 0.75 mm 与 1.00 mm 处理的半衰期分别升至为 19.9 h、21.7 h,两者的降解速率常数仅为 0.50 mm 厚度的土壤处理的 87.0％、79.8％,见表 9.9。

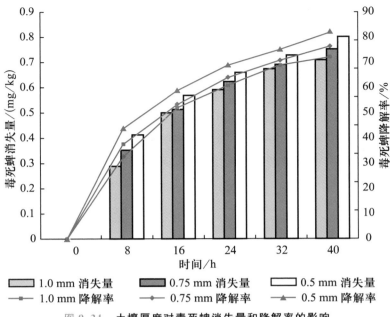

图 9.24　土壤厚度对毒死蜱消失量和降解率的影响

表 9.9　毒死蜱在不同厚度土壤光照土层中的降解

土壤厚度 /mm	光解反应动力学回归式 $\ln c_t = -kt + m$	相关系数 r	半衰期 $t_{1/2}$/h	40 h 降解率 /%
1.00	$\ln c_t = 0.103\,3 - 0.032\,t$	0.986	21.7	72.4[c]
0.75	$\ln c_t = 0.109\,5 - 0.034\,9\,t$	0.990	19.9	76.3[b]
0.50	$\ln c_t = 0.132\,9 - 0.040\,1\,t$	0.989	17.3	81.8[a]

注:同一列中,数据肩标不同小写字母表示不同处理之间差异显著($P<0.05$)。

9.5.4　苯线磷的土壤表面光催化降解

9.5.4.1　TiO₂ 用量对苯线磷光催化降解的影响

通过苯线磷在不同 TiO₂ 含量的表层土壤中光解试验结果(图 9.25)分析可知,用一级动力学方程可以很好地描述其降解曲线(相关系数均在 0.90 以上)。

据此,本文建立苯线磷降解动力学方程:

$$-\mathrm{d}[c_t]/\mathrm{d}t = k[c_t]$$
$$\ln c_t = -kt + m$$
$$t_{1/2} = \ln 2/k$$

（公式 9.8）

式中:k 为光解一级动力学常数,h^{-1};t 为光照时间,h;c_t 为苯线磷在土壤中的浓度,mg/kg;$t_{1/2}$ 为光解半衰期,h;m 为常数。

通过对实验结果分析回归可知,不同 TiO₂ 含量的表层土中苯线磷光解的一级动力学回归曲线均有很高的相关系数,这表明不同 TiO_2 含量的表层土中苯线磷的光解符合准一级动力学方程。

由表 9.10 可以看出,TiO_2 能够促进苯线磷在土壤中的光解。苯线磷在不同 TiO_2 含量的土壤中的准一级动力学常数随添加 TiO_2 含量的增加而增大,其对应的光解半衰期逐渐减小,且分别比没有添加 TiO_2 的土壤中毒死蜱的半衰期分别缩短了 7.0%、15.3%、16.3%、31.7%、33.7%,其中添加 200 mg/kg TiO_2 时,半衰期为最小,其中最快的光解速率是最慢的 1.51 倍。对光照 40 h 各处理的光降解统计分析表明,没有添加 TiO_2 和添加 TiO_2 用量为 40 mg/kg 2 个处理与添加 TiO_2 用量为 160 mg/kg、200 mg/kg 两个处理间差异达到显著水平。土壤中 TiO_2 含量对毒死蜱的降解有显著的影响,当添加 TiO_2 含量为 0、40、80、120、160 和 200 mg/kg 时,毒死蜱的半衰期是随着 TiO_2 含量增加而减小的。其中添加 TiO_2 浓度为 200 mg/kg 时降解效果最好。

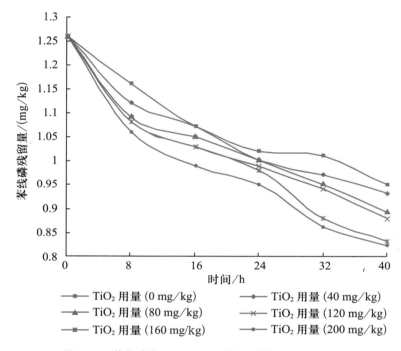

图 9.25　苯线磷在不同 TiO_2 含量的土壤中的降解曲线

表 9.10　苯线磷在不同 TiO_2 含量的土壤中的光降解动力学参数

TiO_2 用量 /(mg/kg)	光解反应动力学回归式 $\ln c_t = -kt + m$	相关系数 r	半衰期 $t_{1/2}$/h	40 h 降解率 /%
0	$\ln c_t = 0.027\ 7 - 0.006\ 7\ t$	0.974	103.5	25.0[b]
40	$\ln c_t = 0.035\ 3 - 0.007\ 2\ t$	0.974	96.3	26.0[b]
80	$\ln c_t = 0.041 - 0.007\ 9\ t$	0.974	87.7	29.2[ab]
120	$\ln c_t = 0.047\ 4 - 0.008\ t$	0.968	86.6	30.0[ab]
160	$\ln c_t = 0.034 - 0.009\ 8\ t$	0.984	70.7	34.7[a]
200	$\ln c_t = 0.049\ 4 - 0.010\ 1\ t$	0.977	68.6	35.1[a]

注:同一列中,数据肩标不同小写字母表示不同处理之间差异显著($P<0.05$)。

9.5.4.2　苯线磷初始浓度对苯线磷光催化降解的影响

结果如图 9.26 所示,相同时间内,苯线磷浓度较高的土壤消失量也较高,而降解率反而较低,光降解 40 h 后 0.48 mg/kg 苯线磷消失量为 0.27 mg/kg,降解率为 57.1%;0.73 mg/kg 苯线磷的消失量为 0.35 mg/kg,降解率为 48.3%;1.02 mg/kg 苯线磷的消失量为 0.42 mg/kg,降解率为 41.6%,对光照 40 h 各处理的光降解统计分析表明,3 个不同处理之间的差异很显著,此结果说明了添加浓度差异对光解的影响趋势,即添加浓度越大,苯线磷的降解越慢,光解速率越小,而且差异显著。

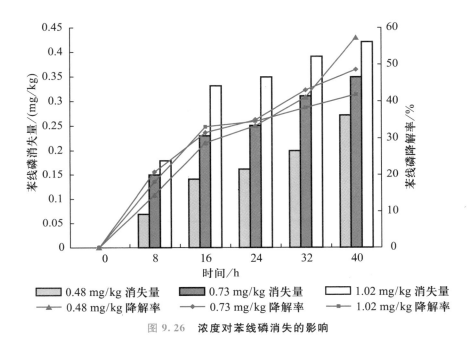

图 9.26　浓度对苯线磷消失的影响

当在土壤中添加不同浓度的苯线磷时,其光解速率也不相同,表现为添加浓度越高,其降解越慢,浓度越低,其降解越快,半衰期越短。在本试验中,添加 0.48 mg/kg 的处理,其降解半衰期为 35.7 h,而 0.73 与 1.02 mg/kg 处理的半衰期分别升至 44.3、54.2 h,两者的降解速率常数仅为添加浓度 0.48 mg/kg 处理的 80.4%、66.0%,见表 9.11。

表 9.11　不同添加浓度对土壤中苯线磷光解的影响

苯线磷初始浓度 /(mg/kg)	光解反应动力学回归式 $\ln c_t = -kt + m$	相关系数 r	半衰期 $t_{1/2}/h$	40 h 降解率 /%
0.48	$\ln c_t = -0.011\,4 - 0.019\,4\,t$	0.979	35.7	57.1[a]
0.73	$\ln c_t = 0.062\,3 - 0.015\,6\,t$	0.983	44.3	48.3[b]
1.02	$\ln c_t = 0.081\,4 - 0.012\,8\,t$	0.944	54.2	41.6[c]

注:同一列中,数据肩标不同小写字母表示不同处理之间差异显著($P < 0.05$)。

9.5.4.3　土壤厚度对苯线磷光催化降解的影响

结果如图 9.27 所示,相同时间内土壤厚度较大的消失量比较小,而降解率也比较低,光降解 40 h 后 0.25 mm 厚度的土壤中苯线磷消失量为 0.58 mg/kg,降解率为 56.3%;0.75 mm 厚度的土壤中苯线磷的消失量为 0.44 mg/kg,降解率为 42.7%;1.00 mm 厚度的土壤中苯线磷的消失量为 0.42 mg/kg,降解率为 40.8%。

在本试验中,土壤厚度为 0.25 mm 的处理,其降解半衰期为 35.2 h,而土壤厚度为 1.00 mm 处理的半衰期升至 54.2 h,降解速率常数仅为土壤厚度为 0.25 mm 处理的 65.0%,见表 9.12。对光照 40 h 各处理的光解率统计分析表明,土壤厚度为 1.00 与 0.75 mm 处理间差异不显著,而两者与土壤厚度为 0.25 mm 处理间差异均达到显著水平,此结果说明了土壤厚度对光解的影响趋势,即土壤厚度越大,苯线磷的降解越慢,而当土壤厚度差异不大时,对其光解速率的影响也不大。

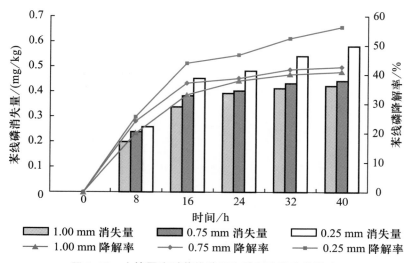

图 9.27　土壤厚度对苯线磷消失量和降解率的影响

表 9.12　苯线磷在不同厚度土壤光照土层中的降解

土壤厚度 /mm	光解反应动力学回归式 $\ln c_t = -kt + m$	相关系数 r	半衰期 $t_{1/2}/\text{h}$	40 h 降解率 /%
1.00	$\ln c_t = 0.101 - 0.012\ 8\ t$	0.923	54.2	40.8[b]
0.75	$\ln c_t = 0.124\ 2 - 0.013\ 2\ t$	0.906	52.5	42.7[b]
0.25	$\ln c_t = 0.116\ 5 - 0.019\ 7\ t$	0.955	35.2	56.3[a]

注:同一列中,数据肩标不同小写字母表示不同处理之间差异显著($P < 0.05$)。

9.5.5　小结

以太阳光为光源,利用 TiO_2 光催化降解薄层土壤中农药是可行的。

对不同 TiO_2 含量土壤中农药的光解的动力学进行了研究,得到了不同 TiO_2 含量土壤中农药的光解符合准一级动力学方程。且随着添加 TiO_2 用量的增加,克百威、多菌灵的光解速率常数也增大,添加 TiO_2 用量与克百威、多菌灵光解速率常数的关系经线性回归分析,两者的相关性很显著。

不同添加浓度的农药光解量均随着浓度增加而增加,光解率则随浓度增加反而降低。

不同厚度土壤中农药光解量均随着土壤厚度增加而减少,光解率则随厚度增加而减小;土壤厚度差异对光解的影响趋势是:土壤厚度越大,农药的降解越慢。

TiO₂对土壤表面光催化降解农药在土壤薄层以及浓度在 1~5 mg/L 初始浓度较小时效果较佳。

9.6 TiO₂对番茄叶片表面农药光催化降解的研究

9.6.1 毒死蜱的番茄叶片光催化降解

9.6.1.1 TiO₂用量对番茄叶片表面毒死蜱光催化降解的影响

光照 10 d 后,喷施不同浓度 TiO₂溶液时番茄叶片表面毒死蜱的残留量分别为 0.41、0.78、0.97、1.25 和 1.34 mg/kg,而喷施蒸馏水时番茄叶片表面毒死蜱的残留量为 1.62 mg/kg,自然降解的残留量为 2.01 mg/kg;残留量分别减少了 74.7%、51.9%、40.1%、22.8% 和 17.3%,其中喷施 TiO₂溶液浓度为 400 mg/L 时,残留量为最小,见图 9.28。10 d 各处理的光降解分析结果表明,以太阳光为光源,利用 TiO₂光催化降解番茄叶片表面的毒死蜱是可行的,番茄叶片表面的毒死蜱的残留量随喷施 TiO₂溶液浓度的增加而先减小而后增加,且不同处理的效果也不一样,喷施 TiO₂溶液浓度为 400 mg/L 时的降解效果最好,使毒死蜱光解率高达 91.5%。

通过不同 TiO₂含量对番茄叶片表面毒死蜱光解试验结果(图 9.28)分析可知,用一级动力学方程可以很好地描述其降解曲线(相关系数均在 0.95 以上)。

据此,本文建立毒死蜱降解动力学方程:

$$-\mathrm{d}[c_t]/\mathrm{d}t = k[c_t]$$
$$\ln[c_t] = -kt + m$$
$$t_{1/2} = \ln2/k$$

（公式 9.9）

式中:k 为光解一级动力学常数,h⁻¹;t 为光照时间,h;c_t 为番茄叶片表面毒死蜱浓度,mg/kg;$t_{1/2}$ 为光解半衰期,h;m 为常数。

通过对实验结果分析回归可知,不同 TiO₂含量对番茄叶片表面毒死蜱光解的一级动力学回归曲线均有很高的相关系数,这表明不同 TiO₂含量对番茄叶片表面毒死蜱的光解符合准一级动力学方程。

由表 9.13 可以看出,喷施蒸馏水试验结果表明,喷施蒸馏水对番茄叶片表面毒死蜱的淋失、挥发作用不是很大;而喷施 TiO₂试验结果表明,TiO₂能够促进毒死蜱在番茄叶片表面的光解。不同浓度的 TiO₂对番茄叶片表面毒死蜱光解准一级动力学常数随喷施 TiO₂溶液浓度的增加先增加再减小,其对应的光解半衰期先减小再有小幅度的增加;番茄叶片表面毒死蜱半衰期随着喷施 TiO₂浓度增加比喷施蒸馏水番茄叶片表面毒死蜱的半衰期分别缩短了

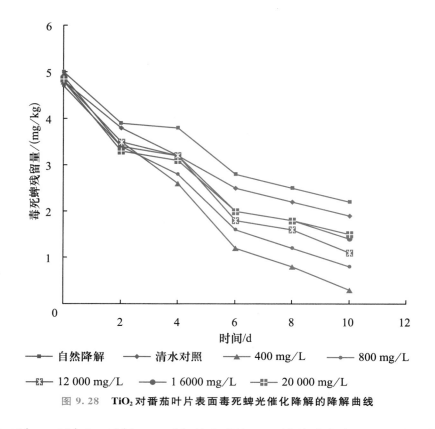

图 9.28 TiO₂ 对番茄叶片表面毒死蜱光催化降解的降解曲线

57.6%、42.4%、34.8%、25.8% 和 21.2%，其中喷施 TiO₂ 溶液浓度为 400 mg/L 时，半衰期为最小。对光照 10 d 各处理的光降解统计分析表明，7 个处理之间的差异达到显著水平，且当喷施 TiO₂ 溶液浓度为 400 mg/L 时毒死蜱降解效果最理想，可见番茄叶片表面毒死蜱的 TiO₂ 光催化降解存在一个最佳值为 400 mg/L。

表 9.13 不同 TiO₂ 用量对番茄叶片表面毒死蜱光催化降解的动力学参数

TiO₂ 用量 /(mg/L)	光解反应动力学回归式 $\ln c_t = -kt + m$	半衰期 $t_{1/2}$/d	相关系数 r	10 d 降解率 /%
自然降解	$\ln c_t = 0.038\,1 - 0.093\,2\,t$	7.4	0.984	60.4[g]
0	$\ln c_t = 0.072\,3 - 0.105\,8\,t$	6.6	0.984	66.0[f]
400	$\ln c_t = -0.109\,1 - 0.244\,1\,t$	2.8	0.991	91.5[a]
800	$\ln c_t = -0.036\,8 - 0.181\,5\,t$	3.8	0.993	83.7[b]
1 200	$\ln c_t = -0.053\,5 - 0.159\,5\,t$	4.3	0.992	79.5[c]
1 600	$\ln c_t = -0.004 - 0.140\,4\,t$	4.9	0.995	74.3[d]
2 000	$\ln c_t = -0.011\,4 - 0.134\,1\,t$	5.2	0.990	71.9[e]

注：同一列中，数据肩标不同小写字母表示不同处理之间差异显著（$P < 0.05$）。

9.6.1.2 TiO₂ 含量与毒死蜱光解速率常数的关系

氧化钛具有很强的催化活性，对光化学行为有很大的影响，其对光解反应的催化作用不容忽视,在太阳光光照条件下,对有机污染物有很好的催化降解作用,可以有效地使番茄叶片表面有机物的残留得到快速的消失和降解。本文很好的研究了番茄叶片表面 TiO₂ 对毒死蜱光解的催化作用,研究结果表明,番茄叶片表面毒死蜱在 TiO₂ 的光催化降解作用下能够得到很快的降解。添加 TiO₂ 用量与光解动力学常数的关系如图 9.29 所示。

毒死蜱的光催化降解速率常数随 TiO₂ 用量的增加而先增大后减小,添加 TiO₂ 对番茄叶片表面毒死蜱的光解起着很重要的作用,番茄叶片表面 TiO₂ 在太阳光光照条件下,对毒死蜱的光解有催化作用,在番茄叶片表面 TiO₂ 的催化作用对毒死蜱迁移转化的环境行为有很重要的影响,这为半导体光敏剂在作物农药污染治理中的应用提供依据。

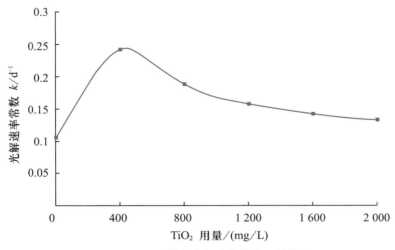

图 9.29　**TiO₂ 用量与光解速率常数 k 的关系**

9.6.2　苯线磷的番茄叶片光催化降解

9.6.2.1　TiO₂ 用量对番茄叶片表面苯线磷光催化降解的影响

对光照 10 d 各处理的光降解进行分析,喷施不同浓度 TiO₂ 溶液时番茄叶片表面苯线磷的残留量分别为 0.28 、0.19、0.11、0.06 和 0.07 mg/kg,而喷施蒸馏水时番茄叶片表面苯线磷的残留量为 0.35 mg/kg,自然降解的残留量为 0.39 mg/kg;残留量分别减少了 20.0%、45.7%、68.6%、82.9% 和 80.0%,其中喷施 TiO₂ 溶液浓度为 200 mg/L 时,残留量为最小,见图 9.30。10 d 各处理的光降解分析结果表明,以太阳光为光源,利用 TiO₂ 光催化降解番茄叶片表面的苯线磷是可行的,番茄叶片表面的苯线磷的残留量随喷施 TiO₂ 溶液浓度的增加呈现出减小的趋势,且不同处理的效果也不一样,喷施 TiO₂ 溶液浓度为 200 mg/L 时的降解效果最好,使苯线磷光解率高达 93.8%。

通过不同 TiO₂ 含量对番茄叶片表面苯线磷光解试验结果(如图 9.30 所示)分析可知,用一级动力学方程可以很好地描述其降解曲线(相关系数均在 0.95 以上)。

据此,本文建立苯线磷降解动力学方程:

$$-\mathrm{d}[c_t]/\mathrm{d}t = k[c_t]$$
$$\ln c_t = -kt + m$$
$$t_{1/2} = \ln 2/k$$

（公式 9.10）

式中：k 为光解一级动力学常数，h^{-1}；t 为光照时间，h；c_t 为番茄叶片表面苯线磷浓度，$\mathrm{mg/kg}$；$t_{1/2}$ 为光解半衰期，h；m 为常数。

通过对试验结果分析回归可知，不同 TiO_2 含量对番茄叶片表面苯线磷光解的一级动力学回归曲线均有很高的相关系数，这表明不同 TiO_2 含量对番茄叶片表面苯线磷的光解符合准一级动力学方程。

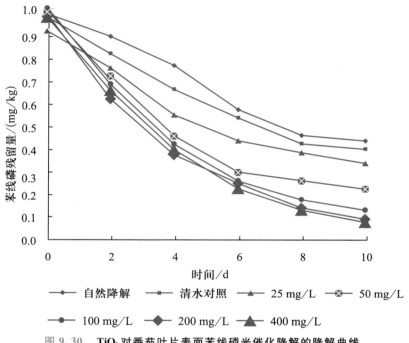

图 9.30　**TiO_2 对番茄叶片表面苯线磷光催化降解的降解曲线**

由表 9.14 可以看出，喷施蒸馏水试验结果表明，喷施蒸馏水对番茄叶片表面苯线磷的淋失、挥发作用不是很大；而喷施 TiO_2 试验结果表明，TiO_2 能够促进苯线磷在番茄叶片表面的光解。不同浓度的 TiO_2 对番茄叶片表面苯线磷光解准一级动力学常数随喷施 TiO_2 溶液浓度的增加呈现增加的趋势，其对应的光解半衰期则呈现减小的趋势；番茄叶片表面苯线磷半衰期随着喷施 TiO_2 浓度增加比喷施蒸馏水时番茄叶片表面苯线磷的半衰期分别缩短了 57.6%、42.4%、34.8%、25.8% 和 21.2%，其中喷施 TiO_2 溶液浓度为 200 $\mathrm{mg/L}$ 时，半衰期为最小。对光照 10 d 各处理的光降解统计分析表明，自然降解和喷施蒸馏水之间的差异不显著，而当喷施 TiO_2 溶液浓度为 50～400 $\mathrm{mg/L}$ 时与喷施蒸馏水之间的差异显著，而且喷施不同浓度的 TiO_2 溶液，后 3 个处理之间不显著，但是和前 2 个处理之间显著；且当喷施 TiO_2 溶液浓度为 200 时苯线磷降解效果最理想。可见，番茄叶片表面苯线磷的 TiO_2 光催化降解存在一个最佳值为 200 $\mathrm{mg/L}$。

表 9.14　不同 **TiO₂** 用量对番茄叶片表面苯线磷光催化降解的动力学参数

TiO₂ 用量 /(g/L)	光解反应动力学回归式 $\ln c_t = -kt + m$	半衰期 $t_{1/2}/d$	相关系数 r	10 d 降解率 /%
自然降解	$\ln c_t = -0.058\,4 - 0.099\,1\,t$	7.0	0.985	58.9[d]
0	$\ln c_t = 0.003\,4 - 0.106\,7\,t$	6.5	0.994	63.5[cd]
0.4	$\ln c_t = 0.018\,4 - 0.125\,t$	5.5	0.991	69.2[c]
0.8	$\ln c_t = 0.043\,2 - 0.171\,5\,t$	4.0	0.984	80.0[b]
1.2	$\ln c_t = -0.00\,5 - 0.228\,7\,t$	3.0	0.999	88.9[a]
1.6	$\ln c_t = -0.076\,2 - 0.281\,6\,t$	2.5	0.999	93.8[a]
2.0	$\ln c_t = -0.109\,4 - 0.271\,3\,t$	2.6	0.996	92.6[a]

注:同一列中,数据肩标不同小写字母表示不同处理之间差异显著($P < 0.05$)。

9.6.2.2　**TiO₂** 含量与苯线磷光解速率常数的关系

　　TiO₂ 具有很强的催化活性,对光化学行为有很大的影响,其对光解反应的催化作用不容忽视,在太阳光光照条件下,对有机污染物有很好的催化降解作用,可以有效的使番茄叶片表面有机物的残留得到快速的消失和降解。本文很好的研究了番茄叶片表面 TiO₂ 对苯线磷光解的催化作用,研究结果表明,番茄叶片表面苯线磷在 TiO₂ 的光催化降解作用下能够得到很快的降解。添加 TiO₂ 用量与光解动力学常数的关系如图 9.31 所示。

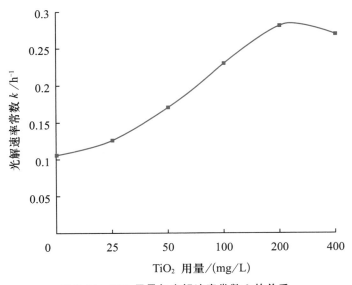

图 9.31　**TiO₂** 用量与光解速率常数 k 的关系

　　苯线磷的光催化降解速率常数随 TiO₂ 用量的增加而先增大后减小,添加 TiO₂ 对番茄叶片表面苯线磷的光解起着很重要的作用,番茄叶片表面 TiO₂ 在太阳光光照条件下,对苯线磷的光解有催化作用,在番茄叶片表面 TiO₂ 的催化作用对苯线磷迁移转化的环境行为有很重要的影响,这为半导体光敏剂在作物农药污染治理中的应用提供依据。

9.6.3　小结

TiO₂对番茄叶片表面毒死蜱和苯线磷的光催化降解是可行的,且效果显著。

从喷施 TiO₂用量与毒死蜱、苯线磷光解速率常数的关系可以看出,番茄叶片表面毒死蜱、苯线磷的光催化降解的 TiO₂用量存在一个最佳值分别为 40、200 mg/L。

TiO₂对番茄叶片表面的毒死蜱和苯线磷初始浓度为 1、5 mg/L 量级催化效果明显。

9.7　稀土掺杂纳米 TiO₂光催化降解农药残留的田间试验

9.7.1　番茄叶片表面毒死蜱光催化降解

9.7.1.1　光催化剂纳米 TiO₂对毒死蜱降解率的影响

以催化时间为横坐标,毒死蜱降解率为纵坐标做图,如图 9.32 所示。从图中可以看出,添加催化剂可以明显增加毒死蜱的降解率,添加催化剂的毒死蜱在降解 9 d 后的降解率都达到了 70%～80%,而不加催化剂的毒死蜱的降解率只有 49.8%,并且随着催化剂浓度的增加,不同催化剂添加浓度的毒死蜱的降解率没有明显的差异,乙酰甲胺磷降解的光催化剂的用量存在一个最佳值,当催化剂用量为 0.2 g/L 时,降解率达到最大值 80.1%,比自然降解提高了 30%,即其相对降解率较自然降解提高 60%。结合降解率、实际生产与应用,成本与效率等综合因素,毒死蜱的纳米 TiO₂最佳使用量为 0.2 g/L。

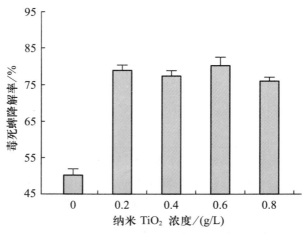

图 9.32　纳米 TiO₂浓度对番茄叶片毒死蜱降解率的影响

9.7.1.2　反应时间对毒死蜱降解率的影响

以反应时间为横坐标,毒死蜱降解率为纵坐标做图,如图 9.33 所示。从图中可以看出,添加催化剂的毒死蜱的降解率随着时间的增加而迅速升高,随后逐渐平缓;催化剂不同添加量的毒死蜱的降解趋势大体一致,没有添加催化剂的毒死蜱降解率明显缓慢很多,添加催化剂的毒死蜱的降解率比没有添加催化剂的毒死蜱的降解率高 30%,即其相对降解率较自然降解提高 60%。

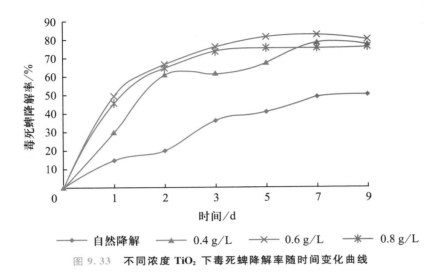

图 9.33　不同浓度 TiO₂ 下毒死蜱降解率随时间变化曲线

9.7.2　番茄叶片表面乙酰甲胺磷光催化降解

9.7.2.1　催化剂纳米 TiO₂ 对乙酰甲胺磷的降解率的影响

以催化剂添加浓度为横坐标,乙酰甲胺磷降解率为纵坐标做图,如图 9.34 所示。从图中可以看出,添加催化剂可以明显提高乙酰甲胺磷的降解率,光催化降解 9 天后乙酰甲胺磷的降解率均达到了 60% 以上,而自然降解的乙酰甲胺磷的降解率只有 47.29%。催化剂不同添加浓度对乙酰甲胺磷降解有明显差异,纳米 TiO₂ 添加浓度为 0.4 g/L 时,乙酰甲胺磷的降解率

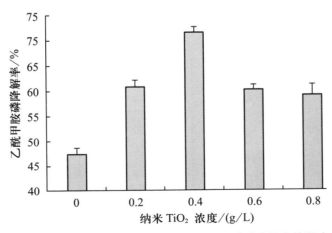

图 9.34　纳米 TiO₂ 浓度对番茄叶片乙酰甲胺磷降解率的影响

167

达到最大值 71.48%,比自然降解的降解率提高了 25% 左右,而添加浓度为 0.2,0.6,0.8 g/L 时,乙酰甲胺磷的降解率均在 60% 左右,比自然降解的降解率提高 15% 左右。

9.7.2.2 反应时间对乙酰甲胺磷的光催化降解的影响

以反应时间为横坐标,乙酰甲胺磷降解率为纵坐标做图,如图 9.35 所示。从图中可以看出,添加催化剂的乙酰甲胺磷的降解率随着时间的增加而迅速升高,催化剂不同添加量的乙酰甲胺磷的降解趋势大体一致,没有添加催化剂的乙酰甲胺磷的降解率明显缓慢很多,添加催化剂的乙酰甲胺磷的降解率比没有添加催化剂的乙酰甲胺磷的最终降解率高 15%～25%。

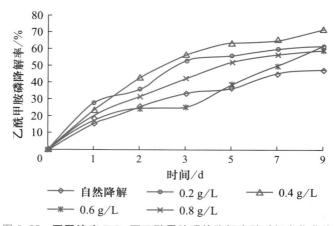

图 9.35　不同浓度 TiO_2 下乙酰甲胺磷的降解率随时间变化曲线

9.7.3　番茄叶片表面多菌灵光催化降解

9.7.3.1 催化剂对多菌灵光催化降解的影响

以催化剂浓度为横坐标,多菌灵降解率为纵坐标做图,如图 9.36 所示。从图中可以看出,

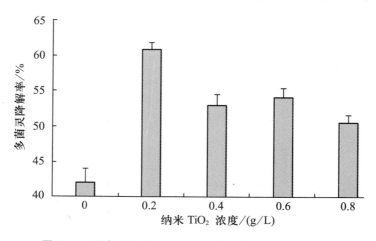

图 9.36　纳米 TiO_2 浓度对番茄叶片多菌灵降解率的影响

添加催化剂可以明显提高多菌灵的降解率,光催化降解 9 d 后多菌灵的降解率均达到了 60%以上,而自然降解的多菌灵的降解率只有 41.89%,催化剂不同添加浓度对多菌灵降解有明显差异,纳米 TiO₂ 添加浓度为 0.2 g/L 时,多菌灵的降解率达到最大值 60.81%,比自然降解率提高了 20% 左右,而添加浓度为 0.4、0.6 和 0.8 g/L 时,多菌灵的降解率均在 50% 左右,比自然降解的降解率提高 10%~15%。

9.7.3.2　反应时间对多菌灵光催化降解的影响

以反应时间为横坐标,多菌灵降解率为纵坐标做图,如图 9.37 所示。从图中可以看出,添加催化剂的多菌灵的降解率随着时间的增加而迅速升高,催化剂不同添加量的多菌灵的降解趋势大体一致,没有添加催化剂的多菌灵的降解率明显缓慢很多,添加催化剂的多菌灵的降解率比没有添加催化剂的多菌灵的最终降解率高 15%~20%。

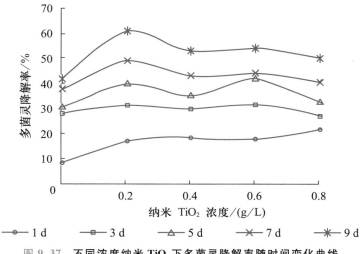

图 9.37　不同浓度纳米 TiO₂ 下多菌灵降解率随时间变化曲线

9.7.4　土壤毒死蜱光催化降解

9.7.4.1　催化剂对毒死蜱降解的影响

以催化时间为横坐标,毒死蜱降解率为纵坐标做图,如图 9.38 所示。从图可以看出,添加催化剂可以明显增加毒死蜱的降解率,添加催化剂的毒死蜱在降解 9 d 后的降解率都达到了 90% 左右,而不加催化剂的毒死蜱的降解率只有 68.29%,随着催化剂浓度的增加,不同催化剂添加浓度的毒死蜱降解率没有明显的差异,催化剂浓度为 0.4 g/L 时毒死蜱降解率达到最大值 91.56%。

9.7.4.2　反应时间对毒死蜱降解率的影响

以反应时间为横坐标,毒死蜱降解率为纵坐标做图,如图 9.39 所示。从图中可以看出,添加催化剂的毒死蜱的降解率随着时间的增加而迅速升高,催化剂不同添加量的毒死蜱的降解趋势大体一致,没有添加催化剂的毒死蜱降解率明显缓慢很多,添加催化剂的毒死蜱的降解率比没有添加催化剂的毒死蜱的降解率高 23%。

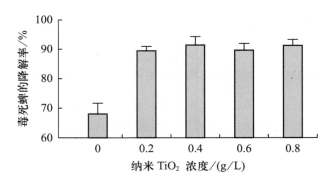

图 9.38 纳米 TiO_2 浓度对土壤毒死蜱降解率的影响

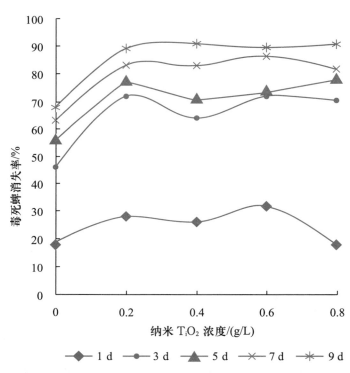

图 9.39 不同浓度纳米 TiO_2 下毒死蜱降解率随时间变化曲线

9.7.5 土壤多菌灵光催化降解

9.7.5.1 催化剂对多菌灵光催化降解的影响

以催化剂浓度为横坐标,多菌灵降解率为纵坐标做图,如图 9.40 所示。从图中可以看出,添加催化剂可以明显提高多菌灵的降解率,光催化降解 9 d 后多菌灵的降解率均达到了 60% 以上,而自然降解的多菌灵的降解率只有 49.11%,催化剂不同添加浓度对多菌灵降解有明显差异,纳米 TiO₂ 添加浓度为 0.2 g/L 时,多菌灵的降解率达到最大值 64.05%,比自然降解的降解率提高了 15% 左右,而添加浓度为 0.4、0.6 g/L 时,多菌灵的降解率均在 55% 以上,比自然降解降解率提高 10%,而添加浓度为 0.8 g/L 时,和自然降解差异不明显。

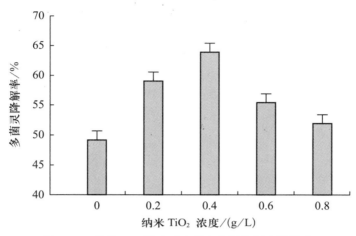

图 9.40　纳米 TiO₂ 浓度对土壤多菌灵降解率的影响

9.7.5.2　反应时间对多菌灵光催化降解的影响

以反应时间为横坐标,多菌灵降解率为纵坐标做图,如图 9.41 所示。从图中可以看出,添加催化剂的多菌灵的降解率随着时间的增加而迅速升高,催化剂不同添加量的多菌灵的降解趋势大体一致,没有添加催化剂的多菌灵的降解率明显缓慢很多,添加催化剂的多菌灵的降解率比没有添加催化剂的多菌灵的最终降解率高 10%~15%。

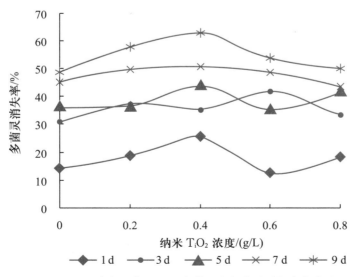

图 9.41　不同浓度纳米 TiO₂ 下多菌灵降解率随时间变化曲线

9.7.6　土壤克百威光催化降解

9.7.6.1　催化剂对多克百威催化降解的影响

以催化剂浓度为横坐标,克百威降解率为纵坐标做图,如图9.42所示。从图中可以看出添加催化剂可以明显提高克百威的降解率,光催化降解9 d后克百威的降解率随催化剂不同添加浓度对克百威降解有明显差异,纳米TiO_2添加浓度为0.4 g/L时,克百威的降解率达到最大值62.61%,比自然降解降解率提高了15%左右,而添加浓度为0.4,0.6 g/L时,克百威的降解率均在55%左右,比自然降解降解率提高10%,而添加浓度为0.8 g/L时和自然降解差异不明显。

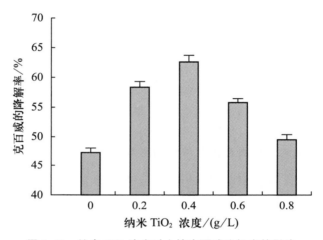

图 9.42　纳米 TiO_2 浓度对土壤克百威降解率的影响

9.7.6.2　反应时间对土壤克百威降解的影响

以反应时间为横坐标,克百威降解率为纵坐标,如图9.43所示。从图中可以看出,添加催化剂的克百威的降解率随着时间的增加而迅速升高,催化剂不同添加量的克百威的降解趋势大体一致,没有添加催化剂的克百威的降解率明显缓慢很多,添加催化剂的克百威的降解率比没有添加催化剂的多菌灵的最终降解率高10%~15%。

综上所述,农药的光催化降解率增加的趋势均先增加,而后逐渐趋于平缓。理论上,初期随着催化剂用量增加,光降解率迅速上升,尔后上升幅度逐渐变缓,最终趋于不变。同时研究表明,催化剂用量存在一个最佳值,即起初光催化降解率随着催化剂用量的增加而升高,但增到一定值后,又呈下降趋势(陈梅兰和陈金瑗,2000)。这主要是由于起初光催化剂增加使得催化表面积更大,光利用率逐渐提高,产生的光生空穴和电子逐渐增加,因而降解率提高;当体系悬浮的催化剂增加到一定量之后,催化剂对光的遮蔽和散射作用使得光利用率大大降低,因此,催化效率也降低(陈士夫等,1995)。实验条件不同,催化剂的最佳使用量也不同。

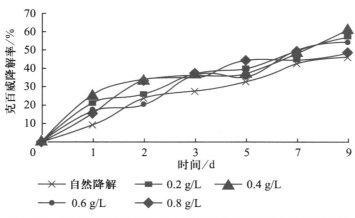

图 9.43 不同浓度纳米 TiO₂ 下土壤克百威随时间降解率动态曲线

9.7.7 小结

纳米 TiO₂ 对番茄叶片表面农药残留的光催化降解。在番茄叶片的表面的光催化降解农药残留田间试验中,喷洒纳米 TiO₂ 悬浮液可以明显地提高毒死蜱、乙酰甲胺磷和多菌磷的 3 种受试农药的光催化降解率。毒死蜱 5 个处理之间,喷施不同浓度纳米 TiO₂ 的毒死蜱光解率差异不明显,但降解 4 h 后,其光解率均达到了 80% 左右。喷施的纳米 TiO₂ 溶液浓度为 0.4 g/L 时,乙酰甲胺磷的光催化降解效果最理想,降解 4 h 后,乙酰甲胺磷的降解率达到了 71.48%。而喷施的纳米 TiO₂ 溶液浓度为 0.2 g/L 时,多菌灵的光解效果最好,降解率达到了 60.84%。

纳米 TiO₂ 悬浮液对土壤表面农药残留的降解。在土壤表面农药残留光催化降解的田间试验中,喷洒纳米 TiO₂ 悬浮液可以明显地提高毒死蜱、多菌灵、克百威 3 种受试农药的光催化降解率。毒死蜱 5 个处理之间,喷施不同浓度纳米 TiO₂ 的毒死蜱光解率差异不明显,但降解 4 h 后,其光解率均达到了 90% 左右。喷施的纳米 TiO₂ 溶液浓度为 0.4 g/L 时,多菌灵的光催化降解效果最理想,降解 4 h 后,多菌灵的降解率达到了 64.05%。喷施的纳米 TiO₂ 溶液浓度为 0.4 g/L 时,克百威的光催化降解效果最理想,降解 4 h 后,克百威的降解率达到了 62.61%。

9.8 结论与展望

9.8.1 结论

克百威初始浓度量级为 10 mg/L,无催化剂条件下克百威降解缓慢,添加 TiO₂ 使其降解速度显著增加。克百威的光解率随着 TiO₂ 用量的增加先增加后减小。克百威的单位 TiO₂ 消失量则随着 TiO₂ 用量的增加而迅速降低。克百威光催化降解量均随农药浓度的增加而增加，但降解率反而下降。不同浓度的克百威的光解符合一级动力学方程。

在玻璃表面光催化试验中，喷洒 TiO₂ 悬浮液可以明显地提高克百威、多菌灵、毒死蜱、苯线磷四种受试农药的降解率，而且结果表明，TiO₂ 用量对农药的光催化降解的影响很大，TiO₂ 用量越大，农药的消失量与降解率越大。

农药的初始浓度量级为 1～5 mg/L，以太阳光为光源，利用 TiO₂ 光催化降解薄层土壤中克百威、多菌灵、毒死蜱、苯线磷是可行的，不同 TiO₂ 含量土壤中农药的光解符合准一级动力学方程。农药初始浓度、土壤厚度对其在土壤表面的光催化降解皆有影响，在含有 TiO₂ 的土壤中，添加浓度相对较低的情况下，农药的降解较快。农药在不同厚度土壤中的光解速率不同，土壤厚度较大的情况下，农药的半衰期也比较大。

在土壤表面农药残留光催化降解的田间试验中，喷洒纳米 TiO₂ 悬浮液可以明显地提高毒死蜱、多菌灵、克百威 3 种受试农药的光催化降解率。喷施不同浓度纳米 TiO₂，4 h 后，毒死蜱其光解率达到了 90% 左右，多菌灵的降解率达到 64.05%，克百威的降解率达到了 62.61%。

农药的初始浓度量级为 1～5 mg/L，在番茄叶片表面光催化试验中，喷洒 TiO₂ 悬浮液可以明显地提高毒死蜱、苯线磷两种受试农药的降解率，利用 TiO₂ 光催化降解番茄叶片表面的农药是可行的，不同 TiO₂ 含量番茄叶片表面农药的光解符合准一级动力学方程。喷施 TiO₂ 溶液 10 d 后毒死蜱光解率高达 91.5%，10 d 后苯线磷光解率高达 93.8%。

在番茄叶片的表面的光催化降解农药残留田间试验中，喷洒纳米 TiO₂ 悬浮液可以明显地提高毒死蜱、乙酰甲胺磷和多菌磷的 3 种受试农药的光催化降解率。喷施纳米 TiO₂ 的毒死蜱降解 4 h 后，其光解率均达到了 80% 左右，乙酰甲胺磷降解率达到了 71.48%，多菌灵降解率达到了 60.84%。

9.8.2　研究展望

光催化技术在彻底降解有机污染物以及实现可持续发展等方面具有突出优点，特别是当水中有机污染物有毒有害时，光催化降解有着显著优势。本研究证实，将光催化技术应用于实际农业生产中控制和降低农药残留具有可行性。

在光照条件下，农药在土壤表层的降解速率不仅取决于光解本身，而且土壤厚度、迁移过程等因素对农药降解的影响也是不容忽视的，因此，在今后的土壤表面光催化降解的研究中应更全面和系统地考虑这些因素。

TiO₂ 对农药在番茄叶片表面光催化降解的试验目前研究的比较少，对农药降解的途径和方式以及其影响因素研究的还不够透彻。在今后的研究中主要从考虑植物叶面对农药的吸附影响以及 TiO₂ 对农药催化降解的机理与系统的研究。

另外，目前光催化氧化技术主要还停留在理论研究阶段，实际应用较少，并且国内外的研究多集中于有机染料等方面，对农药的光催化降解研究较少，因此在农药残留的理论研究和实际应用等方面，还有待于进一步探索完善。

9.9 致　　谢

本文是在十一五科技支撑计划项目"2006AA10Z423"的资助下完成的,研究生王焱、汪东、曾睿、燕红芳等同学做了大量的试验研究和文章写作工作。研究选题、试验设计等得到了王敬国教授的支持和协助。在此,特向本项目做出贡献的所有人表示由衷的感谢!

参 考 文 献

[1] 曹永松,侯樱,程莹莹,等. 纳米 TiO₂光催化降解溴虫腈. 精细化工,2005,22(9):663-667.

[2] 陈建秋,王铎,高从堦. 氨基甲酸酯类化合物的二氧化钛光催化降解研究. 水处理技术,2006,32(10):32-35.

[3] 陈建秋,王志良,等. 纳米 TiO₂光催化降解乐果溶液的影响因素的研究. 中国给排水,2007,23(19):98-102.

[4] 陈梅兰,陈金缓. TiO₂光催化降解低浓度溴氰菊酯. 环境污染与防治,2000,22(1):13-14.

[5] 陈梅兰. 提高 TiO₂光催化降解性能的途径研究进展. 浙江树人大学学报,2004,2:82-85.

[6] 陈士夫,赵梦月,陶跃武,等. 玻璃纤维附载 TiO₂光催化降解有机磷农药. 环境科学,1996,17(4):33-35.

[7] 陈士夫,赵梦月,陶跃武,等. 光催化降解有机磷农药的研究. 环境科学,1995,16(5):61-63.

[8] 陈士夫,赵梦月,陶跃武. 玻璃载体 TiO₂薄层光催化降解久效磷农药. 环境科学研究,1996,9(1):49-53.

[9] 陈士夫,赵梦月,陶跃武. 光催化降解有机磷农药废水的研究. 工业水处理,1996,16(1):17-19.

[10] 陈士夫,赵梦月,陶跃武. 太阳光 TiO₂薄层光催化降解有机磷农药的研究. 太阳能学报,1995,16(3):234-239.

[11] 陈士夫,梁新,陶跃武. 光催化降解磷酸酯类农药的研究. 感光科学与光化学,2000,18(1):7-11.

[12] 陈小军,徐汉虹,胡珊,等. 农药光催化降解研究进展. 农药,2006,45(6):381.

[13] 陈小泉,古国榜. 以钛氧有机物为前驱物制备具有高光催化活性的纳米二氧化钛晶体. 催化学报,2002,23(4):312-316.

[14] 陈中颖,余刚,李开明,等. 碳黑改性 TiO₂薄膜光催化剂稳定性研究. 环境科学与技术,2006,29.

[15] 褚道葆,周幸福,等. 电化学法制备高热稳定性锐钛矿型纳米 TiO₂. 电化学,1999,5(4):

443-447.

[16] 单志俊,邓慧萍. TiO₂光催化氧化技术的研究进展.中国资源综合利用,2007,25(2): 7-11.

[17] 邓南圣,吴峰. 2003. 环境光化学. 北京：化学工业出版社.

[18] 范崇政,肖建平,丁延伟.纳米二氧化钛的制备和光催化反应研究进展,科学通报,2001. 46(4):265-271.

[19] 冯光建,刘素文,等. 氮离子和稀土离子共掺杂纳米 TiO₂光催化性能的研究.中国稀土 学报,2008,26(2):148.

[20] 高桂兰,段学臣. 纳米金红石型二氧化钛粉末的制备及表征.硅酸盐通报,2004(1): 88-90.

[21] 高桂兰,乔炜.利用钛液升温水解法制备纳米级二氧化钛.上海第二工业大学学报,2004 (1)：19-23.

[22] 高濂,郑珊,张青红,等.纳米氧化钛光催化材料及应用.北京:化学工业出版社,2002.

[23] 葛飞，杨天军，杨柳春. 二氧化钛悬浆体系光催化降解苯酚的研究. 湘潭大学自然科学 学报，2002,24(1):60-63.

[24] 谷亨达,石照信,仇兴华,等. 镧和钴掺杂纳米 TiO₂的溶胶一凝胶法制备及其光催化性 能.辽宁化工,2007,36(4),221-225.

[25] 谷科成,胡相红,陈勇,等.La 掺杂纳米 TiO₂的制备及其光催化性能.后勤工程学院学 报，2009，25(6):54-59.

[26] 国伟林,姬广磊.纳米二氧化钛/硅胶光催化剂的制备与性能研究.化工新型材料,2004, 32(12):23-25.

[27] 贺北平，王占生，张锡辉. 半导体光催化氧化有机物的研究现状及发展趋势. 环境科 学,1994,15(3):80-85.

[28] 胡季帆,陆宏良. 纳米 TiO₂对农药的降解.稀有金属材料与工程,2003,32(4):280-282.

[29] 胡娟,邓建刚. 材料科学与工程,2001,19(4):71-76. .陶瓷学报,2003.24(2):116-119.

[30] 胡黎明.气溶胶反应器中合成 TiO₂:超细颗粒.华东化工学院学报,1992(4):433-439.

[31] 胡晓力,尹虹,胡晓洪.用均匀沉淀法制备纳米 TiO₂粉体.中国陶瓷,1997,33(4):5- 8,34.

[32] 霍爱群,谭欣,丛培军,等.纳米 TiO₂光催化膜中的缺陷结构和与性能关系初探.化学通 报，1998,11:31-32.

[33] 姜勇,张平,刘祖武,等. TiO₂纳米晶体的制备.材料科学与工程学报,2003,21(3): 398-401.

[34] 雷红涛,孙远明.蔬菜农药残留问题.资源与生产,2002(6):15-17.

[35] 雷闫盈,俞行.均匀沉淀法制备纳米二氧化钛工艺条件研究.无机盐工业,2001,33(2): 3-5.

[36] 李翠霞,杨志忠、王希靖,等.稀土掺杂纳米 TiO₂光催化材料的制备和性能.兰州理工大 学学报,2009,35(1):21-24.

[37] 李世平，陶冶，刘培英. Ce 掺杂纳米 TiO₂光催化剂的制备及降解甲醛的研究. 环境污染 治理技术与设备,2006,7(4):79.

[38] 李霞,张梅梅.溶胶一凝胶法 TiO₂ 光催化膜的制备与研究卟山东轻工业学院学报, 2001,15(4):45-48.

[39] 梁德荣. 纳米 TiO₂ 的制备及其光催化性能的研究.山西化工,2008,28(3):17-19.

[40] 林元华,张中太,黄淑兰,等.纳米金红石型 TiO₂ 粉体的制备及表征.无机材料学报, 1999,14(6):853-860.

[41] 刘春英,弓晓峰,张政辉.光催化氧化法降解有机磷农药的研究.四川环境,2006,25 (6):5-8

[42] 刘奎仁等.稀土掺杂 TiO₂ 光催化材料的制备和性能.材料研究学报,2006,20(5):459-463.

[43] 刘丽秀,储伟.稀土掺杂纳米 TiO₂ 光催化的研究进展.资源开发与市场,2006,22(2):147-151.

[44] 刘维屏.农药环境化学.北京:化学工业出版社,2006.

[45] 刘振荣,李红,王君,等. TiO₂ 催化超声降解亚甲基蓝溶液.化学研究,2005,16(1):69-71.

[46] 邱建斌.担载材料对 TiO₂ 薄膜光催化活性的影响.物理化学学报,2000,16(1):1-4.

[47] 盛梅,许淮,朱毅青.半导体光催化剂及其在环境保护中的应用.江苏石油化工学院学报,2001,13(3):40-43.

[48] 施利毅,等.气相氧化法制备超细 TiO₂ 粒子的研究进展.材料导报,1988(6):23-26.

[49] 石建稳,郑经堂,胡燕,等. La 掺杂纳米 TiO₂ 的制备及光催化性能研究.工业催化, 2007,15(1):50.

[50] 史载锋,张苏敏,林小明,等. TiO₂ 光催化降解有机物的研究进展(Ⅱ).海南师范学院学报,2003,16(1):51.

[51] 司友斌,岳永德,周东美,等.农药在光照土壤层的迁移和降解.环境科学学报,2003, 23(1):119-123.

[52] 司友斌,岳永德,周东美,陈怀满.土壤表面农药光化学降解研究进展.农村生态环境, 2002,18(4):56-59.

[53] 宋哲等.纳米 TiO₂ 粉体颗粒的表面特征与团聚状态.无机材料学报,1997(3):445-448.

[54] 苏茜,张勇.二氧化钛光催化降解有机磷农药的机理和影响因素.广州化学,2005,30 (1):52-57.

[55] 孙锦宜,林西平.环保催化材料及应用.北京:化学工业出版社,2002,44-46.

[56] 孙俊英,孟大维,刘卫平.稀土离子(La³⁺,Eu³⁺)掺杂纳米 TiO₂ 的光催化性能.稀有金属,2008,32(4):497-501.

[57] 唐电,李永胜.纳米 TiO₂ 制备的初步研究.氯碱工业,1995(11):12-13.

[58] 唐阳清,等.纳米 TiO₂ 的制备方法.材料导报,1995(3):20.

[59] 万金泉,马邕文,王培.纳米 TiO₂ 光催化处理废水最新研究的思考.工业水处理,2004,24 (7):1-4.

[60] 汪国忠,等.纳米 TiO₂ 的制备和性能.材料研究学报,1997,11(5):527-530.

[61] 王铎,苏燕,等.二氧化钛光催化降解有机磷杀虫剂毒性的研究.佛山陶瓷,2006,6(114):1-3.

[62] 王晓光,李海屏.我国高度有机磷农药代替品种的开发进展.农药,2001,40(2):10-13.

[63] 王艳芹,张莉,程虎民,马季铭.掺杂过渡态金属离子的 TiO₂ 复合纳米粒子的光催化剂—罗丹明 B 的光催化降解.高等学校化学学报,2000,21(6):958-960.

[64] 罗丹明.B 的光催化降解.高等学校化学学报,2000,21(6):958-960.

[65] 王怡中,符雁,汤鸿霄.二氧化钛悬浆体系太阳光催化降解甲基橙研究.环境科学学报,1999,19(1):63-67.

[66] 魏宏斌,徐迪民,严熙世.二氧化钛膜光催化氧化苯酚的动力学规律.中国给水排水,1999,15(2):14-17.

[67] 吴建懿,曾俊,周继承.低温控制中和水解法制备纳米 TiO₂.精细化工中间体,2004,34(1):47-48.

[68] 吴忠标,蒋新,赵伟荣.环境催化原理及应用.北京:化学工业出版社,2006,516-518.

[69] 武正簧,王宝风.基片上镀 TiO₂ 薄膜光催化降解有机磷农药.过程工程学报,2001,1(4):432-435.

[70] 谢友海,等.纳米 TiO₂ 的制备及光催化性能研究.安徽农业科学,2005,35(14):4 103-4 104.

[71] 邢光建,等.表面活性剂控制金属醇盐水解制备纳米 TiO₂ 粉体.北京工业大学学报,2004,30(3):354-358.

[72] 徐瑛,张兆艳,等.纳米 TiO₂ 的制备及其抗菌性能研究.武汉理工大学学报,2002,24(7):1-3.

[73] 徐悦华,古国榜,刘国武.光催化降解甲胺磷的动力学研究.华南农业大学报,2003,24(2),84-86.

[74] 徐悦华,古国榜,李新军.光催化降解甲胺磷影响因素的研究.华南理工大学学报(自然科学版),2001,29(5):68-71

[75] 徐自力,等.铕掺杂对纳米 TiO₂ 的光催化活性的影响.高等学校化学学报,2004,25(9):1711.

[76] 杨爱丽,钱晓良,刘石明.光催化剂降解有机废水的研究进展.工业水处理,2003,23(3):1-5.

[77] 姚建国,周卯星,冯瑜.蔬菜水果中的农药残留分析进展.山西农业科学,2003,31(2):49-55.

[78] 尹荔松,朱剑,闻立时,等.稀土掺杂纳米 TiO₂ 光催化降解氯胺磷.中南大学报,2009,40(1):139-144.

[79] 袁文辉,等.掺铈纳米 TiO₂ 的制备及其对光催化性能的影响.水处理技术,2006,32(4):23.

[80] 岳林海.稀土掺杂二氧化钛催化剂光降解久效磷的研究.上海环境科学,1998,17(9):17-19.

[81] 岳永德,刘根凤.农药的环境光化学及其应用.安徽农业大学学报,1995,22(4):339-345.

[82] 岳永德,汤锋,花日茂.土壤质地和湿度对农药在土壤中光解的影响.安徽农业大学学报,1995,22(4):351-355.

[83] 岳永德. 1991. 乙撑硫脲在土壤中的光解. 土壤学报, 28(2):218-222.

[84] 岳永德. 乙撑硫脲在土壤中光解的影响因素. 环境科学学报, 1989,9(3):338-345.

[85] 张春光, 邵磊, 沈志刚, 等. 中和水解法制备纳米 TiO₂ 的研究. 化工进展, 2003,22(1): 53-55.

[86] 张丽梅, 梁喜珍, 周跃明, 等. 光催化降解农药乐果的动力学研究. 浙江化工, 2005,37 (5):1-3

[87] 张丽梅, 梁喜珍, 等. 光催化降解农药乐果的动力学研究. 浙江化工, 2006,37(5),1-4.

[88] 张新荣, 杨平, 赵梦月. 附载型复合光催化剂 TiO₂·SiO₂/beads 降解有机磷农药. 环境污染与治理, 2002,24(4):196-198.

[89] 张星华, 张玉红, 徐永熙, 等. 铽(Ⅲ)掺杂 TiO₂ 纳米材料相转移和光催化性质研究. 化学学报, 2003, 61(11): 1813.

[90] 张志军, 包志成, 郑明辉, 等. 多氯代二噁英在土壤表面的紫外光化学行为研究. 环境化学, 1996,15(6):541-546.

[91] 赵敬哲, 王子枕, 刘艳华. 液相一步合成金红石型超细二氧化钛. 高等学校化工学报, 1999, 200:467-469.

[92] 赵敬哲, 王子枕, 王莉玮, 等. 超细多孔 TiO₂ 的制备及机理研究. 高等学校化工学报, 1999,20(1):115-118.

[93] 赵梦月, 罗菊芬. 有机磷农药光催化分解的可行性研究. 化工环保, 1993,13(2):74-79

[94] 赵旭, 全燮, 于秀超. 表层土壤中有污染物的光化学行为. 环境污染治理技术与设备, 2002,3(10):6-9.

[95] 郑和辉, 叶常明. 乙草胺和丁草胺在土壤中的紫外光化学降解. 环境化学, 2002,21(2): 117-122.

[96] 郑琦, 陈恒初, 王靖宇, 等. 铁掺杂纳米二氧化钛溶胶的制备及性能研究. 环境科学与术, 2007, 30(4):14-16

[97] 郑树凯, 潘锋, 王金良, 等. CeO₂ 掺杂 TiO₂ 催化剂薄膜的制备与表征. 材料工程, 2003 (11):22.

[98] 支正良, 汪信. 环境中有机污染物的半导体光催化降解研究进展. 环境污染与治理, 1998, 20(1):42-43.

[99] 周亮, 邓健, 等. 氮铈共掺杂纳米 TiO₂ 的制和光催化活性研究. 应用化工, 2008,37(8), 857-861.

[100] 周武艺, 唐绍裘, 等. DBS 包覆钛盐水解制备纳米 TiO₂ 的研究. 硅酸盐学报, 2003, 31 (9): 858-861,877.

[101] 周武艺, 等. 制备条件对溶胶—乳化～凝胶法制备纳米 TiO₂ 颗粒尺寸的影响. 无机材料学报, 2005,20(3):587-592.

[102] 祖庸, 李晓娥, 卫志贤. 超细 TiO₂ 的合成研究:溶胶—凝胶法. 西北大学学报:自然科学版, 1998,28(1):51-56.

[103] Choi W, Termit A, Hoffmann M R. The roc of metal ion dopants in quantum-sized TiO₂: correlation between photoreactivity and charge carrier recombination dynamics. Phys. Chem., 1994,98:13669.

[104] Choudhury P P, Dureja P. Studies on photodegradation of chlorimuron-ethyl in soil. Pestic Sci, 1997,51:201-205.

[105] COLON, MAICU M, HIDALGO M C, et al.. Cu~doped TiO₂ systems with improved photocatalytie activity. Appl CatalB Environ,2006,67(1):41-51.

[106] Donaldson S G, Miller G C. Coupled transport and photodegradation of napropamide in soils undergoing evaporation from a shallow water table. Environ. Sci. Technol., 1996,30:924-930.

[107] Dureja P. Photodecomposition of monocrotophos in soil, on plant foliage, and in water. Bulletin of Environ Contaim Toxicol, 1989,43:239-245.

[108] Fufishima. Titanium dioxide photocatalysis. Journal of P hotoc hem P hotobiol C: Photochemistry Reviews,2000,1(1):1-21.

[109] Fujishima A, Honda K. Electronchemical photolysis of water at a semiconductor electrode. Nature, 1972,238(5358):37-38.

[110] Galadi A H, Bitar, Hanon M, et al. Ptotosensitized reductive dechlorination of chloro-aromatic pesticides. Chemosphere,1995, 30(9): 1 655-1 669.

[111] Galadi A M, Juaaiard. Photosensitized oxidative degradation of pesticides. Chemosphere, 1996, 33(1): 1-15.

[112] Goher K, Miller G C. Photochemical generation of singlet oxygen on non-transition-metal oxide surfaces. J Chem Soc Faraday Trans., 1985,(81):793-800.

[113] Gohre K. Photooxidation of thioether pesticides on soil surfaces. J Agric. Food Chem., 1986,34: 709-713.

[114] Goswami D Y. A review of engineering development of aqueous phase solar photocatalytic detoxification and disinfection processes. J. of Solar Energy Engineering, 1997,119: 101-107.

[115] Helling C R, Turner B C. Pesticide mobility: determination by soil thin-layer chromatography. Science, 1968,162:562-563.

[116] Herbert V R, Miller G C. Depth dependence of direct and indirect photolysis on soil surfaces. J. A gric. Food. Chem., 1990.38:913-918.

[117] Herrmann J M. TiO₂-based solar photocatalytic detoxification of water containing organic pollutants. Cases studies of 2,4-dichlorophenoxyacetic acid(2,4-D) and of benzofuran. Appliedcatalysis B: Environmental, 1999, 17: 15-23.

[118] Hidaka H, Zhao J. Photodegradation of Surfactants Catalyzed by a TiO₂ Semiconductor. Colloids and Surfaces,1992,67: 165-182.

[119] Hofmann M R. Martin S T, Choi W, et al.. EnvimrL Ⅱ Ier 1 applications of semiconductor photocatatygs. Chem. Rev.. 1995,95(1):69-96.

[120] Hulpke H, Stegh R, Wilmes R. Light-induced transformations of pesticide on silica gel as a model system for photodegradation on soil. //Hutson DH, Roberts TR. Pesticide Chemistry. Great Britain:IUPAC Pergamon Press, 1984,3:323-326.

[121] Hustert K, Moza P N, Kettrup A. Photochemical degradation of carboxin and oxycarboxin

and oxycarboxin in the presence of humic substances and soil. Chemosphere, 1999,38 (14):3 423-3 429.

[122] Ivana Kuehr, oswaldo nunez. Titanium dioxide photoinduced degradation of some pesticide/fungicide precursors. Pest Management Science, 2007,63:491-494.

[123] Katagi T. Phtodegradation of pesticides on plant and soil surfaces. Rev. Environ. Contam. Toxicol. , 2004,182:1-195.

[124] Katagi T. Photoinduced oxidation of the organophosphorus fungicide tolclofos-methyl on clay minerals. J Agric Food Chem, 1990,38:1 595-1 600.

[125] Keichi T, Mario Capule F. V. Teruaki Hisanage. Effect of crystallinity of TiO₂ on its photocatalytic action. Chemical physic Letters,1991,187(1-2):73-76.

[126] Kirkbir, Fikrer, Komiyama et al. Chem Lett,1988(5):791.

[127] Kumar K N, Keizer P K. Densification of nanostructured titanic assisted by a phase transformation. Nature, 1992,358(2):48-51.

[128] Le～ai O,Oliveros E,Braun A M Pholoehemieat processes forwale～t～eatment. Chem Rev, 1993, 93(2):671-698

[129] Legrini O, Oliveros E, Braun A M. Photochemical process for water treatment, Chem Rev, 1993,93(2):671-698

[130] Linsebiger A L, Lu G Q. Photocatalysis is on TiO₂ surface; principles, mechanism and selected results. Chemical Reviews, 1995,95(3):735-758.

[131] Mathew R, Khan S U. Photodegradation of metolachlor in water in the presence of soil mineral and organic constituents. J Agric Food Chem, 1996,44:3 996-4 000.

[132] Matthews R W. Kinetics of photocatalytic oxidation of organic solutes over titanium dioxide. Journal of Catalysis, 1988,111:264-272.

[133] Miller G C, Herbert V R, Miille M J. Photolysis of octachlorodibenzo-p-dioxin on soils: production of 2,3,7,8-TCDD. Chemosphere, 1989,18(1-6):1 265-1 274.

[134] Miller G C, Zepp R G. Extrapolating photolysis rates from the laboratory to the environment. Residue Review, 1983(85):89-110.

[135] Mills A,Lehuntes S. J. Photochem. Photobiol. A:Chem. ,1997,108:1.

[136] Misra B, Graebing P W, Chib J S. Photodegradation of chlorambenon a soil surface: a laboratory～controlled study. J Agric Food Chem, 1997,45:1464-1467

[137] Murthy N B K, Moza P N, Hustert K, et al. Photolysis of thiabendazole in aqueous solution and in the presence of fulvic and humic acids. Chemosphere. 1996,33:1915-1920.

[138] Muszkat L, Feigelson L, Bir L, et al. Photocatalytic degradation of pesticides and biomolecules in water. Pest Management Science, 2002, 58: 1143-1148.

[139] Nakagawa Y,Gfigofin C,Masugata K. J Mater Sci,1998,33:529-533.

[140] Negishi N,Takeuchi K,Ibusuki T. Appl. Surf. Sci. ,1997,21(122):417-420.

[141] Ohno T,Saito S,Fujihara K et al. Bull Chem Soc Jpn,1996,69: 3059-3064.

[142] Okamoto K,Yamamoto Y,Tanaka H et al. Bull Chem Soc Jpn,1985,58:2023.

[143] Pfister G. Test guideline to determine the photomineralization of organic substances

under simulated tropospheric conditions（GSF-Method）. OECD chemicals testing program. Fresenius Z Anal Chem，1983,314:751-762.

[144] Premasis Suku. Influence of biotic and abiotic factors on dissipating metalaxyl in soil. Chemosphere，2001,45(6-7):941-947.

[145] Romero E，Dios G，Mingorance M D，*et al*. Photodegradation of mecoprop and dichlorprop on dry，moist and amended soil surfaces exposed to sunlight. Chemosphere，1998,37(3):577-589.

[146] Satyen Gautam，Kamble S P，Sawant S B，*et al*. Photocatalytic degradation of 3-nitrobenzenesulfonic acid in aqueous TiO_2 suspensions. Journal of Chemical Technology & Biotechnology，2006,81(3):359-364.

[147] Schnoor J L. Fate of Pesticides and Chemicals in the Environment. New York：John Wiley & Sons，Inc. 1992.

[148] Serrano B，Lasa H. Photocatalytic degradation of water organic pollutants. Kinetic modeling and energy eflieJeney. Ind. Enlg. Chem. Res. ，1997,36:4705-4711.

[149] Ting Tao，Maciel J J，G E. Photoinduced decomposition of trichloroethylene on soil components. Environ. Sci. Technol，1999,33:74-80.

[150] Vasilios A，Sakkas，Triantafyllos A，*et al*. Photocatalyzed degradation of the biocides chlorothalonil and dichlofluanid over aqueous TiO_2 suspensions. Applied Catalysis B：Environmental，2003,46:175-188.

[151] Xu Y，Langford C H. J phys Chem,1995,99:11501-11507.

[152] Yokley R A，Garrison A A，Wehry E C. Photochemical transformation of pyrene and benzo[α]pyrene vapor-deposited on eight coal stack ashes. Environ Sci Technol，1986(20):86-90 .

[153] Yoshichika H，Hitoshi U，Katsuhiko N. Aqueous photodegradation of fenthion by ultraviolet B irradation：contributionof singlet oxygen in photodegradation and photochemicalhydrolysis. Water Research，2003，37：468-476.

[154] Zepp R G，N Lee Wolfe，Gordon J A，G L. Baughman dynamics of 2,4-D esters in surface waters：hydrolysis, photolysis, and vaporization. Environ. Sci. Technol. ，1975,9:1144-1150.

第10章

根层养分安全阈值指标体系与反馈调节技术

陈　清　任　涛　王丽英

10.1 引　　言

进入21世纪之后,我国蔬菜生产发展步入相对稳定的阶段,由过去单纯的追求产量转化为高产、优质和高效为目标,各地区区域特点显著(农业部种植业司,2006;张真和等,2010)。但由于缺乏一些简单、实用的方法来指导农民合理施肥,农民更多的是依靠自己多年的种植经验来决定施肥量和施肥时期。相对于蔬菜本身高的产值,农民抱着宁愿多投入一点保证产量,也不愿意去冒减产的风险而减少肥料的投入(吕悦来等,2005),过量施肥的现象非常普遍。由于频繁的灌溉导致养分的淋洗损失非常严重,同时,过量施肥带来的土壤盐分的累积,又会抑制蔬菜根系的正常发育和养分吸收,导致施肥量越来越高。

在蔬菜氮肥推荐方法和提高氮肥利用率方面,原有的目标产量法、肥料效应函数法等方法虽然发挥了重要作用(刘明池和陈殿奎,1996),但是由于不能适应蔬菜多品种、多季节以及多种栽培方式的特点,这些方法不能满足蔬菜分次施肥的要求而难以在蔬菜生产中普遍推广应用。此外,近年来过量的养分投入导致设施蔬菜土壤养分累积现象明显,肥料效应函数法在设施蔬菜上的效果非常不理想。因此,改进传统的养分管理模式,以高产、优质、环境友好和资源高效为目标,根据作物的养分需求规律和根层养分实时调控技术,进行定量推荐施肥对于合理控制生产中的氮肥投入具有重要意义,通过挖掘土壤和环境养分资源的潜力、协调系统养分投入与产出平衡、调节养分循环与利用强度等技术途径,实现养分资源的高效利用(张福锁等,2003)。

各种蔬菜作物在不同生长时期对养分的反应和养分吸收速率有明显的差异,因而对根层土壤养分状况的要求有高有低。如对于叶菜类蔬菜(如菠菜),其在收获时期正处在生长量较大、氮素吸收速率较高的时期,如果在收获阶段不能保证足够的氮素供应,土壤中的氮素将会在短期内出现大幅度下降而缺氮,结果可能由于氮素不足而影响产量。蔬菜根系和养分吸收的特点决定了蔬菜养分资源管理中根层养分调控重要性。由于氮在土壤中的迁移性较强,极易随水迁移,氮素的调控难度要高于其他养分的调控。而磷肥管理虽不像氮素那样精确推荐,但由于设施蔬菜生产中大量有机肥和三元复合肥的施用导致土壤磷素积累的突出问题,需要进一步明确磷肥效应,并优化磷肥管理。因此,本章主要以氮、磷素为例,解释基于作物养分吸收规律和土壤养分供应的根层养分安全阈值指标体系与反馈调节技术。

10.2　根层适宜的养分供应是保持养分安全阈值的前提

根层是作物—土壤—环境系统中水分、养分资源的贮存库和转化场,也是供给源,是决定水分、养分资源利用效率的关键,也是提高资源利用效率的最大潜力所在(张福锁,2008)。设施蔬菜生产中,由于蔬菜作物自身发育特性决定了蔬菜根系小,分布浅。同时,设施土壤养分积累、酸化、盐渍化或根层温度胁迫等障碍因素限制了蔬菜根系的发育,只有突破根系生长的限制因素,实现根系良好发育,才能充分发挥根系主动吸收水肥的生物学潜力,实现高产高效的目标。

适宜的根层氮素供应以蔬菜作物供应的需求为核心,而氮素需求不仅包括用于形成蔬菜生物体的氮吸收量,还包括保证作物获得目标产量的最低土壤无机氮素存留量(N_{min} buffer)(Tremblay,2001)。N_{min} buffer(N_{min}缓冲值)是指保证作物正常生长的临界氮素供应强度,即作物只有在这个浓度供应下,才能满足其产量形成的需求。各种蔬菜作物的N_{min}缓冲值由作物本身的养分吸收特性决定,主要取决于作物种类和根系吸收速率(Fink 和 Scharpf,1993)。但是,根层物理、化学和生物环境的变化也会影响临界值的改变,如土壤温度、质地和蔬菜根系发育状况等。不同作物的根系特征差异很大,作物养分吸收能力弱的浅根系作物N_{min}缓冲值高于养分吸收能力强的深根系作物。较高的根系吸收速率则需要较高的根层N_{min}缓冲值来保证。N_{min}缓冲值在很多情况下,是通过水培试验中无机氮的供应强度得到的,然后根据土壤容重以及土壤绝对水体积转化为容量单位,再应用于田间试验。氮素优化管理就是要在保证高产的前提下,通过确定合理施肥量和应用施肥技术把土壤无机氮残留控制在N_{min}缓冲值范围内。Tremblay 等(2001)认为安全的根层N_{min}缓冲值的上限为 90 kg/hm² 时,方不会引起环境污染风险。

10.3　根层氮素养分安全阈值指标体系的基本理论

一般来说,随着施肥量的提高,土壤有效养分的含量虽然有利于养分的吸收和作物生长,但是作物对养分的吸收只在一定范围内随施肥量的增加而增加,超过这一范围,增加的施肥量对作物养分吸收的影响越来越小。此外,由于土壤对有效养分特别是硝酸盐的保蓄能力有限,土壤中的一些养分是不稳定的,多余的养分不会被作物吸收,而是以各种途径(淋洗、反硝化、径流等)损失,存在很大的环境风险。因此,从作物生产和可持续发展的角度考虑,确定收获后根层土壤有效氮的合理范围时应当考虑以下 2 个目标(图 10.1):

(1)维持蔬菜正常生长需要根层土壤溶液中保持一定养分供应水平,即达到临界养分浓度。

（2）蔬菜收获后根层土壤养分残留量不能超过一定的阈值，否则将面临硝酸盐淋洗的危险。

从蔬菜生产的角度来看，适宜的根层氮素供应以蔬菜的需求为核心，在数量上表现为蔬菜用于形成生物体的氮吸收量，以及保证作物获得目标产量的最低土壤无机氮素存留量（N_{min} 缓冲值）。从环境可持续的角度来看，N_{min} 缓冲值并不是越高越好，应尽量使这一值降低，以避免氮素从土壤逸出对环境造成污染。

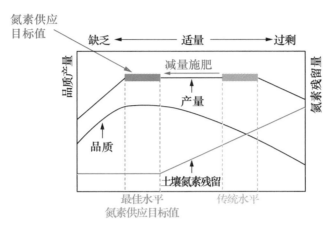

图 10.1 根层土壤氮素供应与作物产量反应和土壤氮素累积的关系

N_{min} 缓冲值的作用在于，如果土壤中存留的氮素仅够作物吸收，在偶发性情况下，如强降雨导致土壤无机氮迅速淋洗出根层，N_{min} 缓冲值的存在可以缓解氮素供应的不足，防止作物缺氮从而引起减产，这对于关键生育期尤为重要。此外，保证土壤中一定浓度的氮素供应，作物可以更有效地吸收土壤中的氮素。N_{min} 缓冲值主要取决于作物种类和根系吸收速率（Fink 和 Scharpf，1993）。养分吸收能力弱的浅根系作物 N_{min} 缓冲值高于养分吸收能力强的深根系作物。此外，根系单位时间的吸收速率对 N_{min} 缓冲值也有影响。当作物生长处于氮素需求最大时期时，根系对氮素养分吸收很快，根层氮素养分耗竭比较迅速，此时需要相对较高的 N_{min} 缓冲值。另外不同生长季节作物对氮素的需求也不相同，如 2 月份移栽的蔬菜作物生长前期根系对氮素养分的吸收要低于 8 月份移栽的，因为 2 月份温度低作物生长相对缓慢，8 月份温度高作物生长迅速。因此，同一生育期在不同生长季节需要不同的 N_{min} 缓冲值。N_{min} 缓冲值一般要求不会引起环境污染风险，氮素优化管理就是要在保证高产的前提下，通过确定合理施肥量和应用施肥技术把土壤无机氮残留控制在 N_{min} 缓冲值范围内（Tremblay 等，2001）。

确定具体作物不同生育阶段 N_{min} 缓冲值的具体方法是设置一系列不同水平的氮肥试验，在不同时期分别测定土壤氮素存留量、植株氮素吸收量，其中产量最佳的氮肥处理所对应的土壤根层 N_{min} 含量被确定为这一时期最佳的土壤 N_{min} 缓冲值（Fink，2001）。此外也可以根据专家的建议来确定不同时期某一蔬菜生长的 N_{min} 缓冲值。

10.4 蔬菜根层氮素安全阈值指标体系的建立

在作物—土壤—环境整个系统中，根层氮素养分水平是生产体系的氮素输入与输出达到平衡后的最终结果,调控作物－土壤体系中的根层氮素养分的供应是协调作物高产与减少环境氮损失的关键点。适宜的根层氮素供应需要恰好满足作物高产、优质的氮素需求,同时不会带来环境污染的压力,这是作物生产氮素供应的"最佳状态"。在蔬菜生产中,这种"最佳状态"可以理解为在保证作物获得最大产量的前提下土壤无机氮处于临界供应状态,这种临界供应(也可称为适宜的根层氮素供应)必须考虑满足作物达到目标产量时带走的氮素,保证作物达到目标产量的最低无机氮素存留(N_{min}缓冲值)以及推荐过程中不可避免的氮素损失(Fink 和 Scharpf,1993)。通常情况下,根层氮素供应主要通过施肥前根层土壤残留无机氮、土壤有机氮素矿化、作物残茬或有机肥氮素矿化和氮肥来提供。在某些情况下,还应该考虑灌溉水或沉降带入的氮素对氮素供应的影响(de Pae 和 Ramos,2004;Khayyo 等,2004;Ramos 等,2002)。

在一个地区,由于管理措施比较固定,特别是有机肥的种类、施用时间及施用数量都十分接近,那么通过有机肥投入的氮素量也比较相似。此外,考虑到我国日光温室蔬菜生产的灌溉措施以及蔬菜产区地下水硝酸盐含量普遍较高这一实际存在的现象,灌溉水带入的氮素往往也是不可忽略的,因为一茬作物生产过程中通过灌溉水带入的氮素量可能高达 $100\sim 200\ kg/hm^2$(Zhu 等,2004;2005;Ju 等,2006)。在我国日光温室蔬菜生产中,为了避免病虫害传播,一般都在收获结束后将作物地上部连同根系一起移出温室,即作物残茬部分可以不予以考虑,则采用简单的氮素输入输出平衡模型表示如下:

$$氮素输入＝氮素输出 \tag{公式 10.1}$$

分别考虑系统的氮素输入和输出项目,公式 10.1 可以补充为如下形式:

$$氮素输入＝播前或移栽前土壤无机氮含量＋土壤有机氮矿化量＋有机肥矿化量$$
$$＋氮肥推荐量＋灌溉水带入氮素量 \tag{公式 10.2}$$

$$氮素输出＝作物氮素吸收量＋氮素损失量＋根层土壤最低 N_{min} 残留量$$

$$\tag{公式 10.3}$$

公式 10.2 是满足作物氮素吸收的主要氮素来源,也就是所谓的氮素供应目标值。其中,土壤无机氮含量和灌溉水带入的氮素量两项为直接通过无机氮形式提供给作物的有效态氮素,比较容易定量,而土壤有机氮矿化和有机肥氮素矿化两项在不同时间段所能提供的氮素量受很多环境因素的影响,如温度、湿度、pH 值、养分浓度、易分解的有机物数量、有机质含量等(Sims 和 John,1986;Warren 等,1988),具有很大的不确定性。尽管对室内培养条件下的研究结果已经有一些报道(Bitzer 和 Sims,1988;巨晓棠和李生秀,1997;巨晓棠等,2000;白优爱等,2003),但是田间的实际情况与室内培养有很大差别,并且我国传统日光温室大水漫灌的管理方式,会导致根层土壤氮素发生大量淋失,而氮素淋失量受灌溉量、根层土壤氮素含量、施氮量、土壤质地、根系分布等很多因素的影响,这些因素限制了田间条件下关于有机氮矿化研究工作的开展,同时也使得氮素推荐量比较难确定。

在上述平衡体系中,很难测定有些氮素组分的大小,但是可以通过平衡的原则来简化、合并这些组分作为"灰箱"处理,因为一个地区栽培一种作物的生产措施相对一致,环境条件变化不大,作物的养分吸收(＋)、合理根层无机氮数量(＋)、必要的氮素损失(＋)及其土壤氮素矿化释放(一)等组分参数在田块水平上差异不大,而农户间较大差异的氮肥管理措施,带来播前根层土壤无机氮残留量变异很大,因而必须通过田间测土施肥技术来获得。这些难以定量的组分可以按照图 10.2 的方式来实现,考虑推荐前土壤中的无机氮含量和氮素供应目标值,能够实现基于田块水平下的氮素测土施肥推荐技术。

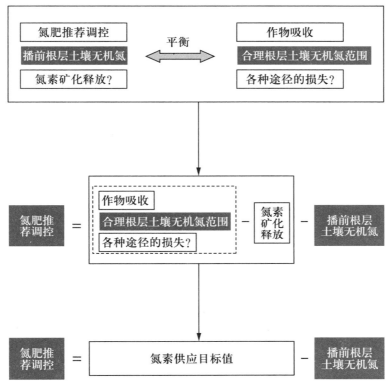

图 10.2 **采用氮素供应目标值和测定播前土壤无机氮数量的方式实现氮肥的推荐调控**

氮素供应目标值与以下因素有关:①作物的氮素吸收量。②作物根系特点决定合理根层土壤无机氮范围。③生育期长短、田间管理措施(灌溉、耕作、有机肥投入等)与各种途径的损失和氮素矿化释放大小有关。

整个生育期的氮肥需要总量因氮素供应目标值和土壤无机氮的数量而定,同时考虑了作物的氮素需求特征及土壤养分供应。在有些地区,由于地下水硝酸盐含量较高,这部分氮素的贡献也必须考虑。氮素供应目标值在一个特定地区环境下,对栽培模式固定的一种作物来说应该是一个固定值。我国各地由于气候、品种及栽培条件和管理措施的差异,同一种作物的氮素供应目标值可能有很大差异,而同一作物在不同生长季节中对氮素需求也有一定的差异,因而氮素供应目标值也有所不同。目标产量越高,作物的氮素供应目标值就越大;而在同样的目标产量情况下,畦灌条件下由于不可避免的氮素损失较高,因此,作物的氮素供应目标值往往高于滴灌条件。作物生长期越长,氮素供应目标值越大。表 10.1 给出华北地区控制灌溉条件下整个作物生育期的氮素供应目标值作为参考。

表 10.1 蔬菜产量与对应的推荐氮素供应目标值

蔬菜种类	种植方式	中等偏上目标产量[①] /(t/hm²)		地上部分氮磷钾养分带走量 /(kg/hm²)			氮素供应目标值 /(kg/hm²)
		经济产量	总生物量	N	P₂O₅	K₂O	
大白菜	露地	90~120	90~120	216~288	78~87	167~188	300~375
结球甘蓝	露地	60~90	112~169	237~356	51~77	267~401	300~375
花椰菜	露地	22~37	112~187	273~455	68~113	238~398	375~450
青花菜	露地	20					310
洋葱	露地	60					200
大葱	露地						
大蒜	露地						
菠菜	露地	37~60	37.5~60	105~168	45~72	156~249	200~240
芹菜	露地	75~105	75~105	165~231	87~122	290~405	300~375
生菜	露地	15~30	15~30	31~63	11~21	48~96	225~270
胡萝卜	露地	45~60	69~93	152~201	54~72	392~522	240~300
萝卜	露地	60~90	93~139	156~234	81~122	510~764	300~375
番茄	露地	60~75	187~234	146~182	105~131	289~362	450~525
番茄	保护地[②]	90~120	280~375	218~288	156~209	434~579	600~675
茄子	露地	45~60	93~125	165~219	39~51	197~261	450~525
茄子	保护地	75~105	156~219	275~384	64.5~90	327~458	600~675
甜椒	露地	45~60	117~158	201~267	48~63	287~381	450~525
甜椒	保护地	60~75	157~197	267~334	63~80	381~477	600~675
黄瓜	露地	60~75	99~122	204~255	57~72	270~338	525~600
黄瓜	保护地	120~180	200~300	408~612	114~171	540~810	675~900

注：①目标产量：指目标经济产量,在华北及山东地区作为中上等产量水平,但由于蔬菜种类的差异,目标产量可能存在很大的差别,因此各地在应用目标值进行试验验证时应充分考虑这一点。

②保护地：这里仅指一年两茬(秋冬茬和冬春茬)的果菜类作物。

10.5 主要蔬菜作物的氮素供应目标值及其修正

在过去的研究工作中,为了获得合适的氮素推荐量,我们往往设置一个系列的氮肥梯度的田间试验,通过建立作物产量与氮肥梯度的曲线关系(一元二次方程或者线性-平台函数关系)求得适宜的氮肥用量。这种方法在大田作物上应用效果比较好,因为大田土壤无机氮的残留值比较低,处于一个稳定的水平,但是在菜田土壤中,土壤无机氮的残留量差异很大,田块间的无机氮差异有时可达数十倍,因此,我们必须考虑这部分氮素,即通过建立作物产量与氮素供应水平梯度(推荐前根层土壤无机氮与氮肥用量)的曲线关系,来求得适宜的氮素供应水平,也称氮素供应目标值。

作物产量的高低是评价不同处理养分供应充足与否的最主要指标,也是决定调控方法是否能够被农民接受并得到大面积推广应用的决定性因素。品质直接影响蔬菜产品本身的价值和加工特性以及人体健康,因此,蔬菜生产的基本目标不仅要获得较高的产量,而且要获得良好的产品品质。在蔬菜测土配方施肥的推荐过程中,必须始终把产量和品质双重目标一起考虑。例如,对于果菜类蔬菜来说,果实的大小及均匀度是最直接的品质指标。

如何进一步修订和确定氮素供应目标值见图10.3。

第一步　确定目标值,设计实验

处理1:传统氮素管理作为对照;

处理2:根据确定的目标值进行氮素管理;

处理3:将目标值下调20%进行氮素管理。

试验实施,按照上述内容测定产量和品质指标并进行统计分析,得出各处理的差异情况。

第二步　比较作物的生长及氮素营养情况

根据表10.2中的分析得出结论,调整氮素供应的目标值。

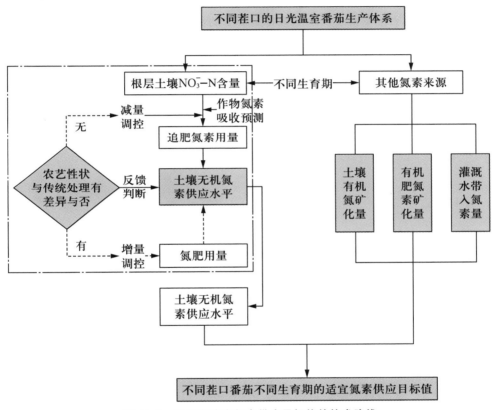

图 10.3　修订和确定氮素供应目标值的技术路线

表 10.2　试验结果分析评价

情形	产量比较顺序	结论
A	传统供应水平>供应目标值>供应目标值的80%	目标值过低,下次试验上调
B	传统供应水平=供应目标值=供应目标值的80%	目标值可能过高,下次试验将目标值下调20%
C	传统供应水平=供应目标值>供应目标值的80%	目标值合适,可使用

确定适宜氮素供应目标值的方法,可通过传统的氮素量级试验或减量施肥调节方法进行。其中氮素量级试验和以往的试验没有多大区别,仍然采用作物产量与不同施氮量之间的函数关系(例如线性-平台或者一元二次方程等)并以此求解最佳施氮量。下面的三个因素限制了传统的氮素量级试验的推荐结果在生产中广泛应用:

①不同菜田间土壤有机氮素矿化及播前土壤无机氮水平差异非常大,由于地块间的肥力差异,所求解的最佳施氮量结果往往不能在一个区域中的其他田块中应用。因此,必须采用包括土壤有效供应能力的氮素供应水平(氮素供应目标值)。

②菜田土壤,特别是设施菜田土壤的养分投入量非常大,基本呈过量趋势,因此,在肥力普遍较高的菜田土壤上,采用传统的氮素量级试验很难得到与量级相应的作物生长反应结果。

③蔬菜生长中需要经常灌溉,过量灌溉导致的硝酸盐淋洗可能比较严重,因此,对于生育期较长的果菜类作物来说实行多次追肥推荐是必要的。

在上述情况下,通过减量施肥方法来验证和调节氮素供应目标值,并通过测土配方施肥方式进行氮素管理是一个比较可行的办法。减量施肥方法是在生产中通过不断下调氮素供应目标值,经过与传统氮素管理措施进行比较逐步获得的合理氮素临界供应值,可以做到在不明显影响作物产出的情况下摸清当地蔬菜生产中的节肥潜力。

10.6 设施番茄、黄瓜根层氮素安全阈值的建立与应用

10.6.1 设施番茄根层氮素安全阈值的建立

设施番茄氮素调控集中在氮素养分需求量最大的果穗膨大期,该阶段作物吸收的氮素占全生育期的 $75\%\sim85\%$。果穗膨大期结束后,番茄果实进入后熟阶段,此时果实不再膨大,植株也由于顶芽摘除不再生长,作物对氮素的需求很少,约 5%,这个阶段不需要考虑氮素供应的问题。番茄移栽后到第一穗果膨大期前作物氮素需求量不高,最多为 $50~kg/hm^2$。由于施用有机肥,该阶段根层氮素供应水平可能很高,在 2004 年冬春季至 2005 年秋冬季分别为 314、345、154 和 $586~kg/hm^2$。根据 2005 年冬春季该阶段根层氮素供应以及作物生长状况,建议该阶段根层氮素供应值维持在 $200~kg/hm^2$ 即可。从多个生长季作物产量来看,优化处理产量最低为 $75.6~t/hm^2$(2004 年秋冬季),最高为 $104.1~t/hm^2$(2005 年秋冬季),可以这样认为,目前的优化处理其产量至少是不低于 $75~t/hm^2$ 的。

因此,根据上述试验结果所构建的技术体系的目标产量定为每季 $75~t/hm^2$,而试验中引起不同生长季节产量差异的主要原因可能是品种不同。从优化处理与传统处理的产量来看,四个生长季两处理间没有显著性差异,说明推荐的根层氮素供应值能够满足作物正常生长和对高产的要求,推荐的氮素供应值是适宜的,即冬春季番茄在第一、二、三穗果膨大期满足该穗果膨大的根层氮素供应值为 $250~kg/hm^2$ N,在第四、五、六穗果膨大期满足该穗果膨大的根层氮素(N)供应为 $200~kg/hm^2$;秋冬季番茄在第一、二、三穗果膨大期满足该穗果膨大的根层氮素(N)供应值为 $200~kg/hm^2$ 在第四、五、六穗果膨大期满足该穗果膨大的根层氮素(N)供应为 $250~kg/hm^2$(图 10.4)。

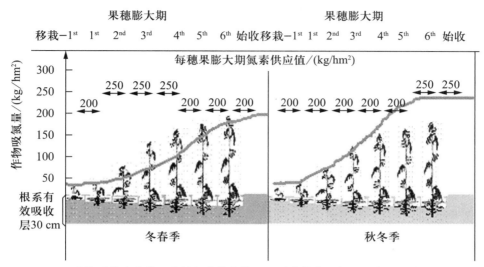

图 10.4 设施番茄生产体系中的氮素优化管理实时监控体系根层氮素临界浓度的确定

在 2004 年冬春季至 2005 年秋冬季建立的氮素供应目标值的基础上,进一步经过 2006 年冬春季至 2007 年秋冬季 2 年的不断验证,将连续 10 季设施番茄氮素调控的结果进行总结分析发现,在目前的灌溉条件下,维持根层氮素供应水平在 150～200 kg/hm² 就可以保证番茄的高产稳产,同时进一步减少氮素的损失,提高氮素的利用效率(图 10.5)。

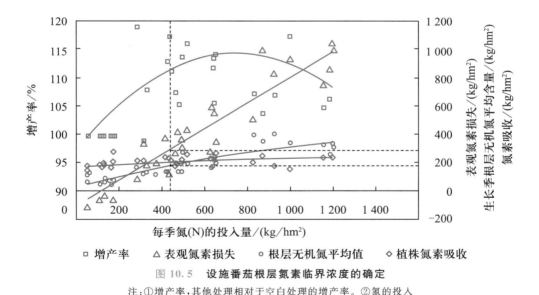

图 10.5 设施番茄根层氮素临界浓度的确定

注:①增产率,其他处理相对于空白处理的增产率。②氮的投入
包括有机肥氮、化肥氮和灌溉水中的氮。

10.6.1.1 番茄的产量及节氮效果

表 10.3 列出了 2004 年冬春季季至 2007 年秋冬季优化处理的产量和化学氮肥用量。与

传统处理相比,优化处理在 8 个生长季节省化学氮肥 61%～80%,平均 71.5%,但产量并不降低。

表 10.3　优化氮素管理节氮效果分析

项目	产量/(t/hm²)		施氮量/(kg/hm²)	
	优化	传统	优化	传统
2004 年冬春	84	85	328	870
2004 年秋冬	75	76	160	720
2005 年冬春	104	92	127	630
2005 年秋冬	110	101	201	720
2006 年冬春	78	77	138	600
2006 年秋冬	117	118	207	600
2007 年冬春	79.1	74.6	211	540
2007 年秋冬	67.4	60.2	100	480
4 年累计	714.5	683.8	1 472	5 160
平均节氮/%			71.5	
平均增产/%	4.49			

引自:何飞飞,2006;任涛,2007。

10.6.1.2　根层土壤无机氮供应

氮素投入是影响根层土壤无机氮含量季节性变化的主要因素,随着氮素投入的增加,土壤无机氮含量逐渐增加(图 10.6)。综合 2004 年冬春季至 2007 年秋冬季的结果可以看出,CK、MN、RN 和 CN 处理 0～30 cm 土壤无机氮的平均含量分别为 70、146、199 和 337 kg/hm²(图 10.6),优化处理的根层土壤无机氮供应基本维持在氮素的安全阈值的范围之内。

10.6.1.3　表观氮素盈余

从表 10.4 中可以看出,在传统的设施番茄生产中,平均每季通过化肥、有机肥和灌溉水带入的氮素平均为 1 046 kg/hm²,造成的氮素盈余也高达 852 kg/hm²。减少氮肥投入能明显降低氮素的表观盈余,与农民传统处理相比,根层氮素处理平均减少 30.9% 的外源氮素投入,而表观氮素盈余也减少了 63.1%。

10.6.2　设施黄瓜根层氮素安全阈值的建立

采用与设施番茄相同的根层氮素推荐策略,经过 2 年的不断完善和调整进一步确定了设施黄瓜生产中的根层氮素安全阈值。从定植到根瓜膨大,生长天数占到全生育期的 1/3 左右,冬春季在这一阶段生长温度和光照相对降低,黄瓜生长缓慢,需要 35～50 d。而秋冬季则温度和光照均较高,生育期有所提前,从试验结果看,可提前 10～20 d。这一时期,2 个季节黄瓜的氮素吸收量均在 40 kg/hm² 左右。尽管氮素吸收量仅分别占到冬春季全生育期氮素吸收量的 14% 和 20% 左右,但从两年的试验结果来看,这一时期的氮素供应决定黄瓜植株特别是营养体的干物质建成，因为从作物生理角度来看，该时期是决定叶片分化的关键时期，因此，此期间的氮肥供应应以营养体的建成为主攻目标。但此期间的追肥很可能造成节瓜时期的推迟而影响产量，因此，此间的氮肥管理应以基肥为主，肥源采用有机肥，保证养分的均匀供应，全氮用量在 $200\sim300\ kg/hm^2$。根据 2005 年和 2006 年的试验结果，这一时期的根层无机氮适宜供应水平在 $150\ kg/hm^2$ 左右，可以满足黄瓜的干物质建成需要。

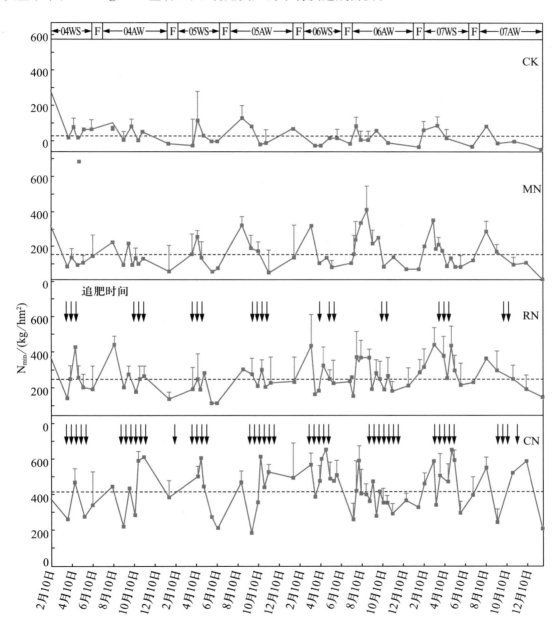

图 10.6　**2004 年冬春季至 2007 年秋冬季山东寿光设施番茄不同处理 0～30 cm 土壤无机氮的动态变化**

注：CK，对照处理；MN，有机肥处理；RN，根层氮素处理；CN，传统氮素处理。

WS，冬春季；AW，秋冬季；F，休闲季。

表 10.4　**2004 年冬春季至 2007 年秋冬季山东寿光设施番茄**
不同处理 0～60 cm 土壤氮素表观盈余　　　　　　　kg/hm^2

项目	参数	2004 年		2005 年		2006 年		2007 年	
		冬春季	秋冬季	冬春季	秋冬季	冬春季	秋冬季	冬春季	秋冬季
传统	移栽前 N$_{min}$(0～60 cm)	430	512	449	388	577	514	452	578
	外源氮素投入	1 186	1 198	1 000	1 155	927	1 200	826	872
	作物氮素吸收	256	228	149	224	177	280	199	243
	收获后 N$_{min}$(0～60 cm)	512	449	388	577	514	452	578	250
	表观氮素盈余	848	1 033	912	742	814	981	502	984
优化	移栽前 N$_{min}$(0～60 cm)	430	293	133	137	279	319	370	298
	外源氮素投入	644	638	497	636	465	651	497	519
	作物氮素吸收	237	223	189	226	168	260	213	247
	收获后 N$_{min}$(0～60 cm)	293	133	137	279	319	370	298	144
	表观氮素盈余	544	575	304	268	257	339	357	425

引自:Ren 等,2010。

在结瓜前期,冬春季黄瓜和秋冬季黄瓜生长的适宜积温相近。无论是冬春季还是秋冬季,这一时期均为黄瓜的快速生长期,也是营养生长与生殖生长并进的时期,需要 30～40 d。氮素吸收量分别占到冬春季全生育期的 47% 和秋冬季的 61%,氮素(N)的吸收速率分别达到 4.14 和 3.34 kg/(hm^2·d)。该时期的氮肥管理的主攻目标是叶片和果实的快速生长。快速的氮素吸收和干物质积累需要较高的氮素供应水平。根据 2005 年与 2006 年的试验结果,冬秋季和冬春季氮素供应水平在 250 kg/hm^2 左右,产量不会降低。由于光温环境的不同造成冬春季和秋冬季黄瓜在结瓜后期的生长方式上存在很大差异。冬春季黄瓜在结瓜后期氮素吸收量占全生育期的 33% 左右,氮素(N)吸收速率为 2.01 kg/(hm^2·d);而秋冬季黄瓜在结瓜后期氮素吸收量仅占全生育期的 12%,氮素(N)吸收速率为 0.58 kg/(hm^2·d)。从果实产量表现来看,秋冬季黄瓜后期的产量占到整个生长季节的 57%,而秋冬茬后期的产量仅占 29%。

由于温度的差别,灌溉制度也有所不同。冬春季后期由于温度高,黄瓜植株蒸腾作用较大,灌水比较频繁,而且灌水量大。与此相反秋冬季在结瓜后期温度低,对水分的需求量小,这一时期的灌水次数与灌水量均比较少。针对冬春季与秋冬季不同的光温环境与生长规律,所采取的氮肥管理策略也应有所不同。冬春季结瓜后期尽管氮素吸收量与吸收速率有所下降,但该阶段的氮肥管理对产量的形成有很大贡献,因此,这一阶段仍需要较高的根层氮素供应水平来保证果实产量的形成。从试验结果来看,该阶段的根层氮素(N)供应水平应保持在 200 kg/hm^2 左右比较适宜。对于秋冬季而言,一般认为在低温条件下,需要较高的养分供应浓度来维持作物的生长,而在本试验中,农户传统施肥处理在结瓜后期的根层 N$_{min}$ 含量远远高于减氮施肥处理,但果实产量并未出现显著性差异,而且从 2006 年的试验结果来看,该时期各个氮素处理在果实产量上均无显著性差异。这表明在以光温为主导因素的果实产量形成过程中,氮素的增产效应很小。因此,应对这一阶段的氮素供应水平进行下调,综合两年的试验结果,秋冬季结瓜后期的氮素(N)供应水平应保持在 100 kg/hm^2 左右(图 10.7)。

10.6.2.1　黄瓜的产量及节氮效果分析

综合 2 年的试验结果,与传统氮素处理相比,优化氮素处理于四个生长季期间在化肥氮投入依次减少 79%、40%、52% 和 47% 的情况下,并未出现减产现象(表 10.5),这表明可以通过根层调控技术来减少农户的氮素投入,并保证产量不降低。

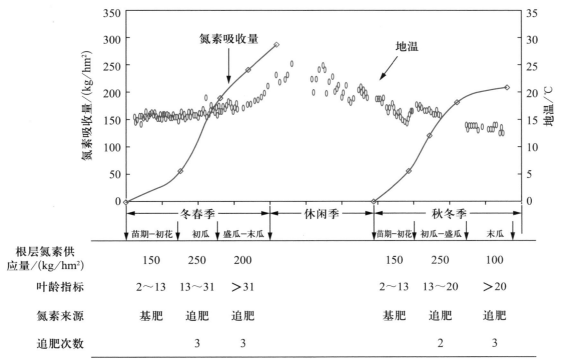

图 10.7 设施黄瓜不同生长季节根层氮素管理
引自:郭瑞英,2008。

表 10.5 优化氮素管理节氮效果分析

项目	产量/(t/hm²)		施氮量/(kg/hm²)	
	优化	传统	优化	传统
2005 年冬春季	168.4	155.7	152	710
2005 年秋冬季	74.8	64.2	405	675
2006 年冬春季	173.7	163.8	319	703
2006 年秋冬季	92.7	92.1	310	590
节氮/%			55	

引自:郭瑞英,2008。

10.6.2.2 根层土壤无机氮供应

从图 10.8 中可以看出,从各生长季第一次追肥起,与农户传统施肥相比,减氮施肥处理明显降低了根层无机氮含量,2005 年根层土壤 N_{min} 含量维持在 200 kg/hm² 左右,2006 年有所降低,在 150 kg/hm² 左右。根层土壤无机氮的动态变化也存在着季节性差异,在黄瓜生长后期表现得尤为明显。由于秋冬季生长后期温度低,黄瓜的氮素吸收速率明显降低,而且为了保温和减少病害的发生,这一时期的灌水量也明显减少,因此,在施肥的情况下,易造成氮素在根层的积累,而冬春季则恰恰相反,由于气温高,后期频繁的灌水易造成氮肥的淋洗损失。有机肥是日光温室蔬菜生产重要的氮素来源。2005 年冬春季由于采用传统的有机肥施用量,导致黄瓜生长前期根层无机氮含量达到 $700\sim960$ kg/hm²,但从 2006 年冬春季的数据来看,作物生长并不需要那么高的无机氮含量,而且此阶段过高的无机氮含量在经过多次灌水后很容易发生损失。

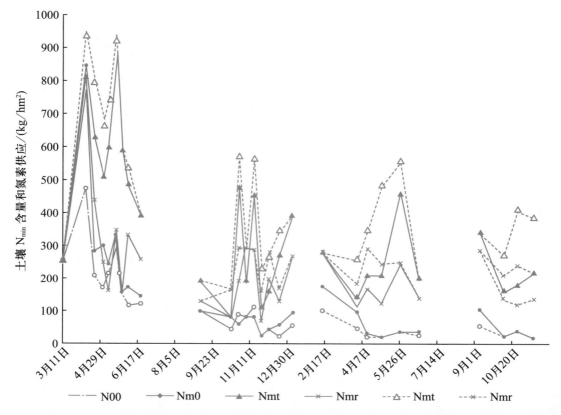

N00：对照处理　Nm0：有机肥处理　Nmt：传统氮素处理　Nmr：根层氮素处理

图 10.8　**2005—2006 年不同氮素管理下根层(0～30 cm)土壤无机氮动态以及氮素供应**

引自:郭瑞英,2008。

10.6.2.3　表观氮素盈余

与农户传统施肥相比,通过减氮管理可以大幅度降低氮素损失,4 个生长季降低的幅度分别为 42%、35%、43% 和 27%。有机肥是设施蔬菜生产中一个主要氮素供应来源,其投入的多少直接决定了化肥 N 的投入比例。本试验在农户传统施肥中,4 个生长季有机肥投入氮分别占总氮投入的 36%、14%、12% 和 14%,而在减氮处理中分别为 51%、20%、17% 和 22%,表明通过平衡施氮可以调控各个氮素投入组分之间的关系,从而达到减氮的效果。黄瓜产量的形成对氮素养分的需求较高,在不施肥条件下 4 个生长季均出现氮的亏缺状态。在 2005 年冬春季黄瓜移栽前采用农户传统的有机肥用量,即使在不追施化肥氮的情况下体系中的氮素损失量依然很高。在以后的生长季中,有机肥 N 投入量减少了 69%~78%,体系中的氮素损失相对减少。从各个处理的氮素表观损失来看(表 10.6),有机肥处理体系相对比较平衡,但从果实产量来看,单施有机肥并不能保证实现目标产量,还需要增加追肥 N 的投入,氮素损失不可避免。

表 10.6 **2005 年冬春季至 2006 年秋冬季北京郊区设施黄瓜**
不同处理 0~30 cm 土壤氮素表观损失 kg/hm²

生长季节	处理	氮输入				氮输出		表观氮素损失
		收获 N_{min} 含量	有机肥	化肥氮	表观氮素矿化	氮吸收量	收获 N_{min} 含量	
2005 年冬春季	Nm0	254	671	0	122	324	148	575
	Nmt	254	671	710	122	297	395	1 064
	Nmr	254	671	152	122	329	255	616
2005 年秋冬季	Nm0	100	200	0	68	131	93	144
	Nmt	188	200	675	68	140	394	597
	Nmr	128	200	405	68	147	267	387
2006 年冬春季	Nm0	173	146	0	104	209	35	179
	Nmt	279	146	705	104	279	197	758
	Nmr	283	146	319	104	280	140	432
2006 年秋冬季	Nm0	104	205	0	129	177	30	231
	Nmt	340	205	590	129	226	309	730
	Nmr	285	205	310	129	223	173	533

引自:郭瑞英,2008。

10.7 设施蔬菜根层磷素安全供应阈值指标体系的研究与应用

对于大多数矿质土壤,农田磷收支平衡是决定土壤磷水平发展趋势的基本因素。根据菜田土壤磷素供肥特点,随着磷肥的施用量逐渐增加,土壤供磷能力逐渐提高,磷肥施入土壤后,随着土壤性质和组成的不同,很快就与土壤发生各种物理和化学反应,形成一系列新的磷酸盐。所以植物吸收的磷,往往已不是磷肥中原有的化合物,而是这些反应后形成的新产物。水溶性磷肥进入土壤后,经一系列的物理化学和生物化学反应,形成难溶性的无机磷酸盐,被土壤固体吸附固定或被土壤微生物固定,从而使其有效性大大降低。施入土壤的磷肥不同程度地转化为潜在态,土壤潜在养分的一部分亦可以转化成有效态。这种转化平衡关系与土壤养分的供给和作物生长有着密切的关系。

10.7.1 设施蔬菜根层土壤磷素安全供应阈值指标体系的基本原理

养分丰缺指标法作为经典的测土施肥方法,也是国际上最为常用的磷素管理方法。根据土壤磷素水平的等级,对高磷肥力土壤,依据作物磷素带走量,在保证作物产量的前提下,以环境风险为依据,控制磷肥用量或不施磷肥,避免超过环境风险阈值;对中等磷素肥力土壤,在满足作物产量需求的前提下,维持土壤速效磷处于适宜含量和农学阈值之间,保障作物高产和养分高效;对低磷肥力土壤,以作物高产和培肥地力为目标,依据作物磷素带走量和安全阈值进行优化施磷。无论哪种肥力土壤,磷素管理将3~5年作为一个周期进行监测,并根据监测结果调整时采取"提高"、"维持"或"控制"的管理措施,在满足作物高产需求的同时,使土壤速效磷含量长期维持在蔬菜优质高产需求的适宜水平。上述监控管理做法可总结如图10.9所示。

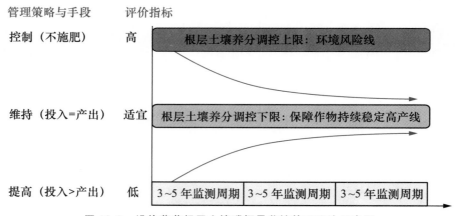

图 10.9　设施蔬菜根层土壤磷恒量监控管理理论示意图

该方法利用土壤养分值与作物养分吸收量之间存在的相关性,对不同作物通过田间试验,把土壤养分测定值以作物相对产量的高低分等,制成土壤养分丰缺指标及应施肥料数量的检索表。当取得某一土壤的养分值后,就可以对照检索表了解土壤中该养分的丰缺情况和施肥量的大致范围。其具体步骤如下。

第一步　相关研究,筛选与作物相对产量相关性最好的提取测定方法。

第二步　校验研究,根据土壤测定值按作物的相对产量划分"很高"、"高"、"中"、"低"、"很低"等养分指标等级。

第三步　丰缺指标确定后,根据不同肥力水平的田间试验结果,应用肥料效应函数法确定不同土壤测定值条件下的肥料适宜用量。

养分丰缺指标是土壤养分测定值与作物相对产量之间相关性的一种表达形式,事实上,土壤肥力测试结果只能相对地衡量土壤有效养分含量。土壤有效养分含量与作物相对产量间呈很好的相关性,这一相关性的建立是通过土壤测试校验得到的,反过来又用来解释和分析土壤测试结果。当只确定土壤某一养分含量的丰缺指标时,应先测定土壤速效养分含量,然后在不同肥力水平的土壤上进行多点试验取得全肥区和缺素区的成对产量,用相对产量的高低表达养分丰缺状况。例如,确定磷的丰缺指标时,则用缺磷(NK)区作物产量占全肥(NPK)区作物产量的份额表示磷的相对产量。

$$P 的相对产量＝(NK 区产量/NPK 区产量)\times100\% \qquad (公式 10.4)$$

从多点试验中取得一系列不同磷水平土壤的相对产量后,以相对产量为纵坐标,以土壤养分测定值为横坐标,制成相关曲线图。参照国际通用标准并结合我国国情建议:以相对产量在

50% 以下的土壤养分含量为"极缺",50%～70% 的为"缺乏",70%～90% 的为"中等",大于 90% 的为"丰富",从而确定土壤养分的丰缺指标。土壤养分丰缺的程度,反映了施肥增产效果的大小,一般来说,当土壤某种养分测定值达到"丰富"时,说明施用该种肥料的效果不显著,一般可以暂不施肥,相反,在"缺乏"范围内,则表明施肥效果很显著,应适量施用该种肥料。在一种类型的土壤上,根据土壤养分测定值,确定土壤肥力水平,同时确定相应的养分校正系数,可以计算出土壤养分供给量(表 10.7)。

表 10.7　**根据土壤肥力的分级推荐磷肥施用量**

肥力等级	土壤养分供应能力	肥料需要量
A	低	作物带走量×1.5
B	中	作物带走量×1.2
C	高	作物带走量×1.0
D	很高	作物带走量×0.5
E	过量	不施磷肥

不同于氮,磷、钾在土壤中移动性很弱,极易积累。因此,对于磷的精量控制,采用基于养分丰缺指标法进行的长期恒量维持技术,通过建立相对产量和土壤速效磷的关系进行土壤肥力分级(图 10.10 和图 10.11),以此作为磷恒量监控推荐的指标(Zhang X S,等,2007)。

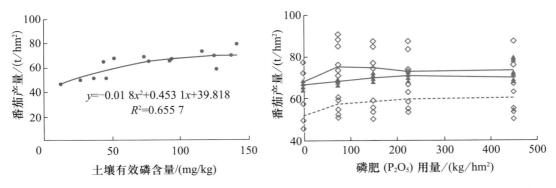

图 10.10　**土壤速效磷含量与番茄产量的关系**　图 10.11　**不同磷水平土壤上磷肥施用与番茄产量的关系**

10.7.2　设施番茄根层土壤速效磷农学阈值指标的建立与应用

通过盆栽实验系统研究了低磷土壤条件下,不同施磷量对设施番茄干物质的积累和土壤速效磷含量的关系(图 10.12),发现不同生育时期速效磷供应阈值分别为 53.9、54.9、64.2、44.9 和 35.8 mg/kg,但是这个值远远低于调查的设施菜田土壤速效磷含量。

结合调查和田间试验,在底施有机肥的基础上,研究明确了高磷土壤条件下,设施番茄不同生育时期(苗期和结果盛期)根层土壤速效磷含量与番茄生物量的相关关系,提出高磷土壤条件下设施番茄苗期和结果盛期的土壤速效磷农学阈值分别为 230 和 200 mg/kg(图 10.13),超过该阈值,番茄出现生物量降低,而且土壤电导率会大幅度增加,产生土壤次生盐渍化现象。

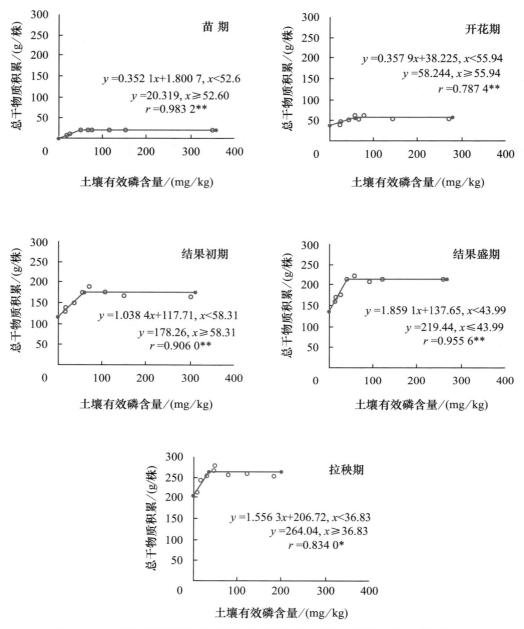

图 10.12 不同施磷量对设施番茄干物质积累的作用与土壤速效磷含量的关系

10.7.3 设施蔬菜根层磷素恒量监控技术

磷肥管理基于养分丰缺指标法进行恒量监控,依据作物磷素吸收量,提出了设施番茄、黄瓜不同土壤速效磷含量等级(极低、低、中、高和极高)的磷肥推荐量(表 10.8、表 10.9)。

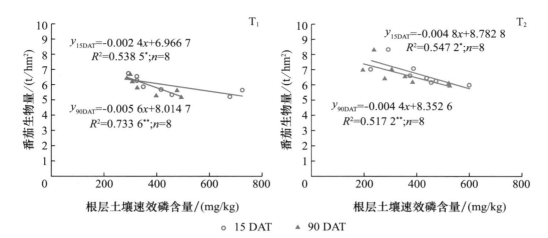

图 10.13　高磷土壤肥力条件下不同生育期土壤速效磷含量与番茄生物量的关系

注:15DAT 表示移栽后 15 d,90 DAT 表示移栽后 90 d。

引自:Yan-cai Zhang 等,2010。

表 10.8　不同目标产量的设施番茄土壤磷肥力等级及磷肥(P$_2$O$_5$)推荐用量　　　　kg/hm^2

肥力等级		目标产量/(t/hm^2)				
		<50	50~80	80~120	120~160	160~200
土壤速效磷(P)/(mg/kg)						
极低	<30	130~170	200~270	305~410	405~540	510~680
低	30~60	85~130	135~200	205~305	270~405	340~510
中	60~100	65~85	110~135	160~205	215~270	270~340
高	100~150	45~65	70~110	100~160	135~215	170~270
极高	>150	—	—	—	80~135	100~170

注:①土壤速效磷含量极低、低、中、高时磷肥的推荐用量分别为作物带走量的 1.5~2 倍、1~1.5 倍、0.8~1 倍、0.5~0.8 倍。

②有机肥 N 施用量<300 kg/hm^2 时,按照上表用量推荐磷肥基施;如有机肥 N 施用量>300 kg/hm^2,土壤速效磷含量处于高和极高时,基肥不施磷肥,但土壤速效磷含量处于中、低和极低且作物的目标产量大于 80 t/hm^2 时,则按照上表用量的 2/3 推荐磷肥基施。

③冬春茬气温较低的时期可酌量追施磷肥;上述推荐量是基于磷肥撒施条件下,如果条施推荐量可相应减少。

表 10.9　不同目标产量的设施黄瓜土壤磷素肥力等级及磷肥(P$_2$O$_5$)推荐用量　　　　kg/hm^2

肥力等级		目标产量/(t/hm^2)				
		<40	40~80	80~120	120~160	160~200	>200
土壤速效磷(P)/(mg/kg)						
极低	<30	120~140	140~160	200~240	250~320	300~350	350~400
低	30~60	90~120	100~120	150~200	200~250	250~300	300~350
中	60~90	60~90	60~100	100~150	150~200	200~250	250~300
高	90~130	30~60	40~60	60~90	100~150	150~200	200~250
极高	>130	—	—	—	60~100	100~150	150~200

注:在基施有机肥基础上,按推荐磷肥用量底施,或按总量 2/3 底施,1/3 在气温较低时追肥。如有机肥施用量多于 30 t/hm^2,土壤速效磷含量高,磷肥用量减少 1/2。条施磷用量可酌量降低。

10.8 根层养分综合调控，发展水肥一体化技术

从多年设施蔬菜根层氮素优化管理的研究发现，灌溉是蔬菜体系根层养分安全阈值调控的关键因素，也是导致氮素利用效率低的重要影响因素，因此，进一步优化灌溉管理，发展以根层调控为核心的水肥一体化技术，将灌溉方式和根层养分调控有机结合，可进一步提高水肥利用效率。

10.8.1 水肥一体化是实践根层养分安全阈值调控的典型技术

根层氮素调控实现了氮素供应与作物氮素需求规律在时间、空间上的一致，从实时、适量、适当的肥料供应来满足作物氮素需求。而水肥一体化协调了水分与养分的关系，充分发挥水肥协同效应和促进机制，提高作物水肥利用效率，是最理想的水分、养分供应方式。滴灌施肥与其他传统的施肥方式不同，它可以比较容易地实现少量多次的分次施肥措施，降低养分的损失，同时可以准确地将水分和养分补充到作物根系附近，增加根际养分浓度，减少养分的迁移损失，促进根系的吸收，更容易对根层氮素养分的供应状况进行精确的调控。在整个生长过程中，采用滴灌施肥的方法可以不断地进行追肥，即可以根据作物的需要在很短的时间内（周、天、甚至更短的时间）确定什么时候需要氮素，更精确地根据氮素吸收规律进行根层氮素调控（Schenk，1998）。研究表明，频繁滴灌施肥可以提高作物产量和养分吸收量，因为高频灌溉施肥可以连续不断地将养分补充到根际养分亏缺区，而且较高的土壤含水量也促进了养分通过质流方式向根表的迁移，提高养分利用率（Silber 等，2003）。

水肥一体化技术是将灌溉与施肥融为一体，借助压力灌溉系统，将可溶性固体肥料或液体肥料配兑而成的肥液与灌溉水一起，均匀、准确地输送到作物根部土壤，作为一种现代化的农业综合技术措施，它是以根层养分调控为核心的"协调作物高产与环境保护的养分资源综合管理技术"的一个典范。水肥一体化技术能大幅度节省水、肥、劳力，且作物高产、优质，在发达国家及我国很多地区的园艺作物生产中得到广泛使用，被公认为是当今世界上提高水肥资源利用率的最佳技术。

我国目前应用较广的水肥一体化技术是在引进消化吸收以色列水肥一体化技术精华的基础上，结合我国地区气候、作物、土壤和生产的特点，摸索出的一套具有中国特色的滴灌施肥技术。按照作物生长需求，进行全生育期的水分和养分需求设计，实现水分和养分定量、定时、按比例直接提供给作物。由于不同土壤肥力作物养分需求量不同，因此，水肥一体化技术仍然需要结合测土技术，在氮磷钾施肥推荐上采用氮素实时调控、磷钾恒量监控等技术，氮素根据作物全生育期各阶段的氮素需求量和根层土壤氮素供应，按照蔬菜作物不同生育时期的氮素供应目标值来确定阶段施肥量。水分供应依据不同作物的各个生育时期的水分需求特征，确定每次灌水定额，真正实现水分、养分的同步供应和水肥协调。

灌溉量调控的依据是作物水分需求规律和土壤含水量，土壤含水量是影响土壤无机氮变化的重要因素。一般认为，土壤硝化作用的最佳含水量为田间持水量的 $50\% \sim 70\%$，含水量过高或过低均会影响土壤氮素转化，但依土壤类型和质地的不同而有差异（张树兰等，2002）。

与传统施肥方式不同,滴灌施肥系统中的氮素采用点状供应,整个土体中只有一小部分集中了作物吸收的大量氮素。由于施肥频率较高,短时间内作物的吸收量较低,因此,每次滴灌施肥的数量也较低。在这种情况下,采用根层土壤 N_{min} 的定量在应用上会受到一定的限制,而采用土壤中或土壤溶液中 N_{min} 的浓度在定量氮素的有效性可能更为适合一些(Hartz 和 Hochmuth,1996)。一般情况下,当土壤溶液中 $NO_3^- $-N 浓度大于 75 mg/L 时,表明土壤氮素能够满足作物的生长需求。而最低的临界浓度为 20 mg/L,此时植物再不能继续耗竭土壤溶液中的硝酸盐(Hartz 和 Hochmuth,1996;Schenk,1998)。所以,为了避免过量施肥,应当经常监测土壤无机氮的浓度,利用滴灌技术进行氮素用量、形态和施肥频率的调控,可有效控制根层土壤的养分供应(樊惠,2006)。根层适宜养分浓度的持续供应及其与作物生长的相对应养分浓度、水分含量根系分布的空间协调见图 10.14。

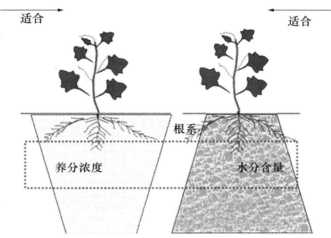

图 10.14 根层适宜养分浓度的持续供应及其与作物生长的相对应养分浓度、水分含量根系分布的空间协调

尽管水肥一体化技术成熟,但应用过程中也存在一定的局限性:①该技术是一种设施/管道灌溉和施肥,需要购买必需的设备,存在一次性投资;②滴灌设备需要合理的管理和维护,管理和维护不正确或不及时,容易导致滴头堵塞;③用于滴灌的肥料溶解性要好,长期应用滴灌施肥,温室如果长期不揭膜容易造成湿润区边缘的盐分累积,注意防止盐渍化。

10.8.2　根层水肥综合调控技术

在水肥一体化(膜下微喷)模式下,以冬春茬设施番茄为研究对象,通过对根层水肥调控和根层综合调控对番茄产量、品质和土壤无机氮空间分布的影响,探索设施番茄以挖掘根系生物学潜力为核心的根层调控技术,提高水分和养分利用效率。研究结果表明,番茄整个生育期微喷灌溉量比传统灌溉节约 29%,根层水肥调控处理的肥料总量($N-P_2O_5-K_2O$)为 430 $-$ 293 $-$ 589 kg/hm²,根层综合调控技术施肥总量($N-P_2O_5-K_2O$)为 215 $-$ 84 $-$ 533 kg/hm²,养分量较传统施肥分别降低 59%、23%、42% 和 79%、78%、48%;采用膜下微灌模式,可以大幅度减少化学肥料投入,但番茄产量差异没有降低。番茄采收期间每 2~3 d 采收 1 次,共采收

26 次。按照采收时间分成前、中、后 3 个阶段,各阶段番茄产量结果表明(表 10.10),根层水肥调控和综合调控处理的番茄前期产量高于对照,但与传统水肥处理差异不显著。

表 10.10　根层养分调控对设施番茄不同采收阶段产量及品质的影响

项目	前期 4 月 25 日至 5 月 5 日	中期 5 月 6 日至 5 月 16 日	后期 5 月 17 日 至收获	总产量 /(t/hm²)	比对照增产 /%	可溶性固形物 /%
W_1F_C	42.3^{ab}	40.2^a	15.6^a	98.1^{ab}	2.6	5.2^b
W_2F_O	41.0^b	39.4^a	15.2^a	95.6^b	—	5.1^b
W_2F_S	42.7^a	41.0^a	15.2^a	98.9^{ab}	3.5	5.2^b
W_2F_R	43.3^a	41.5^a	16.2^a	101.0^a	5.6	5.5^a

注:①W_1F_C:传统畦灌,传统施肥;W_2F_O:微喷,不施化学氮肥;W_2F_S:微喷,依据根层氮素供应目标值调控氮肥追肥;W_2F_R:微喷,根层氮磷钾养分优化调控,生长早期两次灌根高磷养分启动液和海绿素溶液。

②同一列中,数据肩标不同小写字母表示处理之间差异显著($P<0.05$)。

10.8.3　根层调控促进番茄早期根系生长

从定植到 4 月 5 日温室内 0～15 cm 土壤温度一直在 15～17 ℃,5 月 1 日开始升到 20 ℃以上(自动气象站监测数据)。4 月 5 日至 5 月 1 日虽然是番茄的养分需求旺盛期和关键期,但土壤温度低,根系活力较弱,因此,需合理调控根层土壤养分浓度,同时采取促根措施增加根系吸收面积和体积来提高养分吸收效率。根层综合调控处理(W_2F_R)的番茄总根长分别比传统水肥(W_1F_S)、对照(W_2F_O)和根层水肥调控的根系(W_2F_S)增长 46%、42% 和 36%,根表面积增加 36%、34% 和 46%,根系体积增加 29%、28% 和 67%,因此,根层综合调控使土壤养分浓度处于适宜范围,有利于促进根系发育(表 10.11)。此外,微喷处理的番茄根系发育好于传统处理,可见,水肥一体化技术也是一种根际调控的措施,能促进植物根系生长。因此,通过调节根层氮、磷浓度可以促进根系的生长。主要是养分启动液的施用有助于增加根际养分浓度梯度,特别在低温条件下,根系发育弱,高磷含量的养分启动液提高了番茄根系对低温胁迫的抵抗能力,同时提高了根际养分的生物有效性。因此,养分启动液技术既是调控根层养分浓度策略又是一种促根的根层调控技术(Mc Cully,2005)。

表 10.11　番茄生长早期不同处理的根系生长指标

项目	根长/cm	根表面积/cm²	根平均直径/cm	根体积/cm³
W_1F_C	3 840^b	518.2^b	0.36^a	6.26^b
W_2F_O	42 301^b	627.5^b	0.39^a	8.26^{ab}
W_2F_S	4 114^b	615.2^b	0.39^a	8.22^{ab}
W_2F_R	6 019^a	838.9^a	0.39^a	10.62^a

注:同一列中,数据肩标不同小写字母表示处理之间差异显著($P<0.05$)。

10.8.4　根层调控保持适宜的土壤氮素供应范围

番茄生育期根层土壤无机氮素的动态变化结果表明(图 10.15),根层水肥调控和根层综合调控两个处理的根层土壤无机氮(N)含量为 160～200 kg/hm²,与推荐的氮素供应目标值基本一致,但农民传统施肥和对照不施氮肥两个处理的根层土壤无机氮含量较低,有130 kg/hm² 左右,原因是农民传统处理的采用传统大水沟灌的模式,灌溉量多60 mm,增加了根层氮素淋洗。结果期 6 次追肥,使根层土壤无机氮呈逐渐增加的趋势,整个结果期保持在300～400 kg/hm² 的残留,氮素淋洗的风险很大。结果期根层综合调控处理的土壤 N_{min} 一直为 150～250 kg/hm²,收获后的 N_{min} 残留在 250 kg/hm²,与农民传统施肥相比,氮素淋洗的风险明显降低。

收获后各处理 0～200 cm 土层土壤 N_{min} 残留含量结果(图 10.16)表明,农民传统施肥 0～

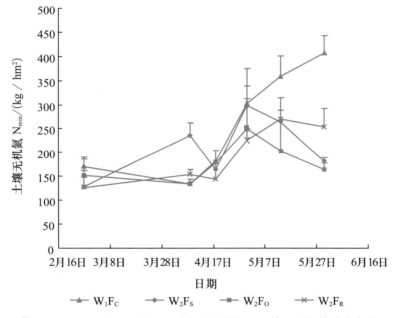

图 10.15 **不同根层调控处理番茄生育期根层土壤无机氮的动态变化**

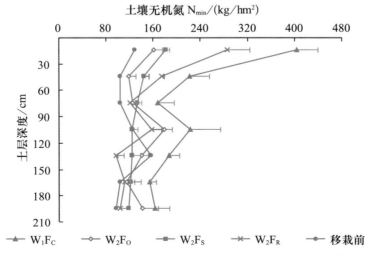

图 10.16 **不同根层调控处理对番茄收获后土壤剖面无机氮残留量的影响**

205

210 cm 土壤无机氮含量均比移栽前有所增加,大水和高氮投入的根层养分供应强度比根层调控处理高,而且大水造成氮素向下层土壤淋洗。在 0～90 cm 土层内所有处理土壤无机态氮的含量是随着土层加深而在减少,且各层各处理土壤无机态含量均高于移栽前;90～120 cm 土层各处理土壤无机态氮含量仍高于移栽前,说明经过一季的番茄栽培,土壤无机态氮有盈余,而传统施肥处理土壤无机态氮素含量几乎在所有层次(至 210 cm)都是最高,氮素淋洗更加明显。

10.8.5　根层综合调控技术节本效果及效益分析

膜下微灌区的总利润要显著高于传统处理,虽然膜下微灌区的灌溉设备费用和电费要高于漫灌区,但是膜下微灌节水节肥,使得总利润(以 W_2F_R 处理为例)高出漫灌区大约 8.2 万元/hm²(表 10.12)。同时,水肥一体模式下可以大量降低农民劳动力成本,提高劳动效率。肥料偏生产力的结果表明,水肥一体化模式下,根层调控显著提高养分偏生产力。传统模式下肥料的偏生产力分别为每千克 N、P_2O_5 和 K_2O 可以生产 94、256 和 96 kg 的番茄,根层综合调控处理的肥料偏生产力为每千克 N、P_2O_5 和 K_2O 可以生产 470、1204 和 190 kg 的番茄,分别提高了 4 倍、3.7 倍和 0.98 倍。

表 10.12　**根层调控技术的养分偏生产力和经济效益**

项目	产量 /(t/hm²)	肥料投入 /(kg/hm²) (N-P₂O₅-K₂O)	养分偏生产力 (PFP)/(kg/kg)	产值 /(万元/hm²)	技术成本 /(万元/hm²)	利润 /(万元/hm²)
W_1F_C	98.1	1 046-383-1 020	94-256-96	35.3	8.6	26.7
W_2F_O	95.6	230-93-589	415-1 028-162	34.4	1.9	32.5
W_2F_S	98.9	430-293-589	230-338-168	35.6	5.2	30.4
W_2F_R	101.1	215-84-533	470-1 204-190	36.4	1.5	34.9

注:养分(N—P_2O_5—K_2O)偏生产力(PFP)=产量/肥料投入(N—P_2O_5—K_2O)。

参 考 文 献

[1] 白优爱. 京郊保护地番茄养分吸收及氮素调控研究. 硕士学位论文. 北京:中国农业大学,2003.

[2] 郭瑞英. 设施黄瓜根层氮素调控及夏季种植填闲作物阻控氮素损失的研究. 博士学位论文. 北京:中国农业大学,2008.

[3] 何飞飞. 设施番茄周年生产体系中的氮素优化及环境效应分析. 博士学位论文. 北京:中国农业大学,2006.

[4] 巨晓棠,边秀举,刘学军,等.旱地土壤氮素矿化参数与氮素形态关系. 植物营养与肥料学报,2000,6(3):251-259.

[5] 巨晓棠,李生秀.培养条件对土壤氮素矿化的影响. 西北农业学报,1997,6(2):64-67.

[6] 吕悦来,张林秀,刘浩森.化肥施用对农民生计的影响及政策启示. CCICED 项目报

告,2005.

［7］ 刘明池,陈殿奎.氮肥用量与黄瓜产量和硝酸盐积累的关系.中国蔬菜,1996(3):26-28

［8］ 农业部种植业司.蔬菜产业比较优势明显　增收作用突出.中国蔬菜,2006,7:35.

［9］ 任涛.设施番茄生产体系氮素优化管理的农学及环境效应分析.硕士学位论文.北京:中
国农业大学,2007.

［10］ 桑晓明.秸秆及氮肥对设施番茄的生长、氮素吸收及分配的影响.硕士学位论文.北京:
中国农业大学,2009.

［11］ 张福锁,江荣风,马文奇,等.养分资源的概念及其综合管理的理论基础与技术途径.见:
张福锁主编,养分资源综合管理.北京:中国农业大学出版社,2003:4-14

［12］ 张真和,陈青云,高丽红,等.我国设施蔬菜产业发展对策研究.蔬菜,2010,5:1-3.

［13］ 陈清,张福锁.蔬菜养分综合管理技术研究与应用.北京:中国农业大学出版社,2007.

［14］ 张福锁,陈新平,陈清.中国主要作物施肥指南.北京:中国农业大学出版社,2008.

［15］ Bitzer C C, Sims J T. Estimating the availability of nitrogen in poultry manure
through laboratory and field studies. Journal of Environmental Quality, 1988,
17:47-54.

［16］ de Paz J M, Ramos C. Simulation of nitrate leaching for different nitrogen fertilization
rates in a region of Valencia(Spain) using a GIS-GLEAMS system. Agriculture,
Ecosystems Environment, 2004,103:59-73.

［17］ Fink M, Scharpf H C. N-EXPERT-A decision support system for vegetable fertilization in the
field. Acta Horticulture, 1993, 339:67-74.

［18］ Fink M. Yield and external quality of kohlrabi as affected by soil mineral nitrogen
residue at harvest. Journal of Horticultural Science and Biotechnology, 2001, 76(4):
419-423.

［19］ Ju X T, Kou C L, Zhang F S, et al. Nitrogen balance and groundwater nitrate contamination:
Comparison among three intensive cropping systems on the North China Plain. Environmental
Pollution, 2006, 143(1) : 117-125.

［20］ Khayyo S, Pérez-Lota J, Ramos C. Application of Nmin nitrogen fertilizer recommendation
system in Artichoke in the Valencian Community. Acta Horticulturae, 2004, 660:
261-266.

［21］ Ramos C, Agut A, Lidón A L. Nitrate leaching in important crops of the Valencian
Community region(Spain). Environmental Pollution, 2002, 118: 215-223.

［22］ Ren T, Christie P, Wang J G, et al. Soil rootzone nitrogen management for maintenance
of high tomato yields and minimum N losses to the environment. Scientia
Horticulturae, 2010,125:25-33.

［23］ Sims J T, John D. Nitrogen transformations in a poultry manure amended soil: Temperature
and moisture effects. Journal of Environmental Quality, 1986, 15:59-63.

［24］ Tremblay N, Scharpf H C, Weier U, et al. Nitrogen management in field vegetables:
A guide to efficient fertilisation. Agriculture and Agri-Food Canada, 2001:19-21.

［25］ Warren G P, Whitehead D C. Available soil nitrogen in relation to fractions of soil nitrogen and other properties. Plant and Soil，1988，112：155-165.

[26] Zhu J H，Li X L，Zhang F S，*et al*. Responses of greenhouse tomato and pepper yields and nitrogen dynamics to applied compound fertilizers. Pedosphere，2004，14（2）：213-222.

[27] Zhu J H，Li X L，Christie P，*et al*. Environmental implications of low nitrogen use efficiency in excessively fertilizer hot pepper(*Capsicum frutescens* L.) cropping systems. Agriculture，Ecosystems and Environment，2005，111：70-80.

[28] Mc Cully M. The rhizosphere：the key functional unit in plant/soil/microbial interactions in the field. Implications for the understanding of allelopathic effects. In：Proceedings of the 4th World Congress on Allelopathy，eds. J. Harper，M An，H Wu and J. Kent，Charles Sturt University，Wagga，NSW，Australia. 21-26 August 2005. International Allelopathy Society. 2005.

[29] Zhang X S，Liao H，Chen Q，*et al*. Response of tomato on calcareous soil to different seedbed phosphorous application rate. Pedosphere，2007，71(1)：70-76.

第11章

设施蔬菜水分、养分综合管理

林　杉　刘美菊　樊兆博

11.1　引　　言

众所周知,设施大棚蔬菜生产过程中,一方面,氮肥施用量高达蔬菜植物实际吸收量的 5~10 倍,远远超过了各地技术服务部门提供的"蔬菜安全生产操作规程"所推荐的氮肥施用量 250 kg/(hm² · 季)。另一方面,菜农频繁大量施用化学农药以及违禁使用剧毒农药,已成为业内公开的秘密。多年跟踪调查和定位试验结果表明,大棚蔬菜生产过程中盲目灌溉和与之不匹配的灌溉设施,是造成上述生产误区的根本原因。设施蔬菜一季的灌溉总量高达 1 000 mm,单次灌溉量则高达 100~150 mm。大水漫灌或过量灌溉,不仅造成移动性强的氮肥养分大量淋失,此外,还会造成大棚空气湿度和土壤含水量高,真菌病害加剧。大水大肥使得植株叶片和根系鲜嫩、抗逆性下降,地上部虫害频繁发生和地下部根结线虫大量繁殖,频繁使用杀虫剂和杀线剂成为必然措施。据此,我们提出,不改变高强度利用的设施蔬菜灌溉模式,很难从根本上解决上述问题。我国自 1974 年开始引进滴灌和滴灌施肥技术,为什么到目前为止,设施蔬菜生产上并没有大面积的应用? 是缺乏配套的技术支撑,还是投入与产出经济学没有吸引力,亦或技术推广层面不得力? 使得在欧美和非洲等发达国家已经广泛应用的滴灌和滴灌施肥一体化技术,仍未在我国设施大棚蔬菜生产中大面积推广应用。本文将带着上述生产层面的问题,通过文献和典型案例分析比较,从剖析设施大棚蔬菜生产过程中水分和养分管理现状出发,探索大量氮肥投入后的主要可能去向,提出解决大棚蔬菜生产中水肥药过量使用的技术方案,为我国设施大棚蔬菜生产中水分和养分综合管理提供一个新思路。

11.2　设施蔬菜水分管理现状

近年来,我国设施蔬菜栽培面积不断扩大,从 20 世纪 80 年代初到目前的不足 30 年间,我国设施栽培面积由不足 0.70 万 hm^2 发展到 2007 年的 337 万 hm^2,增长了近 500 倍(农业部办公厅文件)。设施蔬菜栽培具有明显的反季节性,与露地栽培相比具有更高的收益,为丰富我国"菜篮子工程"、改善生活质量作出了巨大贡献。在许多地区逐渐形成规模化,已成为农民增产增收和社会稳定的支柱性产业(汤丽玲,2004)。我国设施蔬菜产业的快速发展,给当地农民带来巨大收益。然而,蔬菜种植区采用"一水一肥,肥大水勤"的粗放管理方式(任涛,2007),造成水肥投入过量(杜连凤等,2006;李廷轩等,2005;Ju 等,2004;Zhang 等,1996)、生产成本高、水肥效益较低、硝酸盐污染地下水和土壤质量退化等一系列的环境问题(马文奇等,2000;何飞飞,2006)。因此,协调设施蔬菜生产的高产、优质、高效和环境友好,对水肥投入提出很大的挑战(何飞飞,2006),合理的水氮管理对集约化设施蔬菜产区的可持续发展来说具有极其重要的意义。

设施栽培是一种可以在不适宜作物(菜、花、果)生长发育的寒冷或炎热季节,利用保温、防寒或降温、防雨设施、设备,人为地创造适宜园艺作物生长发育的小气象环境,从而少受或不受自然季节的影响而进行的园艺作物生产的反季节种植模式(张福墁,2001)。然而,蔬菜生产中延续几百年的传统露天栽培方式"有机肥+大水漫灌",已不能完全适应现代蔬菜反传统生产的需求。目前设施蔬菜的生产模式是"化肥+大水漫灌",氮肥(N)的投入量高达 2 000～4 000 kg/(hm^2·年),是蔬菜作物吸氮量的 5～10 倍。造成设施蔬菜生产中大量施用化肥和农药的根本原因在于,现代蔬菜生产要素(施肥和灌溉)中氮肥品种已发生了根本性的改变,无机肥替代有机肥;然而,传统的大水漫灌方式未发生相应的变化。蔬菜主产地所提供的"无公害蔬菜安全生产操作规程"中所推荐的氮肥施用量 250 kg/(hm^2·季)基本合理,然而,农民习惯施用量则远远高于"操作规程"的推荐量。究其原因,"操作规程"详细描述了设施蔬菜的生产步骤,量化了肥料施用量,然而,对设施大棚蔬菜灌溉措施未作量化的和科学的描述。大量化肥替代有机肥的使用,使得漫灌和过量灌溉的生产方式将导致:

——养分大量淋失,土壤富营养化和盐分积累;

—— 土壤含水量和大棚空气湿度过高,导致真菌病害加剧;

—— 植株养分和水分含量高,导致作物易染病虫害;

—— 作物根系缺氧,根际微生态环境恶化,作物抗逆性降低。

11.2.1 大水漫灌导致养分大量淋失

农民传统的种植模式为"一水一肥,肥大水勤,肥随水走",不合理的灌溉方式导致过量施肥现象极为普遍。目前,日光温室蔬菜生产中普遍采取大水漫灌的沟灌、畦灌和漫灌方式,据调查,山西省盐湖区日光温室种菜的农户,每季灌溉 10 ～ 20 次,每次 47～63 mm,灌溉总量 470～1 200 mm,平均 767 mm;山东寿光设施蔬菜生产调查表明,一季的灌溉量高达 1 000 mm(李俊良,2001)。灌溉量远远超过了作物生长需要和土壤持水能力,过量灌溉必会带来一系列不良后果。近十几年来在寿光集约化老菜区,对地下水硝酸盐含量的长期跟踪监测发现,老菜区地下水硝酸盐超标率随着种植年限逐年递增。目前,山东寿光菜区

70%的深层地下水硝酸盐含量严重超标(图11.1)。全国设施菜区普遍存在地下水硝酸盐超标问题。

土壤硝酸盐残留量和氮素表观平衡是评价氮肥合理施用与否的关键,也是优化氮肥管理技术的重要指标。与科学合理的滴灌施肥相比,大水漫灌处理0~90 cm土壤硝酸盐残留量高达1 150 kg/hm²,是滴灌处理的2倍(图11.2);此外,在0~90 cm土壤和作物体系中未检测到的氮(即氮素表观平衡)高达950 kg/hm²。因此,设施菜地硝酸盐淋失量的确定和硝酸盐污染阻控技术的开发应用成为当务之急。图11.1中数字为当年监测点样本数。2005年之前井深60 m,2009—2010年井深110 m。

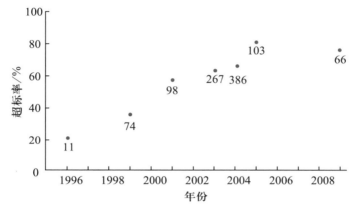

图 11.1 **1996—2009 年山东省寿光市蔬菜种植区深层地下水(＞60 m)硝酸盐含量超标率**
引自:刘兆辉,2000;朱建华,2002;董章杭,2005;何飞飞,2006;李俊良,2009。

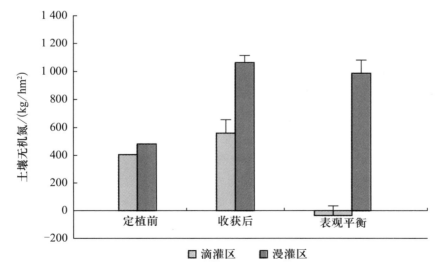

图 11.2 **滴灌区与漫灌区定植前与收获后 0~90 cm 土壤无机氮含量及氮素表观平衡**
注:图中计算氮素表观平衡时,有机肥鸡粪当年矿化率按40%计;如按100%计算,
滴灌区和漫灌区氮素表观平衡则分别为250和1 300 kg/hm²。

211

11.2.2 土壤和大棚湿度高,真菌病害加剧

设施大棚以其独特的环境条件,不仅使作物在春季提前进入生长发育状态,而且在秋冬季,人为营造了适合作物生长发育的小气候环境,使蔬菜作物生产季节大大延长。也正是由于大棚中适合蔬菜长季节生长的冬暖夏凉气候条件,使得大棚病虫害发生危害频率和潜在危害强度远远高于露地栽培。

一方面,大棚条件下病原菌、害虫不需冬眠越冬,可以周年繁殖,四季为害;害虫不受风雨和天敌危害,条件优越,繁殖迅速,也易爆发成灾。同时喜潮湿环境的害虫,如蜗牛、蛞蝓等也较为严重,而小型害虫如蚜虫、白粉虱、螨类等既可在露地越冬,又可在棚室内继续生长繁殖造成危害。另一方面,大水漫灌和不合理的灌溉,导致土壤含水量高和棚内湿度大,空气相对湿度往往可高达 80%～100%,十分适合病菌繁殖,导致真菌类病害如白粉病、霜霉病、枯萎病、菌核病、灰霉病、软腐病等发生严重,尤其是在冬春季节,植株叶面结露后,病菌侵染很快,在通风不良的条件下迅速蔓延成灾。由于大棚固定性强,蔬菜种类只限于茄果类、瓜类、豆类等的早春种植。轮作余地较小,病原集中,有利于土传病害病原菌的生长繁殖。南方根结线虫已经成为设施大棚蔬菜生产危害较大的障碍因子,然而,关于过量灌溉和大量施用氮肥是否会促进南方根结线虫繁殖的研究至今鲜见报道。

11.2.3 作物根系缺氧,抗逆性降低

根系是作物吸收水分和养分的重要器官。当土壤通气状况良好,O_2 供应充足时,一方面能够促进根系生长,扩大吸收面积;另一方面,能够增强根系抗逆性。然而,当土壤含水量高,根系空气 O_2 含量低时,根系呼吸减弱,造成酒精积累,根系中毒,植株抗逆性降低。此外,缺O_2 还会产生其他还原性物质(如 Fe^{2+}、NO_2^-、H_2S),不利于根系生长。尤其是对于一些表土层缺失的新大棚,土质较黏,土壤团聚体少,过量灌溉和施用有机肥,将显著降低土壤空气 O_2 含量,进而导致作物根系缺氧,抗逆性降低。我国设施蔬菜主产区,根结线虫频繁发生,严重危害蔬菜产量和系统稳定性的报道屡见不鲜。面对根结线虫病,目前,菜农不断喷洒一些违禁农药,用量大、成本高,且带来人畜中毒、环境污染及生态破坏等严重问题。不合理的水肥管理,导致作物根系抗逆性降低,是否是线虫病频繁发生的原因之一? 这是一个值得深思的问题。

过量冷水灌溉往往还会出现低温现象,原生质和水分子黏滞性增加,提高了水分扩散阻力,使得根系代谢活动和主动吸收能力减弱。低温时,植株体内水分运输阻力增加,但气孔一般不随土壤温度下降而关闭,造成蒸腾失水大于根系吸水;另外呼吸出现不正常增加,长时间低温可使植物因饥饿而死亡。在炎热的夏日中午,突然向植物浇冷水,会严重地抑制根系水分吸收,同时,又因为地上部蒸腾作用强烈,使植物吸水速度低于水分扩散速度,造成植物地上部水分亏缺。所以,老百姓有"午不浇园"的经验。此外,低温环境很容易导致作物根系生长发育迟缓,吸收能力降低,从而使植株抗病能力减弱,尤其是幼嫩的生长点部位,更容易受病菌感染,导致烂头现象的发生。

11.2.4 当务之急——科学合理的灌溉

设施大棚是一个相对密闭的环境,土壤含水量和大棚空气湿度主要受灌溉和通风降湿措施的控制。因此,科学灌溉和合理调节棚内土壤含水量和空气湿度,是保证大棚蔬菜优质高产和降低农药施用量的重要措施。在进行科学灌溉时,必须考虑灌溉时期、灌溉量、灌溉时间、水源质量和灌溉方式。

(1)灌溉时期。应根据设施蔬菜的需水规律、土壤特性和气象条件来确定。移苗和定植后到缓苗前,为促进新根生长,要以保墒保温为主,一般不灌溉;缓苗后,灌一次缓苗水,以促进植株生长;此后,应根据作物种类确定灌溉时期。茄果和瓜类蔬菜在果实生长盛期,需水量最大,应及时定额灌溉。菠菜、芹菜、茎用莴苣等绿叶蔬菜,随着生长量的增长需水量增加,应逐渐增加灌溉次数和加大灌溉量。

气象条件决定了植物生长速率和需水量,早春气温低,植物生长相对缓慢,阴雨天气多,空气湿度大,土壤蒸发量小,宜减少灌溉;4、5月份后,气温逐渐升高,植物生长加快,通风换气次数增加,土壤蒸发量和叶片蒸腾量大,应逐渐增加灌溉;夏秋季,棚内温度高,植物生长迅速,土壤蒸发量大,应经常灌溉。

从表11.1可以看出,蔬菜植物最适土壤含水量相当于田间最大有效持水量(简称田持)的50%～80%。根据我们的调查,绝大部分菜农决定开始灌溉的时期时往往出现2个明显误区,一是开始灌溉的土壤含水量偏高,相当于田持的70%,这一点可能与过去进口蔬菜种子价格高,栽培上追求稀植高水肥有关;二是通常根据表层土壤干湿程度(0～10 cm)定性地确定是否应该灌溉。正确的方法,应该根据30 cm深度土壤含水量或简易张力计的读数,来科学确定是否灌溉。由于不同蔬菜作物以及不同生育期和气象条件,对土壤水分含量高低的反应不同,同时还应该根据蔬菜作物对水分反应的生理来确定,如番茄、黄瓜等叶色发暗,中午呈萎蔫状表明已缺水,应及时灌溉。

表 11.1　土壤有效田间持水量与蔬菜作物生长发育的关系

相当于土壤有效田间持水量/%	植物生长发育状况
< 30	缺水胁迫,作物生长缓慢甚至停止,产量严重降低
30～50	对某些蔬菜作物来说,水分供应不完全充足
50～80	最适水分含量
80～100	水分含量过高,可能引起根系缺氧
>100	水分供应过多,严重缺氧

引自:Agrowetter,2003。

(2)灌溉量。与蔬菜的种类、生育期、气象条件及土壤水分物理状况有关。当土壤完全为干土时,针对沙壤土和壤土而言,一次100 mm的灌溉量可以分别达到40 cm和33 cm深度(表11.2);事实上菜农往往在土壤含水量仍然高达田间最大持水量60%～70%时即开始灌溉,那么,一次100 mm的灌溉量则可分别达到大约120 cm和100 cm深度。田间条件下,当土壤原始含水量较高时,一次50 mm的灌溉量即可以达到100 cm土层深度(图11.3)。

表 11.2　完全干土时,一定灌溉量的灌溉水渗流深度　　　　　　　　　　cm

土壤类型	平均田持/%	灌溉量/mm		
		100	200	400
沙土	10	100	200	400
沙壤土	25	40	80	160
壤土	33	33	66	132
壤质黏土	50	20	40	80
黏土	55	19	38	76
泥炭	80	12	25	50

目前,设施蔬菜主要以大水漫灌的沟灌、畦灌方式为主,一季的灌溉总量高达 1 000 mm,单次灌溉量则高达 100～150 mm,可入渗到 2 m 以下的土壤深度,造成养分(尤其是氮素)大量淋失和强烈的土壤硝化反硝化损失。灌溉水量应以 30 cm 处土壤含水量比作物生长最适水分含量的上限稍高即可,例如相当于田间最大持水量的 90%(表 11.1),而超过土壤田间最大持水量,则必然导致许多水溶性养分淋失。土壤过湿,棚内空气湿度增大,根系生长不良,病害发生严重。灌溉过少,土壤过干,植株长势弱,并逐渐萎蔫干枯,甚至死亡。

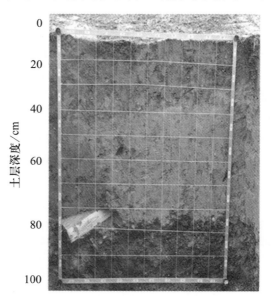

图 11.3　田间条件下,一次 50 mm 灌溉可达到 100 cm 土层深度

引自:Flury,1992。

(3)灌溉时间。冬春季节气温低,作物生长缓慢,蒸腾蒸发量小,宜少浇水,维持土壤含水量介于最大田间持水量的 50%～70% 即可;一般选择晴天中午进行灌溉,清晨、傍晚和阴雨天不宜灌溉,以免降低地温,增加棚内空气湿度,影响作物生长;灌溉后,要适时通风换气,降低大棚空气湿度。夏秋季节温度高,作物生长迅速,需水量大,应及时灌溉,宜在清晨或下午日落后或无阳光照射时灌溉为宜;切忌中午灌溉,因为中午棚内蔬菜、空气和土壤温度都较高,灌入冷水后,土壤温度骤降,根系活动减弱,水分吸收减慢,而蔬菜作物由于温度较高,蒸发大,往往造

成"生理干旱",引起"火烧病",植株受伤,生长不正常。

(4)水源质量。大棚蔬菜棚内几乎无天然降雨,主要靠人工灌溉,要求灌溉水清洁、无病虫害、无重金属等,以免引起灌溉水污染而影响蔬菜生长。通常,灌溉水的水源是池塘、河江内的水和井用地下水。无论是冬春季还是夏秋季,利用深层地下水进行灌溉一般均有良好的效果。当然,对于地下水含盐量高的滨海地区,由于地下水含盐量高,则不宜使用地下水。对于某些地下水已受严重污染的地区,除了要重视灌溉水中是否含有害和有毒物质,同时在计算肥料施用量时,还应考虑灌溉水中可能含有的大量养分元素。另外,冬、春低温季节最好在棚内放一水缸,先将灌溉水贮存在水缸内,使灌溉水与气温达到一致后再用于灌溉,以免灌入冷水,引起生理危害。

由于近20年来,集约化设施蔬菜生产区盲目灌溉和施肥,导致地下水和地表水富营养化十分严重(图 11.1),寿光市设施蔬菜每年通过地下水灌溉带入的氮素高达 $100 \sim 150$ kg/($hm^2 \cdot$ 年),在确定施肥量时必须考虑灌溉水所带入系统的养分数量。

(5)灌溉方式。大棚蔬菜常用的灌溉方法有漫灌、沟灌、渗灌和滴灌等。随着种植水平、技术改进和认识提高,生产上过去常常见到的大棚漫灌方式已逐渐减少,沟灌已经成为较常用的灌溉方法。沟灌就是将水直接灌入大棚畦沟中,水分在沟内通过渗透渗入畦内。大棚沟灌要求畦沟平直,否则难以自流灌溉。沟灌多在大棚栽培番茄、黄瓜等蔬菜成株期需水量大时应用。这种灌溉方法操作简单,成本较低,但需水量较大,也易引起大棚内空气湿度增加。沟灌时,灌溉量不能太大,以免引起大水漫灌,病害发生;冬春季温度较低时不宜采用沟灌(不得不采用沟灌须在中午进行,并控制灌溉量,避免积水),夏秋季高温期间沟灌应在傍晚进行。此外,对有土传病害的大棚内不宜进行沟灌。

在某些技术水平较高和栽培经验较丰富的地区,已经开始或尝试使用渗灌方式,就是在大棚地内的地下 40 cm 处埋设带孔波纹塑料管道。大棚需水时打开阀门,水分通过地下带孔管道,均匀地灌到土壤中。渗灌的优点是土壤中、下层水分充足,土表略干燥,空气湿度低,有利于植株根系生长,减少杂草和病害发生。随着栽培技术的进一步提高和滴灌设施的进一步完善,以节水节肥和减少农药施用量的滴灌技术将得到进一步的推广应用。滴灌是一种新型的灌溉方式,它是将水经加压过滤,通过一系列的主、支管输水系统和膜下铺设的滴管,使水一滴一滴滴入蔬菜根系集中区域(0~30 cm)附近的土壤,满足蔬菜生长发育对水分的要求。滴灌适宜于有一定株行距的茄果类、瓜类等蔬菜。滴灌具有以下优点:第一,省水。滴灌是一滴一滴灌入植株根部,仅湿润植株根部,可避免发生地表径流和渗漏,减少水分蒸发,提高水资源利用率。第二,省工、省力。滴灌灌溉,可以实行全自动或半自动灌溉,灌溉效率高,减少用工,减轻劳动强度。第三,改变田间小气候,提高灌溉质量。滴灌可以做到适时、适量、适速灌溉,有利改变土壤中的固、液、气三相比例,土壤不易板结,土质保持疏松,团粒结构好,有利根系生长。大棚蔬菜滴灌还可以降低土壤湿度和棚内空间相对湿度,减轻病害发生。而且,滴灌灌溉只湿润根系附近土壤,其余部分保持干燥,可以减少杂草生长。第四,可与追肥相结合,并可节省肥料。结合滴灌进行施肥,可以减少养分流失,提高肥效,减少肥料用量,降低成本。因此,滴灌施肥技术节水、节肥、增产效果十分明显,同时还可以降低农药施用量和过量施肥,有效地保护环境和提高产品质量。

11.3 设施蔬菜养分过量现状

11.3.1 氮肥投入远远高于作物需求

在集约化和规模化的蔬菜生产模式下,农民的生产管理仍停留在传统的经验意识上,缺乏科学合理的指导。设施蔬菜生产过程中,过量施肥的现象非常普遍。相对于露地栽培而言,保护地栽培产出高,生产上往往采用高投入的栽培模式,由此造成肥料施用量(尤其是氮肥),远远高于作物需求量。据报道,寿光市日光温室番茄生产中每季氮素投入量高达 2 200 kg/hm²,远远超过植株地上部带走量(朱建华,2002)。近年来,尽管氮肥施用量呈下降的趋势,但是,综合寿光 1996—2005 年日光温室施肥的调查资料表明,果菜类设施蔬菜平均每季养分投入化肥氮仍然高达 1 200 kg/hm²(何飞飞,2006),是作物地上部带走量的 5 倍。北京地区保护地蔬菜氮素平均投入量为 725 kg/hm²(吴建繁,2001),而根据 2003 年以来公开发表的文献数据统计,京津唐地区日光温室番茄传统大水漫灌栽培模式下,氮肥平均施用量高达近 720 kg/hm²,0～100 cm 土壤硝酸盐残留量高达 1 000 kg/hm²;滴灌施肥栽培模式下,氮肥每季平均施用量和土壤硝酸盐残留量则分别降低到 500 kg/hm² 和 300 kg/hm²(图 11.4)。

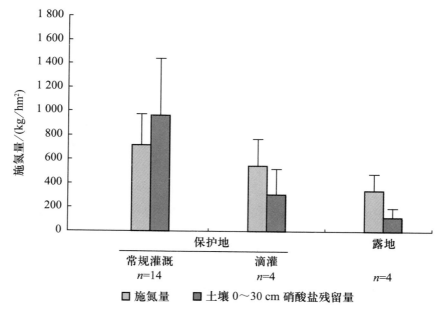

图 11.4 传统大水漫灌和滴灌对保护地番茄每季施氮量和土壤硝酸盐残留量的影响

注:图中 *n* 为有效文献样本数;引自:朱建华,2002;曹兵,2006;何飞飞,2006;吴建繁,2006;
虞娜,2006;周博,2006;栗岩峰,2007;张学军,2007;郭全忠,2008;闫炬,2008;
袁丽萍,2008;姜慧敏,2009;闫炬,2009;张剑,2009;王安,2010;姜慧敏,2010。

11.3.2 氮磷钾比例失调,氮、钾损失严重

设施大棚蔬菜生产中,肥料施用量大已是不争的事实。然而,氮磷钾投入比例不科学往往被忽视。尤其是大棚番茄生产中钾肥的投入量不足,氮磷钾的比例严重失调。北京地区保护地蔬菜氮素(N)平均投入量为 725 kg/hm²,磷肥(P₂O₅)投入量约为 500 kg/hm²,钾肥(K₂O)投入量约为 259 kg/hm²,氮磷钾的比例约为 1:0.69:0.36(吴建繁,2001)。河北藁城地区,大棚番茄的养分投入比例约为 1:0.31:0.32(李红梅,2006)。近年来,山东寿光地区设施菜田磷钾投入量大幅度上升,土壤速效磷、钾的积累十分明显,分别达到了 250~300 mg/kg 和 600~800 mg/kg,但是氮磷钾比例仍然不合理(1:0.5:1)。而且,各地设施蔬菜生产指南所建议 1:0.35:0.59,与合理氮磷钾比例也相差甚远(表 11.3)。以上诸多调查结果表明,目前保护地大棚番茄生产中养分投入比例与蔬菜的吸收比例相差很大,某些地区磷素投入比例过大,远大于蔬菜吸收比例,而钾素供应比列远低于吸收比例。过量的氮素供应和低的钾素投入会直接影响到蔬菜的品质及产量,引起不必要的经济损失,而长期大量磷素的供应会造成土壤表层磷素的大量富集,从而对环境产生潜在威胁。

表 11.3　我国典型农户、德国菜农、各地生产指南和建议调整后的施肥方案中氮磷钾比例

项目	N:P₂O₅:K₂O
典型农户	1:0.42:0.42
德国菜农	1:0.28:1.93
生产指南	1:0.35:0.59
调整方案	1:0.38:1.81

11.3.3 表层土壤缺失,有机肥投入量高

设施大棚建造过程中造成的表层土壤缺失,导致菜农大量投入以膨化鸡粪为主的有机肥(何飞飞,2006)。通过对河北省大棚蔬菜施肥的调查发现,在大棚蔬菜生产中,有机肥养分施入量占施肥总量的 61%~88%(张彦才,2005)。北京市菜地有机肥同样主要以鸡粪为主,而不同田块有机肥施用量差异很大,一般在 7.5~11.2 t/hm²,最高的达 37.5 t/hm²(陈新平,1996;王柳,2003)。山东寿光,1996—2005 年鲜鸡粪平均施用量为 150 m³/hm²(何飞飞,2006)。家禽中速效养分的含量很高,其中 NH₄⁺-N 占全氮比例高,而 NH₄⁺-N 会在几周内迅速转化成 NO₃⁻-N(Sims J T,1994;Lin 等,2004)。尤其在夏季休闲季期间,高温高湿条件下土壤矿化能力强,有机肥中的速效养分会在很短的时间被释放出来,而农民在移栽前往往会进行一次大水漫灌,这大大增加了 NO₃⁻-N 淋洗的风险。而目前大多数菜农并没有意识到有机肥所提供养分的数量,在施用大量有机肥的情况下并没有减少化学肥料的投入。此外,长期过量施用膨化鸡粪导致土壤质量严重退化,如土壤 C/N 失衡、pH 上升和盐分累积,进而导致部分微量元素缺乏。

11.3.4 大水大肥导致土壤质量退化,植物抗逆性下降

大水大肥将造成氮钾肥损失十分严重,农民常规施肥条件下,每年氮素(N)的表观损失量

为 1 800 kg/hm²,其中硝态氮的淋洗损失量达 450 kg/hm²。由此也就不难理解,山东寿光深层地下水硝酸盐含量超标率,已从 1996 年的 20% 增加到 2009 年的 70%(图 11.1)。其他氮素损失,如反硝化气态损失和氨挥发也应相当可观。然而,至今尚未见到有关设施蔬菜氨挥发和反硝化气态损失研究的有效报道。总结寿光长期定位试验的结果发现,设施蔬菜钾素(K)的淋洗量每年高达 120 kg/hm²(王敬国,个人交流)。上述氮钾的损失,造成了资源的严重浪费,且对大气和水环境造成极大威胁。此外,氮磷钾养分的大量使用和积累,导致部分中微量元素的生理性缺乏,例如过量钾的累积对镁的生物有效性产生了影响,镁缺乏的现象常常发生。过量灌溉还可能导致部分微量元素如硼的不足。植物营养的不平衡是导致病虫害严重发生的另外一个重要因素。

水肥过量投入,加上长期种植单一种作物,还导致土壤质量下降,包括以土壤生物群落失衡而产生的土壤生物学障碍(土传病害的严重发生)和土壤盐渍化。土壤生物学障碍因素的频繁发生,使得农民不得不使用大量的农药,从而对农产品质量产生危害。为避免土壤盐渍化的发生,农民必须采取大水漫灌的方式来洗盐,每年从设施菜田淋洗的盐分含量高达 7.89 t/hm²(王敬国,个人交流)。这种方式尽管暂时避免了盐渍化的发生,但导致土壤的严重酸化。滴灌措施在设施菜田推广不开,除了技术上较为复杂以外,土壤盐渍化的产生也是一个最重要的原因。

此外,大水大肥一方面还将造成土壤含水量高、根际缺氧,大棚空气湿度大,易使蔬菜产生叶霉病、霜霉病、灰霉病和病毒病等(张光星等,2000)。保护地番茄灰霉病发生规律的调查结果表明,当空气相对湿度>95%、温度<25℃时,将促进灰霉病发生和流行;当温度提高到 28℃ 以上,空气湿度下降到 90% 以下时,灰霉病的发生即明显受阻(张丽,2003)。另一方面,过量的水肥,造成植株地上部鲜嫩,虫害频繁发生,作物地上部和地下部抗逆性严重下降。

总之,设施大棚蔬菜生产过程高投入导致的土壤退化、植物抗逆性下降、病虫害频繁发生,已严重威胁了广大菜农赖以生存的基地,有限的土地使得长期以来"弃旧棚建新棚"的想法已不现实,探索节水节肥减药型的设施蔬菜水碳氮综合管理已成必由之路。

11.4　以水调氮,以碳调土,设施蔬菜水氮综合管理迫在眉睫

滴灌施肥是 20 世纪 70 年代,首先在以色列逐步发展起来的一项先进灌溉施肥技术。滴灌施肥技术是将滴灌和施肥结合在一起,在灌溉的同时将肥料配成肥液,按照一定的比例将水肥一起输送到作物根部土壤,供作物根系直接吸收利用。根据作物不同生育期需水需肥特点、土壤条件和气象要素,制定灌溉定额、频率和单次灌溉时间;同时,依据目标产量、作物营养生理和土壤肥力,确定肥料数量、灌溉量和水肥比(表 11.4)。滴灌施肥可以精确控制灌溉水量、施肥量和灌溉及施肥时间,有效地降低根层土壤无机氮残留量(隋方功,2001)、大棚湿度和土壤含水量,减少农药的使用量(原保忠,2000;李红梅,2006),降低养分的损失,减轻土壤和地下水硝酸盐污染(Bravdo B,1993;Sharmasarkar F C,2001;樊惠,2006),显著提高水肥利用效

率,达到高产、优质、高效的目标。然而,由于我国主要蔬菜作物不同生育期养分需求规律和需水特性所积累的基础资料不足,以及我国北方地区滴灌水矿化度较高可能造成滴灌点堵塞,制约了滴灌施肥技术在我国的应用推广。此外,滴灌施肥还要根据土壤潜在养分供应状况,对肥料养分比例进行调整,并且所选用的肥料要有很好的溶解性,确保几种肥料混合后的液体肥料要有高浓缩、无沉淀、养分含量充足且浓度和比例合适等特点。目前,关于各种蔬菜的灌溉专用肥配方,以及与之配套并结合灌溉制度的灌溉施肥技术等方面的研究还较少,尚未形成一套完整的滴灌施肥技术体系。

据此,以传统灌溉施肥模式为对照,采用滴灌施肥一体化栽培管理模式,对山东省寿光市一年两季设施番茄产量、土壤硝态氮残留、氮素表观平衡、经济和环境效益进行比较分析。旨在为解决设施蔬菜生产中大水大肥和大量使用农药的问题,提供理论依据和可行的技术途径。本试验中,滴灌处理大幅度地减少了氮肥的投入量,增加了钾肥的施用量,N:P:K 比例为1:0.8:2.3,是番茄作物对 N、P、K 需求的最佳比例(李家康,1997);而模拟传统大水漫灌处理的 N:P:K 施肥比例为 1:0.33:0.9,施氮量远远高于作物本身对氮肥的需求。

表 11.4　滴灌液含氮量、滴灌液数量与单位面积氮肥(N)投入量　　　　　kg/hm²

滴灌液数量/mm	滴灌液含氮量/(mg/L)						
	20	40	60	70	80	90	100
20	4	8	12	14	16	18	20
40	8	16	24	28	32	36	40
80	16	32	48	56	64	72	80
120	24	48	72	84	96	108	120
160	32	64	96	112	128	144	160
200	40	80	120	140	160	180	200
240	48	96	144	168	192	216	240
280	56	112	168	196	224	252	280
320	64	128	192	224	256	288	320
360	72	144	216	252	288	324	360
400	80	160	240	280	320	360	400
500	100	200	300	350	400	450	500
600	120	240	360	420	480	540	600
700	140	280	420	490	560	630	700
800	160	320	480	560	640	720	800

试验于 2008 年 8 月至 2009 年 8 月在山东省寿光市中国农业大学蔬菜研究院示范基地日光温室进行。日光温室种植面积为 950 m²(95 m×10 m),一年两季种植番茄。2008 年 8 月份至 2009 年 1 月份为秋冬季,番茄品种为"农大 47",留 4 穗果;2009 年 1 月至 7 月为冬春季,番茄品种为"倍盈",留 6 穗果。日光温室中间用阳光板隔开,分为滴灌区和漫灌区两部分。试验开始前,0～30 cm 土壤基本理化性状为碱解氮 174 mg/kg,土壤 pH 值 8.32,有机质 9.28 g/kg,EC 321 μS/cm,速效磷 130 mg/kg,交换性钾 181 mg/kg。

11.4.1　试验方案、材料与方法

试验采用裂区设计,设 2 个主处理和 3 个副处理。主处理分别为滴灌施肥一体化和传统漫灌施肥处理(以下分别简称为滴灌处理和漫灌处理)。漫灌处理为菜农传统畦灌,灌溉量和灌溉时期模拟当地农户传统习惯,根据番茄品种特性、长势以及气候状况确定追肥时期和追肥量。漫灌区两季灌溉总量和氮肥投入总量分别为 935 mm 和 1 676 kg/hm²。滴灌处理依据目标产量法估算作物整个生育期内的需肥和需水总量,然后根据作物不同生育期的需肥需水需肥规律将其分配到每天进行滴灌施肥;同时,根据作物的营养生理特点,确定肥料品种及比例。在滴灌处理实际操作过程中综合考虑土壤剖面硝态氮残留量、气象因素等,平均每 1~3 d 滴灌施肥一次。通过在滴灌处理各小区内埋设张力计(张力计陶土头埋置 20 cm 深)来指示土壤水分变化、确定是否灌溉施肥。当张力计读数(早 10:00)达到控制灌水上限−25 kPa 时开始灌溉,而在阴雨雪天气不进行滴灌。滴灌液含氮量和滴灌数量取决于作物生育期和气象条件,以此来调整滴灌数量(表 11.4)。为使土壤与基肥能够充分接触融合以及确保定植苗成活,定植和缓苗水仍采用传统灌溉,而后再进行滴灌施肥处理。两季滴灌处理的灌溉总量和化学氮肥投入总量分别为 598 mm 和 299 kg/hm²。

蔬菜生产过程中,往往大量使用优质商品有机肥(鸡粪,约合含氮 250 kg/hm²)作为基肥。考虑到大棚栽培条件下,土壤温度和湿度高,土壤有机质矿化快,为了调节土壤碳氮比,在主处理滴灌和漫灌区分别设置有机肥、有机肥＋小麦秸秆、有机肥＋玉米秸秆 3 个副处理。具体试验处理为:①滴灌有机肥处理(DM);②滴灌有机肥＋小麦秸秆处理(DMWS);③滴灌有机肥＋玉米秸秆处理(DMCS);④漫灌有机肥处理(FM);⑤漫灌有机肥＋小麦秸秆处理(FMWS);⑥漫灌有机肥＋玉米秸秆处理(FMCS)。所有处理均施用等量的商品鸡粪,2008 年秋冬季施用干鸡粪 8.2 t/hm²,折合氮 242 kg/hm²;2009 年冬春季施用干鸡粪 8 t/hm²,折合氮 263 kg/hm²。添加秸秆的处理,每季分别添加相当于含碳 3 144 kg/hm² 的小麦和玉米秸秆。在移栽前,上述鸡粪和经粉碎的秸秆均匀撒施地表后,立即旋耕。

漫灌处理,选用 N:P₂O₅:K₂O 比例分别为 16:16:16 和 16:8:18 的复合肥作为基肥和追肥。滴灌处理,基肥均为普钙(P₂O₅ 含量为 12%)和硫酸钾(K₂O 含量为 52%),追肥为滴灌专用肥(N:P₂O₅:K₂O 比例为 17:6:31)。其中 2008 年秋冬季漫灌处理基施复合肥 2 165 kg/hm²,追施复合肥 4 307 kg/hm²;滴灌处理基施磷肥 200 kg/hm²,基施钾肥 150 kg/hm²,追施滴灌肥 951 kg/hm²;2009 年冬春季漫灌处理基施复合肥 1 894 kg/hm²,追施复合肥 2 110 kg/hm²,滴灌处理钾肥用量与 2008 年秋冬季相同,磷肥基施用量调整为 P₂O₅ 150 kg/hm²,追施滴灌肥 801 kg/hm²。滴灌区与漫灌区均采用传统畦栽方式,畦长 10 m,畦宽 1.4 m,宽行 0.8 m,窄行 0.6 m,畦间距为 0.3 m。滴灌区与漫灌区株距分别为 0.35 m 和 0.45 m。在番茄移栽定植后,及时去除多余枝杈和底部老叶并根据节气及市场行情决定预留果穗数,在番茄长出预留果穗数后及时封顶;在第一穗果膨大后,每隔 7~10 d 进行追肥和喷施杀菌剂(主要防治番茄叶霉病和晚疫病)。其中,滴灌处理视发病情况酌情用药。

土壤和灌溉水的采集与无机氮测定:移栽前,在滴灌区与漫灌区分别选取 3 个点分 0~30、30~60 和 60~90 cm 土层采集土壤样品;在番茄开花期、初果期、盛果期和收获期每采样区选择 3 个采样点,在距植株主根 10 cm 处采集 0~30、30~60 和 60~90 cm 土壤样品,土壤样品混匀后,装入采样袋密封,带回实验室,立即过 5 mm 筛,称取 20 g 左右新鲜土样于铝盒中,在 105℃下烘干 12 h,测定土壤含水量;同时称取 12.00 g 新鲜土样于 200 mL 塑料瓶中,加入 0.01 mol/L $CaCl_2$ 溶液 100 mL,振荡 1 h 后过滤,滤液置-18℃冰柜内冷冻贮存,以备后期用流动分析仪(型号:TRAACS2000)测定滤液中无机氮含量。每次漫灌处理灌溉时取水样,保存与测定方法同土壤滤液。

植株干物质测定:每小区内相邻两畦的内侧两行分别为采样区和测产区。在番茄植株由营养生长向生殖生长过渡期(开花)和拉秧时,在每采样区的中间位置采集具有代表性植株 2 株,将根、茎、叶(包括已经摘除的底部老叶片)、果实分开,用自来水冲洗干净后晾干装入大信封内,在 105℃杀青 30 min 后,于 70℃下烘干,称重。烘干样品粉碎后,过 0.5 mm 筛,阴凉干燥处密封保存,用浓 $H_2SO_4-H_2O_2$ 联合消煮法,凯氏定氮法测定植株全氮含量。

产量及品质测定:每次收获时,对各测产区(14 m²)分别记产,并测定番茄大小果情况,番茄果实大小果评定标准依据国家番茄商品品质标准(GB8550—88)进行分等。

氮素表观平衡的计算:由于日光温室内番茄根系较浅,淋出 0~90 cm 土层的氮素视为损失。表观氮素平衡=氮素输入-氮素输出,式中:氮素输入为移栽前 0~90 cm 土壤无机氮残留、化肥氮素、有机肥氮素和灌溉水带入氮素;氮素输出为作物地上部带走氮素和收获后 0~90 cm 土壤无机氮残留。其中有机肥氮素矿化分 100% 和 40% 2 种情况计算。

11.4.2 结果与分析

经统计分析,副处理(秸秆类型)之间,两季番茄产量及总产量差异不显著。据此,选用 14 m² 的测产小区内番茄的果数和产量做统计分析,将添加秸秆的 2 个副处理作为重复,以下仅比较主处理(滴灌与漫灌)和 2 个副处理之间的差异。由于试验大棚 2008 年秋冬茬番茄定植时间比普通农户晚一个月,仅留 4 穗果,而 2009 年冬春茬留 6 穗果,2009 年冬春茬番茄产量显著高于 2008 年秋冬茬(图 11.5)。无论是 2008 年秋冬茬,还是 2009 年冬春茬,滴灌处理番茄产量均显著高于漫灌处理,全年累积增产 19.6%。

2008 年秋冬茬,滴灌处理坐果总数、大果数和中果数显著高于漫灌处理,小果数处理间差异不显著;2009 年冬春茬,滴灌处理坐果总数和中果数显著高于漫灌处理,特大果数、大果数和小果数处理间差异不显著(表 11.5)。一般而言,中果数在番茄座果总数和产量构成中占有举足轻重的作用,滴灌处理二茬中果总数高于漫灌处理 32%。

2008—2009 年不同水肥管理模式的各项费用投入及番茄产值情况见表 11.6。经济效益分析主要包括两个方面,一是因节省投入所产生的经济效益,二是因作物增产和品质改善所获得的产出增加值。从投入的角度看,本试验条件下,传统漫灌处理全年总投入为

88 229 元/hm²,而滴灌处理全年总投入为 82 174 元/hm²,滴灌处理生产性总投入比传统漫灌处理降低了 7%。从全年各项投入来看,肥料支出占总支出比重最大,其次为种苗。尽管滴灌处理中所施用的滴灌专用肥平均单价高达 6.74 元/kg,远远高于漫灌处理 3.49 元/kg,但是滴灌处理施肥总量仅为 3 227 kg/hm²,显著低于漫灌处理 10 476 kg/hm²(表 11.6)。此外,从全年灌溉量来看,滴灌处理二茬灌溉总量为 599 mm,比漫灌处理 935 mm,节约 36% 的灌溉水量,每年每公顷可节约 3 355 m³ 的地下水。目前,寿光市农业灌溉用水并未收取水费,收取的仅仅是灌溉水电费,其经济效益尚无法直接反映出来,但从节约水资源及环境保护的角度来看,滴灌处理节水增效的潜力仍然相当可观。

从产出的角度,滴灌处理显著提高了番茄的产量 19.6%,总产出 250 822 元/hm²,远远高于漫灌处理(189 219 元/hm²),净经济效益提高了 33%。

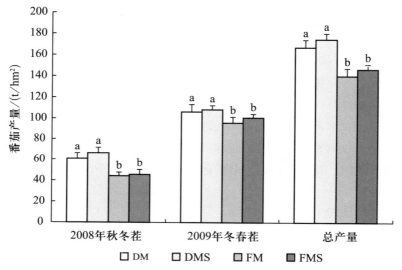

图 11.5　14 m² 范围内不同处理对 2008—2009 年秋冬茬和冬春茬番茄产量及总产量的影响

注:柱形图上,同一生长季不同小写字母表示不同处理的果实产量差异显著($P < 0.05$)。

表 11.5　14 m² 范围内不同处理对番茄大小果的影响

项目	坐果总数	特大果数	大果数	中果数	小果数
2008 年秋冬季					
滴灌处理	627[A]	0	172[a]	361[A]	94[a]
漫灌处理	424[B]	0	121[b]	203[B]	100[a]
2009 年冬春季					
滴灌处理	1 174[A]	16[a]	211[a]	802[A]	144[a]
漫灌处理	1 063[B]	23[a]	222[a]	675[B]	143[a]
全年					
滴灌处理	1 800[A]	16[a]	383[a]	1 163[A]	238[a]
漫灌处理	1 487[B]	23[a]	343[a]	878[B]	243[a]

注:同一列中,同一生长季数据肩标不同大、小写字母表示不同处理的番茄果数差异显著($P < 0.01$ 和 $P < 0.05$)。

表 11.6　　**两种灌溉模式下的投入及经济效益分析**　　　　　　　　元/hm²

项目	滴灌处理			传统处理		
	单价/元	数量	总计/元	单价/元	数量	总计/元
种苗①	0.4	77 143	30 857	0.4	62 857	25 143
滴灌设备②			5 415	0		0
化肥	6.74	3 227	21 744	3.49	10 476	36 606
鸡粪	0.98	14 848	12 529	0.98	14 848	12 529
秸秆③	1.21	6 176	7 463	1.2	6 176	7 463
水费④	0.24	6 000	1 466	0.24	9 355	2 288
农药⑤			2 700			4 200
总投入			82 174			88 229
总产量效益⑥	1.94	171 868	332 996	1.94	143 650	2 774 448
净经济效益			250 822			189 219

注:①2008 年种苗为研究院实验品种,免费提供,2009 年为自行购买;②滴灌设备的总投入是 1 805 元,使用年限 5 年;③肥料投入中包括了的秸秆投入;④水分投入的价值按当地电费投入计算,4.5 m³ 水/(kW·h),1.1 元/(kW·h);⑤所用农药的品种较多,价格差异大,此处未分别列出单价;⑥总产量效益＝产量×平均价格(秋冬季 2.0 元/kg,冬春季 1.9 元/kg)。

　　滴灌处理全年化学氮肥投入总量为 299 kg/hm²,显著低于漫灌处理 1 676 kg/hm²,节约氮肥 80%(表 11.7)。2009 年收获后,滴灌处理 0～90 cm 土壤剖面中 NO_3^--N 残留量为(572±46) kg/hm²,显著低于漫灌处理(1 075±51) kg/hm²(图 11.2、表 11.7)。由于漫灌处理灌溉水量大于滴灌处理,灌溉水所带入的无机氮也高于滴灌处理。两处理间,植物吸氮量差异不大,滴灌处理略高于滴灌处理。

　　氮素表观平衡是评价氮肥合理施用与否的关键,也是优化氮肥管理技术的重要指标。在估算氮素表观平衡时,为了比较客观地反映有机肥矿化所提供的植物有效性氮量,必须考虑有机肥矿化速率,根据文献报道,本文在计算氮素表观平衡时,将有机肥氮素年矿化率假定为 40% 和 100%。当有机肥年矿化率为 40% 时,漫灌处理全年平均氮素表观盈余高达(999±61) kg/hm²,而与其相比,滴灌处理全年平均氮素表观盈余为(−46±40) kg/hm²;当有机肥年矿化率为 100% 时,漫灌处理全年平均氮素表观盈余高达(1 302±61) kg/hm²,而滴灌处理则为(257±40) kg/hm²,大大降低了氮素淋洗的风险。

11.4.3　大面积推广滴灌施肥的必要性

　　无论秋冬茬还是冬春茬,滴灌处理番茄产量均显著高于漫灌处理,全年总产量累积增加19.6%(图 11.4),并显著提高了中果数的数量(表 11.5)。这与 Silber 等的研究,滴灌施肥可以提高作物产量、品质和养分吸收量的结果相一致(Silber A,2003)。与漫灌处理相比,滴灌施肥一体化栽培模式节水节肥效果十分明显,两季累积节水 37.2%,节约氮肥 80%(表11.7),这与许恩军(许恩军,2004)等关于滴灌施肥与畦灌施肥相比,可减少大棚蔬菜栽培环境下 30%～40% 的灌溉量一致。若改变滴灌处理定植水和缓苗水的灌溉方式,采用"穴滴"的方式对移栽穴进行局部湿润,节水幅度会更大。

表11.7 2008—2009年两种灌溉体系表观氮素（N）平衡

kg/hm²

处理	氮素输入						氮素输出		表观氮平衡	
	移栽前0~90 cm 残留 N_{min}	有机肥	秸秆	化学氮肥 基肥	化学氮肥 追肥	灌溉水 带入氮	作物 携出氮	收获后0~90 cm 残留 N_{min}	A 100%	B 40%
2008年秋冬季										
DM	407[a]	242	0	0	163	39	193[a]	572[B]	86	−59
DMS	407[a]	242	80	0	163	39	191[a]	564[B]	96	−49
FM	482[a]	242	0	346	689	43	152[b]	1 339[A]	311	166
FMS	482[a]	242	80	346	689	43	155[b]	1 471[A]	176	31
2009年冬春季										
DM	572[B]	263	0	0	136	32	257[a]	604[b]	142	−16
DMS	564[B]	263	95	0	136	32	268[a]	539[b]	188	30
FM	1339[A]	263	0	303	338	76	246[a]	1 039[a]	1 034	876
FMS	1471[A]	263	95	303	338	76	257[a]	1 111[a]	1 083	925
全年										
DM	407[a]	505	0	0	299	72	450[a]	604[b]	229	−74
DMS	407[a]	505	175	0	299	72	459[a]	539[b]	285	−18
FM	482[a]	505	0	649	1 027	119	398[a]	1 039[a]	1 345	1 042
FMS	482[a]	505	175	649	1 027	119	412[a]	1 111[a]	1 259	956

注：①表观氮平衡中，A代表有机肥及秸秆100%矿化，B代表有机肥及秸秆40%矿化，其中秸秆的氮素不计入其中。
②同一个生长季内，同一列中数据肩标不同字母大、小写字母表示差异显著（$P<0.01$ 和 $P<0.05$）。

本试验中,滴灌处理大幅度地减少了氮肥的投入量,增加了钾肥的施用量,N:P:K 比例为 1:0.8:2.3,是番茄作物对 N、P、K 需求的最佳比例(李家庚,1997);而模拟传统大水漫灌处理的 N:P:K 施肥比例为 1:0.33:0.9,施氮量远远高于作物本身对氮肥的需求。根据作物不同生育期需水需肥特点、土壤条件和气象要素,制定灌溉定额、频率和单次灌溉时间;同时,依据目标产量、作物营养生理和土壤肥力,确定肥料数量和水肥比的滴灌施肥一体化栽培模式,能够适时适量给植物生长提供所需的水分和养分,达到持续、稳定和恒量供应植物水肥的目的,克服了传统大水漫灌栽培模式水肥供应的间歇性和脉冲性对植物生长可能造成的不利影响和不良环境条件(张学军,2004)。滴灌施肥一体化栽培模式,降低了土壤含水量,增加了土壤通透性,改善了大棚湿度,进而增强了植物根系活力和抗病虫害能力(李加林,2002),为大棚蔬菜高产稳产创造了良好的生长环境条件。

滴灌处理不仅提高番茄产量,而且显著降低了 0～90 cm 土壤剖面硝酸盐残留量和硝酸盐潜在淋失量(图 11.2,表 11.7)。科学施肥和灌溉的原则是最大限度地满足植物生长对水肥的需求,其理论基础是根据作物不同生育期需水需肥特性、土壤肥力和气候条件来决定灌溉和施肥量(李加林,2002)。一般而言,有丰富生产经验的菜农根据植物长势确定的施肥时期和施肥量大体正确,然而,由于单次灌溉量明显高于土壤最大田间持水量,过量的灌溉导致大量氮肥残留在 0～90 cm 土壤剖面甚至淋失到 90 cm 以下土层。与传统大水漫灌施肥栽培模式相比,滴灌施肥一体化栽培模式,一个轮作周期后,0～90 cm 土壤剖面硝态氮残留降低 50%(图 11.2)。此外,滴灌施肥一体化模式,还显著降低了氮素表观盈余量(表 11.7),大大降低了硝酸盐淋失至 90 cm 以下土体的潜在风险。这与前人关于表观氮素损失量随施氮量增加而增加,施氮量为 200～800 kg/hm^2 时,氮素表观损失量与供氮量成正相关关系的结果相一致。尤为重要的是,滴灌施肥一体化栽培模式,由于降低土壤含水量和土壤硝酸盐残留量,可能会大幅度地减少温室气体 N$_2$O 排放量。

11.5 展　　望

国内 20 世纪 80 年代后期和 90 年代早期,曾经进行过滴灌施肥的试验研究,然而,此项技术并没有在生产实践中得到大规模的应用,究其原因主要在于:①过去的试验中所采用的滴灌施肥模式基本上沿袭了传统的一水一肥的模式,仅仅是小幅度地增加了滴灌施肥的频率,降低了水肥单次的使用量,不同于本项研究中根据天气条件和作物不同生育期对水肥的日需求量进行施肥灌溉;②由于华北地区灌溉水矿化度较高,不采取有效的措施可能会导致滴灌口堵塞,本项研究中通过添加适当数量的硫酸溶液调节了灌溉水的 pH 值,从而解决了由于灌溉水矿化度较高可能造成的滴灌口堵塞这一问题;③20 世纪 90 年代早期,滴灌设备成本较高、番茄价格相对较低,使得滴灌施肥栽培模式的经济效益不明显,甚至降低。

目前,随着工业化进展和生活水平的提高,滴灌设备价格大幅度下降、番茄价格大幅度提高,为大面积推广应用滴灌施肥一体化栽培模式提供了较为宽松的技术、经济条件。在滴灌施肥一体化栽培模式生产性总投入比传统漫灌处理降低了 7% 的同时,显著提高了番茄的产量 19.6%,净经济效益提高了 33%。从图 11.6 可以看出,设定滴灌和漫灌栽培模式每季灌溉量分别为 400～500 和 800～900 mm,对于滴灌栽培模式,氮肥(N)施用量达到了 200～

400 kg/(hm² · 季),即可获得最高产量,此时 0～90 cm 土壤硝酸盐(N)残留量保持在大约 250 kg/(hm² · 季);而对于漫灌栽培模式而言,由于过量灌溉导致大量氮素淋失,施用 200～ 400 kg/(hm² · 季)时,仅仅能获得大约 50% 的产量,要想获得相应的产量必须加大氮肥施用 量,当氮肥(N)施用量达到 700～900 kg/(hm² · 季),可以获得类似的产量,而硝酸盐残留量 可能高达 750 kg/hm² 左右。要想达到降低氮肥投入、减少硝酸盐在土壤中的残留,并提高产 值和效应,必须从减少灌溉量,制定与作物生长、气象条件和土壤性状相匹配的科学合理的灌 溉方案,因地制宜地调整灌溉液养分含量和灌溉量(表 11.4)。在制定灌溉施肥方案和实施 时,应该参考以下几项原则:①准确掌握作物不同生育期水分和养分的周需求规律;②了解产 区土壤特性和气象条件;③通过调整株距,适当提高移栽密度 25%;④了解肥料溶解性差,确 定合理的养分配比,制定科学合理的每周与每日需水量和需肥量;⑤灌溉水矿化度较高时,易 造成滴灌点堵塞,应采取适当措施;⑥改变一家一户的种植模式,更能体现灌溉施肥一体化节 约劳动力、减少投入和优化水肥管理的优势。

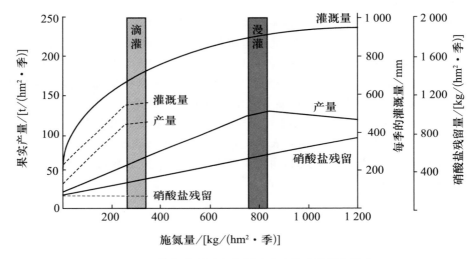

图 11.6　施氮量对果实产量及硝酸盐残留量的影响

注:图中虚线和实线分别代表滴灌和漫灌模式。上述数据仅针对没受到污染的新大棚,不适合污染严重的老菜地。

11.6　致　　谢

感谢科技部国家科技支撑计划项目(2006BAD07B03,2008BADA6B02)的资助。

参 考 文 献

[1] 曹兵,贺发云,徐秋明,等. 南京郊区番茄地中氮肥的效应与去向. 应用生态学报,2006, 17(10):1839-1844.

[2] 陈新平,张福锁. 北京地区蔬菜施肥的问题与对策. 中国农业大学学报,1996,1

(5):63-66.

［3］ 董章杭,李季,孙丽梅. 集约化蔬菜种植区化肥施用对地下水硝酸盐污染影响的研究——以"中国蔬菜之乡"山东省寿光市为例. 农业环境科学学报,2005,24(6):1139-1144.

［4］ 杜连凤,张维理,武淑霞,等. 长江三角洲地区不同种植年限保护菜地土壤质量初探. 植物营养与肥料学报,2006,12(1):133-137.

［5］ 樊惠. 滴灌条件下氮素调控对日光温室生菜生长及品质的影响. 北京:中国农业大学,2006.

［6］ 郭全忠,张建平,陈竹君,等. 肥水调控对日光温室番茄土壤养分和盐分累积的影响. 西北农林科技大学学报:自然科学版,2008,36(7):111-117.

［7］ 何飞飞,肖万里,李俊良,等. 日光温室番茄氮素资源综合管理技术研究. 植物营养与肥料学报,2006,12(3):394-399.

［8］ 何飞飞. 设施番茄周年生产体系中的氮素优化及环境效应分析. 北京:中国农业大学,2006.

［9］ 姜慧敏,张建峰,杨俊诚,等. 施氮模式对番茄氮素吸收利用及土壤硝态氮累积的影响. 农业环境科学学报,2009,28(12):2623-2630.

［10］ 姜慧敏,张建峰,杨俊诚,等. 不同施氮模式对日光温室番茄产量、品质及土壤肥力的影响. 植物营养与肥料学报,2010,16(1):158-165.

［11］ 李红梅. 河北藁城大棚番茄滴灌施肥综合管理栽培模式评价. 硕士生论文. 北京:中国农业大学,2006.

［12］ 李俊良,朱建华,张晓晟,等. 保护地番茄养分利用及土壤氮素淋失. 应用与环境生物学报,2001,7(2):126-129.

［13］ 李家康,陈培森,沈桂琴,等. 几种蔬菜的养分需求与钾素增产效果. 土壤肥料,1997(3):3-7.

［14］ 李加林,孙洪平,任其英,等. 大棚温室双上孔软管滴灌技术的应用. 节水灌溉,2002(4):35-36.

［15］ 李廷轩,周健民,段增强,等. 中国设施栽培系统中的养分管理. 水土保持学报,2005,19(4):70-75.

［16］ 栗岩峰,李久生,李蓓. 滴灌系统运行方式和施肥频率对番茄根区土壤氮素动态的影响. 水利学报,2007,38(7):857-864.

［17］ 刘兆辉. 山东大棚蔬菜土壤养分特征及合理施肥研究:博士学位论文. 北京:中国农业大学,2000.

［18］ 马文奇,毛达如,张福锁. 山东大棚蔬菜施肥中存在的问题及对策. 平衡施肥与可持续优质蔬菜生产. 北京:中国农业大学出版社,2000:41-47.

［19］ 闵炬,施卫明,王俊儒. 不同施氮水平对大棚蔬菜氮磷钾养分吸收及土壤养分含量的影响. 土壤,2008,40(2):226-231.

［20］ 闵炬,施卫明. 不同施氮量对太湖地区大棚蔬菜产量、氮肥利用率及品质的影响. 植物营养与肥料学报,2009,15(1):151-157.

［21］ 任涛. 设施番茄生产体系氮素优化管理的农学及环境效应分析. 硕士学位论文. 北京:

227

中国农业大学,2007.

[22] 隋方功,王运华,长友诚,等. 滴灌施肥技术对大棚甜椒产量与土壤硝酸盐的影响. 华中农业大学学报,2001,20(4):358-362.

[23] 汤丽玲. 日光温室番茄的氮素追施调控技术及其效益评估. 北京:中国农业大学,2004.

[24] 王安,张兰英,王虎,等. 不同氮肥用量对蔬菜硝酸盐累积的影响研究. 水土保持研究,2010,17(2):252-254.

[25] 王柳,张福墁,高丽红. 京郊日光温室土壤养分特征的研究. 中国农业大学学报,2003,8(1):62-66.

[26] 吴建繁,王运华,贺建德,等. 京郊保护地番茄氮磷钾肥料效应及其吸收分配规律研究. 植物营养与肥料学报,2000,6(4):409-416.

[27] 吴建繁. 北京市无公害蔬菜诊断施肥与环境效益分析. 武汉:华中农业大学,2001.

[28] 许恩军,闫鹏,孔晓民,等. 大棚蔬菜滴灌施肥技术的效应分析. 中国土壤与肥料,2004,2:37-43.

[29] 虞娜,张玉龙,邹洪涛,等. 温室内膜下滴灌不同水肥处理对番茄产量和品质的影响. 干旱地区农业研究,2006,24(1):60-65.

[30] 原保忠,康跃虎. 番茄滴灌在日光温室内耗水规律的初步研究. 节水灌溉,2000,3:25-27.

[31] 袁丽萍,米国全,赵灵芝,等. 水氮耦合供应对日光温室番茄产量和品质的影响. 中国土壤与肥料,2008(2):69-72.

[32] 张福墁. 设施园艺学. 北京:中国农业大学出版社,2001:16-17.

[33] 张光星,王靖华,薛亚明,等. 浅析我国设施蔬菜生产中存在的问题与对策. 沈阳农业大学学报,2000,31(1):140-143.

[34] 张剑,邹文武,邵歆. 氮水平对大棚番茄产量和品质的影响. 上海农业科技,2009,(3):85-86.

[35] 张丽,贾菊生,方德立,等. 保护地番茄灰霉病的发生与防治研究. 新疆农业科学,2003,40(1):38-41.

[36] 张学军,赵桂芳,朱雯清,等. 菜田土壤氮素淋失及其调控措施的研究进展. 生态环境,2004,13(1):105-108.

[37] 张学军,赵营,陈晓群,等. 滴灌施肥中施氮量对两年蔬菜产量、氮素平衡及土壤硝态氮累积的影响. 中国农业科学,2007,40(11):2535-2545.

[38] 张彦才,李巧云,翟彩霞,等. 河北省大棚蔬菜施肥现状分析与评价. 河北农业科学,2005,9(3):61-67.

[39] 赵明,蔡葵,王文娇,等. 有机无机肥配施对番茄产量和品质的影响. 山东农业科学,2009,12:90-93.

[40] 周博,陈竹君,周建斌. 水肥调控对日光温室番茄产量、品质及土壤养分含量的影响. 西北农林科技大学学报:自然科学版,2006,36(4):58-62.

[41] 朱建华. 蔬菜保护地氮素去向及其利用研究. 北京:中国农业大学,2002.

[42] Bravdo B. Use of drip irrigation in orchards. Hort. Tech.,1993,3(1):44-49.

[43] Ju X T，Liu X J，Zhang F S. Nitrogen fertilization，soil nitrate accumulation，and policy recommendations. Ambio，2004，33(6)：300-305.

[44] Lin S，Dittert D，Wu W L，*et al*. Added nitrogen interaction as affected by soil nitrogen pool size and fertilization-significance of displacement of fixed ammonium. J. Plant Nutr. Soil Sci，2004，167：138-146.

[45] Sharmasarkar F C，Sharmasarkar S，Miller S D，*et al*. Assessment of drip irrigation and flood irrigation on water and fertilizer use efficiencies for sugar beets. Agric. Water Mana.，2001，46：241-251.

[46] Silber A，Xu G，Levkovitch I，*et al*. High fertigation frequency the effects on uptake of nutrients，water and plant growth. Plant Soil，2003，253：467-477.

[47] Sims J T，Wolf D C. Poultry Waste management：Agricultural and environmental issues. Advance Agronomy，1994，52：2-83.

[48] Zhang W L，Tian Z X，Zhang N. Nitrate pollution of groundwater in northern China. Agriculture，Ecosystems Environment，1996，59(3)：223-231.

第12章

长期高氮素投入对土壤碳氮平衡和土壤性质的影响

任　涛　陈　清　王敬国

12.1　引　言

　　蔬菜生产已成为我国农业发展中最重要的产业之一,从 1980 年蔬菜播种面积 310 多万 hm^2,总产量 8 062.6 万 t,到 2005 年的 1 821.6 万 hm^2 的播种面积,58 325.5 万 t 的总产量,只经历了 20 多年的发展(中国农业统计年鉴,2006)。蔬菜产业的迅速发展,带动了当地农村经济的快速发展和农民的致富。但是在整个发展中投入的成本也是非常的惊人,调查显示寿光地区平均每季化肥氮投入量为 1 257 kg/hm^2(何飞飞,2006),山西省保护地化肥年投入纯养分高达 1932.9 kg/hm^2(杨治平等,2007),河北省设施黄瓜和番茄的平均每季的施氮量分别为 1 269 和 996 kg/hm^2(张彦才等,2005)。葛晓颖(2009)汇总的全国数据显示整个蔬菜体系中氮肥(N)、磷肥(P_2O_5)和钾肥(K_2O)的最大施肥量可达 4 958、6 570 和 9 126 kg/hm^2,进一步计算出我国蔬菜体系年消费达 688 万 t 氮肥,404 万 t 的磷肥和 316 万 t 的钾肥,其中化学氮肥 615 万 t,磷肥 357 万 t,钾肥 255 万 t。取得显著成果的同时,付出的代价也是昂贵的。除了浪费大量的资源外,所带来的环境问题、土壤质量退化的问题也是非常的严重。Guo 等(2010)中就提到过量的氮肥投入是造成我国农田土壤酸化的重要原因,而在设施蔬菜生产中这种现象更加明显。此外还有地下水硝酸盐污染(徐福利等,2003;刘兆辉,2000;寇常林,2004;Zhu 等,2005;刘宏斌等,2006;何飞飞,2007)、土壤次生盐渍化(黄锦法等,2003;郭文龙等, 2005;王辉等,2005;余海英等,2006;范庆锋等,2009)、土壤有机质含量及碳氮比降低(樊德祥等,2008;雷宝坤,2008)、温室气体的排放(He 等,2009)等。

　　上面的很多数据源于面上的调查,面上的调查对整个体系提供了初步的认识,却无法解释体系变化的原因。长期定位试验则提供了一个有效平台,系统研究整个体系的投入与支出及土壤各个养分库的变化。Edmeades(2003)总结了世界范围内的 14 个长期定位试验的结果,研究了不同有机肥和化肥对土壤肥力和生产力的影响,认为对于有机肥施用可以改善土壤肥力的结论不能一概而论。Blair 等(2006)则利用多个长期定位试验先后系统研究了不同的管理措施对土壤碳、氮以及土壤物理肥力的影响,则认为有机肥的施用可以明显增加土壤有机质含量以及改善土壤的结构,提高土壤的物理肥力。关焱等(2004)概述了国内外近年来关于长期施肥条件下土壤养分库的动态与平衡方面的结果,发现长期施用氮肥能显著增加土壤中无机氮含量,但对土壤有机氮含量影响较小。文章也提到了很多争论,在不同的气候区、土壤类型以及种植体系下,长期施用有机肥以及化学氮肥对土壤有机氮库的影响也不尽相同。

相对于粮田,设施菜田是一个更加开放的人工生态系统,但是对于在这种高投入体系下长期施肥对土壤肥力和作物生产力的研究却相对较少。葛晓光等(2004)利用在沈阳的设施蔬菜的长期定位试验研究了土壤有机质、蔬菜产量以及蔬菜生态系统的变化发现,设施土壤有机质的年矿化率要明显高于露地菜田,配施磷钾肥可以在一定程度上增加土壤有机质含量,但是必须以连年施用有机肥为基础,同时通过对各个处理养分盈余与亏缺计算、土壤肥力的监测,提出了良性循环的设施蔬菜系统:掌握好配施肥料的 N/K,3~4 年配施一次常量磷肥,有机质含量达到 40~50 g/kg 之间的情况下每年按 10% 的矿化率增补有机肥。研究明确了有机肥施用在整个设施蔬菜生产体系中的非常重要的作用,但是过量有机肥投入带来的环境问题却是文中所忽略的。而本文则利用在寿光的 6 年的设施番茄根层氮素调控的长期定位试验,详细分析了不同处理下养分的投入与支出以及土壤养分库的变化,由于试验中出于控制根层无机氮的浓度适当控制了有机肥的投入量,因此对于重新认识有机肥、化肥在整个高投入体系中的作用,为提高设施蔬菜的养分利用效率,改善土壤质量,减少环境风险,实现设施蔬菜的可持续发展提供依据。

12.2 材料与方法

12.2.1 试验温室及供试作物

本试验于 2004 年 2 月开始在山东省寿光市古城街道罗庄村进行,到目前为止已连续进行了 13 季的番茄生产。2004 年试验开始前 0~10 cm 土壤的基础理化性状为:有机质 18.3 g/kg、全氮 1.37 g/kg、硝态氮 112 mg/kg、速效磷 437 mg/kg、速效钾 299 mg/kg。

供试作物为番茄(*Lycopersicum esculentum* Mill.),每季番茄的栽培品种由农户根据当地销售较好的品种自行选择,2004 年 2 月至 2010 年 6 月 13 个生长季节的番茄品种和生产日期见表 12.1。栽培模式为传统的双行畦栽,畦宽 1.0 m,畦间距 0.4 m,行距 0.6 m,普通番茄品种的株距为 0.35~0.40 m,樱桃番茄的株距为 0.30~0.35 m。田间管理按照农户传统的经验进行,每年的 2 月份至 6 月份为冬春番茄,8 月份至来年 1 月份为秋冬季番茄,7 月份为休闲季,具体的田间操作见何飞飞(2006)、任涛(2007)和桑晓明(2009)。

12.2.2 试验处理

试验设置了 4 个处理:①对照(CK),不施有机肥(鸡粪)和化学氮肥。②有机肥处理(MN),只施用风干鸡粪做基肥,将鸡粪均匀撒施后翻耕,不追施化学氮肥。2006 年秋冬季开始,基肥增施小麦秸秆,将粉碎成 1~5 cm 的小麦秸秆和鸡粪均匀撒施后翻耕。13 个生长季节

表 12.1　　**2004 年冬春季至 2010 年冬春季山东寿光设施番茄主要栽培品种及生产日期**

年份	生长季节	品种	移栽日期	收获日期	
				收获开始	收获结束
2004	冬春季	852	2004 年 2 月 15 日	2004 年 5 月 7 日	2004 年 6 月 10 日
	秋冬季	189	2004 年 8 月 8 日	2004 年 10 月 27 日	2005 年 1 月 21 日
2005	冬春季	金鹏 1 号	2005 年 2 月 5 日	2005 年 5 月 6 日	2005 年 6 月 11 日
	秋冬季	布鲁斯特	2005 年 8 月 5 日	2005 年 10 月 22 日	2006 年 1 月 21 日
2006	冬春季	千禧	2006 年 2 月 13 日	2006 年 4 月 27 日	2006 年 6 月 19 日
	秋冬季	布鲁斯特	2006 年 7 月 30 日	2006 年 10 月 11 日	2007 年 1 月 22 日
2007	冬春季	千禧	2007 年 2 月 8 日	2007 年 4 月 22 日	2007 年 6 月 18 日
	秋冬季	布鲁斯特	2007 年 7 月 30 日	2007 年 10 月 29 日	2008 年 1 月 29 日
2008	冬春季	千禧	2008 年 2 月 17 日	2008 年 5 月 20 日	2008 年 6 月 18 日
	秋冬季	布鲁斯特	2008 年 8 月 8 日	2008 年 11 月 2 日	2009 年 1 月 15 日
2009	冬春季	罗曼	2009 年 2 月 3 日	2009 年 5 月 4 日	2009 年 6 月 5 日
	秋冬季	布鲁斯特	2009 年 8 月 1 日	2009 年 11 月 3 日	2010 年 1 月 19 日
2010	冬春季	罗曼	2010 年 1 月 29 日	2010 年 5 月 16 日	2010 年 6 月 17 日

风干鸡粪的投入量分别为 8、11、8、11、5、8、8、8、8、8、10、8 和 8 t/hm²,从 2006 年秋冬季开始 8 个生长季节小麦秸秆的施用量分别为 2、2.5、4、2、4、4、4 和 4 t/hm²。③优化氮素处理(RN): 基肥施用同 MN 处理相同量的风干鸡粪,采用根层氮素调控的方法确定生育时期的化学氮素 追施量。从 2006 年秋冬季开始,处理进一步裂区为添加小麦秸秆处理(RN+S)和不添加小麦 秸秆处理(RN),即 RN+S 处理中基肥增施同 MN 处理相同量的小麦秸秆,而 RN 处理则仅施 用同 MN 处理相同的风干鸡粪,生育时期的化学氮肥追肥同主处理相同。整个过程中的根层 氮素管理方法参考 Ren 等(2010)。④传统氮素处理(CN):基施有机肥用量同 MN 处理,化肥 用量根据当地农户调查结果,每次追施化学氮肥(N)120 kg/hm²。追肥时期根据番茄品种特 性、长势以及气候状况由农户确定。从 2006 年秋冬季开始,处理同样裂区为添加小麦秸秆处 理(CN+S)和不添加小麦秸秆处理(CN),小麦秸秆的添加量同 MN 处理相同,裂区的化学氮 肥追施同主处理相同。6 个处理 13 个生长季节的具体氮素投入量见表 12.2。

　　试验设置 3 个重复,主试验为随机区组排列,由于温室面积有限,优化氮素处理和传统氮 素处理小区面积分别为 54.6 m²(5 畦),有机肥处理小区面积为 32.8 m²(3 畦),对照处理小区 面积为 21.8 m²(2 畦)。裂区的加秸秆处理和不加秸秆处理小区面积分别为 32.8 和 21.8 m²。不同小区之间采用 30 cm 的塑料膜隔离。除 2004 年秋冬季施用复合肥(15—15— 15)外,其余生长季节的氮肥品种均为尿素。各小区磷、钾肥施用量相同,分别为 300 kg P₂O₅ 和 400 kg K₂O,从 2009 年冬春季开始,各小区的磷(P₂O₅)、钾肥(K₂O)用量变为 180 kg 和 300 kg。磷肥和钾肥则分别选用过磷酸钙和硫酸钾。

表12.2 2004年冬春季至2010年冬春季山东寿光设施番茄不同处理外源氮的投入

kg/hm²

处理	投入	来源	2004年 冬春季	2004年 秋冬季	2005年 冬春季	2005年 秋冬季	2006年 冬春季	2006年 秋冬季	2007年 冬春季	2007年 秋冬季	2008年 冬春季	2008年 秋冬季	2009年 冬春季	2009年 秋冬季	2010年 冬春季	平均
CK	氮的投入	化肥氮	0	0	0	0	0	0	0	0	0	0	0	0	0	0
		鸡粪氮	0	0	0	0	0	0	0	0	0	0	0	0	0	0
		灌溉水氮	56	118	54	177	165	133	144	82	25	39	135	99	185	110
		总量	56	118	54	177	165	133	132	109	25	39	135	99	185	110
MN	氮的投入	化肥氮	0	0	0	0	0	0	0	0	0	0	0	0	0	0
		鸡粪氮	260	360	316	258	162	311	154	310	146	143	270	190	146	233
		秸秆氮	—	—	—	—	—	—	—	—	—	—	—	—	—	22
		灌溉水氮	56	118	54	177	165	133	144	82	25	39	135	99	185	110
		总量	316	478	370	435	327	456	308	417	180	202	441	323	360	354
RN	氮的投入	化肥氮	328	160	127	201	138	207	211	100	150	150	200	200	150	182
		鸡粪氮	260	360	316	258	162	311	154	310	146	143	270	190	146	233
		秸秆氮	—	—	—	—	—	—	—	—	—	—	—	—	—	—
		灌溉水氮	56	118	54	177	165	133	144	82	25	39	135	99	185	110
		总量	644	638	497	636	465	651	509	492	321	382	605	489	481	527
RN+S	氮的投入	化肥氮	—	—	—	—	—	—	178	150	200	200	200	200	150	174
		鸡粪氮	—	—	—	—	—	—	154	146	143	143	270	190	146	209
		秸秆氮	—	—	—	—	—	—	10	9	20	20	36	34	29	22
		灌溉水氮	—	—	—	—	—	—	144	25	39	39	135	99	185	105
		总量	—	—	—	—	—	—	486	330	402	402	641	523	510	510
CN	氮的投入	化肥氮	870	720	630	720	600	600	540	480	600	600	700	480	720	635
		鸡粪氮	260	360	316	258	162	311	154	310	146	143	270	190	146	245
		秸秆氮	—	—	—	—	—	—	—	—	—	—	—	—	—	—
		灌溉水氮	56	118	54	177	165	133	144	82	25	39	135	99	185	109
		总量	1 186	1 198	1 000	1 155	927	1 200	838	872	771	782	1 105	769	1 051	989
CN+S	氮的投入	化肥氮	—	—	—	—	—	—	540	480	600	600	700	480	720	590
		鸡粪氮	—	—	—	—	—	—	154	310	146	143	270	190	146	228
		秸秆氮	—	—	—	—	—	—	12	10	9	20	36	34	29	22
		灌溉水氮	—	—	—	—	—	—	144	82	25	39	135	99	185	105
		总量	—	—	—	—	—	—	848	897	780	802	1 141	803	1 080	945

12.3　结果与分析

12.3.1　长期高氮素投入对设施土壤有机碳和全氮的影响

从图 12.1 中可以看出,随着土层深度的增加,土壤的有机碳呈现降低的趋势,以 0～10 cm 的土壤有机碳含量最高。在试验开始时(2004 年 4 月),除了由于地力不均造成 30～60 cm 土层 CK 处理土壤有机碳明显高于其他处理外,其余各层各处理间有机碳差异不显著。经过连续 6 年的番茄种植后发现,0～10 cm 中 CK 处理土壤有机碳明显低于其他各处理,但其他各处理之间差异不显著;10～30 cm 中,以 RN 处理土壤有机碳含量最高,显著高于 CK 和 CN 处理;不同处理对 30～60 cm 土壤有机碳含量并没有任何显著性的影响。进一步对比了同一处理不同年份的土壤有机碳含量发现,与 2004 年相比,CK 处理 0～10 cm 和 30～60 cm 的土壤有机碳均显著降低,CN 处理 0～10 cm 土壤有机碳显著性的增加,而其余处理则没有显著性的增加,表明在设施条件下,不施用有机肥必然会导致土壤有机碳含量降低,而常年的连续施用鸡粪仅能维持土壤有机碳稳定。

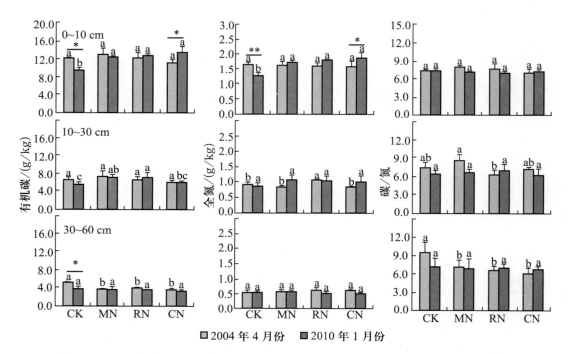

图 12.1　2004 年冬春季至 2010 年冬春季山东寿光设施番茄不同处理土壤剖面有机碳、全氮和碳氮比的变化

注:同一个图中相同年份的不同字母表示处理之间差异显著($P<0.05$);＊＊表示同一处理 2004 年和 2010 年经过 t 检验差异极显著($P<0.01$),＊表示差异显著($P<0.05$), 没有标注表明同一处理 2004 年和 2010 年经过 t 检验差异不显著。

引自:Ren 等,2010。

同有机碳的变化趋势相同,随着土层深度的增加,土壤全氮呈降低的趋势。地力不均的问题同样影响着土壤全氮的分布,在试验开始前,10~30 cm中RN处理的土壤全氮含量明显高于其他处理,其他土层各处理之间均没有显著性的差异。经过6年的连续种植后,0~10 cm土层中CK处理的土壤全氮含量显著低于其他各处理,而10~60 cm各处理之间则没有显著性的差异。对比同一处理不同年份的变化发现,与2004年相比,CK处理2010年0~10 cm土壤全氮含量明显降低,CN处理0~10 cm土壤全氮含量则显著增加,其余各处理及各土层土壤全氮含量均未发生显著性变化。

与土壤有机碳和全氮的变化趋势不同,各土层之间土壤C/N比差异不大,2004年试验开始前各土层的平均C/N比分别为7.48、7.30和7.36。由于试验开始前土壤肥力不均,造成10~60 cm各处理C/N存在一定差异。但是在2010年,各土层的各处理之间均没有显著性的差异,而与2004年相比,也均未发生明显的变化。

12.3.2   长期高氮素投入对设施土壤有机碳和全氮储量的影响

根据土壤有机碳和全氮的含量以及土壤的容重估算了2004—2010年土壤有机碳和全氮储量的变化(表12.3)。在过去的6年时间内,CK和MN处理土壤有机碳储量分别减少了13.1和2.2 t/hm²,MN处理土壤有机碳减少的主要原因是由于常年的连续耕作导致土壤容重的降低,而CK处理则主要是由于土壤有机碳含量的降低。RN和CN处理土壤有机碳储量变化不大,分别增加了0.8和1.7 t/hm²。在目前的设施番茄种植条件下,CK、MN、RN和CN处理的土壤有机碳累积的速率分别为-2.17、-0.37、0.14和0.28 t/(hm²·年)。对于土壤全氮储量,除了CK处理土壤全氮储量降低外,其余3个处理土壤全氮储量均增加,其中以MN处理增加幅度最大,达0.82 t/hm²。各处理土壤氮的累积速率分别为-0.10、0.14、0.00和0.06 t/(hm²·年)。

表12.3　**2004年冬春季至2010年冬春季山东寿光设施番茄不同处理**
土壤剖面有机碳和全氮储量的变化　　　　　　　　t/hm²

年份	土层/cm	有机碳储量				氮储量			
		CK	MN	RN	CN	CK	MN	RN	CN
2004年4月	0~10	17.2±0.2	18.5±1.8	17.3±1.8	15.7±1.2	2.36±0.11	2.32±0.17	2.27±0.17	2.25±0.27
	10~30	18.8±1.3	20.8±3.7	18.8±2.0	17.3±1.3	2.61±0.21	2.41±0.15	3.04±0.07	2.43±0.05
	30~60	23.7±0.6	17.8±0.5	18.1±0.9	16.8±1.8	2.50±0.29	2.52±0.33	2.79±0.37	2.78±0.14
2010年1月	0~10	12.2±0.9	16.0±1.5	16.4±0.6	17.5±1.3	1.66±0.10	2.26±0.04	2.34±0.05	2.4±0.21
	10~30	16.5±1.5	20.9±2.2	21.6±3.5	18.2±1.3	2.63±0.28	3.17±0.52	3.15±0.50	3.02±0.61
	30~60	18.0±2.8	18.0±2.9	17.1±0.1	15.8±1.8	2.55±0.22	2.64±0.20	2.62±0.14	2.35±0.19
剖面总储量的变化		-13.1±4.5	-2.2±1.0	0.8±6.1	1.7±3.6	-0.63±0.50	0.82±0.27	0.01±0.74	0.34±0.47
累积速率/[t/(hm²·年)]		-2.17	-0.37	0.14	0.28	-0.10	0.14	0.00	0.06

引自:Ren等,2010。

12.3.3   长期高氮素投入对设施土壤有机碳组分的影响

土壤中有机碳可以分为活跃的和稳定的有机碳,活跃的有机碳是指土壤中容易被微生物利用和分解的有机碳,主要由动植物残体、枯枝落叶、残留的根系以及根系分泌物等组成。本文利用 333 mmol/L KMnO₄氧化的方法将土壤有机碳分为活跃的有机碳和稳定的有机碳两部分(图 12.2)。与土壤有机碳的分布不同,各土层之间土壤活跃有机碳含量差异不大。在试验开始前,各土层各处理之间土壤活跃有机碳含量差异不显著。经过连续 6 年的番茄种植后,0~10 cm CK 处理土壤活跃有机碳含量明显低于其他处理,而其他各处理之间差异不显著;10~30 cm 中,以 RN 处理土壤活跃的有机碳含量最高,显著高于 CK 和 MN 处理,而不同处理对深层土壤(30~60 cm)活跃有机碳的影响并不显著。与 2004 年相比,0~10 cm 土层中,RN 和 CN 处理土壤活跃的有机碳均明显增加,而 CK 和 MN 处理的活跃有机碳则未发生明显变化。10~30 cm 土层中除了 CK 处理土壤活跃有机碳明显降低外,其他处理也均未发生变化。

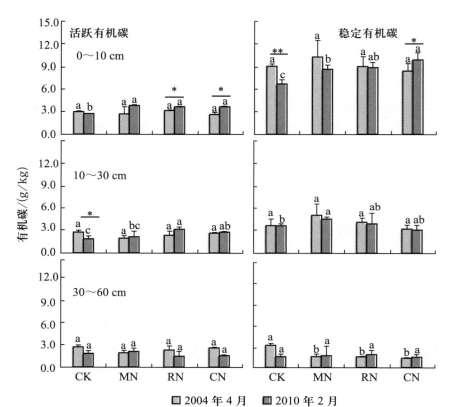

图 12.2　2004 年冬春季至 2010 年冬春季山东寿光设施番茄不同处理土壤剖面有机组分的变化

注:同一个图中不同年份的不同小写字母表示处理之间差异显著($P<0.05$);

＊＊表示同一处理 2004 年和 2010 年经过 t 检验差异

极显著($P<0.01$),＊表示差异显著($P<0.05$)。

引自:Ren 等,2010。

土壤稳定有机碳的分布与有机碳的分布相同,随着土层深度的增加,稳定有机碳含量逐渐降低。在试验开始前,0~30 cm 土层各处理土壤稳定有机碳含量差异不显著,而在深层(30~60 cm)土壤中,CK 处理的稳定有机碳则要明显高于其他处理,这可能与试验开始前土壤肥力不均以及采样误差有关。6 年之后,在 0~10 cm 表层土壤中,随着氮素投入量的增加,土壤稳定有机碳含量呈增加的趋势,各处理之间土壤稳定有机碳含量差异显著,以 CN 处理最高,CK 处理最低。在 10～30 cm 土层中则呈现出同表层相反的趋势,CK 处理稳定的土壤有机碳明显低于 MN 处理,而随着氮素施用量的增加,土壤稳定有机碳呈降低的趋势,CN 处理的稳定有机碳含量要略低于 MN 处理。而对同一处理不同年份的稳定有机碳含量进行分析发现,仅 0～10 cm 土层中 CK 和 CN 处理土壤稳定有机碳发生明显变化。与 2004 年相比,CK 处理的土壤稳定有机碳明显降低,而 CN 处理土壤稳定有机碳则明显增加。

12.3.4　长期高氮素投入对设施土壤表层土壤(0～30 cm)无机氮动态变化的影响

根层无机氮含量呈现明显的季节性变化,氮素投入则是影响根层土壤无机氮含量季节性变化的主要因素,随着氮素投入的增加,土壤无机氮含量逐渐增加(图 10.6)。综合 2004 年冬春季至 2007 年秋冬季的结果可以看出,CK、MN、RN 和 CN 处理 0～30 cm 土壤无机氮(N)的平均含量分别为 70、146、199 和 337 kg/hm^2(图 12.3)。在 2008 年冬春季至 2010 年冬春季的

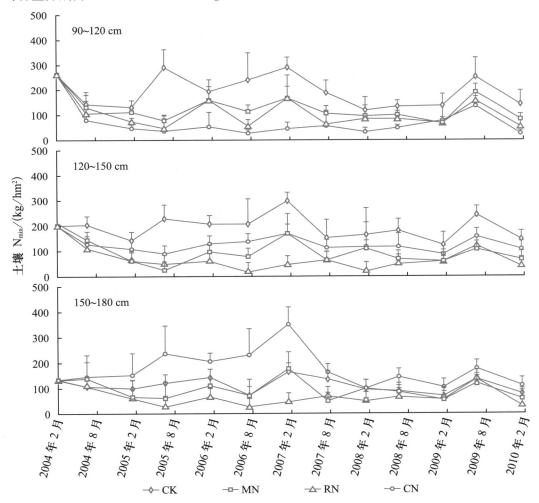

图 12.3　2004 年冬春季至 2010 年冬春季山东寿光设施番茄不同处理
收获后 90～180 cm 土壤无机氮的动态变化

注:2004—2005 年的数据引自何飞飞(2006),2009 年的数据引自王娟(2010),其余数据均未发表。

237

后续监测中,同样发现不同处理根层土壤无机氮含量基本维持在平均值的上下波动。由于CK处理不施用任何有机肥和化学氮肥,根层土壤无机氮的变化基本上反映了土壤氮素矿化的特点,可以看出随着种植年限的增加,根层土壤无机氮整体上呈现降低的趋势,这也间接反映了土壤本身氮素供应能力的减弱。MN和RN处理的土壤无机氮的动态变化趋势与CK处理基本相同,但是有机肥的施用提高了土壤的供氮能力,根层土壤无机氮维持在一个相对较高的浓度范围。RN处理由于生育时期采用根层氮素调控的方法进行施肥,因此其明显提高了生育时期的根层无机氮含量,保证了蔬菜的正常生长和稳定的产量。但CN处理则在整个周年中均维持较高的根层无机氮浓度,这也就意味着较高的环境风险。

12.3.5 长期高氮素投入对收获后深层土壤(90～180 cm)无机氮的影响

从图12.3中可以看出,在传统的设施番茄生产中,即使在90～180 cm深层土壤中依然有较高的无机氮存在,在某些季节深层土壤无机氮含量会明显增高,这也就意味着较高的环境风险。减少氮素的投入则可以明显降低深层土壤剖面的无机氮残留,但其仍然维持在一个相对较高浓度范围之内,RN、MN和CK处理90～180 cm的平均无机氮(N)含量分别为121、98和68 kg/hm²,这可能与本试验中采用的漫灌方式有关,频繁的灌溉促进了表层土壤无机氮向深层的迁移。

12.3.6 长期高氮素投入对收获后表层土壤(0～30 cm)固定态铵含量的影响

试验开始前,各处理土壤固定态铵含量并无显著性差异,土壤固定态铵的含量基本维持在124 mg/kg。经过6年的连续番茄种植后,各处理土壤固定态铵含量同样没有显著性的差异。但与2004年相比,CK和CN处理土壤固定态铵含量明显增加,尽管MN和RN处理固定态铵的含量同样增加,但由于各重复增幅不同,通过t检验的差异并不显著。不同氮素投入对各处理并没有产生明显影响,但是氮素的投入促进了土壤固定态铵含量的增加,这可能与各处理的钾肥施用量相同有关。通过土壤全氮含量与固定态铵以及无机氮含量的差减,估算了2004年冬春季和2008年秋冬季收获后0～30 cm土壤有机氮的变化发现,2008年秋冬季收获后,CK和MN处理的土壤有机氮含量要明显低于RN和CN处理,而RN和CN处理的土壤有机氮含量并没有显著性的差异,过量的氮素投入并没有促进土壤有机氮库的增加,其增加的更多的是土壤无机氮以及固定态铵的含量。与2004年相比,除了CK处理土壤有机氮含量明显降低外,其余各处理的土壤有机氮库均没有显著性的变化(数据未列出)(图12.4)。

12.3.7 长期高氮素投入对设施土壤全磷、有机磷和无机磷的影响

氮磷在植物吸收和利用方面相互影响,合理的氮肥施用可以促进植物对磷的吸收利用,而土壤中氮含量过高的情况下,磷的吸收可能会受到抑制。图12.5总结了不同氮素处理2004年冬春季至2007年冬春季收获后0～30 cm土壤全磷、速效磷、有机磷和磷吸收系数。在试验开始前,各处理土壤全磷含量并无明显差异,平均值为2.2 g/kg。随着种植年限的增加,除CK处理外,其余各处理全磷含量基本维持不变,这可能与CK处理未施用有机肥有关,因为各处理的化学磷肥的施用量相同。与全磷的变化趋势类似,CK处理的土壤速效磷和有机磷含

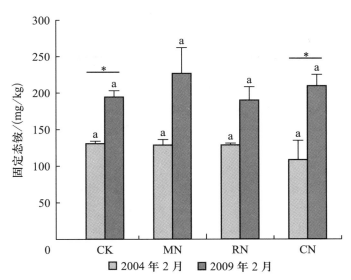

图 12.4　**2004 年冬春季和 2008 年秋冬季山东寿光设施番茄不同处理**
收获后 0～30 cm 土壤固定态铵变化（未发表数据）

注：同一个图中相同年份的相同字母表示处理之间差异不显著（$P<0.05$）；＊＊表示同一处理
2004 年和 2010 年经过 t 检验差异极显著（$P<0.01$），＊表示差异显著（$P<0.05$），
没有标注表示同一处理 2004 年和 2010 年经过 t 检验差异不显著。

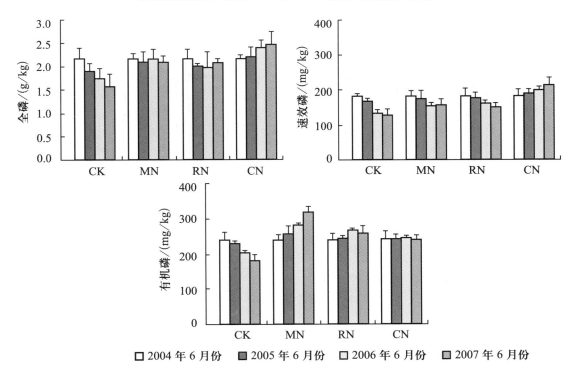

图 12.5　**2004 年冬春季至 2007 年冬春季山东寿光设施番茄不同处理**
收获后 0～30 cm 土壤全磷、速效磷和有机磷的变化

引自：王恒，2009。

239

量均呈降低的趋势,而其他处理的磷含量则基本维持不变。尽管 CK 处理的土壤速效磷呈降低的趋势,但其含量高达 128 mg/kg,仍属于高肥力水平。尽管各处理化学磷肥的施用量要高于番茄的磷素吸收量(表 12.6),但 CK 处理的全磷、速效磷和有机磷含量依然呈降低的趋势,由此可见有机肥在设施菜田磷素累积中起着非常重要的作用,但无机磷施入土壤中的转化同样值得关注。本试验研究的重点是氮素的优化管理,而忽视了磷素的合理施用,因此尽管氮肥的用量明显降低,而土壤中却维持了较高的磷的含量,这就要求设施蔬菜的养分资源综合管理,除了需要考虑氮的问题外,同样需要考虑磷钾的合理施用;除了考虑化学养分投入外,还需要考虑有机养分的带入。

12.3.8 长期高氮素投入对设施土壤全钾、缓效钾和速效钾的影响

从图 12.6 中可以看出,0～10 cm 和 10～30 cm 土壤剖面全钾含量接近,设施土壤的全钾含量要明显高于周围的粮田,这可能与设施蔬菜生产中过量的钾肥施用有关。不同氮素投入对土壤全钾含量没有明显影响。土壤的缓效钾的分布和变化同土壤全钾的趋势相同,不同处理 0～10 cm 和 10～30 cm 土壤缓效钾含量接近,但要明显高于周围粮田的缓效钾含量。进一步对土壤的速效钾进行分析发现,其剖面分布特征明显,表层土壤的速效钾含量要明显高于 10～30 cm 的含量和邻近农田的速效钾含量,农田 0～10 cm 和 10～30 cm 土壤剖面速效钾含量接近。不同氮素投入对土壤剖面的速效钾含量同样没有明显影响,但是可以看出,表层土壤的速效钾含量高达 700 mg/kg 以上,土壤钾的累积现象明显,这与前面提到的磷的问题相同,设施蔬菜的养分资源管理,除了关注氮的问题之外,同样需要注意控制磷钾的问题。

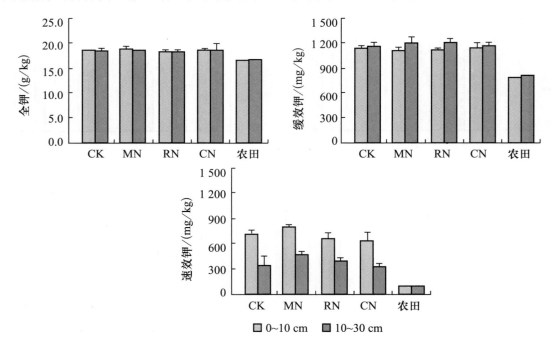

图 12.6 **2008 年 11 月山东寿光设施番茄不同处理及邻近农田 0～30 cm土壤剖面全钾、缓效钾和速效钾的含量**

引自:未发表数据。

12.3.9 长期高氮素投入对设施土壤 pH 值、CEC 的影响

2004 年冬春季至 2009 年秋冬季设施番茄表层土壤(0～30 cm)土壤 pH 值的变化如图 12.7 所示。过量的氮肥投入是导致土壤 pH 值降低的主要原因,2004 年 6 月和 2007 年 1 月传统氮肥处理(常规)的 pH 值要明显低于对照和优化处理。随着种植年限的增加,土壤整体 pH 值呈增加的趋势,2008 年 12 月份和 2010 年 1 月份各处理土壤 pH 值并没有显著性的差异,造成这种现象的主要原因可能是由于在鸡粪生产中,为了杀菌和除臭,农户往往会使用大量的石灰做垫料,导致鸡粪的 pH 值明显升高,并且 2008 年之后不断有报道披露鸡粪的生产者过量使用石灰甚至火碱膨化鸡粪,增加鸡粪的体积和重量以牟取暴利。在本试验中同样也发现相同的趋势,2008 年之后土壤 pH 值逐渐上升。2010 年在试验村子周围进行的随机鸡粪取样调查的结果发现,目前农户施用的风干鸡粪的 pH 值平均值为 7.79,最高可达 8.59,其碳酸钙含量为 76.4 g/kg。正是由于这种原因,导致了设施土壤在很高的酸化潜势下 pH 值反而升高。

为了揭示土壤 pH 值变化与土壤盐基离子的关系,进一步测定了 2008 年 11 月和 2010 年 1 月设施番茄不同处理土壤剖面的 pH 值、阳离子交换量和盐基饱和度(表 12.4)。随着土层深度的增加,土壤的 pH 值呈增加的趋势,而不同处理之间的 pH 值变化同图 12.7 所揭示的现象类似,传统氮素处理(CN)的 pH 值要略低于其他处理。试验地土壤与邻近农田 pH 值的差值为 0.1～0.4,并且 2010 年两者之间的差值较 2008 有所降低。阳离子交换量(CEC)随土壤深度的增加总体上呈减小趋势,传统处理的 CEC 值略高于其他处理,随着种植年限的增加,0～30 cm 土壤 CEC 平均增加了约 20%,其余土层也均有小幅度增加。2008 年各处理 0～30 cm 和 30～60 cm 土壤的盐基饱和度接近,要高于邻近农田的盐基饱和度,但是 2010 年时,各处理的盐基饱和度均低于邻近农田的值,优化氮素处理和传统氮素处理在 CEC 增加的情况下,盐基饱和度明显降低,可能是由于表层的盐基离子淋洗造成的。

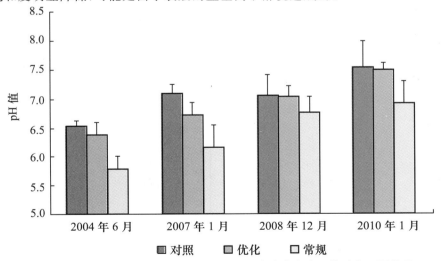

图 12.7 **2004 年冬春季至 2009 年秋冬季山东省寿光市设施番茄不同处理表层土壤(0～30 cm)pH 值的变化**

引自:林洋,2010。

表12.4 2008年末与2010年初不同处理中土壤剖面的 pH 值、阳离子交换量和盐基饱和度

	pH 值			阳离子交换量（cmol/kg）			盐基饱和度/%		
	土层/cm			土层/cm			土层/cm		
	0~30	30~60	60~90	0~30	30~60	60~90	0~30	30~60	60~90
2008 年									
CK	7.1±0.2	7.2±0.1	7.2±0.2	24.0±2.6	24.5±1.2	21.2±2.0	58.8±6.7	58.0±15.4	45.1±13.2
SN	7.0±0.1	7.1±0.04	7.2±0.1	24.2±0.8	23.1±2.6	19.6±2.1	58.2±6.4	66.5±0.6	51.8±4.0
CN	6.6±0.2	6.9±0.3	7.0±0.1	24.9±1.6	22.4±2.1	20.0±3.3	58.1±7.5	57.6±4.8	44.1±8.6
露地农田	7.3	7.4	7.5	25.1	23.4	26.8	42.2	46.4	55.0
2010 年									
CK	7.6±0.4	7.7±0.3	8.0±0.3	27.8±4.2	24.5±2.6	23.4±1.6	61.0±18.2	69.0±7.3	45.7±3.2
SN	7.5±0.1	7.6±0.3	8.1±0.6	29.3±5.5	25.9±4.2	23.1±1.4	46.1±10.7	56.1±4.1	50.7±1.5
CN	6.9±0.4	6.8±0.5	7.9±0.5	30.2±2.3	28.3±3.8	22.5±1.3	50.3±2.4	48.2±9.2	49.5±4.9
露地农田	7.3	7.7	7.8	25.8	26.7	23.0	73.4	60.8	60.5

注：CK 表示对照处理，SN 表示优化氮素处理，CN 表示传统氮素处理。露地农田为温室旁的农田，种植模式是小麦一玉米。

引自：林洋，2010。

242

12.3.10 长期高氮素投入对设施土壤表观碳氮磷钾平衡的影响

表 12.5 总结了 2004 年冬春季至 2009 年秋冬季设施番茄不同处理 0～90 cm 氮素的周年盈余。在传统的设施番茄生产中,每年通过化肥、有机肥和灌溉水带入的氮素(N)平均为 1 970 kg/hm²,造成的氮素(N)盈余也高达 1 555 kg/hm²,环境风险很严重。减少氮肥投入能明显降低氮素的表观盈余,与农民传统处理相比,根层氮素处理平均减少 46.4% 的外源氮素投入,而表观氮素盈余也减少了 59.6%。但每年的氮素盈余仍高达 666 kg/hm²,这可能与试验中仍然采用传统的漫灌有关。本试验条件下平均每年通过灌溉水带入的氮素(N)为 207 kg/hm²,灌溉水带入的氮素也是对照处理唯一的外源氮素投入,因此随着种植年限的增加,土壤的氮素供应能力减弱,其表观氮素盈余逐渐降低,多年的平均表观氮素(N)盈余仅为 −72 kg/hm²。

表 12.5 **2004 年冬春季至 2009 年秋冬季山东寿光设施番茄**
不同处理 0～90 cm 氮素表观盈余　　　　　　　　kg/hm²

项目	参数	2004 年	2005 年	2006 年	2007 年	2008 年	2009 年	平均
CK	移栽前 N_{min}(0～90 cm)	702	96	187	102	72	170	222
	外源氮素投入	174	231	298	241	64	234	207
	作物氮素吸收	342	339	349	364	364	506	377
	收获后 N_{min}(0～90 cm)	96	187	102	72	170	109	123
	表观氮素盈余	438	−199	34	−93	−398	−211	−72
MN	移栽前 N_{min}(0～90 cm)	702	139	305	366	98	165	296
	外源氮素投入	794	805	783	740	381	763	711
	作物氮素吸收	391	392	410	439	393	578	434
	收获后 N_{min}(0～90 cm)	139	305	366	98	165	145	203
	表观氮素盈余	966	247	312	570	−79	205	370
RN	移栽前 N_{min}(0～90 cm)	702	187	405	502	217	346	393
	外源氮素投入	1 282	1 133	1 116	1 016	703	1 094	1 057
	作物氮素吸收	460	415	429	455	442	605	468
	收获后 N_{min}(0～90 cm)	187	405	502	217	346	246	317
	表观氮素盈余	1 337	500	591	846	132	589	666
CN	移栽前 N_{min}(0～90 cm)	702	543	772	675	361	383	573
	外源氮素投入	2 384	2 155	2 127	1 725	1 553	1 874	1 970
	作物氮素吸收	484	373	457	445	424	611	466
	收获后 N_{min}(0～90 cm)	543	772	675	361	383	396	522
	表观氮素盈余	2 059	1 553	1 767	1 594	1 108	1 250	1 555

引自:未发表数据。

在本试验条件下,各处理化学磷肥和钾肥的投入量基本相同(表 12.6 和表 12.7),平均每年化学磷肥(P_2O_5)的投入量为 701 kg/km²,钾肥(K_2O)的投入量为 1 125 kg/hm²,已经远远超过了作物的磷钾需求量,以对照处理为例,平均每年的磷(P_2O_5)钾(K_2O)盈余可达到 545

和 565 kg/hm²。除了化学磷肥的投入量外，有机肥带入的磷和钾同样不能忽略，在本试验中平均每年有机肥带入的磷钾分别为 365 和 333 kg/hm²，因此施用有机肥处理的表观磷钾盈余明显增加，平均的磷钾盈余分别为 907 和 833 kg/hm²。

表 12.6　**2004 年冬春季至 2009 年秋冬季山东寿光设施番茄**

不同处理磷素（P₂O₅）盈余　　　　　kg/hm²

项目	参数	2004 年	2005 年	2006 年	2007 年	2008 年	2009 年	平均
CK	有机肥①	0	0	0	0	0	0	0
	化肥	821	1 120	825	540	540	360	701
	作物吸收②	146	178	175	128	144	165	156
	表观盈余	675	942	650	412	396	195	545
MN	有机肥	404	404	277	340	340	426	365
	化肥	821	1 120	825	540	540	360	701
	作物吸收	148	218	192	148	160	194	177
	表观盈余	1 077	1 307	910	732	721	592	890
RN	有机肥	404	404	277	340	340	426	365
	化肥	859	1 120	825	540	540	360	707
	作物吸收	159	212	195	147	158	186	176
	表观盈余	1 104	1 312	907	734	722	600	897
CN	有机肥	404	404	362	340	340	426	379
	化肥	978	1 120	825	540	540	360	727
	作物吸收	160	196	195	135	160	189	173
	表观盈余	1 222	1 328	991	746	720	596	934

注：①由于试验中未测定有机肥磷含量，采用《中国有机肥料养分志》中的烘干基鸡粪的磷含量进行估算。
②试验中未测定番茄植株磷含量，采用葛晓颖（2009）总结的形成 1 000 kg 番茄作物带走 1.0 kg P₂O₅进行估算。
引自：未发表数据。

表 12.7　**2004 年冬春季至 2009 年秋冬季山东寿光设施番茄**

不同处理钾素（K₂O）盈余　　　　　kg/hm²

项目	参数	2004 年	2005 年	2006 年	2007 年	2008 年	2009 年	平均
CK	有机肥①	0	0	0	0	0	0	0
	化肥	1 232	1 200	1 320	1 000	960	1 040	1 125
	作物吸收②	524	639	629	460	518	594	561
	表观盈余	708	561	691	540	442	446	565
MN	有机肥	368	368	252	310	310	387	333
	化肥	1 232	1 200	1 320	1 000	960	1 040	1 125
	作物吸收	534	783	690	535	575	697	636
	表观盈余	1 066	784	881	775	694	730	822
RN	有机肥	368	368	252	310	310	387	333
	化肥	1 141	1 200	1 320	1 000	960	1 040	1 110
	作物吸收	572	763	701	527	569	670	634
	表观盈余	936	805	871	782	701	758	809

续表12.7

项目	参数	2004 年	2005 年	2006 年	2007 年	2008 年	2009 年	平均
CN	有机肥	368	368	329	310	310	387	345
	化肥	1 352	1 200	1 320	1 000	960	1 040	1 145
	作物吸收	577	705	704	485	576	682	622
	表观盈余	1 142	863	945	825	694	745	869

注：①由于试验中未测定有机肥钾含量,采用《中国有机肥料养分志》中的烘干基鸡粪的钾含量进行估算。
②试验中未测定番茄植株钾含量,采用葛晓颖(2009)总结的形成 1 000 kg 番茄作物带走 3.6 kg K_2O 进行估算。
引自：未发表数据。

12.4 结论与展望

有机肥在维持设施菜田土壤肥力方面起着非常重要的作用,连续 6 年不施用有机肥土壤有机质和全氮的含量明显降低,这与葛晓光等(2004)提到的设施蔬菜长期定位试验结果相同,在不施用有机肥的情况下,即使施用满足蔬菜正常生长所必需的 N、P、K 养分,土壤的有机质仍会明显降低。除了设施土壤较高的有机质矿化率外,设施菜田本身碳的投入特点也是决定设施蔬菜生产中有机肥投入的重要因素,在传统的设施番茄生产中,平均每季的干物质累积量达 11.3 t/hm²,共固定碳 3.93 t/hm²,其中果实为 1.84 t/hm²,叶片和茎为 2.02 t/hm²,仅有 0.07 t/hm² 固定在根系中。但由于担心病虫害问题茎叶往往被农民直接丢弃,而果实被人们直接消费,往往只有根系残留在土壤中(任涛等,2010),有机肥就成为设施蔬菜生产中唯一的外源碳的投入。在本试验条件下,考虑到根层氮的供应,有机肥的投入量较农民传统的有机肥投入量低(周建斌等,2006;曾希柏等,2009;郭文龙等,2009),平均每季有机肥带入的氮(N)为 233 kg/hm²,但是有机肥处理基本可以保证番茄的产量,同时明显降低表观氮素损失。从环境风险的角度来看,有机肥投入是适量的。但是从土壤培肥的角度来看,连续 6 年施用风干鸡粪,土壤有机质含量并没有明显增加,表明有机肥的投入量是不足的,这可能与低 C/N 的鸡粪施用有关,常年连续施用鸡粪、猪粪对土壤有机质的贡献很小(Ajwa 和 Tabatabai,1994;Plaza 等,2005)。但是如果盲目地增加有机肥的施用量,也必然会造成一系列的环境问题(Oenema 等,2006;Steinfeld 和 Wassenaar,2007),因此如何协调有机肥的定量化投入与土壤培肥则是将来要面临的挑战。每年设施蔬菜生产中丢弃的茎和叶中含量大量的 C、N 养分,如何实现其资源化,增强设施菜田本身的养分循环也是将来需要考虑的问题。

过量的氮肥施用是设施菜田非常显著的特点,因此带来的环境问题也非常的突出(He 等,2009;Song 等,2009)。采用根层氮素管理则可以在保证产量的前提下,显著的减少设施番茄和黄瓜的化学氮肥投入量,同时降低其表观氮素损失(He 等,2007;Guo 等,2008;Ren 等,2010)。与传统氮素处理相比,根层氮素处理土壤有机碳和全氮含量并没有显著性的差异,过量的氮肥投入对设施菜田土壤有机质和全氮的增加作用并不明显,但是其氮素损失要明显高于根层氮素处理。尽管总量上没有显著性差异,但是与 2004 年相比,有机肥和化学氮肥的配合施用能促进土壤活性有机碳的增加,而高量的氮素投入则可以促进活性的碳向稳定碳的转化。这与很多文献中提到的类似,氮素对土壤有机质的提高并没有明显作用,过量的氮素投入甚至会导致土壤有机质含量的降低(McCarty 和 Meisinger,1997;Nadelhoffer 等,

1999；Hu 等，2001；Neff 等，2002；Mack 等，2004；Russell 等，2005；Dolan 等，2006；Zanatta 等，2007；Triberti 等，2008；Fonte 等，2009；Liu and Greaver，2010）。从环境以及培肥的角度来看，根层氮素管理在明显降低环境损失的同时，维持了土壤有机碳和全氮含量，同时促进了土壤活跃有机碳组分的增加。但是经过 6 年的不断耕作，土壤有机质和全氮含量并没有明显增加。同时由于在本试验条件采用传统的漫灌方式，根层氮素处理平均减少了 46.4% 的外源氮素投入，表观盈余减少了 59.6%，但每年的氮素盈余仍高达 666 kg/hm²，水分在整个养分迁移和转化过程中起着非常重要的作用，因此如何协调水、碳和氮之间的关系，通过根层调控、水肥一体化和有机肥定量化实现设施菜田土壤培肥和降低环境风险相协调。

本试验中更多的关注氮素的投入，通过根层氮素管理可以明显降低化学氮肥的投入以及表观氮素损失。但是忽略了磷钾的养分管理，因此各处理的磷钾累积和磷钾盈余的现象非常明显。这也就直接影响了土壤的盐基离子组成，加速了土壤的次生盐渍化。相对于氮在土壤中较强的移动性，磷钾在土壤中的移动性较差，其养分管理策略也较为简单，即采用恒量监控的策略（蔬菜养分资源管理）。对于磷钾的养分资源管理技术，则应更多的关注如何将该技术应用到实际生产，提高养分的利用效率，减少土壤的残留。

参 考 文 献

［1］ 范庆锋，张玉龙，陈重，等. 保护地土壤盐分累积及其离子组成对土壤 pH 值的影响. 干旱地区农业研究，2009，27(1)：16-20.

［2］ 樊德祥，依艳丽，贺忠科，等. 沈阳市郊日光温室土壤有机碳组成特征研究. 土壤通报，2008，39(4)：748-751.

［3］ 葛晓光，张恩平，张昕，等. 长期施肥条件下菜田—蔬菜生态系统变化的研究（Ⅰ）：土壤有机质的变化. 园艺学报，2004，31(1)：34-38.

［4］ 葛晓光，高慧，张恩平，等. 长期施肥条件下菜田—蔬菜生态系统变化的研究（Ⅳ）：蔬菜生态系统的变化. 园艺学报，2004，31(5)：598-602.

［5］ 葛晓颖. 我国蔬菜产业氮磷钾肥料消费现状与需求分析：硕士学位论文. 北京：中国农业大学，2009.

［6］ 郭文龙，党菊香，吕家珑，等. 不同年限蔬菜大棚土壤性质演变与施肥问题的研究. 干旱地区农业研究，2005，23(1)：85-89.

［7］ 郭文龙，党菊香，郭俊炜，等. 咸阳市温室蔬菜施肥现状调查与评价. 陕西农业科学，2009，2：123-126.

［8］ 关焱，宇万太，李建东. 长期施肥对土壤养分库的影响. 生态学，2004，23(6)：131-137.

［9］ 何飞飞. 设施番茄周年生产体系中的氮素优化及环境效应分析：博士学位论文. 北京：中国农业大学，2006.

［10］ 黄锦法，曹志洪，李艾芬，等. 稻麦轮作改为保护地菜田土壤肥力质量的演变. 植物营养与肥料学报，2003，9(1)：19-25.

［11］ 刘兆辉. 山东大棚蔬菜土壤养分特征及合理施肥研究. 北京：中国农业大学，2000.

［12］ 刘宏斌，李志宏，张云贵，等. 北京平原农区地下水硝态氮污染状况及其影响因素. 土壤

学报,43(3):405-413.

[13] 雷宝坤.设施菜田土壤有机质演变特征:博士学位论文.北京:中国农业大学,2008.

[14] 林洋.设施菜田土壤溶质运移与土壤酸化机制:硕士学位论文.北京:中国农业大学,2010.

[15] 寇长林.华北平原集约化农作区不同种植体系施用氮肥对环境的影响:硕士学位论文.北京:中国农业大学.2004.

[16] 任涛.设施番茄生产体系氮素优化管理的农学及环境效应分析:硕士学位论文.北京:中国农业大学,2007.

[17] 桑晓明.秸秆及氮肥对设施番茄的生长、氮素吸收及分配的影响:硕士学位论文.北京:中国农业大学,2009.

[18] 王恒.设施蔬菜地富磷土壤磷素淋溶特征及磷肥调控研究:硕士学位论文.青岛:青岛农业大学,2008.

[19] 王辉,董元华,安琼,等.高度集约化利用下蔬菜地土壤酸化及次生盐渍化研究—以南京市南郊为例.土壤,2005,37(5):530-533.

[20] 王娟.设施菜田土壤溶解性有机物质的淋洗特点分析:硕士学位论文.北京:中国农业大学,2010.

[21] 徐福利,梁银丽,陈志杰,等.延安市日光温室蔬菜施肥现状与环境效应.西北植物学报,2003,23(5):797-801.

[22] 杨治平,张建杰,张强,等.山西省保护地蔬菜长期施肥对土壤环境质量的影响.农业环境科学学报,2007,26(2):667-671.

[23] 余海英,李廷轩,周健民.典型设施栽培土壤盐分变化规律及潜在的环境效应研究.土壤学报,2006,43(4):571-576.

[24] 曾希柏,白玲玉,李莲芳,等.山东寿光不同利用方式下农田土壤有机质和氮磷钾状况及其变化.生态学报,2009,29(7):3737-3746.

[25] 张彦才,李巧云,翟彩霞,等.河北省大棚蔬菜施肥状况分析与评价.河北农业科学,2005,9(3):61-67.

[26] 周建斌,翟丙年,陈竹君,等.西安市郊区日光温室大棚番茄施肥现状及土壤养分累积特性.土壤通报,2006,37(2):287-290.

[27] Ajwa H A, Tabatabai M A. Decomposition of different organic materials in soils. Biol Fert Soils, 1994, 18: 175-182.

[28] Blair N, Faulkner R D, Till A R, et al. Long-term management impacts on soil C, N and physical fertility Part I: Broadbalk experiment. Soil & Tillage Research, 2006, 91: 30-38.

[29] Blair N, Faulkner R D, Till A R, et al. Long-term management impacts on soil C, N and physical fertility Part II: Bad lauchstadt static and extreme FYM. Soil & Tillage Research, 2006, 91: 39-47.

[30] Blair N, Faulkner R D, Till A R, et al. Long-term management impacts on soil C, N and physical fertility Part III: Tamworth crop rotation experiment. Soil & Tillage Research, 2006, 91: 48-56.

[31] Dolan M S, Clapp C E, Allmaras R R, et al. Soil organic carbon and nitrogen in a Minnesoota soil as related to tillage, residue and nitrogen management. Soil Till Res, 2006, 89: 221-231.

[32] Edmeades D C. The long-term effects of manures and fertilizer on soil productivity and quality: a review. Nutrient Cycling in Agroecosystems, 2003, 66: 165-180.

[33] Fonte S J, Yeboah E, Ofori P, et al. Fertilizer and residue quality effects on organic matter stabilization in soil aggregates. Soil Biol & Biochem, 2009, 73: 961-966.

[34] Guo J H, Liu X J, Zhang Y, et al. Significant acidification in major Chinese croplands. Science, 2010, 327: 1008-1010.

[35] Guo R Y, Li X L, Christie P, et al. Seasonal temperatures have more influence than nitrogen fertilizer rates on cucumber yield and nitrogen uptake in a double cropping system. Environmental Pollution, 2008, 151:443-451.

[36] He F F, Jiang R F, Chen Q, et al. Nitrous oxide emissions from an intensively managed greenhouse vegetable cropping system in northern China. Environmental Pollution, 2009, 157: 1666-1672.

[37] He F F, Chen Q, Jiang R F, Chen X P, et al. Yield and nitrogen balance of greenhouse tomato (*Lycopersicum esculentum* Mill.) with conventional and site-specific nitrogen management in northern China. Nutrient Cycling in Agroecosystems. 2007,77: 1-14.

[38] Hu S, Chapin III F S, Firestone M K, et al. Nitrogen limitation of microbial decomposition in a grassland under elevated CO_2. Nature, 2001, 409: 188-191.

[39] Liu L L, Greaver, T. L. A global perspective on belowground carbon dynamics under nitrogen enrichment. Ecol Lett, 2010,13: 819-828.

[40] Mack M C, Schuur E A G, Bret-Harte M S, et al. Ecosystem carbon storage in arctic tundra reduced by long-term nutrient fertilization. Nature, 2004, 431: 440-443.

[41] McCarty G W, Meisinger J J. Effects of N fertilizer treatments on biologically active N pools in soils under plow and no tillage. Biol Fert Soils, 1997, 24: 406-412.

[42] Nadelhoffer K J, Emmett B A, Gundersen P, et al. Nitrogen deposition makes a minor contribution to carbon sequestration in temperate forests. Nature, 1999, 398: 145-148.

[43] Neff J C, Townsend A R, Gleixner G, et al. Variable effects of nitrogen additions on the stability and turnover of soil carbon. Nature, 2002, 419: 915-917.

[44] Plaza C, Garcia-Gil J C, Polo A. Effects of pig slurry application on soil chemical properties under semiarid conditions. Agrochimica, 2005,49:87-92.

[45] Ren T, Christie P, Wang J G., et al. Soil rootzone nitrogen management for maintenance of high tomato yields and minimum N losses to the environment. Scientia Horticulturae,2010, 125:25-33.

[46] Russell A E, Laird D A, Parkin T B, et al. Impact of nitrogen fertilization and cropping system on carbon sequestration in Midwestern Mollisols. Soil Sci Soc Am J, 2005, 69: 413-422.

[47] Song X Z, Zhao C X, Wang X L, et al. Study of nitrate leaching nitrogen fate under intensive vegetable production pattern in northern China. Comptes Rendus Biologies 2009: 332, 385-392.

[48] Steinfeld H, Wassenaar T. The role of livestock production in carbon and nitrogen cycles. Annu Rev Environ Resour, 2007, 32:271-94.

[49] Triberti L, Nastri A, Giordani G, et al. Can mineral and organic fertilization help sequestrate carbon dioxide in cropland? Eur J Agron, 2008, 29: 13-20.

[50] Zanatta J A, Bayer C, Dieckow J, et al. Soil organic carbon accumulation and carbon costs related to tillage, cropping systems and nitrogen fertilization. Soil Till Res, 2007, 94: 510-519.

[51] Zhu J H, Li X L, Christie P, et al. Environmental implications of low nitrogen use efficiency in excessively fertilizer hot pepper(*Capsicum frutescens* L.) cropping systems. Agriculture Ecosystems and Environment, 2005, 111: 70-80.

第13章

设施菜田退化土壤修复与资源高效利用示范与推广

陈　清　王丽英　任　涛　李俊良　阮维斌

13.1　设施菜田土壤退化的成因分析

设施蔬菜的发展不仅极大地满足了人民生活水平提高的需要,而且业已成为改造传统农业走向现代农业的重要手段。然而,由于习惯、技术限制和市场等原因,农民往往在同一大棚长期种植单一作物,加上不合理的水肥管理和作物病虫害防治技术,导致设施土壤退化严重,连作障碍问题突出。土壤质量变劣具体表现在以下几个方面。

13.1.1　设施土壤生物多样性发生改变,不利于土壤功能的发挥

由于长期连作,目前设施栽培中的土壤适耕性很差,经常出现由于土壤微生物区系失衡所引发的土传病虫害对作物根系的发育和作物生产产生负面影响。例如在高投入的蔬菜生产体系中,菜农必须追求高的经济效益,同时具有中国特色的"黄瓜村"、"大蒜乡"等蔬菜生产地域分工的客观存在,再加上农民的蔬菜栽培技术的单一,连作已经是不可避免的现象。随着连作年限的延长,近些年土传病害发生严重,如黄瓜枯萎病、番茄枯萎病、辣椒疫病、根结线虫病等,尤其是寄主范围很广的根结线虫发生频繁,由于它的危害和对其防治的投入造成了农民收益的直接下降。据调查,山东寿光市约50%以上的大棚中线虫危害严重,北京郊县也屡有线虫危害的报道。

13.1.2　设施土壤中自毒物质的累积

许多植物通过根系分泌物、分解产物和淋溶物释放一些化学物质,从而对异种或同种生物

的生长产生直接或间接的有益或有害的影响,即产生化感作用。化感作用引起的根系生物活性下降、养分吸收能力降低和植物抗病性减弱,是导致病害严重发生的重要诱导因素。其中,植物通过释放化学物质抑制同种或近缘植物生长的自毒效应比较普遍。这种自毒作用在大豆、番茄、茄子、西瓜、甜瓜和黄瓜等作物上极易产生。目前已经证实酚酸类物质是造成黄瓜自毒现象的重要物质。同时由于连作条件下土壤微生物区系失衡,对自毒物质的降解等效应受到影响,造成自毒物质的大量积累,产生自毒现象。据报道,大豆、茄子等的自毒现象主要发生在种子萌发和生长的早期。

13.1.3 表层土壤养分过量积累及盐渍化和酸化问题突出

设施蔬菜生产中有机肥和化肥的过量投入(详见第1章)是土壤养分过量积累和盐渍化、酸化的主要原因。由于设施栽培大多在冬春反季节进行,低温条件抑制了蔬菜根系对养分的吸收,加上大多数设施作物的根系分布较浅,需要更多的肥料才能保持正常生长。为了取得较高的经济效益,蔬菜作物经常连续种植,导致作物根系发育不良、养分吸收能力很低。因此,蔬菜根系发育弱和过量的养分投入之间形成了恶性循环,大量的肥料极易造成盐分在表层聚集,土壤出现次生盐渍化现象,而且长期大量施用氮肥,同时会导致土壤酸化。

综上所述,我国设施土壤中存在土壤生物群落的改变、自毒物质累积以及土壤次生盐渍化和酸化等诸多问题,导致土壤的质量和功能下降。土壤资源是不可再生资源,如何在设施条件下采取措施,维持土壤的质量,保证土壤的健康,达到土壤的持续利用,是当前设施园艺必须面对的问题。没有健康的土壤,就没有健康的植物,也就没有健康的园艺产品。因此,在我国可耕地资源有限的前提下,开展设施土壤质量和土壤健康修复技术的研究,关乎是否能有效地、科学地解决"三农"问题,是农业生产中具有战略意义的研究。针对设施蔬菜病害,国外传统的防治方法是休耕、无土栽培、抗性砧木、常规农药投入及土壤消毒等。鉴于设施投资大和耕地资源有限,休耕在我国不适用。在设施园艺发达的国家如荷兰等,主要通过发展无土栽培等手段克服土壤次生盐渍化,效果显著。然而,我国由于农产品价格和缺乏合适基质等原因,土壤栽培仍将在长时间内是设施栽培的主要方式。采用抗性砧木进行嫁接栽培,尽管可以使连作障碍问题在一定程度上得到控制,但鉴于连作障碍问题的复杂性,以及多抗、高抗性砧木资源材料缺乏等原因,其应用范围有一定的局限性。例如,通过采用天然活性物质和营养调控等措施,可有效地改良土壤生物环境,提高黄瓜产量和品质。利用有机废弃物和拮抗微生物等可对设施土壤病害进行有效防治。这些前期工作为土壤退化修复奠定了一定的基础。

从"九五"开始,我们以土壤—植物系统为研究中心,对设施蔬菜等作物连作障碍的发生机制和防治措施开展了研究。针对高产农田出现的土壤结构不良影响根系发育、土壤对外源养分的缓冲能力不强导致养分高量损失以及土壤养分供应不均衡等问题,以耕作措施、有机肥施用和土壤调理剂应用等技术为主体,建立高产农田土壤连作障碍消除关键技术;结合水肥管理,开展设施土壤的生物修复研究,改善植物生长的微生态环境,提高土壤质量方面均进行了大量探索,取得了一系列有意义的成果。

13.2　设施菜田退化土壤修复与资源高效利用技术

13.2.1　盐渍化土壤改良技术

为获取大棚生产的高效益,菜农大量投入有机肥和化肥,加上温室无淋洗条件,未被吸收的各种残留态肥料成分在土壤中常年聚积,土壤盐渍化现象有逐年加重趋势,导致蔬菜不同程度地出现盐分浓度危害、蔬菜品质下降,同时还会造成土壤板结,通气和透气能力降低,栽植的蔬菜秧苗缓苗慢,易发生烂根和枯萎病等。针对上面的病因,从以下几个方面提出土壤盐渍化防治与改良技术。

1. 减少化肥用量,合理施肥

根据土壤特性和作物种类合理施用有机肥和化肥。施用腐熟或商品有机肥,不需施入新鲜人粪尿。砂质土中宜多施有机肥,逐步改善土壤物理性质,提高土壤的保水保肥性。黏土中加大有机肥施用的同时,应向土壤中掺入适量的沙子,加强土壤的渗水能力,增加土壤的通透性。壤土中可按照蔬菜不同时期长势合理施肥,原则上做到长效肥和短效肥结合,有机无机结合,做到平衡施肥。要从"源头"上控制土壤盐渍化的加剧并不等于不施化肥,而是要科学地、合理地施用。施用化肥要根据大棚土壤养分测定结果和不同作物的需肥规律,本着平衡施肥的原则,缺啥补啥,缺多少补多少,在追肥时应选择中性肥料和复合肥料,追肥后应及时覆土或浇小水。

2. 土壤深耕培肥和秸秆还田

盐害发生严重的土层,多表现为板结、透气性差等特点,生产中,通过深翻土壤,打破土层结构,将上层全盐含量较高的表土翻到底层,可降低土壤盐渍化程度。深耕并掺入适量沙土,可降低地下水位,减少土壤盐渍化发生的几率。在秧苗种植或移栽时亩施腐熟优质农家肥,可提高土质有机质的含量,改善土壤理化性状。作物秸秆直接还田后,其腐解过程中可吸附利用土壤中的矿质元素,同时还能增加土壤有机质,改善土壤透气性。

3. 轮作或休闲

蔬菜轮作或休闲一段时间也有较好的预防效果,大棚蔬菜连续种植几年之后,种植一季粮食作物对恢复地力、减轻土壤盐渍化都有显著的效果。另外,在两季蔬菜休闲季节可以选择种植填闲作物,如甜玉米、苏丹草、毛苕子、苋菜等(王金龙和阮维斌,2009)。

13.2.2　设施蔬菜水肥一体化技术

水肥一体化是按照蔬菜生长过程中对水分和肥料的吸收规律和需要量,进行全生育期的需求设计,在一定的时期把定量的水分和肥料养分按比例直接提供给作物的一项新技术,是根据根层调控原理,实现精确施肥与精确灌溉相结合的产物。实际运作时将灌溉与施肥融为一体,借助压力灌溉系统,将可溶性固体肥料或液体肥料配兑而成的肥液与灌溉水一起,均匀、准确地输送到作物根部土壤。其特点为:随水施肥、水肥供给采用"少量多次",实现管道灌溉(图 13.1 和图 13.2)。

图 13.1 设施蔬菜水肥一体化技术　　　　　　图 13.2 管道灌溉

13.2.2.1 技术种类

1. 小管出流施肥技术

"小管出流"得名于毛管的出水方式,它主要是针对微灌系统在使用过程中,灌水器易被堵塞的难题和农业生产管理水平不高的现实,采用超大流道,并辅以田间渗水沟,形成一套以小管出流灌溉为主体的符合实际要求的微灌系统。在保护地应用该项技术时可配合黑色地膜覆盖,以增加保护地环境温度,防止杂草丛生。小管出流田间灌水系统包括干管、支管、毛管、灌水器(流量调节器)及渗水沟。其优点是:堵塞问题小,水质净化处理,简单施肥方便,省水,操作简单,管理方便。

2. 滴灌施肥技术

滴灌是将具有一定压力的水,过滤后经滴灌系统及滴水器均匀而缓慢地滴入植物根部附近土壤的局部灌溉技术。滴灌系统一般由水源、首部枢纽、输水管道和滴头组成。滴灌具有以下特点:省水,灌水均匀,节能,土壤和地形的适应性强,增产,省工。

13.2.2.2 注肥方法

安装好设备后,施用时,首先将要施的肥料溶解到水中,配成肥液,倒入肥料罐,肥料罐的进水管要达罐的底部,施肥前先灌水 10～20 min。施肥时,利用水泵或者喷雾器把肥液吸入微灌系统中,利用灌溉系统设备,通过输水管道和滴孔湿润作物根区,小管出流方式施肥时间控制在 40～60 min,滴灌施肥的时间稍长一些,防止由于施肥速度过快或者过慢造成的施肥不均或者不足。

添加肥料结束后,灌溉系统要继续运行 30 min 以上,以清洗管道,防止滴管堵塞,并保证肥料全部施于土壤,并渗到要求深度,提高肥效。

13.2.2.3 灌溉时间

采用真空表负压计监测土壤水分,来确定灌溉时间。具体方法是在滴头或滴孔正下方 20 cm 深处埋设一支真空表负压计,观察负压计的指针读数(图 13.3)。对于大部分温室栽培的经济作物来说,读数在 5～25 kPa 表示土壤水分适宜,不需要灌溉;而指针到了 25～35 kPa 就该灌溉了。实际操作中,可以根据天气和作物生育时期适当减少或者增加灌溉量,或者根据经验来判断。

13.2.2.4　设施番茄水肥一体化技术模式

1. 寿光冬春茬番茄建议水肥管理技术模式

（1）定植时按要求每亩施有机肥 3～4 m³,有条件的可以进行秸秆剁碎还田或者穴施生物有机肥;不要浇大水,如果担心大水漫灌导致地温太低,可结合浇棵方式进行,一般定植水每亩 30～40 m³。

（2）在栽后一个月左右时,浇水一次,灌溉量每亩 30 m³;如果前期灌溉量太大,可适当每亩补充尿素或者复合肥 5～7 kg,以后隔 10～15 d 后再小浇一水,灌溉量为每亩 15～18 m³。

（3）待番茄第一穗果实直径 2～3 cm 大小前,可适度控水蹲苗,防止徒长。待第一穗果长至"乒乓球"大小时再开始进行灌水追肥,一次浇水量每亩 16～20 m³。前期由于植株小、果实少,植株需肥量较小,因此只进行灌水而不追肥,待进入第二穗果膨大期,开始进行追肥,由于底肥施用磷肥,因此前期无需施用磷肥,一般每亩施用尿素 7.5 kg 和

图 13.3　真空表负压计

硫酸钾 10 kg。此后每隔 10～15 d,追肥 1 次,一般每亩施用尿素 7.5 kg、硫酸钾 10 kg,共追肥 3～4 次。

（4）在番茄进入采收期后,为防止果实青皮,应停止追肥,每隔 7～10 d,浇水一次,灌溉量为每亩 15～18 m³。

（5）浇水施肥时应注意掌握"阴天不浇晴天浇,下午不浇上午浇"的原则。

2. 寿光秋冬茬番茄建议水肥管理技术模式

（1）夏季休闲期间最好进行石灰氮-秸秆消毒,并进行闷棚,具体操作步骤见"秸秆-石灰氮土壤消毒技术";如果进行石灰氮-秸秆消毒,可以相应减少一半的有机肥投入;如果没有进行石灰氮-秸秆消毒,建议施翻地前每亩撒施秸秆 500～800 kg。

（2）秋冬茬番茄定植初期,外界温度高、光照强,宜小水勤浇,大水漫灌易发生立枯病和疫病等。水肥一体化可有效减少每次灌水量,且在高温干旱时期,可以通过减少灌水量、增加灌溉次数来调节田间小气候。

（3）番茄定植浇大水 1 次,灌溉量每亩 40～50 m³,从番茄定植到幼苗 7～8 片真叶展开、第一花序现蕾后,再浇大水 1 次,灌溉量每亩 30～40 m³。之后直至第一穗果实直径 2～3 cm 大小前,可适度控水蹲苗,防止徒长。

（4）当第一穗果长至"乒乓球"大小时再开始进行灌水追肥,1 次浇水量每亩 20 m³ 左右。第一至二穗果时期,由于植株需肥量较小,而此时土壤温度较高,土壤供肥能力较强,因此前期为降低棚内土壤温度只进行少量灌溉而不追肥。当番茄进入第二穗果膨大期,植株生长迅速,需肥量增大,开始进行追肥,由于底肥充足和土壤供肥能力强,前期无需施肥,进入第三穗果膨大期后,植株生长旺盛,下部果实较多,植株需肥量增加,一般每 7～10 d 每亩追施尿素 7.5 kg 和硫酸钾 8 kg,一般共追肥 3～4 次,9 月下旬至 11 月初是追肥关键期。

（5）进入冬季后，外界气温和光照强度逐渐降低，番茄生长速度逐渐减缓，加之农民为保证棚温，开始拉封口、盖草苦，如果灌水较多，放风不及时，棚内湿度过大容易发生病虫害；施肥较多则容易产生青皮。进入深冬，如果遇到连续阴天天气，水分蒸发慢，为防止棚内湿度过大，灌水间隔可以延长至 20～25 d。因此，入冬后田间浇水、施肥量应逐渐减少。

（6）浇水施肥时同样应注意掌握"阴天不浇晴天浇，下午不浇上午浇"的原则。

13.2.2.5　注意事项

（1）适合水肥一体化的肥料必须完全溶于水、含杂质少，流动性好，不会堵塞过滤器和滴头滴孔；肥液的酸碱度为中性至微酸性，能与其他肥料混合。

（2）保护地栽培、露地瓜菜种植一般选择小管出流/滴灌施肥系统，施肥装置保护地一般选择文丘里施肥器、压差式施肥罐。

（3）正常灌溉 15～20 min 后再施肥，施肥时打开管的进、出水阀，同时调节调压阀，使灌水施肥速度正常、平稳；每次运行，施肥后应保持灌溉 20～30 min，防止滴头被残余肥液蒸发后堵塞。

（4）系统间隔运行一段时间，应打开过滤器下部的排污阀放污，施肥罐底部的残渣要经常清理；如果水中含钙镁盐溶液浓度过高，为防止长期灌溉生成钙质结核引起堵塞，可用稀盐酸中和，清除堵塞。

（5）按一定的配方用单质肥料自行配制营养液通常更为便宜，养分组成和比例可以依据不同作物或不同生育期进行调整。

（6）灌溉施肥过程中，若发现供水中断，应尽快关闭施肥阀门，防止含肥料溶液倒流。

（7）灌溉施肥过程中需经常检查是否有跑水问题，检查肥水是否灌在根区附近。

（8）灌溉设备一般请工程师安装，日常维护很重要。

（9）请勿踩压、锐折支管，小心锐器触碰管道，以防管道折、裂、堵塞，流水不畅；作物收获完后，用微酸水充满灌溉系统并浸泡 5～10 min，然后打开毛管、支管堵头，放水冲洗一次，收起妥善存放。毛管和支管不要折损，用完后，支管圈成圆盘，堵塞两端存放。毛管集中捆束在一起，两头用塑料布包裹，伸展平放。

13.2.3　设施番茄、黄瓜穴盘培育抗病壮苗技术

培育适龄壮苗是蔬菜生产的重中之重，壮苗抗逆性强、病害少、进入结果期早、产量高，故我们常说："有苗一半收，壮苗多收半"。壮苗根系发达，主根健壮，支侧根多，起苗时保留的根多；苗体大，物质积累多，糖、氮水平高而协调，发根能力强，移栽后新根发生早，发根快而多；叶片凋萎脱落少，活棵快，缺棵少，有利尽快恢复生长。基质育苗培育的作物苗不但壮，还可以形成"隔根保护"效应，抵挡了土传病原菌及线虫对其的危害，有利于增强植物抗病性。

1. 操作步骤

（1）准备好育苗基质、50 孔穴盘、"爸爱我"多功能抗土传病害高效生物有机肥和生物菌肥。

（2）按每 100 kg 基质添加 1～2 kg 生物有机肥的量，再添加适量的生物菌肥，混匀，掺水，并进行装盘。

（3）待种子催芽后进行点种，以 1 cm 深为宜，然后加盖一层干基质，将基质喷湿，使其保持湿润状态。

（4）覆膜，进行温床育苗。其他操作按照常规育苗方式进行。

2. 注意事项

（1）生物有机肥用量以 100 kg 添加 1～2 kg 为宜，不可多加；

（2）生物菌肥参照各个品种推荐添加量即可；

（3）苗期不要见干就浇，而且每次浇水从穴盘下部浇灌，有利于根系下扎，容易形成发达根系；

（4）出苗 2 周后可使用一些壮苗剂，或在育苗时添加到基质中；

（5）出苗后保持育苗床适当的温度和湿度，防止一些苗期病害，如猝倒病等。

13.2.4 生物秸秆反应堆技术

利用秸秆与微生物反应产生热量的原理，此技术可以很好地提高地温，改善因低温对植物造成的伤害。据测定，使用秸秆生物反应堆可提高地温 3～5℃。

1. 操作步骤

（1）开沟：在定植行下开沟，沟深 40～50 cm，沟宽 50 cm，沟长与行长相等。

（2）铺秸秆：每沟铺满秸秆。每沟铺秸秆 20～40 kg，1 m² 大棚需 5～7 m² 地的玉米秸秆。沟两端底层秸秆搭在沟沿上 10 cm，以便浇水和透气。秸秆要铺匀踩实，比原地面高出 5～10 cm。

（3）拌菌剂和撒菌种：将秸秆发酵复合菌剂按每公顷 120～150 kg 和麦麸按 1∶20 的比例搅拌均匀后加水，干湿度以手握成团一碰即散为宜。将搅拌好的混合物避光发酵 24 h（平摊厚度 10～20 cm），当天用不完的菌剂均匀撒在每个沟的秸秆上，撒后用铁锹轻轻拍振，使菌剂渗透到下层部分，均匀落在秸秆上。

（4）覆土：撒完生物菌剂后，即可覆土，土层厚度 15～20 cm。不能太薄，小于 15 cm 不利于定植生长。也不宜太厚，不要超过 20 cm，否则将影响效果及增产幅度。

（5）浇水：第一次往秸秆沟里浇水一定要浇满沟、浇透，使秸秆吸足水分，以上层所覆盖的土有水洇湿为宜。因为菌剂的使用寿命是 5～7 个月，浇水后生物菌剂便开始启动，为了达到理想效果，在定植前 7～10 d 浇水。

（6）定植和打孔：定植、覆膜后打孔。用 12～14 号钢筋打孔，打 3～4 排。距苗 10 cm 穿透秸秆层打至沟底。苗期每棵秧打 2 个孔，采收期可以打 4～6 个孔，以后每隔 20～30 d 透一次孔。蔬菜定植前半个月到一个月，在每个定植畦上开与定植畦等长的沟，在沟内铺一层 30 cm 厚的长秸秆或粉碎秸秆，分两层撒菌种。秸秆铺好喷上菌种后，撒上尿素，用水浇透。然后，盖土踏实，浇一遍透水，把凹陷处用土覆平，然后即可起垄整畦。

2. 注意事项

（1）使用秸秆生物反应堆期间，注意氮肥施用，前期若秸秆反应堆未及时补充速效氮肥，会造成土壤微生物与蔬菜根系争氮，影响幼苗正常生长，出现幼苗发黄、瘦弱等问题。

（2）蔬菜生长中后期则要控制氮肥使用量，因为秸秆在分解过程中会逐渐释放较多的氮，如果在此时再按照原来的习惯大量补充氮肥,会导致氮肥量过多,造成植株旺长,所以,在后期应该少用或不用氮肥。

(3)填入秸秆过厚且未分层。埋秸秆正确的做法是:填入秸秆后,每层秸秆厚度在15～20 cm是比较合理的,上面覆盖15～20 cm土壤,压实。分层施用,秸秆上覆盖的土层较厚,有利于蔬菜苗期根系的扩展,也不会在后期造成地面下陷。

(4)打孔。秸秆腐熟菌属好气性微生物,只有在有氧条件下,菌种才能活动旺盛,发挥其功效。因此,在秸秆反应堆应用过程中,打孔是非常关键的措施。

13.2.5　秸秆还田技术

秸秆生物反应堆技术比较复杂,投资成本较高,简单的秸秆还田技术虽然达不到增温3～5℃的效果,但是可以明显促进土壤微生物活动,冬季提高土温1～2℃,增产10%以上。

操作步骤:在翻地前随基肥(粪肥)施入铡碎的秸秆(玉米、小麦、水稻),一般每亩500～800 kg,然后按照常规方法整地、栽培;冬春茬和秋冬茬果类蔬菜栽培均可进行秸秆还田。秸秆还田技术适合老菜田,对于克服土传病害和抑制线虫、去除盐渍化有效果。

13.2.6　功能性生物有机肥和调理剂施用技术

提高土壤微生物多样性可以在很大程度上抑制根结线虫病害的发生,如果能够将富含拮抗微生物的功能有机肥及有趋避作用的作物残渣(如烟草秸秆)在定植幼苗时围根穴施,可以创造一个根区保护带,较好防控线虫病害的发生,这种生态调控方法也有利于恢复根区土壤微生物活性,提高根系发育和水肥的利用。

施用功能性生物有机肥和烟渣的好处:①提高作物产量:功能性生物有机肥和烟草废弃物中都含有大量的天然养分,可以作为植物吸收养分的主要来源。生物有机肥和烟渣能够缓慢释放养分,相当于缓释肥料,有利于植物对养分的吸收和利用,减轻土壤养分累积和盐渍化,从而提高作物产量,一般可提高10%～20%,甚至更高。②功能性生物有机肥中一般都添加了大量的土壤有益微生物菌剂,能够极大地改善土壤微生物状况,调理土壤微生物群落。同时生物有机肥和烟渣中含有大量的有机质,提高了土壤C/N比,为土壤微生物提供了足够的碳源,有利于微生物的繁殖,促进土壤微生物生态平衡。③功能性生物有机肥和烟渣都含有大量的氨基酸、生物碱等物质,这就使得它们能够在很大程度上抑制或杀死土壤线虫,一般能够减少土壤线虫50%左右。④功能性生物有机肥和烟渣能够减缓土壤养分累积,减轻盐渍化对植物的毒害,降低土传病害,尤其是根结线虫病害,从而在很大程度上降低连作障碍引起的作物产量损失和品质降低。

选用"爸爱我"抗土传病高效生物肥,烟渣为普通烟草秸秆,粉碎后即可施用。

操作步骤:①育苗:育苗时添加生物有机肥,按照育苗基质的1%质量添加,混匀。一般一亩地2.5～3 kg即可。②定植:生物有机肥按照50 kg/亩,烟渣60～80 kg/亩的量沟施,或者和烟渣一起穴施,用量为:每棵植物生物有机肥15～20 g,烟渣10～15 g。③灌溉:生长中后期灌溉时可将烟渣撒施到灌溉沟内,用水冲施,每沟用量约为0.25 kg。

注意事项:①育苗时生物有机肥用量千万不可过高,否则会伤苗,一般一亩地 2.5～3 kg 即可。②穴施生物有机肥和烟渣时,最好和土壤混一下。③配套措施:在预防线虫方面,"无线美"和"海绿素"可以配合使用,二者用来灌根,每 40～50 d 一次,每次 200 mL 每亩,随水肥冲施。

为防控根结线虫的发生,促进苗期营养,在定植时穴施生物有机肥。有机肥用量为:生物有机肥 15～20 g 每棵番茄,烟渣 10～15 g 每株番茄。

在定植时要带基质整个植株的移栽,实现"根区隔离"。定植后 1 周用"无线美"500 倍的稀释液灌根 1 次,加在作物移栽后向番茄植株的根部(距离根 3～4 cm 处)注入 50 mL/株的灌根高磷水溶性复合肥溶液。定植后第 4 周用 500 倍"无线美"及"海绿素"的稀释液灌根 1 次,4 月底采用 1 000 倍"无线美"配合"海绿素"和 3.2% 阿维菌素各 200 mL/亩稀释液灌根 1 次。

缓苗水后可以套作茼蒿或者万寿菊,有预防根部病害的功效。另外,可结合秸秆还田和夏季种植填闲作物技术同时进行。

13.2.7　石灰氮—秸秆消毒技术

石灰氮—秸秆消毒能够使地表持续高温,能够促进农户施基肥后的闷棚效果,还能够有效防治根结线虫,增加土壤肥力,此外石灰的施入还可以解决果类蔬菜(番茄、甜椒等)因土壤钾含量高、设施湿度大蒸腾不良及过量施用铵态氮肥造成植株有效钙、镁供应不足、生理性缺钙现象严重等生产问题,因此土壤肥力较低的新菜田和存在根结线虫等问题的老菜田,均可进行秸秆—石灰氮(或石灰)太阳能消毒处理。冬春茬番茄收获拉秧后(图 13.4),到秋冬茬番茄种植前有 40～50 d 的休闲时间,休闲季约在 7 月初翻地(图 13.5),进行秸秆—石灰氮(或石灰)太阳能消毒处理。按石灰氮 60 kg/亩和秸秆 600 kg/亩的量施入土壤。在进行秸秆—石灰氮(或石灰)太阳能消毒处理时在地表覆盖薄膜。

图 13.4　收获后的冬春茬番茄地

图 13.5　休闲季进行翻地

1. 操作步骤

(1)撒施后翻耕,翻耕深度 20～30 cm。

(2)翻耕后起垄覆膜。为增加土壤的表面积,以利于快速提高地温,延长土壤高温所持续的时间,取得良好的消毒效果,可做高 30 cm 左右,宽 60～70 cm 的畦(图 13.6)。同时为提高地表温度,作垄后在地表覆盖塑料薄膜,将土壤表面密封起来(图13.7)。

图13.6 翻耕后做畦

图13.7 地表覆盖地膜

(3)灌水闷棚。用塑料薄膜将地表密封后,进行膜下灌溉(图13.8),将水灌至淹没土垄,而后密封大棚进行闷棚(图13.9)。一般晴天时,20～30 cm的土层能较长时间保持在40～50℃,地表可达到70℃以上的温度。这样的状况持续15～20 d,以防治根结线虫,增加土壤肥力。

图13.8 密封后进行膜下灌溉

图13.9 闷棚

(4)揭膜整地。定植前1～2周揭开薄膜散气(图13.10),然后整地(图13.11)定植。

图13.10 揭膜散气

图13.11 重新整地

2. 注意事项

（1）施前后 24 h 内不能饮酒；

（2）撒施时要防护。

（3）撒施过程中不能吸烟、吃东西、喝水。

（4）撒施后要漱口、洗脸、洗手。

（5）不能混合使用的肥料：硫铵、硝酸铵、氯化铵、氨水等，以及包括上述铵态氮的各种复合肥料。

（6）能混合使用的肥料：熔成磷、骨粉、硅酸钙、硫酸钾、肥料用硝石灰、硫酸钙、氯化钙、草木灰、植物油渣及有机肥料。

（7）与尿素配合施用时应注意：在尿素作追肥使用时，发挥石灰氮与尿素的协同增效作用，尿素追施时间可比平常晚 1 周左右，尿素追施量应比单一使用量减少 5%～10%。

13.2.8 设施菜田填闲作物种植土壤改良技术

在我国设施蔬菜栽培条件下，从 6 月中旬到 9 月中下旬有一个较长的休闲期。在这段时期，农户一般采取 2 种措施：一是揭开棚膜晒地，北方这一时期降雨比较集中，主要蔬菜作物收获后根层土壤中残留的氮素以及土壤矿化的氮素很容易淋洗，造成损失。二是不揭膜进行闷棚，为了保证下季作物种植水分充足，这一期间一般需要灌水 1～2 次，根层土壤中残留的氮素也会随灌水淋洗。因此，在设施蔬菜生产的休闲期间种植填闲作物是减少氮素损失的有效途径。

甜玉米和糯玉米具有生长期短，地上部和根系生长迅速，生物量大，根系深等特点，是理想的夏季填闲作物。具有如下效果：①减少氮素的淋洗。甜玉米作为夏季填闲作物的种植，每亩可带走氮素 10～12 kg，可以将体系的氮肥利用率提高 7.2%，减少 16% 的氮素损失，而且并未显著降低下季黄瓜的产量，因此，甜玉米可以作为推荐施肥管理的有效补充引入到日光温室蔬菜种植体系。②改良土壤，减缓盐渍化。种植填闲玉米可以缓解保护地土壤理化性状劣化程度。经过填闲玉米的吸收与消耗，土壤 EC 值降低 50%～82%、速效钾降低 17%～27%、硝态氮降低 60% 以上，这对于防止保护地土壤次生盐渍化、硝酸盐累积造成环境污染具有重要意义。③抑制线虫发病。土壤中线虫数量的多少受多种因素的影响，土壤温度、湿度、pH 值以及土壤氮、磷、钾含量等都会影响线虫的发生和分布，夏季高温多雨的环境有利于喜温性线虫的活动，而玉米是线虫的非寄主植物，种植填闲玉米可对土壤中线虫数量的增长有一定的抑制作用。④提高土壤微生物活性。填闲作物种植以后，由于受到根系分泌物以及残茬脱落物的影响，使得土壤微生物活性得到提高。另外填闲对土壤质量的改良也能提高土壤微生物的活性。

1. 操作步骤

（1）育苗。冬春茬作物拉秧前 20 d 左右，一般在 6 月上旬开始育苗，育苗前进行浸种，一般采用冷浸和温汤方法，冷水浸种时间为 12～24 h，温汤（55～58℃）一般 6～12 h，也可用 25 kg 腐熟人尿兑 25 kg 水或沼液浸种 12 h，或用 0.2% 的磷酸二氢钾或微量元素浸种 12～14 h。采用营养钵育苗法。

（2）整地。冬春茬作物拉秧后，将残株移出温室，不需施基肥，直接翻耕整地，作畦。

（3）移栽。玉米苗 5～6 片叶，株高 10 cm 时开沟定植，密度一般为 30 cm×60 cm，定植后浇一次缓苗水，缓苗水应浇透，一般灌水量为 45～50 mm。

（4）灌溉。玉米生长前期过于干旱时，可在苗期进行一次灌溉。

（5）施肥。整个作物生长期间不需要施肥，深根系的填闲玉米可充分利用土壤中残留养分。

（6）秸秆处理。收获后的秸秆可粉碎成 2～3 cm 小段均匀还田翻地，为下茬作物提供养分，或者收获后用于饲喂牲口。

（7）移除玉米根。收获时将根系连同秸秆一并移出温室。

（8）下茬作物整地。玉米收获后粉碎还田或移出，同时在秋冬茬作物定植前 2～3 d 均匀撒施有机肥后进行深翻整地，作畦，进行秋冬茬作物定植。

2. 注意事项

（1）浸过的种子要当天播种，不要过夜；在土壤干旱又无灌溉条件的情况下，不宜浸种。

（2）甜/糯玉米拱土能力差，育苗时覆土不宜过厚，一般 3～5 cm 即可。

（3）填闲生长期间，气候温度高于 30℃时及时打开通风口放风，防止玉米徒长。

（4）前期多雨季闷棚防淋洗，促进根系深扎，后期雨量少揭开棚膜，进行洗盐。

（5）夏季高温易发生病虫害，主要病害有粗缩病，大、小斑病，黑粉病和纹枯病等；主要虫害有地下害虫、蓟马、玉米螟、蚜虫和红蜘蛛等，所以，在玉米栽培过程中必须搞好病虫害的综合防治。

13.3　设施退化土壤修复的综合调控技术效果

13.3.1　根层水肥综合调控技术

蔬菜栽培管理中灌溉与施肥是重要的农艺措施，施肥的增产贡献率达到 37% 以上。随着对蔬菜高产优质和环境友好的要求越来越高，加上农民对灌溉与施肥没有足够的重视，水分管理和施肥方式比较粗放，过量水肥供应导致根层养分浓度较高，不仅容易导致根系发育弱，分布浅（Bloom 等，1993；Zhang 等，1996），同时增加了环境污染的潜在风险，如土壤硝态氮积累与淋洗造成土壤和地下水的污染（周艺敏等，1989），因此，加强对蔬菜生产过程中水分和养分管理，采用合理的水肥技术提高水分和养分利用效率，对于蔬菜优质高产、防治土壤退化具有重要的意义（庄舜尧，1997；Parris，1998；Chen 等，2004）。课题组在我国典型的集约化蔬菜产区山东省寿光市和北京市郊区开展了水肥一体化模式下的综合调控技术示范。

示范区在山东省寿光市古城罗家和八里庄设施番茄和黄瓜种植区。基于膜下微灌模式，将根层养分调控技术与灌溉有机结合，开展了根层综合调控技术示范。与农民传统模式相比，在保证产量的前提下可以大幅度地节水节肥。结果表明（表 13.1），采用综合调控技术在产量增加 6.6% 的前提下，平均减少 40% 的灌溉量，38% 的氮肥投入量，21% 的收获后土壤剖面的无机氮残留，提高了水肥利用效率，并降低了环境风险。

表13.1 2009年秋冬季至2010年冬春季山东寿光根层综合调控技术应用效果

示范点	作物	年份	灌溉量/(m³/亩)/灌溉次数			肥料(N)投入量/(kg/hm²)			产量/(t/hm²)			收获后土壤剖面(0~150 cm)无机氮(N)残留/(kg/hm²)		
			传统水肥	综合调控	变化率/%	传统水肥	综合调控	变化率/%	传统水肥	综合调控	变化率/%	传统水肥	综合调控	变化率/%
1	番茄	2009年秋冬茬	610/15	370/19	−39.3	339.1	280.1	−17.4	145	148.8	2.6	—	—	—
2	番茄	2009年秋冬茬	580/14	405/17	−30.2	584.1	464.2	−20.5	37.2	37.4	0.5	—	—	—
3	番茄	2009年秋冬茬	370/9	280/12	−24.3	541.7	411.9	−24	80.8	82.3	1.9	—	—	—
4	黄瓜	2009年秋冬茬	660/13	366/13	−44.5	1 302.1	466	−64.2	62.9	79.2	25.9	415	357	−13.9
5	黄瓜	2009年秋冬茬	710/19	431/19	−39.3	1 258	556.3	−55.8	102.7	122.6	19.4	371	318	−14.2
6	黄瓜	2009年秋冬茬	610/11	344/11	−43.6	880	424	−51.8	53.6	57.7	7.6	295	195	−33.9
7	番茄	2010年冬春茬	445/11	225/11	−49.4	738.4	522	−29.3	86.5	90.2	4.3	—	—	—
8	番茄	2010年春茬	570/13	330/15	−42.1	858.3	467.8	−45.5	61	56.3	−7.7	—	—	—
9	番茄	2010年冬春茬	490/12	245/12	−50.0	842.3	532.1	−36.8	110.4	116.2	5.3	—	—	—
平均值					−40.3			−38.4			6.6			−20.7

注:变化率是综合调控技术相对于传统水肥灌溉量、肥料投入量、产量以及经济效益的变化率。

在北京市大兴区魏善庄镇张家场村的温室中,分别研究了育苗时候添加菌根真菌、生物有机肥,定植时穴施烟渣、生物有机肥,生育期套种青葱、茼蒿,以及采用"大蒜素"和"海绿素"灌根对设施番茄、苦瓜和黄瓜生长的影响。研究发现利用 AM 真菌接种育苗、生物有机肥育苗和两者混合育苗能明显提高蔬菜的株高和茎粗,达到培育壮苗的目的。而采用生物有机肥育苗和 AM 真菌和生物有机肥混合育苗的方式能在一定程度上降低土壤中线虫密度,分别降低了13.8% 和 23.1%。而添加烟渣、烟渣+套种茼蒿能够降低土壤中线虫的密度,但是对应的根系的根结指数并没有产生明显差异。根据精细试验的结果,提出了以烟渣、菌根真菌、生物有机肥、大蒜素和海藻素为主配合施用的综合根际微生态环境调控剂及相关操作规程。根层水肥调控和促根综合调控技术是修复由于水肥过量导致的土壤退化的有效技术措施,实现了水肥高效和环境友好的目标。

表 13.2　2009—2010 年北京市大兴区张家场村冬春茬设施番茄根层调控技术推广示范效果

农　户	温室面积/亩	传统产量(kg/亩)	技术示范产量/(kg/亩)	增产/%
李永波	0.5	9 600	11 100	15.6
于庆成	0.5	9 600	10 500	9.4
于震得	0.5	7 300	8 200	12.3
崔书起	0.5	6 800	7 600	11.8
李永得	0.5	6 700	7 200	7.5
于振雪	0.5	6 500	7 000	7.7
李庆青	0.5	6 300	7 200	14.3
崔书华	0.5	6 300	7 000	11.1
李永成	0.5	6 300	6 600	4.8
张凤如	0.5	6 000	6 800	13.3
史贵成	0.5	5 700	6 200	8.8
张凤维	0.5	5 500	6 100	10.9
崔书利	0.5	5 500	5 600	1.8
崔书义	0.5	5 400	5 800	7.4
崔书堂	0.5	4 600	4 900	6.5
张凤良	0.5	4 400	4 900	11.4
崔书全	0.5	4 400	4 800	9.1
李井亮	0.5	3 800	4 300	13.2
王秀生	0.5	3 700	4 000	8.1
王　欣	0.5	3 000	3 100	3.3

注:上表数据由调查统计数据计算而得。产量分为技术推广小区的番茄产量和农民传统处理条件下的番茄产量。

13.3.2　填闲和套作非寄主植物种植的线虫预防技术

土传病害和根结线虫病害是设施菜田土壤退化的典型特征和调控的难点,目前生产上化学防控是主要防控手段,但化学农药残留对蔬菜无公害生产的影响已是众所周知,根结线虫病防治应以综合防治为主,并将逐步取代以化学农药为主要防治手段的传统措施。

通过两年的田间试验筛选出甜玉米、苏丹草填闲,茼蒿、蓖麻与番茄间作或万寿菊套作的非寄主植物,能明显减少土壤中根结线虫的数量。

通过采用非寄主植物和黄瓜、番茄间作,显著减少根结数量,分别减少 35.82％、51.05％。抗性品种与易感品种搭桥时,使根结数量下降 34.67％。茼蒿与黄瓜间作,使根结减少 22.34％;蓖麻与黄瓜间作,根结数量下降 7.97％(图 13.12 至图 13.15),结果表明,茼蒿与黄瓜间作对线虫的趋向性及侵染的影响比蓖麻与黄瓜间作的作用明显。这与番茄间作的结论不同,说明非寄主植物对线虫趋向性的影响还与寄主植物有关。

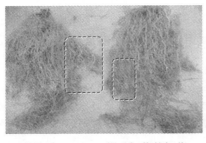

| 对照 | 黄瓜与茼蒿间作 | 对照 | 番茄与蓖麻间作 |

图 13.12　不同非寄主植物和黄瓜、番茄间作对其根结线虫侵染的影响

图 13.13　非寄主植物的间作和套作

夏季休闲期在温室种植填闲作物甜玉米和苏丹草后,土壤中的根结线虫数量明显减少,土壤中的线虫总量、寄生性线虫数量均受到抑制。非寄主植物处理后对线虫群落也产生较大的影响,与对照相比,甜玉米处理根围线虫群落的多样性、丰富度、优势度增加。同时,研究还发现与对照相比,夏季填闲期使用甜玉米处理的小区 MI 值显著增加、PPI 值显著减少。从本试验的结果来看,在温室夏季休闲期种植甜玉米可以明显控制土壤中的根结线虫的数目,并可以增加土壤中线虫的多样性、丰富度、均匀度,使土壤微生态系统保持相对稳定。

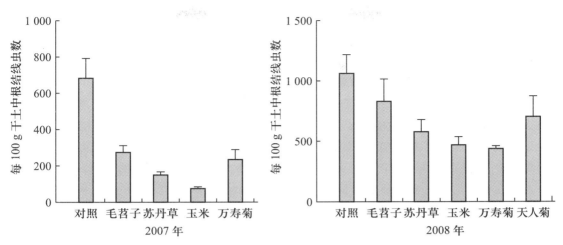

图 13.14 不同填闲作物对根结线虫的田间防治效应图

注:柱形图上不同小写字母表示处理之间差异显著($P<0.05$)。

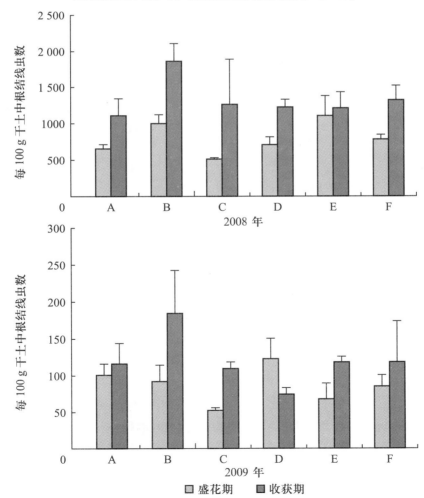

图 13.15 套种不同非寄主植物处理土壤中根结线虫数量

注:A,对照;B,毛苕子;C,万寿菊;D,高羊茅;E,黑麦草;F,茼蒿。

利用非寄主植物与黄瓜套作连续两年,研究土壤线虫群落结构和生物多样性的变化,试验结果表明,不同的非寄主植物对土壤线虫的影响与对照相比没有显著差异。与对照相比,万寿菊处理均抑制了土壤线虫总数和各营养类群的群体数量增长,尤其对植物寄生线虫抑制程度更为明显。万寿菊处理降低了土壤线虫的多样性、增加了线虫的优势度指数。

通过夏季种植填闲作物——甜玉米还能明显减少土壤剖面的无机氮残留,减少硝酸盐的淋洗损失以及降低土壤盐分的累积。在灌溉水的作用下,生长季节中设施土壤剖面残留的无机氮逐渐迁移到深层土壤中,而采用深根系的填闲作物可以通过其根系的下扎将下层积累的养分提取上来,从而减少土壤剖面的无机氮残留、盐分的累积以及硝酸盐的淋洗。

通过在北京昌平区金六环农业园区 2 年的填闲试验结果可以看出,甜玉米种植后 $0\sim$ 180 cm土壤剖面无机氮(N)减少量为 $154\sim403$ kg/hm^2,其中甜玉米的氮素带走量为$142\sim$ 173 kg/hm^2,而剩余部分减少的氮则可能是由于夏季休闲季节种植的甜玉米加快了土壤中微生物转化的过程,增加了微生物对土壤无机氮的固定。同时由于填闲作物的蒸腾作用还可以减少土壤剖面中的水分,减少硝酸盐随水分的下移。此外深根系的填闲作物的种植同样增加了地表覆盖,通过其根系的拦截作用,从量上减少了氮素向根层以下迁移的可能性。而收获后甜玉米的秸秆直接粉碎还田,补充了设施菜田土壤碳源,提高微生物的活性,进一步增加土壤氮的固定,实现末端氮素损失的拦截。而进一步的 ^{15}N 标记的试验可以发现,休闲处理有 $14.8\%\sim30.0\%$ 的氮被淋洗,$52.7\%\sim87.1\%$ 的氮素残留在土壤剖面,而填闲作物种植后仅有 $7.3\%\sim19.3\%$ 的^{15}N 被淋洗。从不同处理土壤剖面的 EC 值可以看出,填闲作物种植后 $0\sim120$ cm 的 EC 值均发生明显下降,表明种植填闲作物可降低土壤盐分的累积(图13.16)。

13.3.3 菜田退化土壤综合修复技术

虽然生物防治具有特殊优势,但其研究还处于初级阶段,一些生防产品和生物调控措施对无公害蔬菜生产的报道并不少见。有试验证实,AM菌根共生体的存在可通过对植株表现出的促生效应来提高植物对线虫的耐受性。同 AM 真菌一样,生物肥料利用其中的有益微生物,提高植株的生长能力,从而增强植株抗病能力。有关植物杀线虫的研究国内外都有不少报道,在利用活体植物方面,目前研究和应用的比较多的就是万寿菊,与蔬菜作物间作时它的根系分泌出具有杀线虫活性的噻吩类物质,能够将蔬菜根系周围的线虫杀死。目前的问题是受土壤复杂环境的影响,单一的措施很难在很大程度上改善老菜田退化土壤质量,那么综合的防治效果又如何呢?

2009 年 2 月至 2010 年 1 月在北京市大兴区魏善庄镇张家场村农业生产标准化基地的设施蔬菜温室中进行示范,通过选用功能性微生物和专性植物材料浸提液等材料,在蔬菜主要生育期间施用,采用外源物质进行根层隔离调控等退化土壤综合修复技术,并与少量化学农药配合施用,比较其综合防控设施菜田根结线虫的效果,以达到改善老菜田退化土壤质量的目的。

本试验共选用两个大棚进行综合技术试验,具体试验茬口安排及供试品种见表 13.3,其中苦瓜在 4 月份套种在番茄种植行一侧。

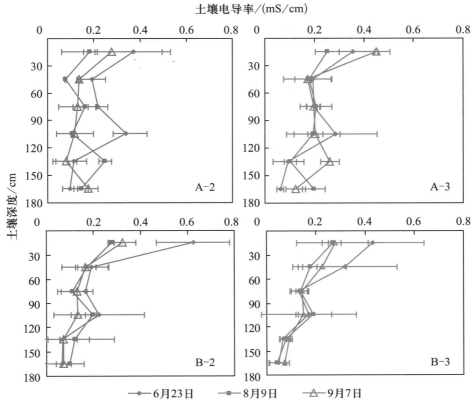

图 13.16 **2009 年填闲与休闲处理土壤剖面电导率的变化**

注:A,滴灌;B,沟灌;A—2,填闲处理;A—3,休闲处理;B—2,填闲处理;B—3,休闲处理。

表 13.3 **2009—2010 年退化土壤综合修复试验茬口安排及品种**

编号	冬春茬 (2009 年 2~5 月)	夏秋茬 (2009 年 4~8 月)	秋冬茬 (2009 年 9 月份至 2010 年 1 月份)
棚 1	黄瓜 (品种:津优 35 号)	苦瓜 (品种:美引绿箭三号)	番茄 (品种:中研 988)
棚 2	番茄 (品种:蒙特卡罗)	苦瓜 (品种:美引绿箭三号)	—

示范选用的 AM 真菌为根内球囊霉(*Glomus intraradices*),来自北京市农林科学院(BGC BJ09,国家自然科技资源平台资源号:1511C0001BGCAM0042),生物有机肥为抗土传病高效生物肥(商品名:Bio 爸爱我),灌根剂选用植物源驱线剂(商品名:无线美)和海藻提取剂(商品名:海绿素),生物有机肥和灌根剂均获得登记证号;套种植物选用的是万寿菊和茼蒿。

在研究的基础上,提出了综合根际微生态环境调控剂,并进行田间应用,包括:①育苗:生物肥育苗壮苗技术,即育苗时添加 2% 的生物肥到育苗基质中,其中冬春茬棚 1 内添加约 10 g/株的 AM 真菌;②定植:烟草残渣+生物肥根层隔离保护技术,即定植时穴施烟草残渣,棚 1 使用未发酵型,三茬作物用量分别为每株 10、25 和 15 g,棚 2 冬春茬使用发酵型,施用量为每株 20 g,夏秋茬使用未发酵型,施用量为每株 25 g,穴施时将烟草残渣与土壤混匀;③苗期:无线美+海绿素+阿维菌素灌根技术,促根及驱避土壤线虫,即定植后 1 周用无线美+海绿素灌根,各 3 L/hm²,浇水时随水冲施,以后 40~50 d 灌根 2 次,配合 1.8% 阿维菌素(3 L/hm²)施用;④中期:茼蒿—万寿菊套种技术,根系分泌物抑制根际线虫侵染根系,即棚 2 番茄定植两周后在根际周围套种茼蒿,苦瓜定植后立即套种茼蒿,棚 1 苦瓜定植时同时移栽育好的万寿菊到苦瓜根际周围。

从表 13.4 中可以看出,不同的时期土壤内线虫密度不同,以拉秧期土壤中线虫密度最低,盛果期线虫的密度最高,而在各时期综合处理均能极大的降低 0~30 cm 土壤的线虫的密度,但是在不同的生育期内防治效果不同。在棚 1 内,5 个采样时期分别比对照减少 57.2%、65.8%、75.3%、52.2% 和 53.4%,且在苦瓜盛瓜期(Ⅱ)和拉秧前(Ⅲ)、番茄盛果期(Ⅳ)产生了显著性差异。在棚 2 内,3 个采样时期则分别减少 68.9%、34.8% 和 65.6%,且在番茄和苦瓜拉秧前(Ⅰ和Ⅲ)有着显著性差异。

表 13.4　2 个处理不同时期作物根系周围土壤中线虫密度的动态变化

| 编号 | 处理 | 土壤线虫密度(每 100 g 干土中的条数) | | | | |
		黄瓜拉秧前 Ⅰ	苦瓜盛瓜期 Ⅱ	苦瓜拉秧前 Ⅲ	番茄盛果期 Ⅳ	番茄拉秧前 Ⅴ
棚 1	对照	1 109*	305**	45**	2 215**	1 150*
	综合	474	104	11	1 059	535
棚 2	对照	272*	675*	160*	—	—
	综合	84	440	55	—	—

注:表中同一棚内同列数据肩标 * 表示差异显著($P<0.05$),** 表示差异极显著($P<0.01$)。

由图 13.17 可以看出,不管是在棚 1 还是棚 2 上,综合处理均降低了植物根结指数,但对不同作物降低幅度有所差异。棚 1 黄瓜、苦瓜和番茄上,综合处理根结指数分别比对照减少 50.0%、25.1% 和 63.6%,苦瓜产生了极显著差异;棚 2 在番茄和苦瓜上分别减少 39.3% 和 58.0%,且在苦瓜茬上有着显著性差异。

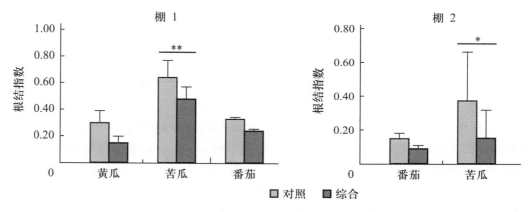

图 13.17　不同的综合处理对根结指数的影响

注:柱形图上同一种作物 ** 表示处理之间差异极显著($P<0.01$),

* 表示处理之间差异显著($P<0.05$)。

对不同的蔬菜的产量分析发现,与对照相比,综合处理的黄瓜、番茄和苦瓜的产量虽然差异不显著,但产量都有所提高,分别提高了 16.1%,4.6% 和 12.1%(图 13.18)。

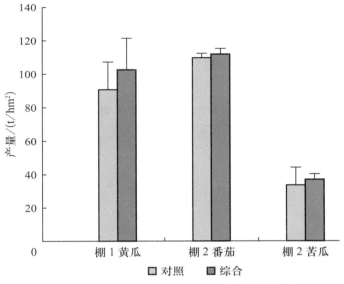

图 13.18 **不同综合处理对不同作物产量的影响**

通过测定土壤线虫密度、根系根结指数和产量调查这三个主要指标,发现综合修复技术不论在黄瓜、苦瓜还是番茄这 3 种作物上,都有着良好的效果,能够有效降低根际土壤线虫数量,从而减少线虫对根系的侵染,使根结指数下降,进而对产量形成产生有利的影响。育苗技术能够提高植物的生长能力,有利于形成壮苗,增强抗病性;穴施烟渣和生物肥形成了一个根系与土壤的隔离层,保护根系,有效地减缓了土壤线虫的直接侵染;灌根技术则是在生长的苗期、中期一方面通过促根作用,利于根系的生长,从而增强根系对养分的吸收和利用,增强植物抗病能力,另一方面利用驱线剂,在植物全生育期可以抑制或驱避线虫对根系的侵害;套种技术利用活体植物分泌物,抑制和驱避线虫对根系的侵染,因此,在整个生育过程中,综合处理的作物根系受线虫侵染明显减少,产量有所提高。这一整套退化土壤综合修复技术对生态环境、蔬菜品质都是安全的、无公害的,适于大面积推广应用。

13.4 技术物化与推广

13.4.1 筛选高磷启动液和海绿素进行促根

针对设施蔬菜根系分布浅、养分吸收能力弱的问题,采用高磷启动液和海绿素进行灌根,促进苗期根系发育,进一步提高设施番茄的产量及氮素利用;常年的连作以及过量的水肥投入导致设施蔬菜根系分布浅、养分吸收能力弱,根系的生长发育特点成为限制设施蔬菜氮磷养分高效利用的重要因子。磷肥的施用能促进作物的根系的生长发育,但是由于养分的生物和空间有效性的限制,即使目前设施菜田土壤磷素累积现象非常普遍,但磷的空间有效性却非常低。而采用高磷的启动液和海绿素进行直接灌根,则可以提高养分的空间有效性,促进根系的生长发育,从而在之前研究的基础上进一步减少氮磷的投入。从表13.5中可以看出,与传统的水肥相比,采用水肥一体化技术,更多的依靠土壤养分供应,也因此改善了设施番茄本身的根系发育情况,而在苗期进一步采用高磷启动液/海绿素进行灌根则可以明显提高设施番茄的根长和根表面积,从而实现设施番茄产量的提高。

表 13.5　**2009 年冬春季设施番茄生长早期不同处理的根系生长指标**

项目	根长/cm	根表面积/cm²	根平均直径/cm	根体积/cm³
传统水肥	3 840[b]	518.2[b]	0.36[a]	6.26[b]
水肥一体化	4 114[b]	615.2[b]	0.39[a]	8.22[ab]
水肥一体化＋苗期灌根	6 019[a]	838.9[a]	0.39[a]	10.62[a]

注:同一列中,数据肩标不同小写字母表示差异显著($P<0.05$)。

13.4.2　菜田退化土壤调理剂的研制与应用

针对不同的土壤类型以及种植制度研制了多种土壤调理剂,施用土壤调理剂之后能明显改善土壤结构,提高土壤 pH 值,提高作物的产量和品质。土壤调理剂剂型为粉剂,土壤调理剂原料来于石灰氮,钙镁磷肥,草木灰等,按重量比配比混合而成(图 13.19),主要用于拌土或撒施,本试验施用方法为撒施。对比土壤调理剂的不同用量:①传统处理。②施用同调理剂等养分量的肥料对照。③土壤调理剂处理,施用量为每亩 60 kg。④土壤调理剂减半处理,施用量为 30 kg。⑤石灰处理,石灰的施用量为每亩 60 kg。结果表明,施用土壤调理剂对番茄的长势和产量没有产生明显的差异,但是施用调理剂和生石灰均能明显提高土壤 pH 值,而调理剂的施用量减半则不会对土壤 pH 产生明显影响,同时施用土壤调理剂可以降低土壤的 EC值。进一步对番茄的品质进行分析发现,等养分对照处理、施用调理剂和施用减半的调理剂3 个处理的番茄维生素 C 含量相对农民传统处理有了提高。其中施用调理剂的番茄维生素 C 含量最高,与其他处理均有显著性差异,说明调理剂能够提高番茄维生素 C 含量。而从可溶性固形物的含量中可以看出,生石灰对提高番茄可溶性固形物含量有一定作用,而施用调理剂反而降低了番茄果实可溶性固形物的含量。不同处理番茄总酸度的大小表现为等养分对照＞生石灰＞传统处理＞调理剂＞调理剂减半,说明施用调理剂可以降低番茄果实酸度。

图 13.19　**土壤调理剂**

13.4.3 设施蔬菜水肥一体化技术的研究与推广

2008 年冬春季开始,课题组和青岛农业大学资源与环境学院以及潍坊禾润机械有限公司合作,将基于根层养分调控和小管出流的水肥一体化技术进行较大范围的示范和推广(图 13.20),以山东寿光的罗家村、八里庄村为核心技术示范区,石门董村为技术推广核心示范区,通过技术培训和公司现场指导安装的方式相结合,带动辐射周围的村镇,从 2008 年冬春季到 2010 年冬春季 5 个生长季节,累积带动推广 5 600 亩的使用面积,其中番茄 3 000 亩,黄瓜 2 600 亩,平均每亩节约纯氮 23.9 kg,节水 213 m³,实现增产 257 元,增收 1 191 元。通过多季的示范,核心示范区的农户普遍感受到水肥一体化技术的好处,与传统的大水漫灌相比,水肥一体化技术能明显减少化肥的用量,产量略有增加,果实的品质有所改善,并且采用水肥一体化设备灌溉,方便、简单、容易操作,省时省工。尤其是在 2010 年早春,棚外持续的低温,而大水漫灌不易控制灌溉,农民在黄瓜需肥的关键时期无法通过传统的大水漫灌的方式补充作物需要的养分,而水肥一体化技术则有效的弥补了这个问题,采用水肥一体化技术的农户均保证了黄瓜的高产和稳产,而传统大水漫灌的农户则均存在不同程度的减产。

在寿光开展退化土壤修复技术组装的同时,与北京市农技推广站合作,2008 年冬春季在北京昌平金六环农业园区(图 13.21),开展了基于根层养分调控和滴灌的水肥一体化技术(图 13.22)以及夏季种植填闲作物的退化土壤修复技术研究与示范。针对北京夏季休闲农户揭棚膜的种植模式,提出了夏季种植甜玉米的退化土壤修复技术。经过 3 年 5 季的核心示范结果表明,在目前一些农业科技比较先进的农业园区,采用退化土壤修复技术,在保证产量的情况下,平均每亩仍可以节约纯氮 7.9 kg,节水 37 m³,产值略有增加。2009 年冬春季开始,课题组老师多次在北京市农业推广站组织的设施果类蔬菜滴灌施肥技术培训班授课,培训来自北京郊区县的农业技术人员以及田间学校学员,同时配合北京农业推广站,先后在北京昌平、顺义等地开展了示范推广工作,2 年 3 季累积带动辐射 600 亩。

图 13.20 水肥一体化技术培训课

图 13.21 水肥一体化技术示范基地

图 13.22　基于根层养分调控和小管出流的水肥一体化技术

13.4.4　提高设施园艺土壤质量和资源高效利用的综合技术规程与示范

针对设施蔬菜土壤退化等问题,进行根际微生态环境的综合调控、利用生物信息干扰防治设施土壤线虫病害、设施园艺富营养土壤的修复与养分高效利用和退化土壤农药污染的根际生物修复等技术集成示范,建立退化土壤综合调控技术体系,形成相应的技术标准与技术规程,主要进展如下。

根据田间工作的经验,结合“十一五”科技支撑各课题的单项技术成果,提出了一套设施土壤持续利用的栽培制度和配套技术(图 13.23),并在后续的工作中进行了单项技术的示范以及多项技术的组装。

经过 2007 年、2008 年 2 年的研究工作,各单项技术已初步成熟和完善,因此从 2009 年冬春季开始,课题组先后在山东寿光、北京的昌平、大兴和顺义布置了各种单项技术、多项组装技术以及综合修复技术的田间示范试验,提出了设施园艺退化土壤综合修复技术(图 13.24 和图 13.25),主要包括:①生物有机肥、菌剂、天然活性物质以及化学养分相互搭配的方式培育壮苗;②将非寄主植物残体和传统有机肥进行结合翻地,以改善土壤中失衡的微生物群落结构;③移栽时采用天然活性物质以及天然活性提取物相搭配的方式防治根结线虫;④苗期进一步采用天然活性物质提取物和化学养分相结合的方式,促进根系的生长,同时驱避土壤中的线虫;⑤基于根层养分调控的水肥一体化技术;⑥生育期套种非寄主植物,或利用休闲季节种植非寄主植物,非寄主植物的残体直接还田;⑦生物期喷施农药降解剂,以降低土壤和植物的农药残留量。同时针对北京地区和寿光地区的不同种植制度,进一步提出了适合于当地的退化土壤综合修复技术。

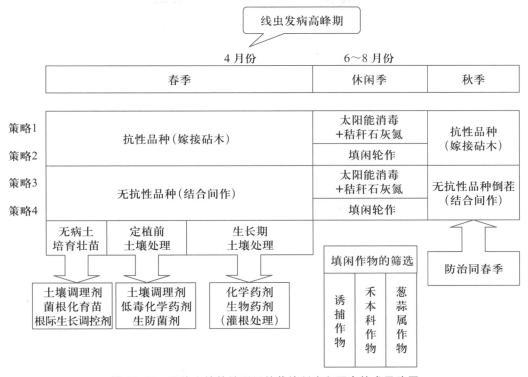

图 13.23 设施土壤持续利用的栽培制度和配套技术思路图

图 13.24 设施园艺退化土壤修复与高效
利用技术研究示范基地

图 13.25 山东省寿光市实验基地

适用于北京地区的退化土壤综合修复技术:①生物有机肥育苗技术:在育苗基质中均匀混入质量比为 2% 的生物有机肥,以提高育苗质量。②根层保护技术:定植时穴施烟草残渣和生物有机肥,用量分别为每株 25 g,使番茄根域周围形成一层预防土传病害发生的屏障。③根层防线技术:定植一周后用"无线美"、"海绿素"、1.8% 阿维菌素按 1:1:1 的比例混匀并稀释

1 000倍,在距番茄根轴5～8 cm处环绕番茄进行灌根,每株用量50～60 mL,以促根并驱避土壤线虫,40～50 d后进行第二次灌根。④水肥一体化技术:借助于膜下滴灌系统将可溶性肥料或营养液与水一起,均匀、适量、准确的运输到根部土壤,提高水肥利用效率。⑤秸秆还田技术:在栽种番茄的位置开沟,均匀铺置混合VT秸秆腐蚀剂的玉米秸秆,用量为7 t/hm²。⑥在生育中期使用农药降解剂纳米TiO_2,根据粉剂或悬浮剂中有效物的含量直接加水稀释配成水溶液喷雾,一般浓度为0.2～0.42 g/L。

适合于寿光地区的综合修复技术:①翻地前施用粉碎的秸秆(9 t/hm²)。②定植时施用FZB42菌剂:495 mL/亩,1:2 000倍稀释,按照推荐用量33 mL稀释液/株,灌入定植穴,灌根后清水灌溉。③定植时穴施用南京有机肥(750 kg/hm²),养分含量:N+P_2O_5+K_2O≥5%、有机质≥35%。④定植时用海绿素1:1 000倍稀释,250 mL稀释液/株,养分含量:N+P_2O_5+K_2O≥440 g/L,Cu+Fe+Mn+Zn+B≥20 g/L。⑤定植时无线美1:1 000倍稀释灌根,250 mL稀释液/株。⑥开花后无线美稀释1:1 000倍稀释灌根,500 mL稀释液/株。⑦开花前后喷施惠得营养液叶面肥,1:1 000倍稀释。每隔1周喷1次,喷3次。⑧灌溉:第一次定植水为45 m³/亩(折合67 mm),第二、三次浇水为25 m³/亩(折合37 mm)。以后每次灌溉数量为15 m³/亩(折合22 mm),后期天气热时可以调整为18～20 m³/亩(折合27 mm)。⑨肥料:底肥施用鸡粪或鸭粪7.6 t/hm²。基肥不施任何化肥;定植8～10 d灌根施用20—20—20复合肥,用量为80 kg/hm²。开花坐果后开始采用19—8—27肥料追肥,以此按比例把NPK都带入。追肥5～6次,整个生育时期追肥折合纯氮总量为180～200 kg/hm²。⑩在生育中期使用农药降解剂纳米TiO_2,根据粉剂或悬浮剂中有效物的含量直接加水稀释配成水溶液喷雾,一般浓度为0.2～0.42 g/L。

从两地两年核心示范区的统计结果上可以看出(表13.6、表13.7),采用设施园艺退化土壤综合修复技术,平均每亩节约纯氮19.9 kg,最高可节约55.7 kg纯氮,平均每亩节水209 m³,根结线虫的病情指数降低15%,增收329 kg,最终实现节支增收982元。此外土壤中毒死蜱、多菌灵和克百威残留率明显降低。

13.5 展 望

结合我国设施园艺产品的生产实际情况,综合采用多种环境友好型调控技术和农艺措施,有效控制引起设施土壤质量变劣的相关因子,改善土壤微生态环境,提高作物的抗逆性,是目前设施园艺作物健康生产的重点。在过去采用调控根系、壮苗和抑病为目标的基础上,研制出以调控根际微生物群落为主要手段的定向调控根际微生态环境的新型根际综合调控制剂;以根际微生态环境的综合调控技术为中心,结合水肥调控和其他田间管理措施,经过组合、优化和集成,把消除土壤氮磷富集和针对土壤连作障碍的"解毒"和平衡根区微生物平衡等目标结合起来,形成拥有自主知识产权的退化土壤综合修复技术。通过该项技术的应用,改良土壤,恢复微生物区系,提高土壤肥力,改善农产品品质,增加农作物产量,创建绿色农产品品牌,创造显著的经济和社会效益。

表 13.6　设施菜田土壤修复技术北京地区核心示范效果

地点	季节	种植作物	示范研究内容	产量/(t/hm²) 修复技术	产量/(t/hm²) 传统处理	施肥量/(kg/hm²) 修复技术	施肥量/(kg/hm²) 传统处理	灌溉量/(m³/亩) 修复技术	灌溉量/(m³/亩) 传统处理	病虫害防治(病情指数) 修复技术	病虫害防治(病情指数) 传统处理	经济效益/(万元/亩) 修复技术	经济效益/(万元/亩) 传统处理
北京市大兴区魏善庄镇张家场村	2009年冬春茬	番茄	生物有机肥育苗技术;根层保护技术;根层防线虫技术;水肥一体化技术;秸秆还田技术	113.5	108.5	—	—	—	—	0.09	0.15	2.72	2.58
	2009年夏秋茬	苦瓜		36.2	32.3	—	—	—	—	0.48	0.64	0.34	0.30
	2010年冬春茬	番茄		82.1	78.3	178.4-2.4-973.7	359.1-207.6-322.5	311	412			0.97	0.86
	2010年冬春茬	番茄		74.0	70.8	175.1-6.0-322.5	558.8-354.2-943.7	207	276			0.93	0.84
	2010年冬春茬	番茄		83.8	78.6	215.5-11.4	321.5-307.2	301	301	0.34	0.54	1.21	1.09
	2010年冬春茬	番茄		62.2	63.4	213.8-0	267.8-116.1	312	312			1.01	0.98
北京市昌平区金六环	2008年冬春茬	番茄	水肥一体化技术;夏季种植填闲作物;填闲秸秆还田技术	114.9	118.7	235-99-335	288-121-410	159	230			1.90	1.84
	2008年秋冬茬	番茄		77.8	80.9	257-108-365	384-363-400	116	160			1.47	1.54
	2009年冬春茬	番茄		111.6	115.1	160-0-160	270-270-270	185	273			1.79	1.86
	2009年秋冬茬	番茄		64.1	60.9	120-0-240	270-270-270	151	164			1.29	1.23
	2010年冬春茬	番茄		187.3	178.0	120-0-240	270-270-270	171	229			3.06	2.91

表13.7 设施菜田土壤修复技术山东寿光地区核心示范效果

地点	种植作物	季节	示范研究内容	产量 /(t/hm²)		施肥量(N) /(kg/hm²)		灌溉量 /(m³/亩)		经济效益 /(万元/亩)	
				修复技术	传统处理	修复技术	传统处理	修复技术	传统处理	修复技术	传统处理
山东寿光古城街道罗家村	番茄	2007年秋冬茬		67.1	60.2	100	480	—	—	0.89	0.79
		2008年冬春茬		58.7	57.4	150	600	—	—	0.93	0.90
		2008年秋冬茬	根层氮素调控；秸秆还田技术	103.2	102.6	200	600	—	—	1.64	1.62
		2009年冬春茬		107.2	104.0	200	700	—	—	3.14	3.03
		2009年秋冬茬		84.6	85.4	200	480	—	—	2.48	2.49
		2010年冬春茬		129.5	127.4	150	720	—	—	1.89	1.84
	番茄	2007年秋冬茬	水肥一体化技术；夏季石灰氮秸秆消毒技术	98.5	87.1	124	600	303	498	2.10	1.86
	番茄	2008年秋冬茬	水肥一体化技术；夏季秸秆还田技术	64	45	163	1 035	259	287	0.67	0.35
		2009年冬春茬		107	99	136	641	340	648	1.06	0.96
		2009年秋冬茬		137	128	236	623	231	439	0.69	0.52
		2010年冬春茬		89	88	211	983	342	567	0.69	0.56
	番茄	2009年冬春茬	水肥一体化技术；促根壮根技术；根层线虫防治技术	101.0	98.1	317	1 046	220	310	2.37	1.85
山东寿光古城街道罗家村	番茄	2009年冬春茬	生物有机肥	49.0	47.4						
		2009年冬春茬		121.5	122.4						
		2009年冬春茬		51.7	52.9						
		2009年冬春茬		120.3	123.9						
		2009年冬春茬		50.8	50.9						
		2009年冬春茬	生物有机肥	126.7	125.4						
		2009年冬春茬		61.8	59.2						

续表13.7

地点	季节	种植作物	示范研究内容	产量 /(t/hm²) 修复技术	产量 /(t/hm²) 传统处理	施肥量(N) /(kg/hm²) 修复技术	施肥量(N) /(kg/hm²) 传统处理	灌溉量 /(m³/亩) 修复技术	灌溉量 /(m³/亩) 传统处理	经济效益 /(万元/亩) 修复技术	经济效益 /(万元/亩) 传统处理
	2009年冬春茬			55.8	54.9						
	2009年秋冬茬	番茄		148.8	145.0	280.1	339.1	370	610	4.28	4.11
	2009年秋冬茬			37.4	37.2	464.2	584.1	405	580	0.88	0.91
	2009年秋冬茬			82.3	80.8	411.9	541.7	280	370	2.26	2.24
	2009年秋冬茬			76.6	77.5	279.6	514.5	324	580	2.14	2.08
山东寿光文家街道八里庄村	2009年秋冬茬	黄瓜	苗期状根促根技术；生物有机肥；根层层化技术；水肥一体化技术；秸秆还田技术	79.2	62.9	466.0	1 302.1	366	660	0.96	0.70
	2009年秋冬茬			122.6	102.7	556.3	1 258.0	431	710	1.87	1.59
	2009年秋冬茬			57.7	53.6	424.0	880	344	610	0.50	0.48
山东寿光古城街道罗家村	2010年冬春茬	番茄		90.2	86.5	522.0	738.4	225	445	0.99	0.87
	2010年冬春茬			56.3	61.0	467.8	858.3	300	570	0.88	0.90
	2010年冬春茬			116.2	110.4	532.1	842.3	245	490	1.31	1.22
增产、节水节肥以及增收的潜力				5.2%		57.9%		39.0%		1 250 元/亩	

参 考 文 献

[1] 董炜博,石延茂,李荣光,等.山东省保护地蔬菜根结线虫的种类及发生.莱阳农学院学报,2004,21(2):106-108.

[2] 冯志新.植物线虫学.北京:中国农业出版社,2001:207.

[3] 高兵,任涛,李俊良,等.灌溉策略及氮肥施用对设施番茄产量及氮素利用的影响.植物营养与肥料学报,2008,14(6):1 104-1 109.

[4] 谷端银,王秀峰,魏珉,等.设施蔬菜根结线虫病害发生严重的原因探讨.中国农学通报,2005,21(8):333-335.

[5] 郭文忠,陈青云,高丽红,等.设施蔬菜生产节水灌溉制度研究现状及发展趋势.农业工程学报,2005,21(S):24-27.

[6] 何飞飞,李俊良,陈清,等.日光温室番茄氮素资源综合管理技术研究.植物营养与肥料学报,2006,12(3):394-399.

[7] 何飞飞.设施番茄生产体系的氮素优化管理及其环境效应研究:博士学位论文.北京:中国农业大学,2006.

[8] 胡铁军,张芸,师迎春.芦荟后茬种蔬菜,根结线虫病严重.中国植保导刊,2005,4:37.

[9] 孔祥义,陈绵才.根结线虫病防治研究进展.热带农业科学,2006,2:83-88.

[10] 刘维志.植物线虫学研究技术.沈阳:辽宁科学技术出版社,1995:1-242.

[11] 任涛.设施番茄生产体系氮素优化管理的农学及环境效应分析:硕士学位论文.北京:中国农业大学,2007.

[12] 沈明珠,翟宝杰,车惠茹.不同蔬菜硝酸盐和亚硝酸盐含量分析.园艺学报,1982(4):41-47.

[13] 孙光闻,陈日远,刘厚诚.设施蔬菜连作障碍原因及防治措施.农业工程学报,2005,21(增刊):184-188.

[14] 王朝辉,李生秀,田霄鸿.不同氮肥用量对蔬菜硝态氮累积的影响.植物营养与肥料学报,1998,4(1):22-28.

[15] 杨秀娟,何玉仙,陈福如,等.不同植物提取液的杀线虫活性评价.江西农业大学学报:自然科学版,2002,24(3):386-389.

[16] 张维理.我国北方农用氮肥造成地下水硝酸盐污染的调查.植物营养与肥料学报,1995,1(2):80-87.

[17] 郑军辉,叶素芬,喻景权.蔬菜作物连作障碍产生原因及生物防治.中国蔬菜,2004(3):56-58.

[18] 周艺敏,任顺荣,王正祥.氮素化肥对蔬菜硝酸盐积累的影响.华北农学报,1989,4(1):110-115.

[19] 王金龙,阮伟斌.4种填闲作物对天津黄瓜温室土壤次生盐渍化改良的初步研究.农业环境科学学报,2009,28(9):1849-1854.

[20] 姜春光.水肥投入及轮作糯玉米对周年设施番茄养分利用的影响.北京:中国农业大

学,2009.

[21] 郭瑞英.设施黄瓜根层氮素调控及夏季种植填闲作物阻控氮素损失.研究.北京:中国农业大学,2007.

[22] 李元,司力珊,张雪艳,等.填闲作物对日光温室土壤环境的影响.沈阳农业大学学报,2006,37(3):531-534.

[23] 赵小翠,姜春光,袁会敏,等.夏季种植甜玉米减少果类菜田土壤氮素损失的效果.北方园艺,2010(15):194-196.

[24] 翟成杰,陈清,任涛,王敬国.根层综合调控技术在设施番茄生产中的应用.中国蔬菜,2010(21):26-29.

[25] 李梦梅,龙明华,黄文浩,等.生物有机肥对提高番茄产量和品质的机理初探.中国蔬菜,2005(4):18-20.

[26] 肖相政,刘可星,廖宗文.生物有机肥对番茄青枯病的防效研究及机理初探.农业环境科学学报,2009,28(11):2368-2373.

[27] 徐立功.生物有机肥对番茄生长发育及产量品质的影响:硕士学位论文.泰安:山东农业大学,2006.

[28] Bloom A J, Jackson L E, Smart D R. Root growth as a function of ammonium and nitrate in the root zone. Plant, Cell and Environment, 1993, 16:199-206

[29] Chen Q, Zhang X S, Zhang H Y, et al. Evaluation of current fertilizer practice and soil fertility in vegetable production in the Beijing region. Nutr. Cycl. Agroecosyst., 2004, 69:51-581.

[30] Gergon E, Brown M, Castrom A. Interaction of vesicular-arbuscular mycorrhizal fungi and Meloidogyne granminicola in onion(Allium cepa L.). 2002 Proceedings of the Thirty-third Anniversary & Annual Scentific Meeting of the Pest Mangement Council of the Pilippines, Inc. College, Laguna(Philippines), 2003, 118: 101-102.

[31] Gommers F J, Bakker J. Physiological diseases induced by plant response or products. In: Poinar, G. O., Jansson, H. -B. (Eds.), Diseases of Nematodes, vol. 1. CRC Press, FL. 1988:3-22.

[32] Ma Chin-hua, Manuel C. Fertility Management of the Soil-rhizosphere System for Efficient Fertilizer use in Vegetable Production. Palada. Avrdc-the World Vegetable Center, 2006.

[33] Römheld V, Neumann G. The Rhizosphere: Contributions of the soil-Root Interface to Sustainable Soil Systems. In: Uphoff, N. et al. (ed.) Biological Approaches to Sustainable Soil Systems. CRC Press, 2006: 91-107.

[34] Zhang M, Alva A K, Li Y C, et al. 1996. Root distribution of grapefruit trees under dry granular broadcast vs. fertigation method. Plant and Soil, 183:79-84.

[35] Zhou Y M, Ren S R, Wang Z X. The Effect of Application of N Fertilizer on the Accumulation of Nitrate in Vegetables. Acta Agric. Boreali-Sin. 1989, 4(1):110-115.

[36] Zhuang S R, Sun X T. Nitrogen in Vegetable Land in the Fate and Balance. Soil, 1997, 2: 80-83.

第14章

展望：设施蔬菜高投入种植体系土壤的可持续利用

王敬国　李晓林　阮维斌　林　杉　陈　清　李彦明

经过多年的研究，我们深深地感受到设施菜田土壤存在的问题还是比较严重。以前的研究工作，治标的内容多一些，治本的内容较少。设施蔬菜种植体系资源浪费、环境污染、土壤质量和农产品品质下降等问题依然十分突出，对我国农业的可持续发展构成了严重威胁。这些问题的发生有着复杂的社会经济因素，同时也有许多科学和技术方面的问题需要解决。科学工作者需要对这些问题进行深入探讨，从根本上提出解决问题的方法和途径。目的在于：一要在保证环境安全、食品安全和土壤资源可持续利用的基础上，为农民提供效果显著、经济效益不受影响的简便和实用化技术；二要为政府的宏观管理决策提供科学依据。

分析发现，高投入、长期单一种植和有机肥品种单一是导致资源效率低和环境污染、土壤退化的最根本原因（图 14.1）。

其中，灌溉量远远超过了作物生长需要和土壤持水能力，是导致肥料资源（包括有机肥和无机肥）投入过量的主要原因。山东寿光设施蔬菜生产调查表明，一季的灌溉量高达 1 000 mm，过量灌溉必然会引起可溶性高的养分大量淋失。例如，氮素优化管理后虽然大幅度地降低了氮素施用量，但是与其他种植体系相比，氮素的损失仍然偏高、环境风险偏大，就是因为这种施肥量的确定是基于大水漫灌的。土壤酸化问题没有从根本上解决，也与硝酸盐的淋洗有关。由此，改变灌溉方式和控制水资源投入量，可能会解决过量施肥的问题；然而，对于已经产生盐分积累的老菜田而言，节水灌溉措施可能会带来新的问题，也就是土壤表层盐分的积累将逐渐提高，因为在不接受降水、没有自然淋溶作用的条件下，设施内土面蒸发和植物蒸腾导致土壤水以向上迁移为主，盐分必然随水向表层聚集，危害苗期植物生长。如何平衡这两者的关系，是今后研究工作的重点之一。

长期单一种植某一作物是导致土壤生物学障碍发生的主要原因，而不合理的水肥管理及其引起的土壤理化性状的改变，对生物学障碍的发生也有一定的作用（参见第 2 章）。相对于土壤物理和化学的障碍因素，土壤生物学障碍因素的控制要困难得多。研究表明，现有的各单项技术在不同地方、不同作物和不同时期有效，但并不稳定。我们的研究表明，以根际调控为主要内容的综合调控措施，包括有益生物（菌根真菌等）的引入、根际调控剂、间作或混种病原生物非寄主植物、夏季填闲和非寄主植物残体施用等生态学调控措施，具有显著控制土壤生物学障碍因素的效果。但这一结果需要在更长的时间尺度上和更大的范围内得到验证。而且，技术的复杂程度与农民种植习惯存在着某种矛盾，因而其实用化问题需要解决。再者，土壤生物学障碍与化学障碍之间存在着复杂的相互关系，深入认识和了解这种相互关系的实质，对从根本上控制土壤退化、提高土壤质量具有重要意义。

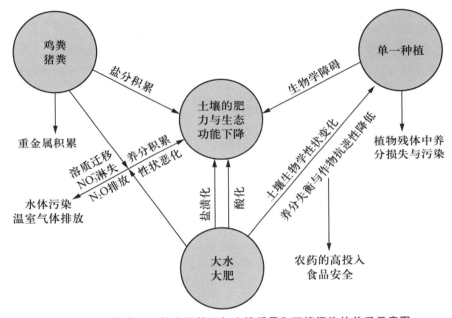

图 14.1　设施菜田土壤水肥管理与土壤质量和环境污染的关系示意图

在设施蔬菜养分管理方面，多年来大家只注意了氮素管理，而忽略了磷钾养分的管理和养分之间的平衡。近年来，我们开始注意到磷的问题，是一个进步。然而，钾素管理和养分平衡问题没有得到足够的重视。例如设施菜田钾素的施用量严重过量，钾素资源的流失量增加，并且引起作物的生理缺镁。相信微量元素与大量元素之间也会存在不平衡的问题。只有保证一个平衡的养分供应，才能最大限度地增加生物产量并且提高作物的抗逆性。

设施蔬菜生产中的资源浪费和环境问题，还表现对蔬菜作物残体的利用上。为了防止植物病害在设施内的漫延，农民通常将残体全部移出棚外，露天就近堆放。残体分解过程中释放的养分将随水迁移，进入环境。植物残体上携带的病原生物会随风或随人带进大棚内。在保证不增加病害发生的前提下，促进这部分的资源回收利用，并且摸索出农民易于接受的处理方式，也是需要重点解决的一个挑战性问题。

根据以上分析，今后研究工作的具体思路有以下几个方面。

14.1　源头控制资源的高投入

这一技术的关键是控水,以水调氮。滴灌施肥和灌溉施肥一体化技术为一项国际上成熟应用的技术,是提高氮、磷养分投入效率,实现源头控制的核心。全球大约有 3.75 亿亩的耕地采用了施肥和灌溉一体化系统,施肥设备和灌溉施肥的专用肥料均得到了长足发展。我们研究表明,滴灌施肥技术可以改善棚内生态环境,提高棚内温度 2~4℃,降低空气湿度 8.5%~15%,节水 50%,节肥 60% 以上,一般可增产 10% 以上。2008—2009 年在寿光地区连续三茬滴灌施肥试验表明,仅滴灌施肥一项技术每年比传统大水漫灌氮(N)肥少损失 1 000 kg/hm²,水分氮肥管理效果明显。目前施肥和灌溉一体化系统在我国蔬菜生产中的应用刚刚起步。但是,由于我国主要蔬菜作物不同生育期养分需求规律和需水特性等基础资料积累不足、缺乏根据土壤潜在养分供应状况和作物生长特性研制的专性肥料以及我国北方地区滴灌水矿化度较高可能造成滴灌点堵塞、滴灌设备成本较高、一家一户的小规模生产导致生产成本增加、经济效益降低等,制约了滴灌施肥技术在我国的应用推广。因此,摸索一套适合我国气象条件的实用控水、调氮简化技术,应该成为今后的重点研究方向。

磷、钾养分的总量控制,是源头控制的另外一个重要内容。与氮素相比,磷、钾在土壤中的转化相对简单,土壤对它们的保持能力较强。磷是一个仅次于氮的重要生源要素,但在水环境污染方面,比氮更重要。因为在有磷的条件下,水体中的固氮生物可以增加对大气中氮的固定,形成活性氮,从而导致水体的富营养化。我国钾肥资源不足,大量的钾素淋洗,也会对农业的可持续发展构成威胁。在保证蔬菜作物高产,又要将土壤中速效磷控制在环境阈值之内也是一个挑战。

14.2　生态学措施综合控制土壤生物学障碍

充分发挥设施菜田土壤的生态服务功能的前提,是要有一个健康、稳定的土壤生态系统。如第 2 章所述,设施土壤生物学障碍的产生是长期连续种植单一作物导致的土壤生态系统的恶化。我们的研究表明,长期单一连续种植造成设施大棚生物多样性下降 50% 以上,根结线虫已经上升为主要的病虫害,其他土传病害也频繁发生,土壤生物学障碍突出。出于食品安全的考虑,蔬菜栽培体系中,防治根结线虫的高风险化学农药受到了很大限制。生物防治根结线虫方面研究工作很多,也取得了许多进展,但在大面积实际应用方面还存在一些问题。以甲基溴为代表的土壤消毒剂被禁止使用之后,至今还没有找到其效果和应用范围与之相当的土壤消毒剂。国际上从植物中提取开发的各种植物源杀线虫剂,其应用范围和施用效果都有限。此外,设施菜田土壤中的微生物多样性的减少,也是导致土壤生态系统不平衡的另外一个重要原因。

从生态学的角度,增加生态系统内的生物多样性,是保持生态系统稳定的重要途径和提高土壤质量的必然选择。由下而上地对土壤生态系统进行调控是维护土壤生物多样性的基本措施,即从增加土壤中微生物所需的碳源、能源和氮源来源的多样性入手,改变土壤生物的种群结构。这方面的调控措施包括,填闲植物引入和非寄主植物秸秆的施用等。我们的研究表明,在目前所有措施中,对土壤生物群落结构影响最大的还是填闲,因为它既有活体(根系分泌物)的作用,也有残体(分解)的作用。其次,利用有益生物和化学生态学原理对有害生物进行根际调控。前者是利用有益生物改善植物的生长、增加其抗逆性,并调整根系与其他生物的关系。后者是利用生物间的化感作用来调节土壤生物之间的相互关系,这方面的措施包括菌根真菌、生防菌的引入,间作(混种)和根际化学调控等。再者,必须重视养分水分管理对土壤生物多样性的影响。我们连续4年的定位试验结果表明,在氮肥总量降低50%的同时,根结线虫数量持续下降,危害显著降低。可见,合理的水氮管理,不仅节约了水氮资源,而且可以改善土壤生物环境,减轻相应病原生物的危害,更好地发挥土壤生态功能。生态学是研究生物与环境之间相互关系的科学,它告诉我们有什么样的环境,就有什么样的生物种群和生态结构。摸清水肥管理与土壤生物学性质的关系,进而了解土壤性质与土壤生物多样性的关系,十分必要。

如前文所说,单一措施的调控作用有限,只有依据生态学原理,根据土壤、作物及生长期的不同,因地制宜,摸索出一套合适的综合调控措施,才能有效控制土壤生物学障碍,维持土壤健康和可持续生产能力。

14.3   以有机碳管理为核心的土壤质量提升

土壤有机质是土壤质量的核心指标。如图14.2所示,土壤中有机质的含量和性质,通过影响土壤物理、化学和土壤生物学性状,进而影响土壤肥力质量、土壤生态系统的生物多样性和稳定性以及土壤消纳有机和无机污染物的能力。提高有机质的含量,改善有机质的品质是土壤质量提升的关键因素,设施菜田土壤也是如此。

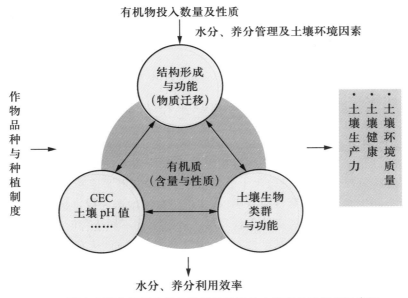

图14.2 影响土壤有机质含量与性质的因素及土壤有机质作用示意图

然而,在设施蔬菜栽培体系中,有机肥投入量虽然很大,施用总量常常高达每年 100 t/hm²。尽管如此,设施菜田土壤的有机质含量并没有想象的那么高。以山东寿光为例,大量施用有机肥 10~20 年之后,土壤有机质含量仍然很少有超过 1.8%~2.0% 的大棚。这或许与有机肥的肥料种类有关,以鸡粪和猪粪为主的有机肥,由于氮和无机盐分含量较高,对土壤有机质的贡献不大。但是我们试图在施用鸡粪的基础上添加秸秆的努力,在长期定位试验中也没有得到成功,虽然只有 3 年的结果,但土壤呼吸监测表明,添加秸秆增加有机质可能性几乎没有(参见第 12 章)。也可能是有机肥施用的量还不够,品种不合适,或者与频繁扰动(不断施肥和干湿交替)有关。例如,我校在曲周的大棚有机蔬菜生产试验研究基地上,6 年的极高量的有机肥(主要是堆肥)投入,使得土壤有机质含量提高到 6% 左右(李季,个人交流)。两地的土壤质地相似,灌溉方式一样,只是这里没有化学肥料的投入。大面积设施菜田不可能都成为有机蔬菜生产基地,全部不施化肥不大可能,而且,有机肥的超高量施用同样会带来环境问题。而且,设施菜田土壤也没有必要以这样快的速度,提升土壤有机质含量。但我们从这里得到的启示是,设施菜田土壤有机质的含量是可以进一步提高的,只是需要我们深入了解设施菜田土壤中有机碳转化的规律,以及有机碳转化与水肥管理的关系,并摸索出逐步提高有机质含量的途径。

提高土壤有机质含量,改善土壤有机质性质和土壤质量的核心是土壤有机碳的管理,包括选择合适的有机物料或有机肥的种类,以及改进土壤养分和水分管理方式等。其中有机物料的来源应当更广泛一些,包括各种植物残体、经过不同处理制作的有机肥以及黑炭等,而且需要与土壤生物学障碍因素的控制措施相结合。而且,在数量上应有保证。商品化的生物有机肥只有与其他有机物料或有机肥配合施用,才能在量上满足要求。在田间管理方面,考虑到氮素在有机碳转化方面的重要作用,而设施条件下氮素管理又与水分管理密不可分(见前文所述),因而设施菜田土壤的管理应当将水、氮、碳管理结合起来,通过深入研究,因地制宜地提出多种水碳氮综合管理模式,以保证土壤质量的稳步提升。

同时应当引起注意的是,并非有机肥施用量越多越好,过量施用不仅容易引起氮磷钾的资源浪费和产生相应的环境污染,而且以鸡粪和猪粪等为主要原料的有机物料还可能引起土壤中的重金属累积。

14.4　养分根层调控与优化养分供应

多年的研究表明,在保证作物不同生育期正常生长所需要的根层无机氮供应临界浓度水平上,进行氮素平衡调控、肥料减量效果十分显著。例如,以土壤诊断技术和植株营养诊断方法等,确定番茄不同生育期的氮素供应目标值,实现了减氮增产的双重目标。这里显然需要大量的研究工作,来确定不同种类的蔬菜作物和某一种蔬菜在不同生育阶段,适宜的氮素推荐目标值。作为研究,摸清上述关系是基础性工作,十分必要。然而,从农民和实际应用的角度出发,提出简单、易于接受的实用化技术更为重要。否则,这一结果只会停留在文章中,而缺乏实际意义。以灌溉施肥技术为特征的水肥一体化管理模式为优化氮素管理提供了一种简单、有效的途径。然而,这种技术目前在设施蔬菜的集中产区尚难以普遍推广,在非集中产区推广的难度会更大。因此,为广大的分散生产主体提供优化氮素管理的实用化措施更为重要。

磷、钾养分优化管理目前主要采用恒量监控法，即根据土壤速效磷、速效钾的测定值并考虑作物带走量确定磷、钾肥施用量。这里也有蔬菜种类、产量水平和土壤背景值不同的问题，需要摸清。

优化养分管理的另外一个重要内容是如何保持植物所需各种养分的平衡。大量营养元素之间的平衡研究较多，也比较清楚。大量元素与中微量营养元素之间的平衡也是必须注意的一个问题。

14.5　设施植物废弃物资源的循环利用

蔬菜废弃物快速无害化处理与资源化利用技术发展，大大落后于蔬菜种植业的发展。鉴于设施蔬菜产业在我国农村经济中占有重要地位，是农村致富和农民增收的重要手段。随着人们生活水平的提高，净菜上市，超市买菜已经成为习惯，这就使在蔬菜原产地产生大量质量不佳的蔬菜和净菜加工处理时产生的叶、根、茎和果实等成为废弃物。同时收获时多带有病原生物的植物根茎叶残体却在大棚外简单随意堆放，而这些病原生物的扩散传播容易使下茬作物发生病害。据统计，北京市 2007 年的菜田/瓜田类废弃物的量大约为 333 万 t；但废弃物有70% 以上未经任何处理而随意堆放，成为限制设施蔬菜产业发展和造成环境污染的主要因素之一。由于蔬菜废弃物存在着产地分散，不宜储存，难以集中收集处理，加上残体携带大量病原生物等问题，所以难以就地循环利用，从而造成了蔬菜废弃物随意丢弃的现象越来越严重，严重影响了设施蔬菜种植区的环境卫生和病原控制。

蔬菜残体的再利用和养分再循环，是实现养分高效循环利用和清洁生产的关键，也是农田生态系统中从源头控制非点源污染的一种重要途径。同时，还可以有效控制植物病原生物的传播。目前，堆肥化技术是一种为世界各国普遍采用的禽畜粪便和植物残体处理方法，选择适宜的堆制技术，可以在较短的时间内使废弃物料减量、脱水、无害，取得较好的处理效果。一方面，有机物堆肥杀死大部分病菌虫卵，减少了病虫源扩散的风险；另一方面，经腐熟的有机废弃物也能成为土壤有机碳的来源，就地取材更为方便。

依据改进后的现有技术对设施蔬菜进行的资源化和无害化处理，在方法上是可行的，但更重要的是如何使这一技术改造为适用于各个分散生产主体的实用化技术，需要进行探索。

14.6　环境与经济效益评价

无论采用哪些措施，设施蔬菜种植体系与大田作物生产体系相比，仍然将是一个高投入、高收益的体系，这也是设施蔬菜发展的经济基础。因而，设施菜田土壤管理的各种措施包括单项或者综合措施，在推广应用之前，必须进行经济效益评价。只有经济上可行，才能够实现经济上可持续而被农民所接受。同时，我们也必须考虑技术措施的环境效应，包括技术措施对水体、大气以及土壤和农产品污染的影响。这既是维持环境安全的要求，也是保证人类健康的需要。然而，经济效益和环境效益之间会产生矛盾，经济效益最高的管理方式和栽培模式，并非一定是环境效益最好的。平衡二者之间的关系，找到最佳结合点也应该成为今后设施蔬菜种植体系需要研究、探讨的问题之一。而且,这方面的研究还可以为国家在规范农业生产中生产资料投入、进行宏观管理提供科学依据。欧美这方面的工作早已做了,我国迟早要做。在这之前,我们有责任和义务为农民提供相应的技术措施,以实现经济和环境效益的最优化。

上述措施及其相互关系如图 14.3 所示。

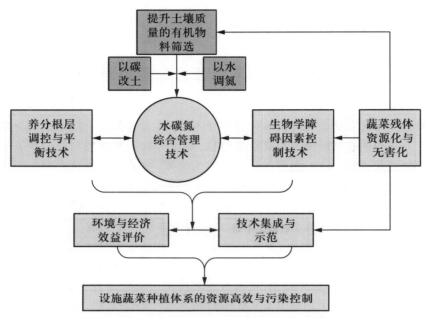

图 14.3   设施蔬菜种植体系资源高效与污染控制措施逻辑关系示意图

结合我国设施蔬菜生产实际情况,以"以水调氮、以碳改土"为目标,采用水肥资源投入的科学管理,并通过根层养分平衡调控,减少水肥投入,提高水肥资源的利用效率;利用生态学原理增加生物多样性,提高土壤生态系统的稳定性和保证其服务功能的充分发挥,综合控制土壤生物学障碍;促进蔬菜残体的资源化和无害化,实现清洁生产等,是实现设施菜田资源高效与污染控制的重要途径。在分散研究、优化组合的基础上,因地制宜地提出综合性与环境和经济效益最优的解决方案,对保证资源可持续利用和设施蔬菜的可持续发展具有重要的科学意义和应用前景。

附　录

"十一五"国家科技支撑计划课题"设施园艺退化土壤的修复与高效利用技术研究"论文与专利目录

论　文

［1］龚佑文,王明安,黄永富,等.花椒和川黄柏果实精油化学组成及其抗真菌活性(中国植物病理学会 2007 年学术年会论文集).咸阳:西北农林科技大学出版社,2007:404-405.

［2］唐静,邱明华,张宪民,等. 黄瓜藤抗菌化合物(中国植物病理学会 2007 年学术年会论文集). 咸阳:西北农林科技大学出版社,2007:467.

［3］李晶,阮维斌,陈永智,等.天然脂肪酸类物质对温室连作黄瓜和番茄幼苗生长的影响.农业环境科学学报,2008,27(3):1022-1028.

［4］张立丹.丛枝菌根与植物寄生性线虫相互作用及抗性机制.土壤,2010.

［5］龚佑文,张小娟,王晓宁,等.椒和川黄柏精油对水稻纹枯病菌形态和细胞壁降解酶的影响.天然产物研究与开发. 2008,20(2):193-197.

［6］刘玮琦,茆振川,杨宇红,等.应用 16S rRNA 基因文库技术对菜田土壤细菌群落多样性的研究. 微生物学报,2008,48(10):1344-1350.

［7］刘玮琦,茹振川,杨宇红,等.保护地根结线虫发生地土壤微生物多样性研究. 中国生物防治,2008,24(4):318-324.

［8］吴凤芝,周新刚.不同作物间作对黄瓜病害及土壤微生物群落多样性的影响.土壤学报,2009,46(5):899-906.

［9］吴凤芝,王澍,杨阳.轮、套作对黄瓜根际土壤细菌种群影响. 应用生态学报,2008,19(12):2717-2722.

［10］杜华,周立刚,唐静,等.无叶假木贼和盐爪爪提取物的抗菌活性.天然产物研究与开发,2007,19(1):92-96.

［11］唐静,周立刚,周亚明,等.黄柏果实提取物对植物病原真菌的抑制作用.天然产物研究与开发,2008,20(3):505-507.

［12］赵爽,刘伟成,裘季燕,等.多粘类芽孢杆菌抗菌物质和防病机制之研究进展. 中国农学

通报,2008,24(7):347-350.

[13] 李晶,阮维斌,陈永智,等.天然脂肪酸类物质对温室连作黄瓜和番茄幼苗生长的影响.农业环境科学学报,2008,27(3):1022-1028.

[14] 刘浩,谈满良,单体江,等.博落回生物碱与生物活性及其应用.中国野生植物资源,2009,28(3):21-23.

[15] 刘浩,谈满良,周立刚,等.博落回、虎杖和黄芩提取物对植物病原菌的抑制作用.天然产物研究与开发,2009,21(3):400-403,419.

[16] 安连菊,贾尝,阮维斌,等.五个辣椒品种对南方根结线虫的抗性评价.北方园艺,2010(5):158-160.

[17] 董林林,李振东,王倩.大蒜鳞茎浸提液对黄瓜幼苗的化感作用.华北农学报,2008,23(增刊):47-50.

[18] 董林林,王倩.黄瓜组织浸提液对黄瓜幼苗生长及土壤生化特性的影响.中国农业大学学报,2009,14(4):54-58.

[19] 王琰,崔建宇,胡林,等.悬浮态 TiO_2 光催化降解有机磷农药研究.中国农业大学学报,2008,13(2):73-77.

[20] 王琰,王敬国,胡林,等.农药光催化降解研究进展.西北农林科技大学学报:自然科学版,2008,36(9):161-168.

[21] 汪东,王敬国,慕康国. TiO_2 对毒死蜱在土壤表面光降解的催化作用.生态环境学报,2009,18(3):934-938.

[22] 姜晶晶,刘庆花,李俊良,等.钙肥型土壤调理剂在设施番茄生产中的应用.中国蔬菜,2009,10:63-67.

[23] 姜晶晶,李俊良,刘新明,等.生物菌剂型土壤调理剂对温室番茄生长及土壤理化性状的影响.安徽农业科学,2009,37(14):6564-6566,6605.

[24] 阮维斌,张园园,高陆,等.植物挥发性信号物质介导抗性的生态功能.生态学报 2010,30(3):0801-0807.

[25] 汪东,王敬国,慕康国.表层土添加 TiO_2 与土壤厚度对多菌灵光解的影响.生态与农村环境学报,2009,25(4):92-94,113.

[26] 汪东,王敬国,慕康国.土壤表面 TiO_2 对克百威光降解的催化作用.三峡环境与生态,2010,3(1):1-4.

[27] 吴会芹,董林林,王倩.玉米、小麦秸秆水浸提液对蔬菜种子的化感作用.华北农学报,2009,24(增刊):140-143

[28] 赵志祥,罗坤,陈国华,等.结合宏基因组末端随机测序和 16S rDNA 技术分析温室黄瓜根围土壤细菌多样性.生态学报,2010,30(14):3849-3857.

[29] 李培军,蒋卫杰,余宏军.有机肥营养元素释放的研究进展.中国蔬菜,2008(6):39-42.

[30] 黄永富,龚佑文,马占鸿,等.植物精油抗菌活性研究进展.王琦,姜道宏主编《中国植物病理学会第八届青年学术研讨会论文选编—植物病理学研究进行》,2007:413-414.

[31] 董林林,左元梅,李晓林,等.嫁接对黄瓜土壤生化特性的影响.中国农业大学学报,2010,15(4):51-56.

[32] 黄利,王宇,董林林,等.南方根结线虫与秀丽线虫同源基因的鉴定及其应用分析.中

国农业大学学报,2010,15(4)，45-50.

[33] 夏季种植甜玉米减少果类菜田土壤氮素损失的效果. 北方园艺,15:194-196，2010.

[34] Gong Y W，Zhou LG，Huang Y F，*et al*. Chemical composition and antifungal activity of the fruit essential oil of *Zanthoxylum bungeanum*（Rutaceae）from China. Yogyakart，Indonesia：Faculty of Agriculture，Gadjah Mada University. 2007：283-284.

[35] Gong Y W，Zhou LG，Huang Y F，*et al*. Chemical composition and antifungal activity of the fruit essential oil of *Phellodendron chinense*（Rutaceae）from China. The Third Asian Conference on Plant Pathology. 2007:283-284.

[36] Xu L，Zhou L，Zhao J，*et al*. Fungal endophytes from Diocorea zingiberensis rhizomes and their antibacterial activity. Letters in Applied Microbiology. 2008,46(1)：68-72.

[37] Li J，Zhao J L，Xu L J，*et al*. Endophytic fungi from rhizomes of Paris polyphylla var. yunnanensis. World Journal of Microbiology and Biotechnology. 2008，24（5）：733-737.

[38] Tan M L，Zhou L G，Huang Y F，*et al*. Antimicrobial activity of globulol isolated from the fruits of *Eucalyptus lobules* Labill. Natural Product Research. 2008，22(7)：569-575.

[39] Zhou Y M，Liu H，Zhao J L，*et al*. Poplar stem blister canker and its control strategies by plant extracts. World Journal of Microbiology and Biotechnology. 2008，24(8)：1 579-1 584.

[40] Zhou LG，David E. Wedge. Agricultural application of higher plants for their antimicrobial potentials in China. In：Crop Protection Research Advance(Burton EN，Williams PV，eds.) New York：Nova Science Publishers. 2008，213-233.

[41] Zhou L G，Zhao J L，Xu L J，*et al*. Antimicrobial compounds produced by plant endophytic fungi. In：Fungicides：Chemistry，Environmental Impact and Health Effects(De Costa P，Bezerra P，eds.) New York：Nova Science Publishers. 2009：91-119.

[42] Xu L J，Wang J H，Zhao J L，*et al*. Beauvericin from the endophytic fungus，Fusarium redolens，isolated from Dioscorea zingiberensis and its antibacterial activity. Natural Product Communications. 2010,5(5)：811-814.

[43] Zhong LY，Zhou L G，Zhou Y M，*et al*. Antimicrobial flavonoids from the twigs of Populus nigra × P. deltoids. Natural Product Research. 2010，24(15):1-7.

[44] Wang J H，Zhao J L，Liu H，*et al*. Chemical analysis and biological activity of the essential oils of two valerianaceous species Nardostachys chinensis and Valeriana officinalis from China. Molecules . 2010,15.

[45] Qu X H，Wang J G. Effect of amendments with different phenolic acids on soil microbial biomass，activity，and community diversity. Applied Soil Ecology. 2008，39：172-179.

[46] Zhang L D，Zhang J L，Peter Christie，*et al*. Pre-inoculation with arbuscular mycorrhizal fungi suppresses root knot nematode（*Meloidogyne incognita*）on

cucumber(*Cucumis sativus*). Biology and Fertility of Soils. 2008,45(2):205-211.

[47] Hao Z P, P. Christie, Zheng F, *et al*. Excessive Nitrogen Inputs in Intensive Greenhouse Cultivation May Influence Soil Microbial Biomass and Community Composition. Communication in Soil and Plant Analysis. 2009, 40(15&16) : 2323-2337.

[48] Zhang LD, Zhang J L, Peter Christie, *et al*. Effect of Inoculation with the Arbuscular Mycorrhizal Fungus Glomus Intraradices on the Root-Knot Nematode Meloidogyne Incognita in Cucumber. J Plant Nutrition. 2009, 32(6):967-979.

[49] Liu S Y, Ruan W B, Li J, *et al*. Biological control of phytopathogenic fungi by fatty acids. Mycopathologia, 2008, 166:93-102.

[50] Ren T, Christie P, Wang J G, *et al*. Root zone soil nitrogen management to maintain high tomato yields and minimum nitrogen losses to the environment. Scientia Horticulturae, 2010, 125:25-33.

[51] Shi K, Ding X T, Dong D K, *et al*. Putrescine enhancement of tolerance to root-zone hypoxia in Cucumis sativus: a role for increased nitrate reduction. Functional Plant Biology, 2008, 35: 337-345.

[52] Joshua-Otieno Ogweno, Song X S, Hu W H, *et al*. Detached leaves of tomato differ in their photosynthetic physiological response to moderate high and low temperature stress. Scientia Horticulturae, 2009, 123: 17-22.

[53] Huang Y F, Zhao J L, Zhou L G, *et al*. Antimicrobial compounds from the endophytic fungus Fusarium sp. Ppf4 isolated from the medicinal plant Paris polyphylla var. yunnanensis. Natural Product Communications, 2009, 4 (11): 1455-1458.

[54] Liu H, Wang J H, Zhao J L, *et al*. Isoquinoline alkaloids from Macleaya cordata active against plant microbial pathogens. Natural Product Communications, 2009, 4 (11):1557-1560.

[55] Zhang Y, Gu M, Xia X J, *et al*. Alleviation of autotoxin-induced growth inhibition and respiration by sucrose in Cumis sativus(L.). Allelopathy Journal, 2010, 25(1): 147-154.

[56] Liu S Y, Ruan W B, Li J, *et al*. Biological Control of Phytopathogenic Fungi by Fatty Acids. Mycopathologia. 2008,166:93-102.

[57] Burton E N, Williams P V, Eds. Crop Protection Research Advances. New York: Nova Science Publishers, Inc. 2008.

[58] Columbus F, *et al*. Eds. Fungicides, Chemistry, Environmental Impact and Health Effects. New York: Nova Science Publishers, Inc. 2009.

相 关 专 利

［1］周立刚,马占鸿,王敬国,王明安,赵江林,黄永富,张迎.一种产挥发油的滇重楼内生粘鞭霉及其抗菌活性.中国发明专利,申请号:CN200810112069.8,公开号:CN101270338.

［2］周立刚,王敬国,姜微波,郭泽建,李晓林,刘浩,谈满良.用于抑制植物病原真菌的博落回生物碱及其制备方法.中国发明专利,申请号:CN200810119947.9,公开号:CN101352180.

［3］周立刚,王敬国,马占鸿,李晓林,黄永富,王明安,赵江林.一种产抗菌活性成分的滇重楼内生镰孢菌.中国发明专利,申请号:CN200810119948.3,公开号:CN101412971.

［4］阮维斌,王敬国.一种含饱和脂肪酸的根际微生物和线虫定向调控剂.中国发明专利,申请号:201010273033.5.

［5］虞云龙,方华.一种毒死蜱降解菌及其应用.中国发明专利,申请号:200810062747.4.

［6］潘凯,吴凤芝,刘守伟.一种克服西瓜连作障碍的生态栽培防范.中国发明专利,申请号:200910072411.0.

［7］吴凤芝,潘凯,刘守伟.一种克服设施番茄连作障碍的生态栽培方法.中国发明专利,申请号:200910072412.5.

［8］吴凤芝,潘凯,王玉彦,刘守伟.一种克服设施黄瓜连作障碍的生态栽培方法.中国发明专利,申请号:200810209578.2.

［9］王玉彦,吴凤芝,潘凯,刘守伟.生态型土壤修复剂.中国发明专利,申请号:200810209579.7.

［10］谢丙炎,陈国华,获振川,杨宇红.一种 RNA 干扰载体及其应用.中国发明专利,申请号:200810118726.X.